新文京開發出版股份有限公司
NEW WCDP
新世紀．新視野．新文京－精選教科書．考試用書．專業參考書

New Wun Ching Developmental Publishing Co., Ltd.

New Age · New Choice · The Best Selected Educational Publications — NEW WCDP

第5版

數位邏輯設計

DIGITAL LOGIC DESIGN

戴江淮 編著

FIFTH EDITION

當我們想要設計數位電路時，就會想到該使用哪些數位邏輯元件，或者如何以最基本的元件來完成想要的電路，在這中間就涉及到效率的問題。如何找出完美的方法也意謂著需要進行判斷與驗證。如何有效地解決數位電路上的設計則是數位邏輯課程的核心問題。判斷和設計完美的電路則是數位邏輯所追求的範疇，而數位邏輯本身所追求的就是電路的優化。有時你會覺得數位邏輯和生活不太相關，那就錯了。當我們想要控制電梯升降、要控制門的開啟與關閉、要控制電器用品的開啟與關閉、明滅或溫度調節，這些都需要數位邏輯的概念。再者，控制紅綠燈的轉換與等待秒數的計數與顯示，這也是需要數位邏輯當先鋒的。再如電子錶中的時間計數與顯示，這也是數位邏輯的應用。實際上而言，數位邏輯無所不在，每個人的每一天所接觸的都是數位邏輯的不同應用，而彰顯不同的人生。

本書第一部分是數位邏輯的基礎，討論數位邏輯的基本思維與分析方法和手段。第1章討論進制的轉換與補數的運算。第2章則介紹數位邏輯的基本邏輯閘NOT閘、AND閘、OR閘，由這三個基本邏輯閘再衍生出NAND閘、NOR閘、XOR閘，進而由這些邏輯閘設計簡單的錯誤更正碼電路。

第二部分為數位邏輯的設計。第3章利用布林代數及卡諾圖將電路設計成最簡化的電路設計。第4章則討論加法器與減法器，並拓展至加倍電路與減半電路，同時也闡述了各種進制碼的電路設計。第5章則介紹編碼器、解碼器、多工器，以及解多工器電路的設計。

本書第三部分主要是介紹計數的電路分析與設計，這也是一切計數器與進一步高階電路的起步。其中第6章介紹各種正反器，利用狀態變遷設計出同步計數器，也設計出時脈邊緣觸發電路，更進一步闡述微分電路、平方電路，以及碼錶電路的設計。

本書第四部分則於第7章討論FPGA的基本概念。第8章以正反器設計移位暫存器來闡述多項式的概念，進而設計出各種多項式電路，同時也闡述通訊電路中的錯誤更正碼電路設計。

最後於第五部分則是討論數位邏輯的最高境界次序網路，能藉由第9章的說明使讀者可以簡單設計出各種應用電路。

本書的書寫目的是對讀者有所啟示，其中沒有繁瑣的公式推導，而是以簡單的方式來展示複雜的概念。本書主要是針對基本的邏輯概念，只要掌握正反器與次序電路的狀態變遷圖的概念，再困難的電路也都可以設計出來。同時，本書的範例都是不厭其煩的加以闡述原理，務必讓讀者心中沒有疑惑。本書的第二個特點是新穎的結果，為了使條理更加清晰，同時也包含不少新的概念和思維，不同於一般書上的章節組織。本書的第三個特點是結構緊湊，透過邏輯關係將數位邏輯進行設計演繹，形成漸入的層次感。且後面章節的設計理念亦緊密地承襲前面章節概念，而使讀者最終可以滿足數位電路的設計快感。本書的第四個特點是以不同的全新角度與獨特的視角將數位邏輯帶到最高境界與高度。另外，本書寫作是由淺入深，使讀者易於理解，故主筆上的風格屬於輕鬆活潑型的。

本次改版在第1章增加了補數的加與減概念與實際範例。首先讓同學知道在二進制數值下，什麼是 1 的補數與 2 的補數觀念，同時也講述負數與小數如何以二進制補數表示，再進而讓同學更進一步了解如何將所有進制的數值，透過轉換成二進制下，如何做數值之間的加法與減法，同時對於產生的結果對進位數（溢位與否）如何處理才能得到正確的運算結果。

本書可以做為高職、專科、以及大學本科的教材或參考書，也可以做為對數位邏輯有興趣的讀者能提升能力以及深度認知知識的讀物。因為本書內容按照邏輯演繹順序環環相扣，條理分明清晰，較易讓讀者接受。本書第9章也可以獨立成一門數位邏輯次序網路的課程，也可以做為大學或研究生的教材或參考書。在此，誠摯希望讀者們在看完這本書之後，均能設計出自己的數位電路一片天。

戴江淮於竹南

目錄 | Contents

06 CHAPTER 正反器 197

CHAPTER 01

進制演算

DIGITAL LOGIC DESIGN

1-1 進制系統觀念

在一個二進制系統中，電路輸入或輸出只有二種不同的準位（即高準位及低準位）用以表示可能的狀態。而以兩種狀態所表示的系統稱之為二進制系統。其中高準位狀態以 1 表示，而低準位狀態則以 0 表示之。另外，0 與 1 這兩個數字在二進制中便稱之為位元(Bit)。而以二進制所表示的組合數字碼，即稱為以基底為 2 所表示的數字，也就是說一個 r 進制系統中的數字 a_i，其基底為 r，且 a_i 的值必須滿足 $a_i \in [0, r-1]$，且 a_i 為正整數。表 1-1 說明了各進制數字表示法。

❖ 表 1-1　數字在各進制中的數值範圍

基底 r	進　制	a_i 表示值之範圍
2	二進制	0,1：每一個 0 或 1 又稱之為位元（在數位系統中）
8	八進制	0,1,2,3,4,5,6,7
10	十進制	0,1,2,3,4,5,6,7,8,9
16	十六進制	0,1,2,3,4,5,6,7,8,9,A,B,C,D,E,F

1-2 數字觀念

假設在一數字系統中，該系統中任何一個正數均可用一個多項式 N 來表示：

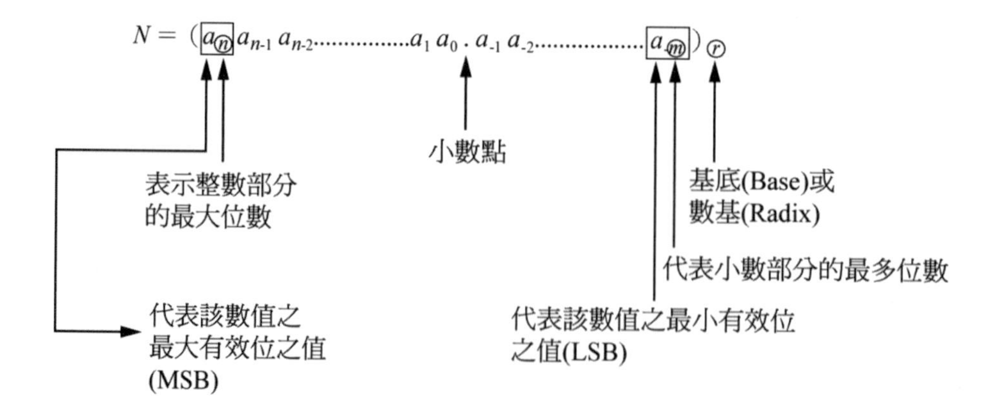

$$= a_n r^n + a_{n-1} r^{n-1} + \ldots\ldots + a_1 r + a_0 r^0 + a_{-1} r^{-1} + a_{-2} r^{-2} + \ldots\ldots + a_{-m} r^{-m}$$

$$= \sum_{i=-m}^{n} a_i r^i$$

r^i → 代表 a_i 值之權值（Weight）

a_i → 代表 r 進制系統中之數值（$0 \leq a \leq r-1$）

$i \geq 0$：若 i 值越大，代表加權值越大

$i \leq 0$：若 i 值越大，代表加權值越小

1-3 進制間的轉換

十進制是我們最習慣使用的進制系統，任何進制間的轉換均可透過十進制來執行，亦即我們在第 1-2 節中所採用的十進制 N 係由基底為 r 之各位元乘上相對應的權值所得到的結果。很顯然的，我們從低位元往高位元方向反覆乘上基底 r，即可將 r 進制的數字表示成十進制數字。

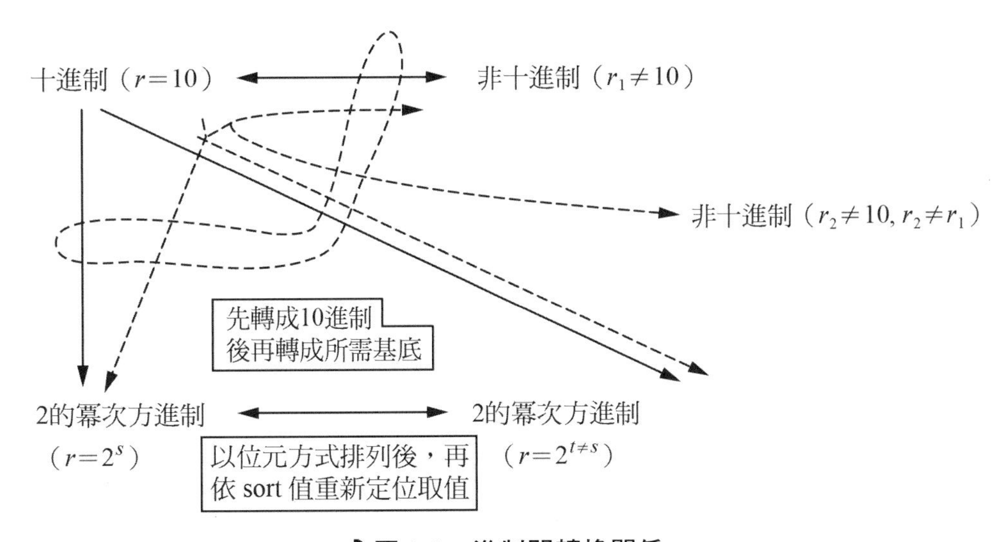

圖 1-1　進制間轉換關係

相同地，要將十進制的數字改成 r 進制數字表示法，則需將該數字重複除以 r 後，每取一次餘數即為低位元之權值。至於 2 的冪次方進制間的轉換，則以冪次數值做為取樣位元數目。圖 1-1 顯示各進制間的轉換關係。

1-4 基底轉換下之數字表示法

原則 1

一般而言，一個數字若以基底 r 為主的系統來表示時，則其相對於 10 進位表示時，應為

$$a_n r^n + a_{n-1} r^{n-1} + \cdots + a_2 r^2 + a_1 r + a_0 + a_{-1} r^{-1} + a_{-2} r^{-2} + \cdots + a_{-m} r^{-m}$$

其中係數 a_j 值的範圍係從 0 至 $r-1$。

範例 1-1

$(4021.2)_5=4\times5^3+0\times5^2+2\times5^1+1\times5^0+2\times5^{-1}=(511.4)_{10}$

範例 1-2

$(B65F)_{16}=11\times16^3+6\times16^2+5\times16+15=(46687)_{10}$

原則 2

若將原來以 10 為基底表示的數字，改以 r 為基底表示時，則

① 整數部分：以 r 除之，餘數分別自 r^0 開始表示。其商再以 r 除之，餘數即表示 r^1 係數。以此類推。

② 餘數部分：以 r 乘之，整數部分即為 r^{-1} 之係數。其剩餘小數再以 r 乘之，整數部分即為 r^{-2} 之係數。以此類推。

範例 1-3

將 $(41.6875)_{10}$ 以二進制表示之。

$$41 = 20 \times 2 + 1 \text{ --- } a_0 = 1$$
$$20 = 10 \times 2 + 0 \text{ --- } a_1 = 0$$
$$10 = 5 \times 2 + 0 \text{ --- } a_2 = 0$$
$$5 = 2 \times 2 + 1 \text{ --- } a_3 = 1$$
$$2 = 1 \times 2 + 0 \text{ --- } a_4 = 0$$
$$1 \text{ --- } a_5 = 1$$

$$0.6875 \times 2 = 1 + 0.375 \text{ --- } a_{-1} = 1$$
$$0.375 \times 2 = 0 + 0.75 \text{ --- } a_{-2} = 0$$
$$0.75 \times 2 = 1 + 0.5 \text{ --- } a_{-3} = 1$$
$$0.5 \times 2 = 1 \text{ --- } a_{-4} = 1$$

因此 $(41.6875)_{10} = (101001.1011)_2$

原則 3

若 r_1 及 r_2 分別係 2^{n_1}，2^{n_2}（即 $r_1=2^{n_1}$，$r_2=2^{n_2}$），其中 n_1，n_2 均為整數。則基底 r_1 及基底 r_2 間數字之表示均可將原數字化成以 2 為底，再化成以 r_2 為底之數字。

範例 1-4

$(26153.7406)_8 = (10110001101011 \cdot 111100000110)_2$ ←8 進制，故在二位元下以 3 個位元表示一個數字

$= (10110001101011 \cdot 111100000110)_2$ ←16 進制下，故以 4 位元表示一個數字

$= (2C6B.F06)_{16}$

1-5 補數數學運算

二進位數值運算中，補數是一項非常重要的觀念，除了可用以表示負數值之外，2 的補數運算在計算機算術中可做為負數的處理。就數位計算機而言，因為必須能處理正數和負數，因此數字必須是有符號（亦即正號或負號）的標示，此一觀念便導引出帶符號數字的表示法。在帶符號的二進制數字中，最左邊的位元即為符號位元。若該位元為 0，則代表正數；為該位元為 1，則代表負數。至於帶符號數字的表示法有原碼系統表示方法，1 的補數表示法及 2 的補數表示法。

1-5-1 原碼系統

當帶號的二進制數字係以原碼方式表示時，最左邊的位元即為符號位元，其他的所有位元為真正的數字絕對值。例如十進制中的 −28，以 8 個位元之帶符號原碼表示時，即為

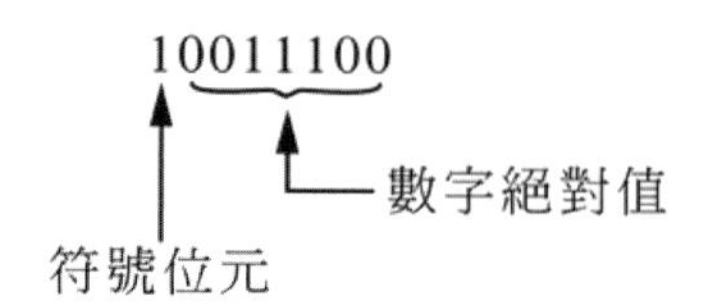

1-5-2 補數數字符號

為了方便補數運算，我們定義：

(1) 若數字 N 為正時，則於該數值前加上 0。

(2) 若數字 N 為負時，則先取 N 的絕對值，再於最左邊加上 $r-1$ 數值代表負數。其中 r 為基底。

範例 1-5 在基底為 8 及基底為 x 之兩數，若 $(34)_8=(130)_x$，求 x 之值為何？

解答

$(34)_8=3\times8+4=(28)_{10}$

$(130)_x=(x^2+3x)_{10}$，因為 $(34)_8=(130)_x$，所以

$x^2+3x=28$

即 $x^2+3x-28=0$，或 $(x+7)(x-4)=0$

因為基底必定是大於 0，所以 $x=-7$ 不合，因此 $x=4$

1-5-3 正數的補數

二的補數是一種將帶有正負符號的方法用二進為表示的方式。正數和 0 的二的補數就是將該數字本身轉成二進制方式，再將最高位元補上 0 來代表，若是負數，則是先將其用二的補數代表其數位，然後再將原數位元為 0 的，更改為 1，位元為 1 的更改為 0，並將最高位元置放 1，之後再加上 1。例如+7 則以二進為表示則為 0111（其中最左邊的 0 是我們放入的最高位元，其餘 111 就是十進制的 7)，而－1 的二進制 2 的補數表示法則為 1110，其中步驟如下：

(1) 先將十進制的 1 以二進制 001 來表示。

(2) 再將各位元反轉，亦即 0 改成 1，而 1 改為 0。亦即變成 110。

(3) 再將最高位元置放 1，形成 1110。

(4) 最後再加上 1，形成 1111，這就是 –1 的 2 的補數表示法。

1 的補數與 2 的補數唯一的差別就是 10 進制轉成 2 進制，最後位元有加上 1，而 1 的補數則沒有加上 1。亦即，10 進制 14 的二進制表示法為 11010，若以 1 的補數來表示則為 00101，若以 2 的補數來表示則為 00101+1=00110。亦即 2 的補數就是 1 的補數值加 1 而成。

事實上我們可以看見 10 進制的 14 為 11010，這個二進制表示法則有 5 個位元。若要取 1 的補數，則可以用 5 個位元全是 1 的數值來減去它本身，亦即

11111－11010=00101即可。

既然如此，那我們就可以擴充到 n 的補數了。如果 n=9 那就是代表 9 的補數，如果 n=10 那就是代表 10 的補數。好，讓我們來看看 256 取 9 的補數怎麼做？很簡單，就是

999－256=743

而 10 的補數就是 743+1=744。

剛剛講 10 進制，那如果是 8 進制的話呢，那就只有 7 的補數與 8 補數二種。也就是在 n 進制情況下，只有 n-1 的補數與 n 的補數兩種表示法。如果我們要取 256 的 7 的補數則為

777－256=521

而 256 的 8 的補數則為 521+1=522。

在 16 進制中數字 10 是以 A 來表示，數字 11 則以 B 來表示， 數字 12 則以 C 來表示，數字 13 則以 D 來表示，數字 14 則以 E 來表示，數字 15 則以 F 來表示。而 16 進制則是代表逢 16 進 1，也就是說最大的位元是以 F 來表示。現在我們來看看 16 進制的 A38（其實就是 10 進制的 $16^2 \times 10 + 16^1 \times 3 + 8 = 256 \times 10 + 16 \times 3 + 8 = 2560 + 468 + 8 = 2616$），若要以 15 的補數來表示則為

FFF－A38=5C7

其 16 的補數則為 5C7+1=5C8。

1-5-4 負數的補數

接著我們要來看負數的補數怎麼做。讓我們以－50 這個範例來看如何取 1 的補數。它執行的步驟如下：

(1) 先保留負號，然後將後面的數值轉換成二進制，亦極為：－50=－00110010（以 8 個位元表示）。

(2) 先不管負號，將後面的二進制數值轉為 1 的補數，即 11111111－00110010=11001101。若是取 2 的補數則為 11001110。

(3) 去掉負號。

1-5-5 小數的補數

接著我們來看小數的補數，以 0.011 來看，則其 1 的補數為 0.111－0.011=0.100。

那如果要表示－12.5 呢？則記住分數中的小數是不需要改變的，只取整數的補數即可。

(1) 12 的二進制為 1100。

(2) 1 的補數為 1111－1100=0011。

(3) 而 0.5 就是 2^{-1} 就是小數點後面第一個位元為 1。

(4) 所以－12.5 以二進制 1 的補數表示則為 0011.1。

1-5-6 整數加減運算

如果我們要以二進制來表示 3－1 的運算，那麼

(1) 3－1 = 3+(－1)。

(2) 將 10 進制的 3 以二進制來表示則為 0011。

(3) 將 10 進制的－1 以二進制來表示則為 1111。

(4) 兩個相加。既然是二進制，那麼就是逢 2 進位，因此 0011+1111=10010。

(5) 再來看最高位元（第 5 個位元，或最左邊的位元）。如果最高位元是 1，那麼直接忽略它，取剩下的位元 0010，那就是 10 進制的 2。

那如果算出來是負數（也就是最高位元為 0 的話呢）則如何處理呢？讓我們看看 23－72 這個範例。

(1) 首先 23 的二進制表示法為 10111。

(2) 72 的二進制為 1001000，所以－72 的 1 的補數為則為 0110111，2 的補數為 0111000。

(3) 以位元最多的位元數為主（23 有 5 個位元，－72 有 7 個位元，所以用 7 個位元表示），即

```
    0010111
+)  0111000
-----------
    1001111
```

(4) 因為最高位元為 0（第 8 位元，因為大家都是以 7 個位元表示，所以正負號是在由最右邊算來的第 8 個位元），所以再取 2 的補數，即為

0110000+1=0110001

(5) 最後加上負號，也就是 10 進制的－49。

1-5-7 小數加減運算

我們以 0.110－0.011 來看，則

(1) 0.110－0.011=0.110+(－0.011)=0.110+（0.011 的 2 的補數）。

(2) 0.011 其 1 的補數為 0.111－0.011=0.100，而 2 的補數為 0.101。

(3) 所以 0.110+0.101=1.011。

(4) 因為進位（最高位元為 1），所以去掉最高位元，則可以得到 0.011 的值。

若是以 0.011－0.110 來看，則

(1) 0.011－0.110=0.011+(－0.110)=0.011+（0.110 的 2 的補數）。

(2) 0.110 其 1 的補數為 0.111－0.110=0.001，而 2 的補數為 0.010。

(3) 所以 0.011+0.010=0.101。

(4) 因為最高位元為 0，所以再取 2 的補數為 0.011，再加上負號即可。

範例 1-6 如果要計算 54.38－6.432，因為 54.38 的二進制為 110110.01100001010001111011；而 6.432 的二進制為 000110.01101110100101111001，其 1 的補數為 111001.10010001011010000110，其 2 的補數為 111001.10010001011010000111。所以

```
    110110.01100001010001111011
+)  111001.10010001011010000111
-------------------------------
   1101111.11110010101100000010
```

因為最高位元有進位，所以計算結果為 101111.11110010101100000010。

1-5-8 基底 r 補數數學運算

首先我們探討 M-N 的運算法則。其採用基底為 r 的補數運算步驟如下：

(1) 先將 M，N 化成相同基底表示之數值。

(2) 只管被減數之最大整數位數 n。

(3) 將被減數 N 取以 r 為基底之補數，即 $N^C = r^{(n} - N$。其中 $r^{(n}$ 代表在位元 n（從 0 開始計數）位置放置基底 r，A 表示 10，B 表示 11，C 表示 12，……，而其他比 n 小的位元均為 0。

(4) 將 $M+N^C$，其結果：

(a) 若有進位，則代表 $M+N^C \geq 0$，將進位捨去，即得真正 $M-N$ 之值。

(b) 若無進位，則代表 $M+N^C \leq 0$，則將該值取 r 基底之補數，其中指標即為 $r-1$，代表負值；後面之數目，即代表該真正之負值。

範例 1-7

$$\begin{array}{r} 54.38 \\ -\ \ 6.432 \\ \hline 47.948 \end{array}$$

⇒① $n=1$，$M=54.38$，$N=6.432$

② $N^C = 10^{(1} - N$

$$\begin{array}{r} \text{A}0.000 \\ -)\ \ 6.432 \\ \hline 93.568 \end{array}$$

其中十進位的 10 以 A 表示之。

③ $M+N^C$

$$\begin{array}{r} 54.38 \\ +)\ \ 93.568 \\ \hline \boxed{1}\ 47.948 \end{array}$$

↑ 進位

④ $M-N=47.948$

其次我們探討 $-M-N$ 採用基底 r 的補數數學運算。其步驟為

(1) 先將 M，N 化成相同基底表示之數值。

(2) 取 M，N 兩數之整數位數之最大值 n。

(3) 將所有數之最大整數位數填補至 n 位。

(4) 各取 M，N 之補數 M^C 及 N^C

$$M^C = r^{(n} - M$$

$$N^C = r^{(n} - N$$

(5) $M^C + N^C$

若有進位則將進位去除後，再將該值取 r 基底之補數，即得帶符號之數值。

範例 1-8

$$\begin{array}{r} -443.5 \\ -556.47 \\ \hline -999.97 \end{array}$$

⇒① $n=3$，$M=-443.5$，$N=556.47$

② $M^C = r^{(n} - M$

$$\begin{array}{rr} & \text{A000.0} \\ -) & 443.5 \\ \hline & 9556.5 \end{array}$$

③ $N^C = r^{(n} - N$

$$\begin{array}{rr} & \text{A000.00} \\ -) & 556.47 \\ \hline & 9443.53 \end{array}$$

④ $M^C + N^C$

$$\begin{array}{rr} & 9556.5 \\ +) & 9443.53 \\ \hline & \boxed{1}\,9000.03 \end{array}$$

↑去掉

⑤ $(M^C+N^C)^C$

$$\begin{array}{rr} & \text{A0000.00} \\ -) & 9000.03 \\ \hline & \boxed{9}\,0999.97 \end{array} = -999.97$$

1-5-9 基底(r－1)補數數學運算

同樣，我們先探討 $M-N$ 的補數運算，其運算步驟如下：

(1) 先將 M，N 化成相同基底表示之數值。

(2) 取 M，N 兩數中之最大的小數位數 m 及被減數之整數位 n。

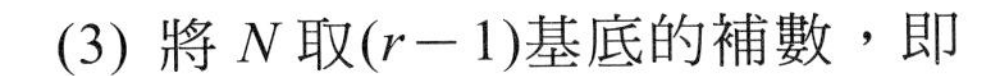

(3) 將 N 取$(r-1)$基底的補數，即

$$N^C=r^{(n}-r^{-m}-N$$

(4) $M+N^C$

(a) 若有進位，將此進位去除，並將該結果加 1，即為正號之該值。

(b) 若無進位，表示 $M+N^C<0$，並將該值再取$(r-1)$基底之補數，即真正的負值。

範例 1-9

$$\begin{array}{r} 6.432 \\ -54.38 \\ \hline -47.948 \end{array}$$

① $m=3$，$M=6.432$，$N=54.38$

② $N^C=10^{(2}-10^{-3}-54.38$

$$\begin{array}{rr} & \text{A}00.000 \\ -) & 54.381 \\ \hline & 945.619 \end{array}$$

③ $M+N^C$

$$\begin{array}{rr} & 6.432 \\ +) & 945.619 \\ \hline & \square 952.051 \end{array}$$

↑ 無進位

④ $(M+N^C)^C=10^3-10^{-3}-(M+N^C)$

$$\begin{array}{rr} & \text{A}000.000 \\ -) & 952.052 \\ \hline & \boxed{9}047.948 \end{array}$$

⑤ $M-N=-47.948$

同樣地，$-M-N$ 的補數運算步驟為：

(1) 先將 M，N 化成相同基底表示之數值。

(2) 取 M，N 兩數之最大整數位數 n 及最大小數位 m。

(3) 將 M，N 取$(r-1)$基底之補數，即

$$M^C=r^{(n}-r^{-m}-\mathrm{M}$$
$$N^C=r^{(n}-r^{-m}-\mathrm{N}$$

(4) M^C+N^C

若有進位，則將進位去除後，再取該值之$(r-1)$基底之補數再減 $r^{-m'}$ 即得（m'為該結果之小數點最大位數）。

範例 1-10

```
 -111.11
-    1.0
--------
-1000.11
```

① $M=111.11$，$N=1.0$，$m=2$，$n=3$

② $M^C=2^{(3}-2^{-2}-M$

```
    2000.00
-)   111.11
-)     0.01
-----------
    1000.00
```

③ $N^C=2^{(3}-2^{-2}-N$

```
   2000.00
-)    1.01
----------
   1110.11
```

④ M^C+N^C

```
   1000.00
+) 1110.11
----------
 [1] 0110.11
  ↑
 去除
```

⑤ $(0110.11)^C - 10^{-2}$ $(m'=2)$

$$\begin{array}{r} 20000.00 \\ -)\ 0110.11 \\ \hline 11001.01 \\ -)\ \ \ \ \ \ 0.01 \\ \hline 11001.00 \\ -)\ \ \ \ \ \ 0.01 \\ \hline \boxed{1}1000.11 \end{array}$$

⑥ $-M-N=-1000.11$

範例 1-11

$$\begin{array}{r} -\ \ 6.4 \\ -\ 12.58 \\ \hline -\ 18.98 \end{array}$$

① $M=6.4$，$N=12.58$，$n=2$，$m=2$

② $M^C=10^{(2}-10^{-2}-M$

$$\begin{array}{r} A00.00 \\ -)\ \ \ \ \ 0.01 \\ -)\ \ \ \ \ 6.40 \\ \hline 993.59 \end{array}$$

③ $N^C=10^{(2}-10^{-2}-N$

$$\begin{array}{r} A00.00 \\ -)\ \ \ 0.01 \\ -)\ 12.58 \\ \hline 987.41 \end{array}$$

④ $M^C + N^C$

$$\begin{array}{r} 993.59 \\ +)\ 987.41 \\ \hline \boxed{1}\ 981.00 \end{array}$$

↑
去除

⑤ $(M^C+N^C)^C$

$$\begin{array}{r} A000.00 \\ -)\quad 981.00 \\ \hline 9019.00 \\ -)\quad 0.01 \\ \hline \underline{9}018.99 \end{array}$$

⑥ $(M^C+N^C)^C-10^{-m}$

$$\begin{array}{r} 9018.99 \\ -)\quad 0.01 \\ \hline 9081.98 \end{array}$$

⑦ $-M-N=-18.98$

作業（一）

(1) $(ABCD)_{16}$ ＝$(\underline{\qquad\qquad})_8$

(2) $(BCD.03)_{16}$ ＝$(\underline{\qquad\qquad})_4$

(3) 求 $(25.639)_{10}$ 之 9 的補數值 ＝______________

(4) 求 $(25.639)_{10}$ 之 10 的補數值 ＝______________

(5) 試轉換下列各數成 BCD 碼
 (a) $(10110111011)_2$
 (b) $(72AF1)_{16}$
 (c) $(1993)_{10}$
 (d) $(3627)_8$

(6) 試用 r 的補數運算及 $r-1$ 的補數運算方法求

$$(ABC.E)_{16}-(42756.32)_8=(\underline{\qquad\qquad})_2$$

(7) 試以補數計算 1－2 的二進制值

(8) －1101 的原碼為何？

(9) 試計算$(11001)_2-(10010)_2$

(10) 試計算$(10010)_2-(11001)_2$

(11) 假設某電腦系統以八位元表示一個整數，則以 2 的補數法表示十進位數(－35)10 的結果為何？

(12) 試以補數觀念計算－443.5-556.47 之值

QUIZ

作業解答 ANSWER

【第 1 題】

$$(ABCD)_{16} = (1010,1011,1100,1101)_2 = (125715)_8$$

【第 2 題】

$$(BCD.03)_{16} = (1011,1100,1101.0000,0011)_2 = (233031.0003)_4$$

【第 3 題】

$$(25.639)_{10}^{C} = 10^2-10^{-3}-25.639 = \underline{9}74.36$$

故其 9 的補數為 74.36

【第 4 題】

$$(25.639)_{10}^{C} = 10^2-25.639 = \underline{9}74.361$$

故其 10 的補數為 74.361

【第 5 題】

(a) $(10110111011)_2 = 2^{10}+2^8+2^7+2^5+2^4+2^3+2^1 = 1467_{(10)} = 0001010001100111_{(BCD)}$

故其 10 的補數為 74.361

(b) $(72AF1)_{16} = 7\times 16^4+2\times 16^3+10\times 16^2+15\times 16+1\times 16^0 = 769745_{(10)} = 100011010010111101000101_{(BCD)}$

(c) $(1993)_{10} = 1100110010011_{(BCD)}$

(d) $(3627)_8 = 3\times 8^3+6\times 8^2+2\times 8+7\times 8^0 = 1943_{(10)} = 1100101000011_{(BCD)}$

【第 6 題】

$(ABC.E)_{16}-(42756.32)_8$

解法一：

全部化成 8 進制，即 $r=8$

令 $A=(ABC.E)_{16}=5274.70_{(8)}$

$B=(42756.32)_8$

(1) 先做 $r=8$ 的補數運算

(a) $B^C=8^5-42756.32=735021.46$

(b) $A+B^C$

```
       5274.70
+)   735021.46
--------------
[ ]  742316.36
 ↑
無進位
```

(c) $(742316.36)^C=8^6-742316.36=7035461.42$

(d) $-35461.42_{(8)}=-11101100110001.10001_{(2)}$

(2) 再作 $r-1=7$ 補數運算

(a) $B^C=8^5-8^{-2}-42756.32=\underline{7}35021.45$

(b) $A+B^C$

```
       5274.70
+)   735021.45
--------------
[ ]  742316.35
 ↑
無進位
```

(c) $(742316.35)^C=8^6-8^{-2}-742316.35=\underline{7}035461.42$

(d) $-35461.42_{(8)}=-11101100110001.10001_{(2)}$

$=\underline{1}11101100110001.10001_{(2)}$

解法二：

全部化成十進制，即 $r=10$

令 $A=ABC.E_{(16)}=2748.875_{(10)}$

$B=42756.32_{(8)}=17902.40625_{(10)}$

(1) 先做 $r=10$ 的補數運算

(a) $B^C=10^5-17902.40625=\underline{9}82097.59375$

(b) $A+B^C$

$$\begin{array}{rr} & 2748.875 \\ +) & 982097.59375 \\ \hline \square & 984856.46875 \end{array}$$

↑ 無進位

(c) $(984856.46875)^C=10^6-984856.46875=\underline{9}015153.53125$

(d) $\underline{9}015153.53125_{(10)}=-15153.53125_{(10)}=-11101100110001.10001_{(2)}$

$=\underline{1}11101100110001.10001_{(2)}$

(2) 再做 $r-1=9$ 補數運算

(a) $B^C=10^5-10^{-5}-17902.40625=\underline{9}82097.59374_{(10)}$

(b) $A+B^C$

$$\begin{array}{rr} & 2748.875 \\ +) & 982097.59374 \\ \hline \square & 984846.46874 \end{array}$$

↑ 無進位

(c) $(984846.46874)^C=10^6-10^{-5}-984846.46874$

$=\underline{9}15153.53125_{(10)}$

解法三：

全部化成十六進制，即 $r=16$

令 $A=(ABC.E)_{16}$

$B=42756.32_{(8)}=45EE.68_{(16)}$

(1) 先做 $r=16$ 的補數運算

(a) $B^C = H^4 - 45EE.68 = FBA11.98_{(16)}$ 其中 $H=16$

(b) $A+B^C$

$$\begin{array}{r} ABC.E \\ +) \quad FBA11.98 \\ \hline \square \ FC4CE.78 \end{array}$$

↑ 無進位

(c) $(FC4CE.78)^C = H^5 - FC4CE.78 = \underline{F}03B31.88_{(16)}$

$= -3B31.88_{(16)}$

$= -11101100110001.10001_{(2)}$

(2) 再做 $r-1=15$ 補數運算

(a) $B^C = H^4 - H^{-2} - 45EE.68_{(16)} = FBA11.97_{(16)}$

(b) $A+B^C$

$$\begin{array}{r} ABC.E \\ +) \quad FBA11.97 \\ \hline \square \ FC4CE.77 \end{array}$$

↑ 無進位

(c) $(FC4CE.77)^C = H^5 - H^{-2} - FC4CE.77$

$= F03B31.88_{(16)}$

$= -11101100110001.10001_{(2)}$

解法四：

全部化成二進制，即 $r=2$

令 $A=(ABC.E)_{16} = 101010111100.1110_{(2)}$

$B=(42756.32)_8 = 100010111101110.01101_{(2)}$

(1) 先做 $r=2$ 的補數運算

(a) $B^C = 2^{15} - (100010111101110.01101)_2$

$= 011101000010001.10011_{(2)}$

(b) $A + B^C$

$$
\begin{array}{rr}
 & 101010111100.111 \\
+) & 1011101000010001.10011 \\
\hline
\square & 1100010011001110.01111
\end{array}
$$

↑
無進位

(c) $(1100010011001110.01111)^C = 2^{16} - 1100010011001110.01111$

$= \underline{1}0011101100110001.10001_{(2)}$

$= -11101100110001.10001_{(2)}$

(2) 再作 $r-1=1$ 補數運算

(a) $B^C = 2^{15} - 2^{-5} - B$

$= 1011101000010001.10010_{(2)}$

(b) $A + B^C$

$$
\begin{array}{rr}
 & 101010111100.1110 \\
+) & 1011101000010001.10010 \\
\hline
\square & 1100010011001110.01110
\end{array}
$$

↑
無進位

(c) $(1100010011001110.01110)^C = 2^{16} - (1100010011001110.01110)_{(2)} - 2^{-5}$

$= -11101100110001.10001_{(2)}$

【第 7 題】

(1) 1 的二進制值為 0001，而－2 的二進制值則可由下列計算獲得

(2) 2 的進制值為 0010，其 1 的補數為 1101，其 2 的補數為 1101+1=1110

(3) 因此 1－2=1+(－2)=1+（2 的補數）=0001+1110=1111

(4) 因為沒有進位，所以再取 2 的補數為 0000+1=0001

(5) 再加上負號，即是－0001，也就是十進制中的－1

【第 8 題】

－1101 的原碼為 11101

【第 9 題】

11001 加上（10010 的 2 補數）=11001+01110= 100111。因為進位，所以直接加進位位元去除，則可得 00111，即 10 進位的 7

【第 10 題】

10010 加上（11001 的 2 補數）=10010+ 00111=11001。因為沒有進位，所以再取 2 的補數得 00111，並冠上負號，即－00111

【第 11 題】

－35 = -00100011=11011100+1=$(1101\ 1101)_2$

【第 12 題】

如果要計算－443.5-556.47 來看，

(1) 443.5 的二進制為 110111011.1

(2) 556.47 的二進制為 1000101100.01111000010100011111

(3) 則－443.5－556.47 =－(443.5+556.47)

(4) 先不看負號，則為

```
    0110111011.1
+)  1000101100.01111000010100011111
-----------------------------------
    1111100111.11111000010100011111
```

所以是－1111100111.11111000010100011111

(5) 因為是負號，再取整數中的 2 的補數為

0000011000.00000111101011100001

MEMO
DIGITAL LOGIC DESIGN

CHAPTER 02

邏輯閘及其應用

DIGITAL LOGIC DESIGN

在二位元運算中，任意一個二位元變數其值只有 0 及 1 兩個數值。因此邏輯閘的運算很明顯地是邏輯準位 0 與邏輯準位 1 的運算。(有時邏輯準位在數位邏輯中亦簡稱為準位)。

2-1 NOT 邏輯

反相器(NOT)在電壓準位而言，係指將準位 1 改變成準位 0；將準位 0 改變成準位 1。其符號如圖 2-1 所示：

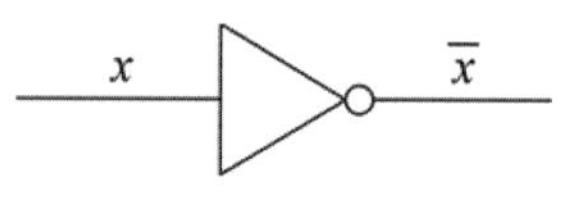

圖 2-1 反相器符號

若以空間圖學上而言，假設整個空間係由 x 及 $\overline{x}$ 所組成（如圖 2-2 所示），則 $\overline{x}$ 代表的是不包含 x 所形成的集合。若 $x=1$ 時，則 $\overline{x}=0$；反之，$x=0$ 時，則 $\overline{x}=1$。此一特性可由反相器的真值表看出。所謂真值表即代表根據各種可能的輸入端位元準位所產生相對應輸出狀況的對應表格。其 NOT 邏輯閘的真值表則如表 2-1 所示。

表 2-1 反相器真值表

輸入 x	輸出 $\overline{x}$
0	1
1	0

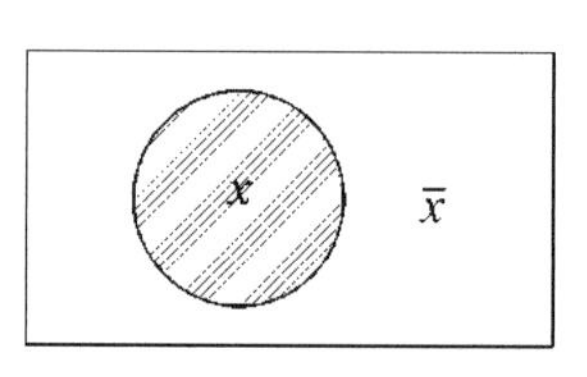

圖 2-2 邏輯空間概念

就實際應用上，一個脈衝輸入經由反相器之後，其輸出則如圖 2-3 所示：

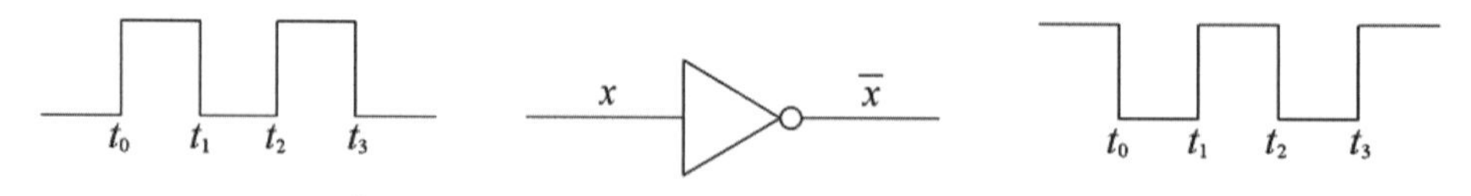

圖 2-3 反相器輸入與輸出間的時序關係

很明顯地，反相器可應用在 1 的補數電路中。同時，我們也可以知道輸入 x 的偶次反相，會是仍為 x，即

$$\overline{\overline{x}}=x$$

2-2 AND 邏輯

及閘(AND Gate)係一具有多輸入端及一個輸出端所構成的邏輯閘，其符號如圖 2-4（二輸入端）所示。為了說明及閘的動作原理，可以將其想像成二串接開關 x、y 對輸入電壓源所做開關的動作，對燈泡滅或亮之影響，如圖 2-5 所示。

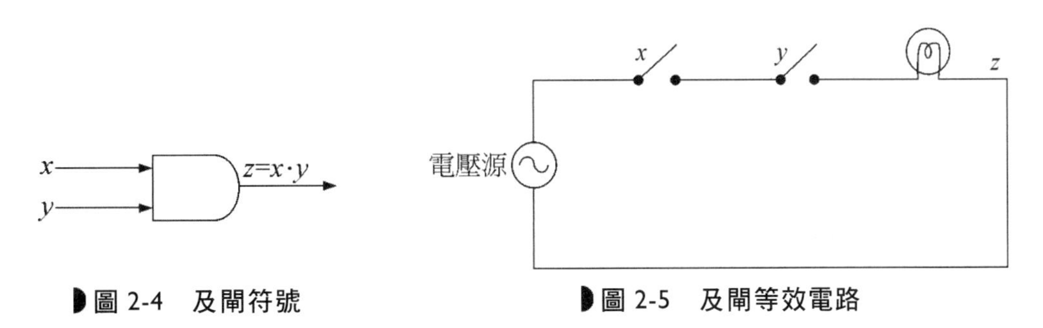

◗圖 2-4　及閘符號

◗圖 2-5　及閘等效電路

所謂真值表即是由變數間，所有可能值的相互運作下，產生的各種結果所組合而成的表格。在圖 2-5 中，只要有一個開關是打開的（準位為 0），則燈泡將不會亮起（準位為 0）。除非兩個開關均處於閉路狀態下（準位為 1），則燈泡才會亮起（準位為 1）。因此及閘的真值表則如表 2-2 所示。

只要有一輸入值為 0，則輸出值為 0。另外，我們可以看出 $x\bar{x}=0$ 。也就是說，在二進制邏輯中，自己和自己的反相做 AND 邏輯運算時，其值恆為 0。

❖表 2-2　及閘真值表

輸入		輸出
x	y	$z=x\cdot y$
0	0	0
0	1	0
1	0	0
1	1	1

2-3 NAND 邏輯

反及閘(NAND Gate)顧名思義即是及閘的反相器，其符號如圖 2-6 所示。其相對應的真值表則如表 2-3 所示。因為 $x \cdot x = x$，所以

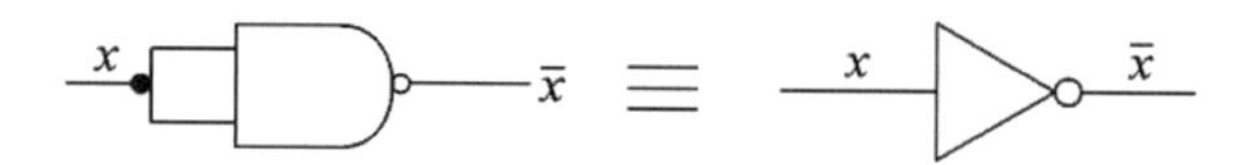

❖ 表 2-3　反及閘真值表

輸入		輸出
x	y	$z=\overline{xy}$
0	0	1
0	1	1
1	0	1
1	1	0

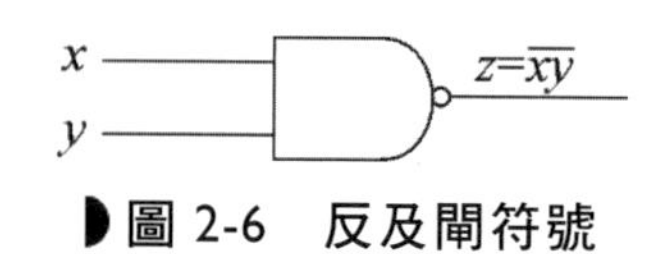

圖 2-6　反及閘符號

因為 $AB = \overline{\overline{AB}}$，所以一個 AND 邏輯閘至少可用二個 NAND 閘來加以組成。

2-4 OR 邏輯

或閘(OR Gate)也是一多輸入端且單一輸出端之邏輯閘，其二輸入端之符號則如圖 2-7 所示。其操作原理可以想像成二個並聯開關串接一輸入信號源（電壓源）及燈泡（輸出端）之電路系統，如圖 2-8 所示。其中只要有任一開關是處於閉路狀態，則有電流流經燈泡，使得燈泡變亮（高準位 1）。若是兩個開關均為開路狀態，則燈泡將熄滅（低準位 0）。此一等效觀念也導出二輸入端的或閘電路之真值表 2-4 所示。

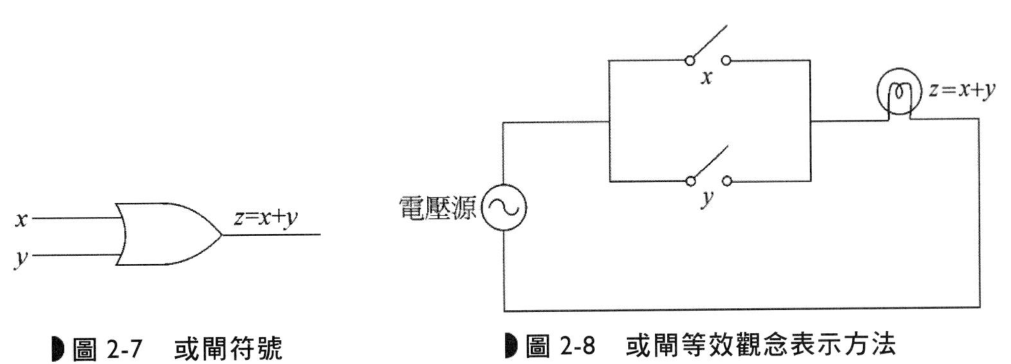

圖 2-7　或閘符號

圖 2-8　或閘等效觀念表示方法

❖ 表 2-4　或閘之真值表

輸入		輸出
x	y	$z=x+y$
0	0	0
0	1	1
1	0	1
1	1	1

亦即兩輸入 x、y 端只要有一邏輯準位為 1 時，則輸出的邏輯準位為 1。

2-5 NOR 邏輯

顧名思義，反或閘(NOR Gate)是將或閘的輸出再加以反相。其符號如圖 2-9 所示；而真值表則如表 2-5 所示。此邏輯閘中，只要有一輸入的邏輯準位為 1 時，則其輸出的邏輯準位為 0。

❖ 表 2-5　反或閘之真值表

輸　入		輸　出
x	y	$z=\overline{x+y}$
0	0	1
0	1	0
1	0	0
1	1	0

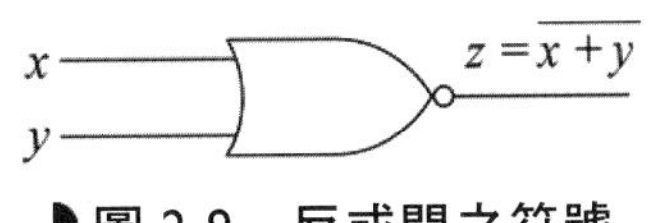

圖 2-9　反或閘之符號

範例 2-1 依據下圖脈波輸入 A、B，畫出輸出 Y 的脈波波形。

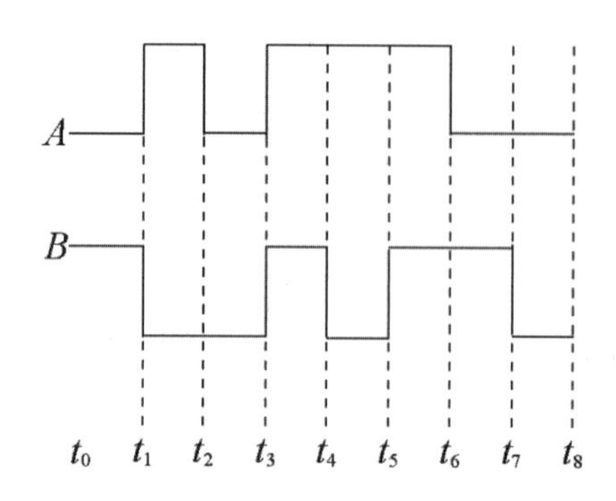

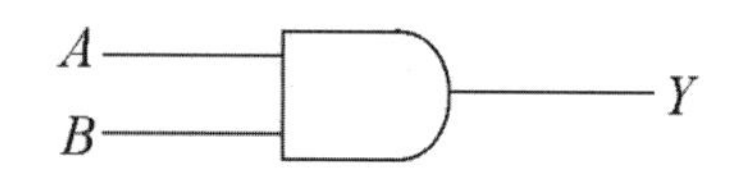

解答 依 AND 閘的真值表為

輸入		輸出
A	B	Y
0	0	0
0	1	0
1	0	0
1	1	1

因此輸出 Y 的波形為

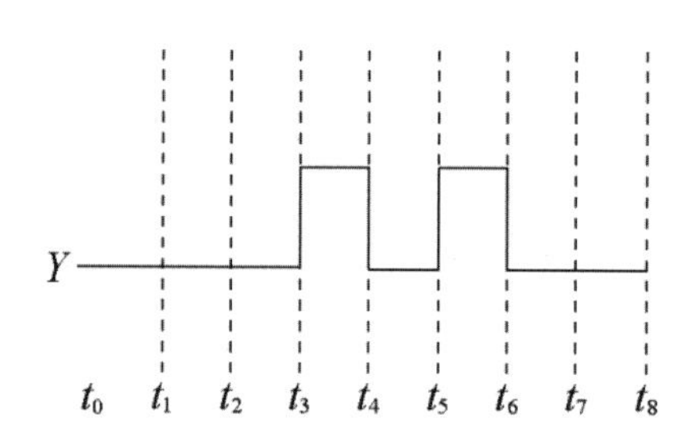

範例 2-2 承上題，試畫出 $Y=A+B$ 的脈波波形。

解答 依據 OR 閘的真值表為

輸入		輸出
A	B	Y
0	0	0
0	1	1
1	0	1
1	1	1

因此輸出 Y 的波形為

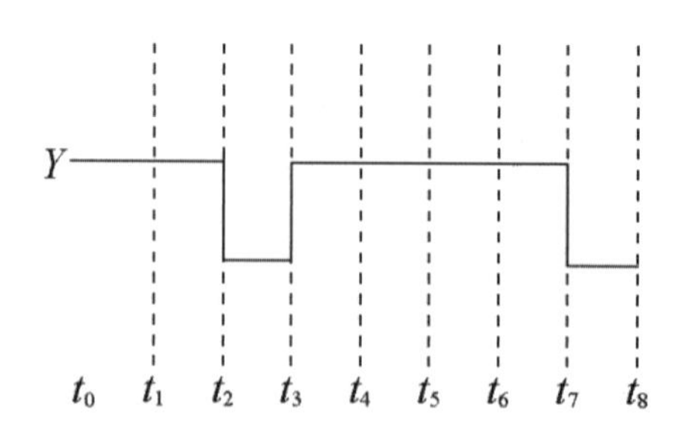

2-6 XOR 邏輯

互斥閘(XOR Gate: Exclusive OR Gate)在數位信號還原上常被利用，尤其是傳送信號時所執行的編碼運用。其符號則如圖 2-10 所示，其定義為

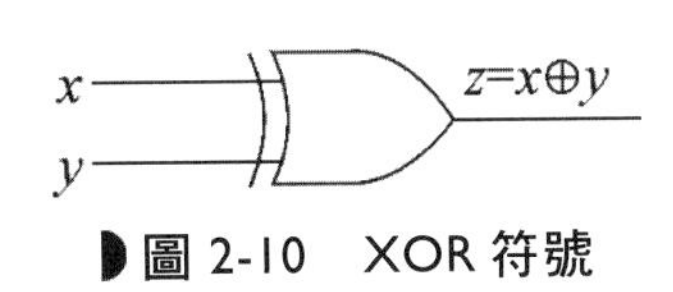

圖 2-10 XOR 符號

$$x \oplus y = x\bar{y} + \bar{x}y$$

其真值表則如表 2-6 所示。在其真值表中，可以很容易的看出：當兩輸入信號準位均相同時，則輸出準位為 0；反之，若兩輸入信號準位互補時，則輸出準位為 1。

❖ 表 2-6 互斥閘真值表

輸入		輸出
x	y	$z=x\oplus y$
0	0	0
0	1	1
1	0	1
1	1	0

範例 2-3 試將下列切換電路以二位元邏輯符號表示之。

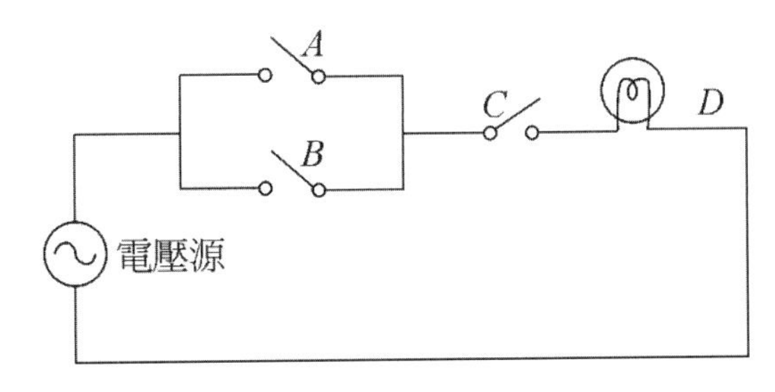

解答 $D=(A+B)\cdot C$

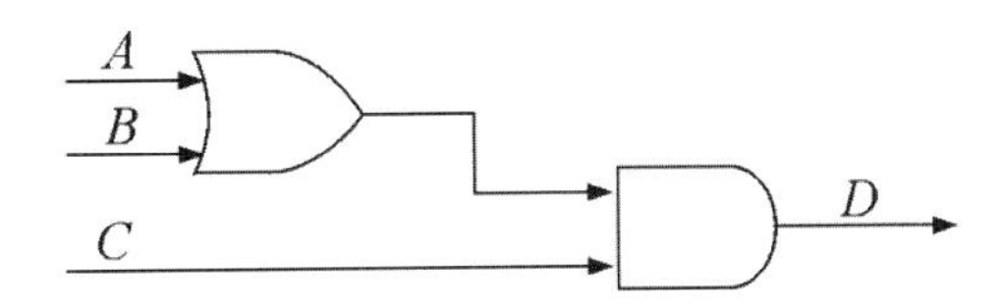

邏輯代換原則

(1) $\overline{x \cdot y} = \bar{x} + \bar{y}$ →即 AND 邏輯換成 OR 邏輯

(2) $\overline{x+y} = \bar{x} \cdot \bar{y}$ →即 OR 邏輯換成 AND 邏輯

(3) $\bar{\bar{x}} = x$ →某一變數的偶次 NOT 邏輯後仍為原變數本身

在代換原則(1)中，其等效邏輯電路如下所示：

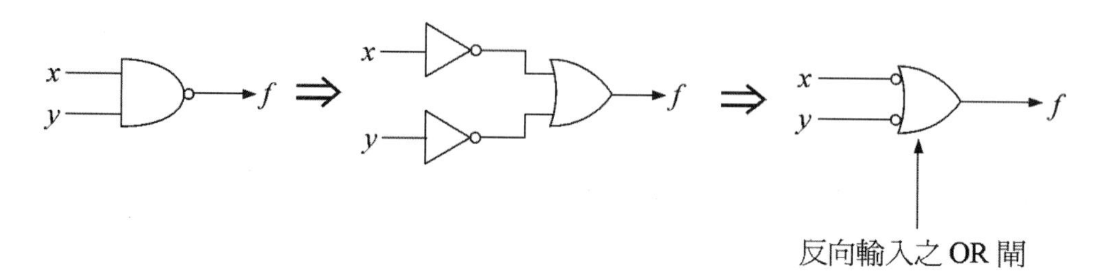

而在代換原則(2)中，其等效邏輯如下所示：

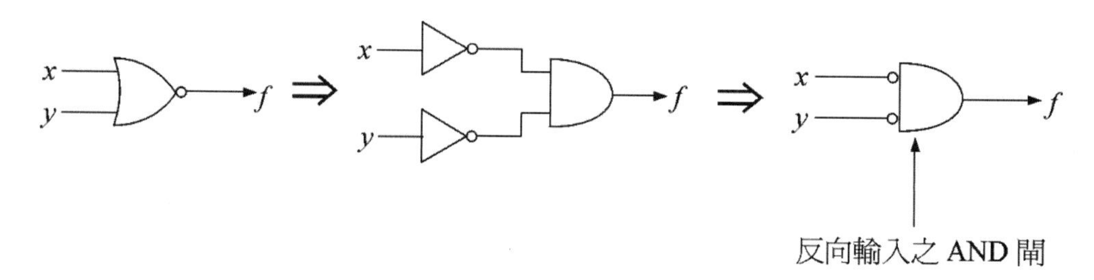

範例 2-4 試設計 $Y=\overline{A}\overline{B}$ 的邏輯電路。

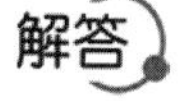

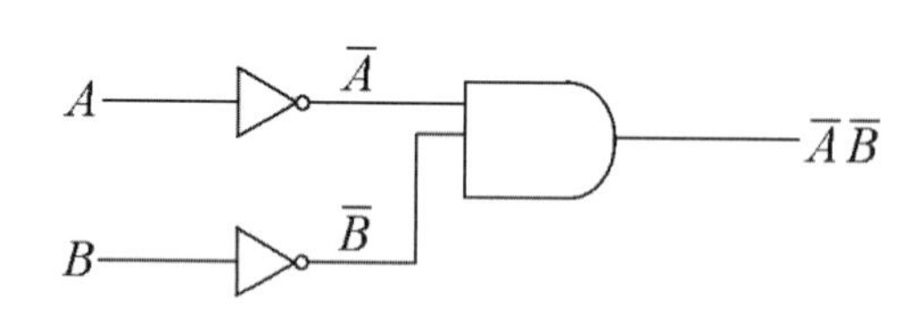

範例 2-5 試設計 $Y = A \oplus B \oplus C$ 的邏輯電路。

解答

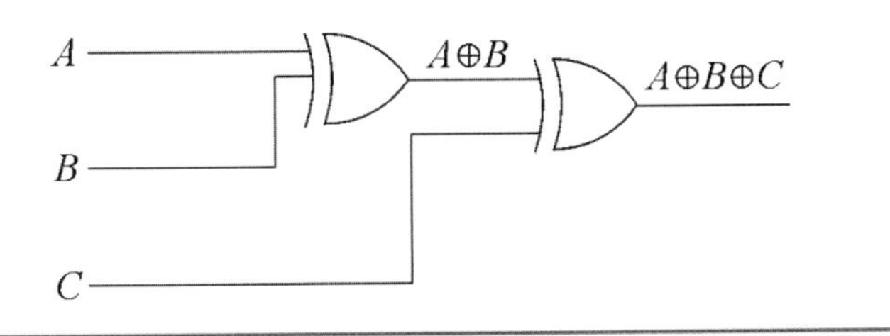

範例 2-6 試設計 $Y = AB + BC$ 的邏輯電路。

解答

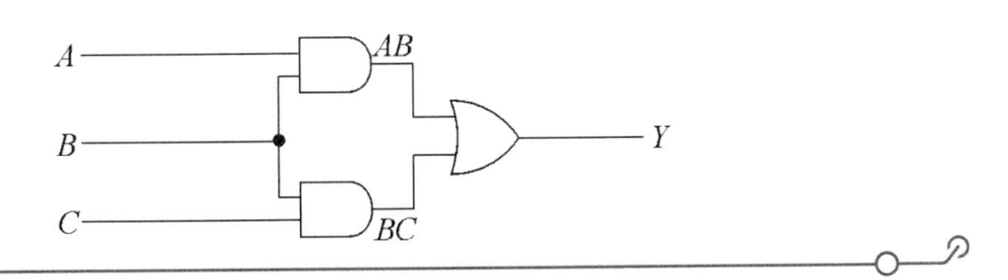

範例 2-7 試設計 $Y = A + \overline{BC}$ 的邏輯電路。

解答

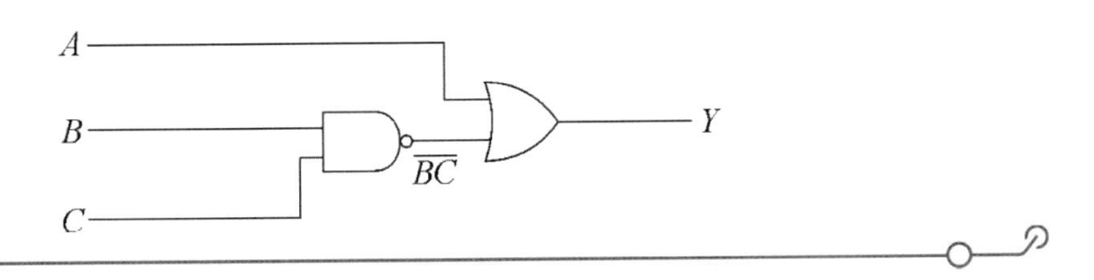

範例 2-8 試設計 $Y = (A + B)(C + D)$的邏輯電路。

解答

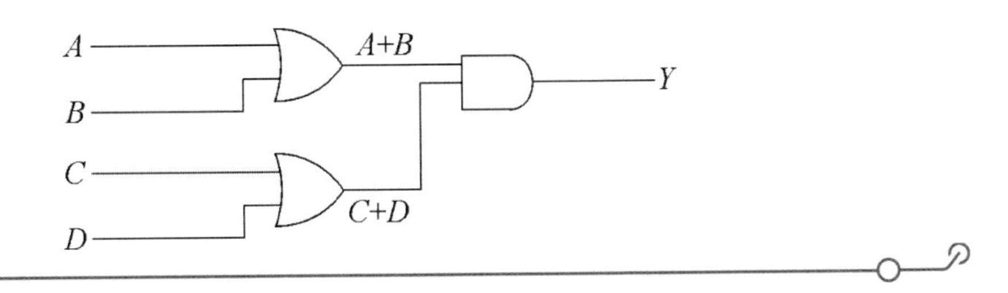

範例 2-9 試將 XOR 閘設計成緩衝器。

解答 所謂緩衝器，其輸入端僅有一個輸入線，且也僅有一個輸出線。除此之外，輸出端的訊號與輸入端訊號具有相同的波形。其符號記為

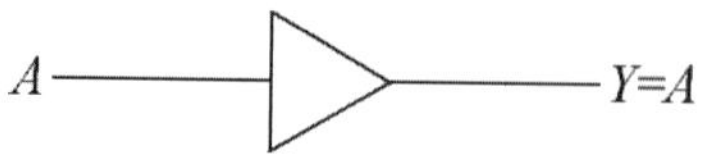

而其真值表為

輸入 A	輸出 Y
0	0
1	1

由 XOR 閘的真值表知道

輸入 A B	XOR 輸出 $Y=A\oplus B$	緩衝器輸出 $Y=A$
0 0	0	0
0 1	1	0
1 0	1	1
1 1	0	1

當 $B=0$ 時，$Y=A\oplus B=A\overline{B}+\overline{A}B=A$

$=A\oplus 0$

因此若 $A=0$ 時，$Y=0=A$

$A=1$ 時，$Y=1=A$

所以實際電路為

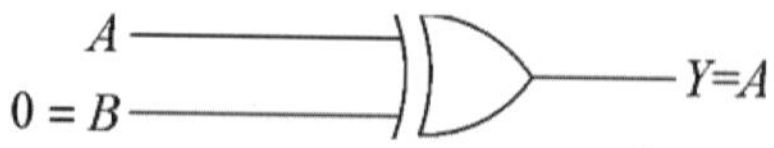

範例 2-10 試利用 XOR 閘設計 NOT 閘。

解答 依據 XOR 閘及 NOT 閘的真值表中可以知道：

輸入 A	輸入 B	XOR 輸出 $Y=A\oplus B$	NOT 閘輸出 $Y=\overline{A}$
0	0	0	1
0	1	1	1
1	0	1	0
1	1	0	0

若 $B=1$，則 $Y=A\oplus B=A\oplus 1$ 中

若 $A=1$，則 $Y=1\oplus 1=0=\overline{A}$

若 $A=0$，則 $Y=0\oplus 1=1=\overline{A}$

因此實際電路為

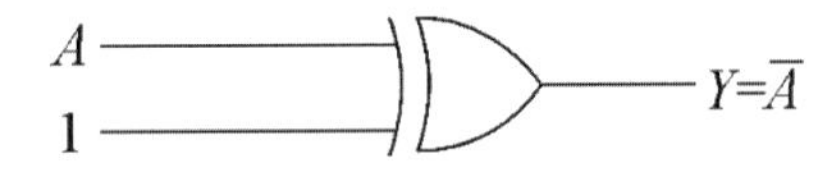

範例 2-11 試利用 NAND 閘設計 NOT 閘。

解答 依據 NAND 閘及 NOT 閘的真值表中可以知道：

輸入 A	輸入 B	NAND 輸出 $Y=\overline{AB}$	NOT 閘輸出 $Y=\overline{A}$
0	0	1	1
0	1	1	1
1	0	1	0
1	1	0	0

當 $B=A$ 時，$Y=\overline{AB}=\overline{AA}=\overline{A}$

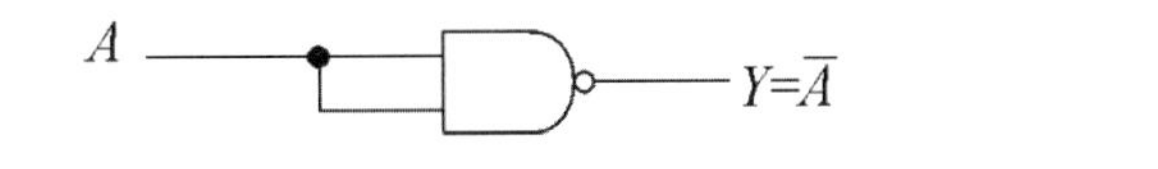

範例 2-12 學過基本邏輯閘觀念之後，我們再來看看如何學會各邏輯的組合結果。如下圖可知

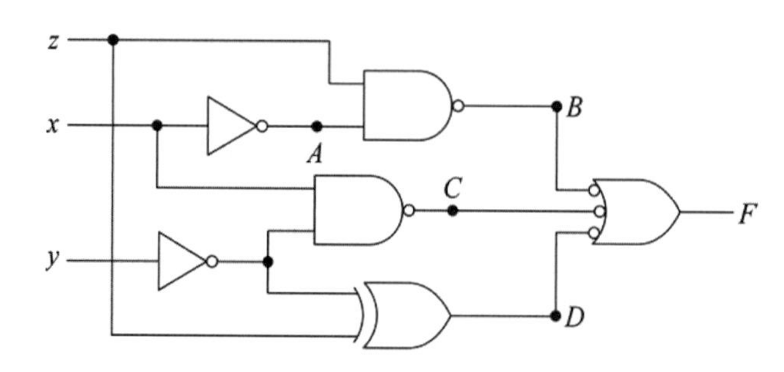

解答

$A=\bar{x}$

$B=\overline{\bar{x}z}$

$C=\overline{\bar{x}\bar{y}}$

$D=\bar{y}\oplus z$

$F=\bar{B}+\bar{C}+\bar{D}$

$=\overline{\overline{\bar{x}z}}+\overline{\overline{\bar{x}\bar{y}}}+\overline{\bar{y}\oplus z}$

因為 $y\oplus z=\bar{y}z+y\bar{z}$ 與 $\bar{\bar{x}}=x$ 可得

$F=\bar{x}z+x\bar{y}+\overline{\bar{\bar{y}}z+\bar{y}\bar{z}}$

根據第 2-6 節所言的邏輯化換原則可知

$F=\bar{x}z+x\bar{y}+\overline{yz+\bar{y}\bar{z}}$

$=\bar{x}z+x\bar{y}+\left(\overline{yz}\right)\cdot\left(\overline{\bar{y}\bar{z}}\right)$

$=\bar{x}z+x\bar{y}+\left(\bar{y}+\bar{z}\right)\cdot\left(\bar{\bar{y}}+\bar{\bar{z}}\right)$

$=\bar{x}z+x\bar{y}+\left(\bar{y}+\bar{z}\right)\cdot(y+z)$

$=\bar{x}z+x\bar{y}+\bar{y}y+\bar{y}z+y\bar{z}+\bar{z}z$

$=\bar{x}z+x\bar{y}+\bar{y}z+y\bar{z}$

$=\bar{x}z+x\bar{y}+y\oplus z$

範例 2-13 現在我們來探討數位波形經過邏輯閘之後的輸出波形。若如下圖所示之兩輸入信號 A、B 分別做 AND 閘、OR 閘及 XOR 閘的邏輯運算。

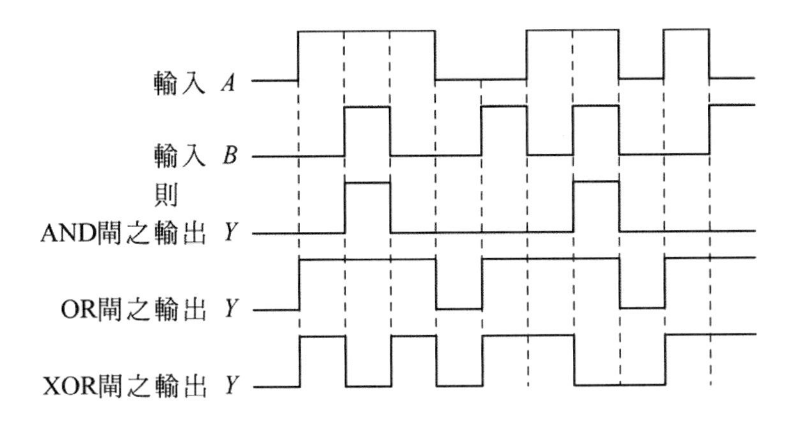

要特別注意的是，在談到數位邏輯電路之輸入準位時，我們都是指邏輯準位，而不是指實際的電壓準位（又稱實體準位）。正常情況下，TTL 及 CMOS 的邏輯準位與實體準位之關係如下：

TTL		實體準位
邏輯準位	1	+5V
	0	–5V（有些會以 0V 表示）

CMOS		實體準位
邏輯準位	1	+12V
	0	–12V

範例 2-14 試將下列電路改以純 NAND 及反相器兩種邏輯閘來加以設計。

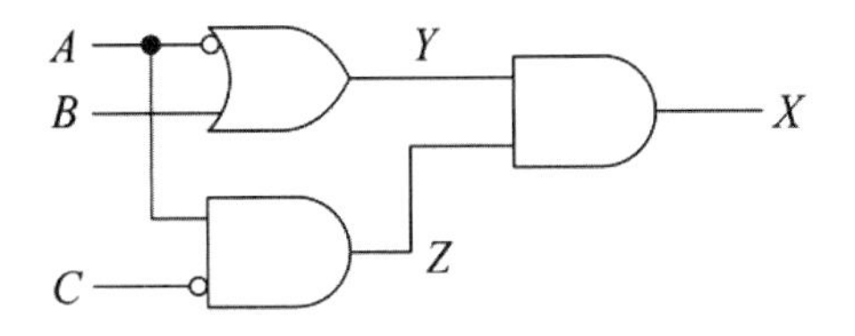

解答 由上圖可知

$$Y=\overline{A}+B$$

$$Z=A\overline{C}$$

而

$$X=YZ=\left(\overline{A}+B\right)\left(A\overline{C}\right)$$

$$=A\overline{A}C+AB\overline{C}$$

$$=AB\overline{C}$$

$$=\overline{\overline{AB}}\,\overline{C}=\overline{\overline{\overline{\overline{AB}}\,\overline{C}}}$$

因此電路可以改成

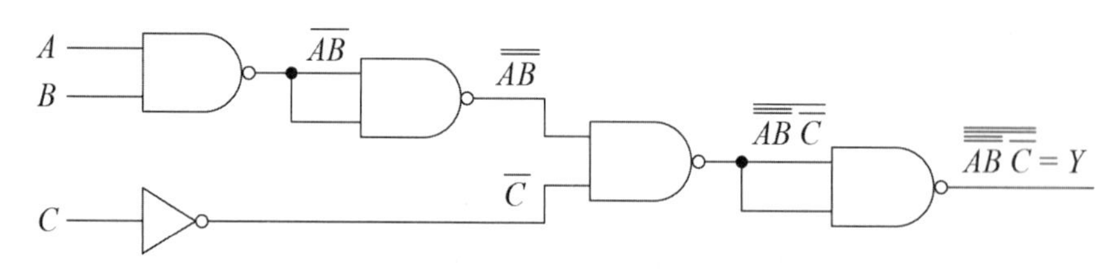

在這裡我們特別強調一點，在邏輯閘的輸入端若有○符號則代表反相，亦即事前將輸入猶如先經過一 NOT 閘一般。但這在後面的正反器之 CLOCK 使用時，將代表 CLOCK 脈波後緣取樣。後面我們會再探討。

範例 2-15 若邏輯運算 1011 與 0101 的結果為 0001，則試問該邏輯閘為何？

解答

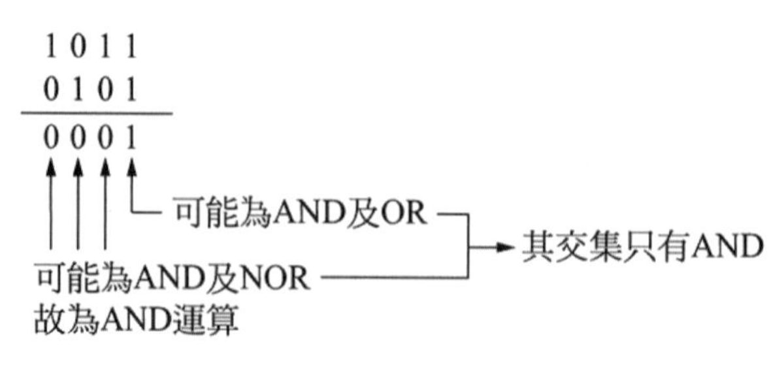

故為 AND 運算

2-7 信號緣偵測器(Edge Detector)

信號緣偵測器的主要功能是當邏輯輸入信號準位改變時，則輸出一固定寬度(Duty Cycle)的脈波，而此一產生的脈波前緣即為轉態發生時候。下圖即為以一個 XOR 所完成的信號緣偵測器。

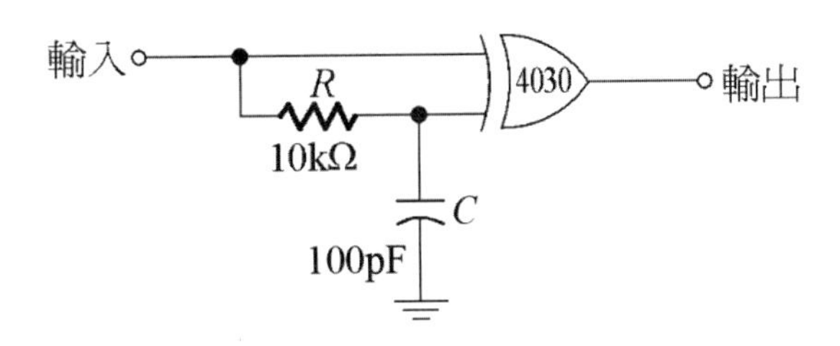

此一電路則將輸入信號經由 RC 的延遲，使得經 XOR 運算後，於輸出產生一個 1*us* 寬度的脈波。

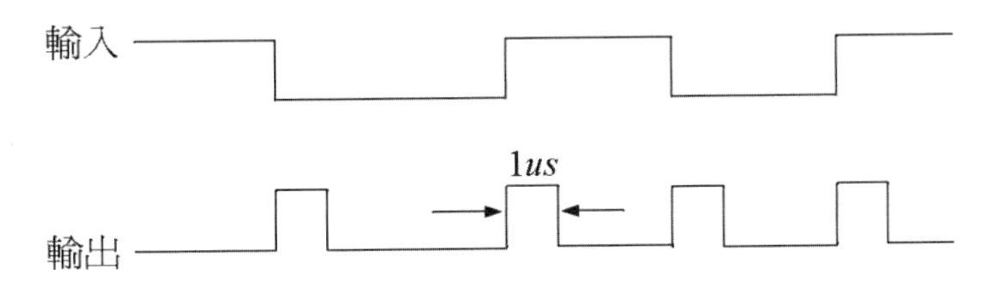

2-8 漢明碼(Hamming Code)

漢明碼是最典型的單一錯誤位元之更正碼，其係依檢驗位元矩陣而決定。

事實上，檢驗位元可以任意安排放置於位元串之中。現為方便起見，介紹一最常用的方法來加以表示。

步　驟

1. 所放置的檢驗位元有 n 個，則所處理檢驗位元矩陣則有 n 列。
2. 假設矩陣列之順序由上而下，依順序定義為第 1 列，第 2 列，……，第 n 列。

3. 檢驗矩陣中元素

(1) 先放置 $2^{n-i}-1$ 個 0，$i=1,2,3,\cdots\cdots,n$

(2) 其次依序輪換 2^{n-i} 個 1 及 2^{n-i} 個 0；$i=1,2,3,\cdots\cdots,n$

4. 將檢驗位元依序插在傳輸資料串之第 2^j 個位置上。其中 $j=0,1,2,\cdots\cdots,(n-1)$。

範例 2-16 $n=3$

解答 字碼格式 $P_1\ P_2\ X_8\ P_4\ X_4\ X_2\ X_1$

檢驗位元矩陣 $\underset{\sim}{P}=\begin{bmatrix}0&0&0&1&1&1&1\\0&1&1&0&0&1&1\\1&0&1&0&1&0&1\end{bmatrix}$

檢驗位元求法：$\begin{cases}P_4\oplus X_4\oplus X_2\oplus X_1=0\\P_2\oplus X_8\oplus X_2\oplus X_1=0\\P_1\oplus X_8\oplus X_4\oplus X_1=0\end{cases}\Rightarrow\begin{cases}P_4=X_4\oplus X_2\oplus X_1\\P_2=X_8\oplus X_2\oplus X_1\\P_1=X_8\oplus X_4\oplus X_1\end{cases}$

電路設計

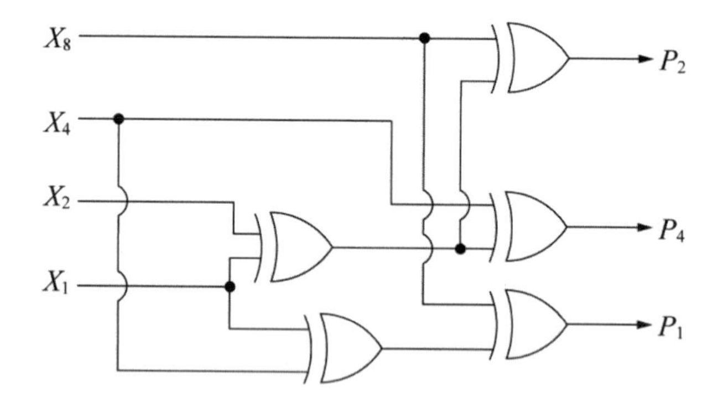

範例 2-17 $n=5$

解答 字碼格式 $P_1\ P_2\ M_1\ P_4\ M_2\ M_3\ M_4\ P_8\ M_5\ M_6\ M_7\ M_8\ M_9\ M_{10}\ M_{11}$
$P_{16}\ M_{12}\ M_{13}\ M_{14}\ M_{15}\ M_{16}$

檢驗位元矩陣

$$\underset{\sim}{P}=\begin{bmatrix} 0&0&0&0&0&0&0&0&0&0&0&0&0&0&0&1&1&1&1&1&1 \\ 0&0&0&0&0&0&0&1&1&1&1&1&1&1&1&0&0&0&0&0&0 \\ 0&0&0&1&1&1&1&0&0&0&0&1&1&1&1&0&0&0&0&1&1 \\ 0&1&1&0&0&1&1&0&0&1&1&0&0&1&1&0&0&1&1&0&0 \\ 1&0&1&0&1&0&1&0&1&0&1&0&1&0&1&0&1&0&1&0&1 \end{bmatrix}$$

檢驗位元求法：

$$\begin{cases} M_{16}\oplus M_{15}\oplus M_{14}\oplus M_{13}\oplus M_{12}\oplus P_{16}=0 \\ M_{11}\oplus M_{10}\oplus M_{9}\oplus M_{8}\oplus M_{7}\oplus M_{6}\oplus M_{5}\oplus P_{8}=0 \\ M_{16}\oplus M_{15}\oplus M_{11}\oplus M_{.10}\oplus M_{9}\oplus M_{8}\oplus M_{4}\oplus M_{3}\oplus M_{2}\oplus P_{4}=0 \\ M_{14}\oplus M_{13}\oplus M_{11}\oplus M_{.10}\oplus M_{7}\oplus M_{6}\oplus M_{4}\oplus M_{3}\oplus M_{1}\oplus P_{2}=0 \\ M_{16}\oplus M_{14}\oplus M_{12}\oplus M_{.11}\oplus M_{9}\oplus M_{7}\oplus M_{5}\oplus M_{4}\oplus M_{2}\oplus M_{1}\oplus P_{1}=0 \end{cases}$$

$$\begin{cases} P_{16}=M_{16}\oplus M_{15}\oplus M_{14}\oplus M_{13}\oplus M_{12} \\ P_{8}=M_{11}\oplus M_{10}\oplus M_{9}\oplus M_{8}\oplus M_{7}\oplus M_{6}\oplus M_{5} \\ P_{4}=M_{16}\oplus M_{15}\oplus M_{11}\oplus M_{10}\oplus M_{9}\oplus M_{8}\oplus M_{4}\oplus M_{3}\oplus M_{2} \\ P_{2}=M_{14}\oplus M_{13}\oplus M_{11}\oplus M_{10}\oplus M_{7}\oplus M_{6}\oplus M_{4}\oplus M_{3}\oplus M_{2} \\ P_{1}=M_{16}\oplus M_{14}\oplus M_{12}\oplus M_{11}\oplus M_{9}\oplus M_{7}\oplus M_{5}\oplus M_{4}\oplus M_{2}\oplus M_{1} \end{cases}$$

2-9 格雷碼

特　性

1. 是一種非加權式的數碼，因此不適合用於算術運算。
2. 每一數值碼和它相鄰的數值碼之間，只有一個位元不同。

   亦即相鄰之格雷碼 A 及 B 之 XOR 運算後，所產生的位元中，只有 1 個「1」，或

   $d(A,B)=1=A$及B之distance

CASE I 由 r 進制轉成格雷碼

步 驟

1. 將 r 進制之碼轉換成二進制。
2. 在二進制碼之最左位元前加上位元「0」。
3. 由最右位元開始，於二進制碼中，兩相鄰位元作 XOR 運算即得。

範例 2-18

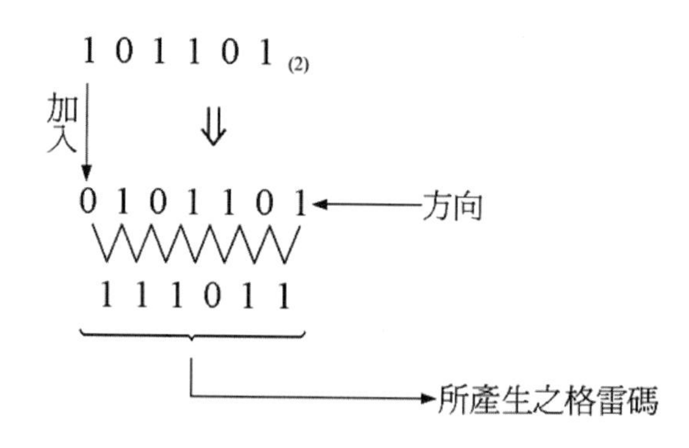

CASE II 將格雷碼轉成 r 進制碼

步 驟

1. 將格雷碼之最高位元定義為 a_n^G，其次位元順序值定義為 $a_{n-1}^G, a_{n-2}^G, \cdots\cdots, a_1^G, a_0^G$。
2. 將二進碼之最高位元定義為 a_n，其次位元順序值依次定義為 $a_{n-1}, a_{n-2}, \cdots\cdots, a_1, a_0$。
3. 令 $a_n = a_n^G$。
4. $a_{n-i} = a_{n-i+1} \oplus a_{n-i}^G, i = 1, 2, \cdots\cdots, n$。
5. 得到二進碼 $a_n, a_{n-1}, a_{n-2}, \cdots\cdots, a_0$ 後再將其轉成 r 進制碼。

範例 2-19 將 $1101_{(Gray)}$轉成十進制碼。

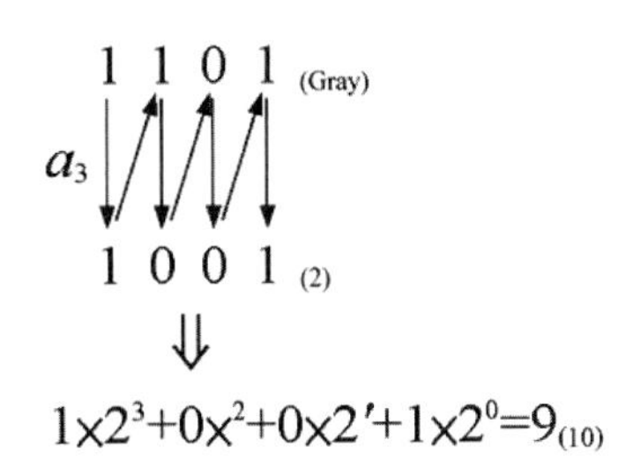

範例 2-20 試設計一個可以將二進制碼轉換成格雷碼的電路。

解答 由前面的敘述知：若令二進碼為 $B_{n-1}B_{n-2}\cdots\cdots B_2B_1B_0$，格雷碼為 $G_{n-1}G_{n-2}\cdots\cdots G_2G_1G_0$，則

$$G_{n-1}=B_{n-1}$$
$$G_i=B_i\oplus B_{i+1}, 0\le i<n-1$$

若 $n=4$，代表以 4 位元表示時，則

$$G_3=B_3$$
$$G_2=B_2\oplus B_3$$
$$G_1=B_1\oplus B_2$$
$$G_0=B_0\oplus B_1$$

所以 4 位元轉換電路為

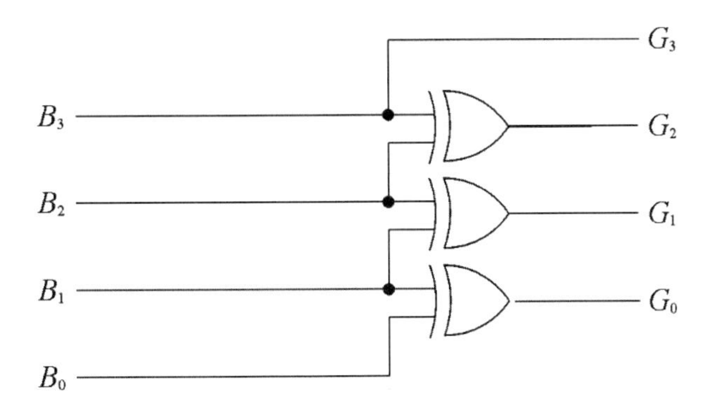

範例 2-21 試設計一個可以將格雷碼轉換成二進制碼的電路。

解答 由本章節中可知

$$B_{n-1}=G_{n-1}$$

$$B_i=B_{i+1}\oplus G_i\text{，}0\le i\le n-1$$

若以 4 位元為例

$$B_3=G_3$$
$$B_2=B_3\oplus G_2=G_3\oplus G_2$$
$$B_1=B_2\oplus G_1=G_3\oplus G_2\oplus G_1$$
$$B_0=B_1\oplus G_0=G_3\oplus G_2\oplus G_1\oplus G_0$$

所以 4 位元轉換電路為

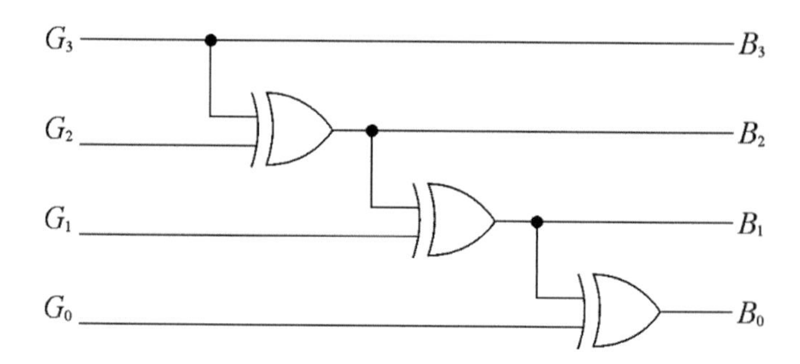

2-10 錯誤檢測電路

在最簡單的錯誤檢測中，我們會在每一筆資料位元之後加入一個位元邏輯準位 1，使得邏輯準位為 1 的總數目為偶數或奇數。若邏輯準位為 1 的總數目是偶數，則這種錯誤檢測稱為偶同位錯誤檢測；若邏輯準位為 1 的總數目是奇數，則這種錯誤檢測稱為奇同位錯誤檢測。例如：若從外部接收到四個字元 A、B、C、D 分別如下：

A	0000000
B	0101001
C	1100010
D	1101101

若以偶同位錯誤檢測產生器而言，則四個字元之後所分別加入的邏輯準位如下：

	原始位元	同位位元
A	0000000	0
B	0101001	1
C	1100010	1
D	1101101	1

若以奇同位錯誤檢測產生器而言，則四個字元之後所分別加入的邏輯準位如下：

	原始位元	同位位元
A	0000000	1
B	0101001	0
C	1100010	0
D	1101101	0

範例 2-22 試利用 XOR 閘設計 2 個 8 位元的奇同位錯誤檢測器。

解答 因 8 個位元中（假設為 $A_7A_6A_5A_4A_3A_2A_1A_0$），若邏輯準位為 1 的個數為偶數時，則以 XOR 來設計時，其輸出定為 0，亦即電路為：

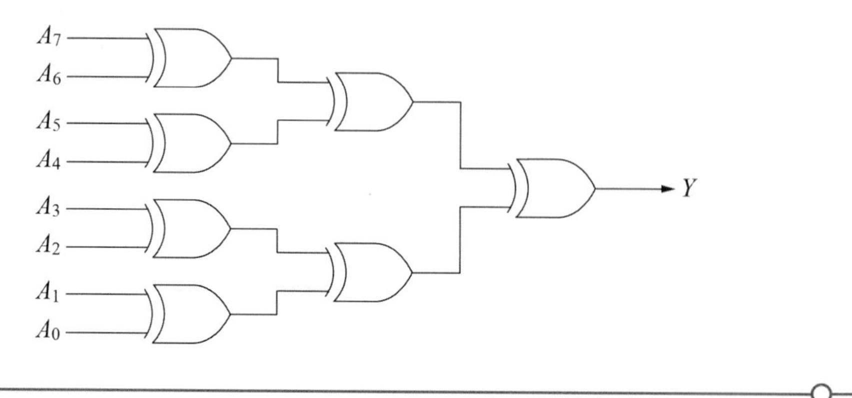

如上一範例所示，如果輸入為 $A_6A_5A_4A_3A_2A_1A_0$，其中 A_0 為最低位元，則如何產生 8 位元偶同位錯誤檢測器呢？如下電路，則可以知道若 A_0~ A_6 的邏輯準位 1 之總數為奇數時，則輸出為 1；若為偶數時，則輸出為 0。

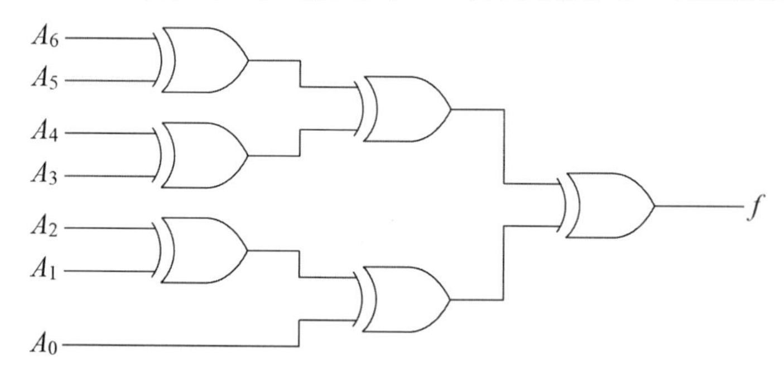

所以若要變成奇同位錯誤檢測產生器，則需使輸出 $A_7=1$；若要變成偶同位錯誤檢測，則需使輸出為 0，因此電路可依據所需設計如下：

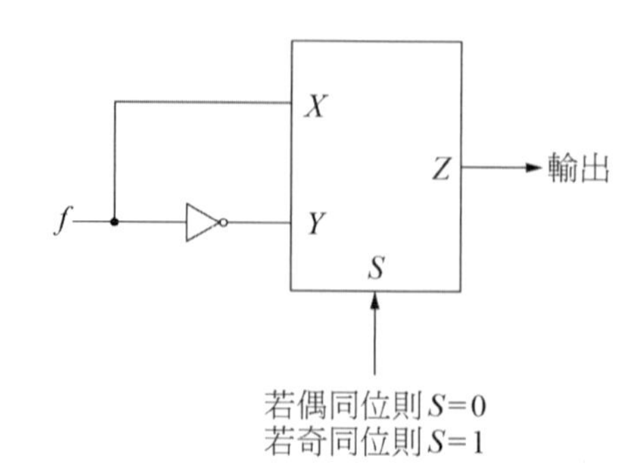

若要檢測輸入的資料是奇同位或偶同位，則可以利用 IC 74180，其接腳配置則如下圖所示：

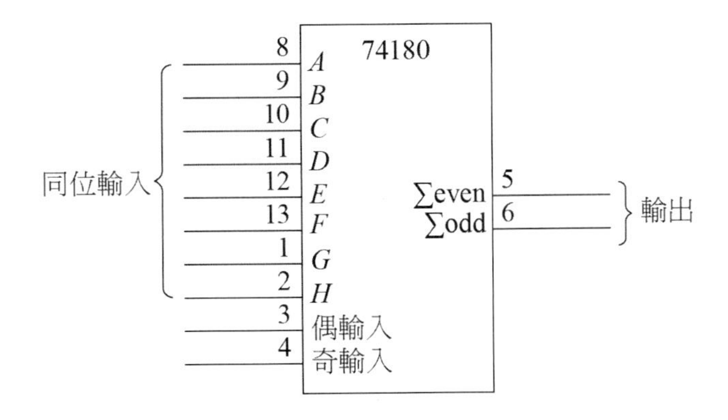

而其函數表為

輸入			輸出	
A~H 的輸入高準位個數和	偶	奇	Σeven	Σodd
偶	H	L	H	L
奇	H	L	L	H
偶	L	H	L	H
奇	L	H	H	L
×	H	H	L	L
×	L	L	H	H

因此若要設計一個 9 輸入位元之同位檢測電路則為：

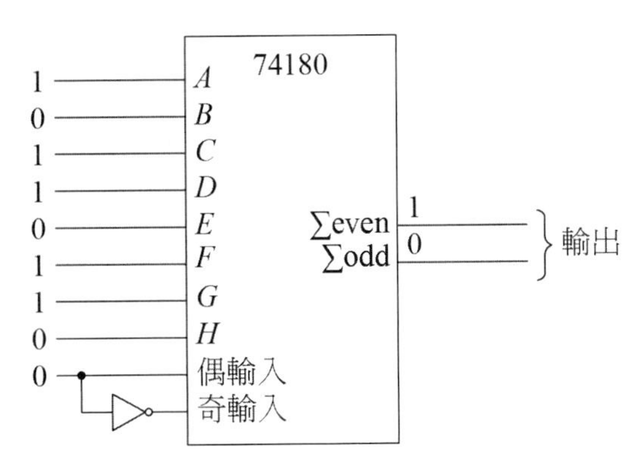

若要設計成一個 14 位元同位檢測電路，則電路設計如下：

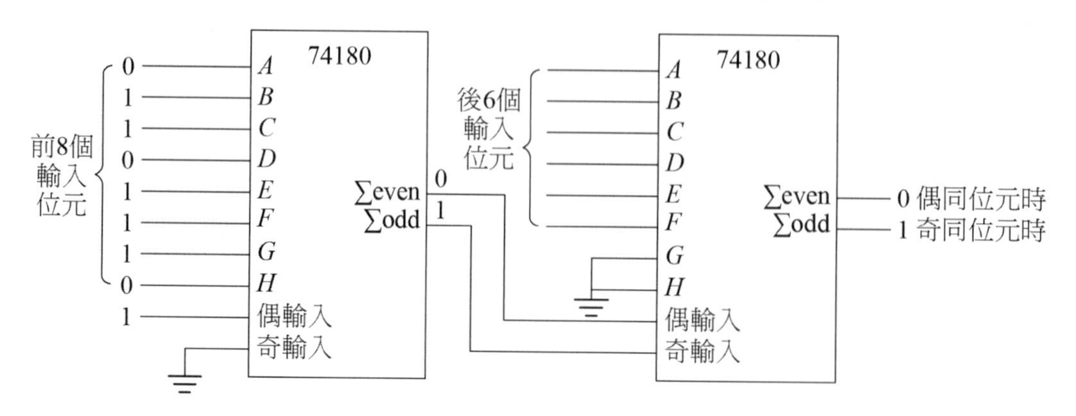

作業（二）

(1) 試將二進制數 1110111 轉換成格雷碼。

(2) 試將格雷碼 010101 轉換成 4 進制碼。

QUIZ

作業解答

ANSWER

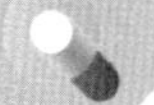

【第 1 題】

01110111(2)

1001100

因此$(01110111)_2 = 1001100_{(格雷碼)}$

【第 2 題】

010101

011001

因此 $010101_{(格雷碼)} = 011001_{(2)} = 121_{(4)}$

MEMO
DIGITAL LOGIC DESIGN

CHAPTER 03

布林代數(Boolean Algebra)

DIGITAL LOGIC DESIGN

3-1 引　言

布林代數係用於定義邏輯運算子（Operator：AND、OR、NOT 等）、元素集合（即變數所有可能值所成的集合）及無法證明之運算元（如+、−、×、÷）間的代數運算。

性質：在二位邏輯中

1. 交換性：$x \cdot y = y \cdot x$

   $x + y = y + x$

2. 分配性：$x \cdot (y + z) = (x \cdot y) + (x \cdot z)$

3. 結合性：$(x \cdot y) \cdot z = x \cdot (y \cdot z)$

   $(x + y) + z = x + (y + z)$

4. 單位元素：在 OR 邏輯中其單位元素(Identity Element)為 0。亦即 $0 + x = x$

5. 反元素：在 AND 邏輯中 0 為任何變數之反元素。因 $x \cdot 0 = 0$

6. 封閉性：令 S 為二位元 $\{0,1\}$ 所構成之集合，因

   $1+1=0+1=1+0=1 \quad \in S$

   $0+0=0 \quad \in S$

   $0 \cdot 0=0 \cdot 1=1 \cdot 0=0 \quad \in S$

   $1 \cdot 1=1 \quad \in S$

   故滿足封閉性

用　途

在設計邏輯電路時，如何用最少的邏輯元件（OR、AND、XOR、NOT 等）來設計該電路，以降低成本及電路的複雜度。因此布林代數的化簡運算便極為重要。

3-2 Venn 圖(Venn Diagram)

Venn 圖是用於幫助我們直接由視覺上即能了解所有布林代數之變數間的關係。

範例 3-1

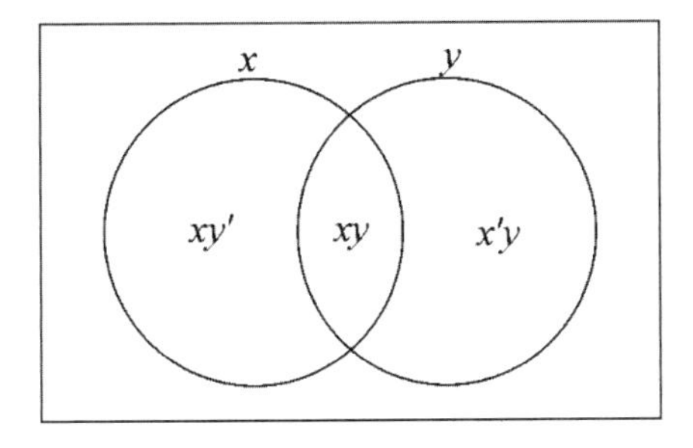

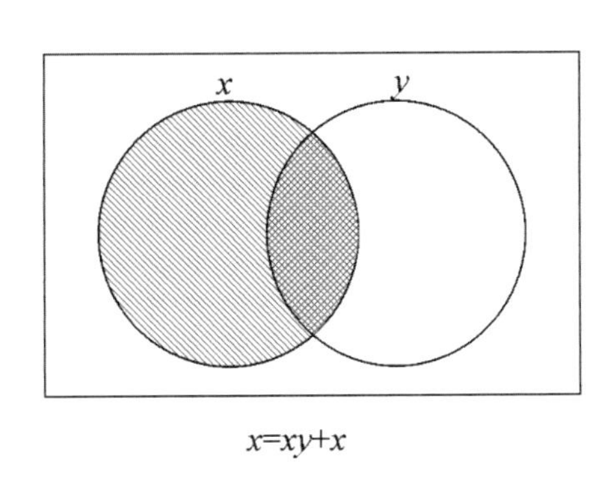

$x=xy+x$

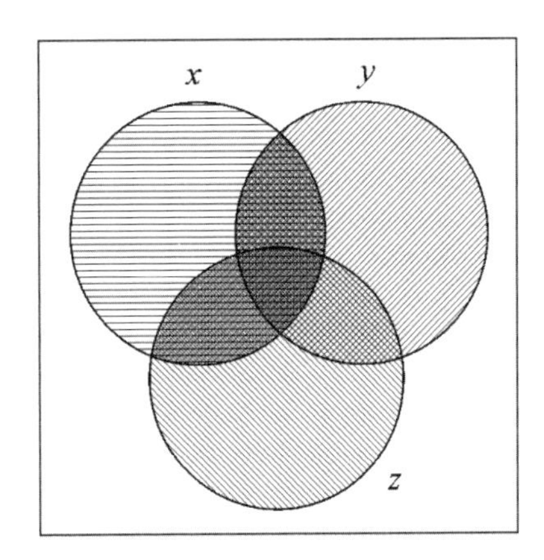

$x(y+z)=xy+xz$

另外，由 Venn 圖我們也可以發現

(1) $x(x+y)=x$

(2) $(x+y)(\overline{x}+z)(y+z)=(x+y)(\overline{x}+z)$

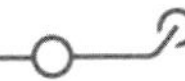

其中 $\overline{x}$ 相對於圖中的 x'。

3-3 布林代數的化簡

布林代數化簡的主要用途，係將複雜的電路設計轉換成較簡單且易於執行的電路。因此熟悉布林代數如何化簡，在電路設計上是極為重要的。以下，我們將列舉各類型題目來訓練思考能力。

範例 3-2

(1) $x(\bar{x}+y)=x\bar{x}+xy=xy$（因為 $x\bar{x}=0$）

(2) $\bar{x}\bar{y}z+\bar{x}yz+x\bar{y}=\bar{x}z(\bar{y}+y)+x\bar{y}=\bar{x}z+x\bar{y}$

(3) $xy+\bar{x}z+yz=xy+\bar{x}z+yz(x+\bar{x})$

$=xy+\bar{x}z+xyz+\bar{x}yz$

$=xy(1+z)+\bar{x}z(1+y)$

$=xy+\bar{x}z$

(4) $(x+y)(x+z)=\overline{\overline{(x+y)(x+z)}}$

$=\overline{\bar{x}\bar{y}+\bar{x}\bar{z}}$

$=\overline{\bar{x}(\bar{y}+\bar{z})}$

$=x+\overline{(\bar{y}+\bar{z})}$

$=x+yz$

(5) $(x+y)\cdot(y+z)\cdot(\bar{y}+z)=(x+y)\overline{\overline{(y+z)(\bar{y}+z)}}$

$=(x+y)\overline{(\bar{y}\bar{z}+y\bar{z})}$

$=(x+y)\overline{(\bar{y}+y)\bar{z}}$

$=(x+y)\bar{\bar{z}}$

$=(x+y)z$

(6) $x(x+y)=x\cdot x+xy$　（因 $x\cdot x=x$）

$=x+xy$　（依分配性）

$=x(1+y)$　（又因 $1+y=1$）

$=x$

範例 3-3 證明 $x+\bar{x}y=x+y$。

證明
$$x+\bar{x}y=x(1+y)+\bar{x}y$$
$$=x+xy+\bar{x}y=x+y(x+\bar{x})$$
$$=x+y$$

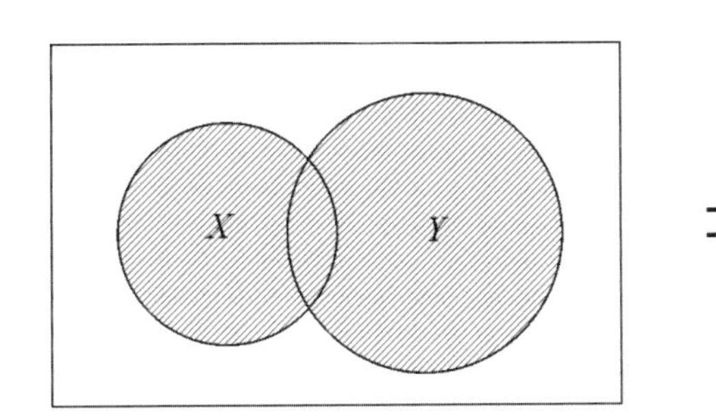

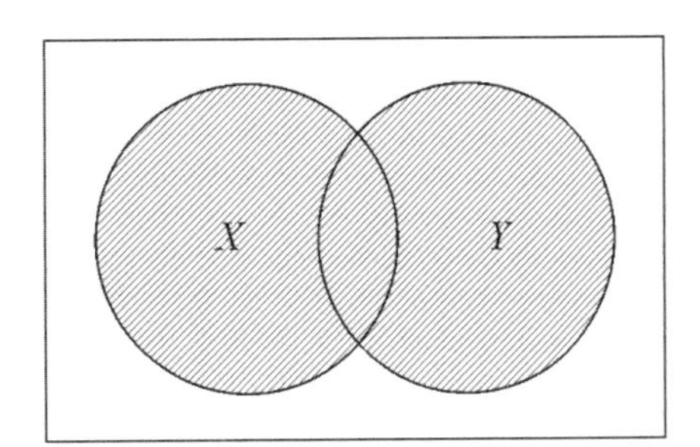

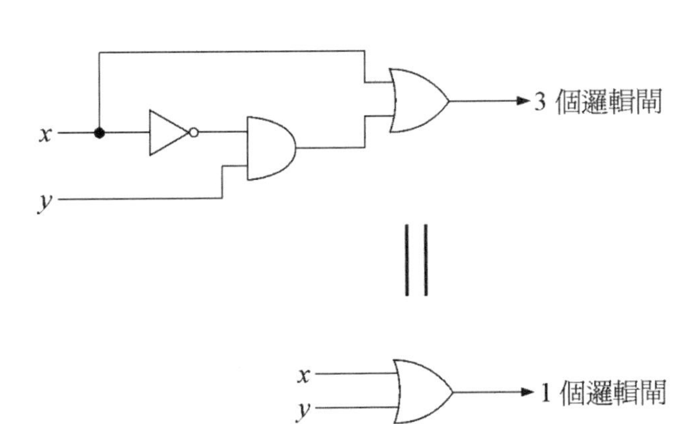

範例 3-4 證明 $(x+y)\cdot(\bar{y}+z)+(x+z)=(x+y)(\bar{y}+z)$。

證明 $(x+y)(\bar{y}+z)+(x+z)=x\bar{y}+xz+yz+(x+z)=x(\bar{y}+1)+z(x+y+1)=x+z$

由上式，若令 $A=x\bar{y}+xz+y\bar{y}+yz$，$B=x+z$，則由 $A+B=B$ 的邏輯運算式中，可以看出一定是 $A=B$（因為 $A+B=B=B+B$）。注意 $0+B=B$，但這裡並沒有保證 A 永遠為 0 準位，所以由 $A=B$ 可知

$$x+z=x\overline{y}+xz+y\overline{y}+yz=(x+y)(\overline{y}+z)$$

亦即　$(x+y)(\overline{y}+z)+(x+z)=(x+y)(\overline{y}+z)$

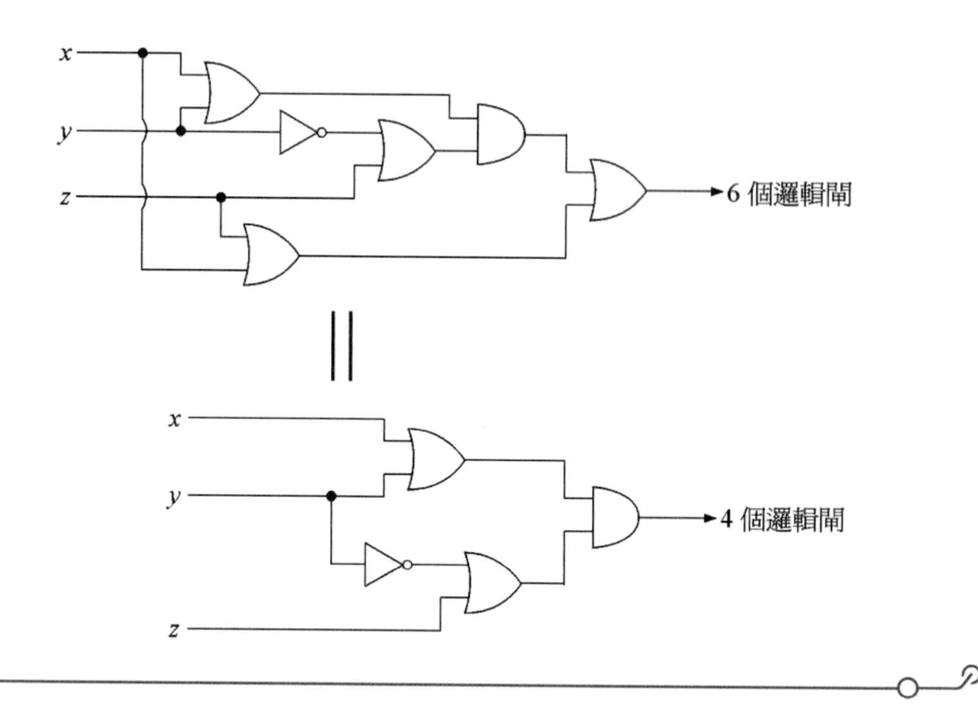

範例 3-5 如圖所示

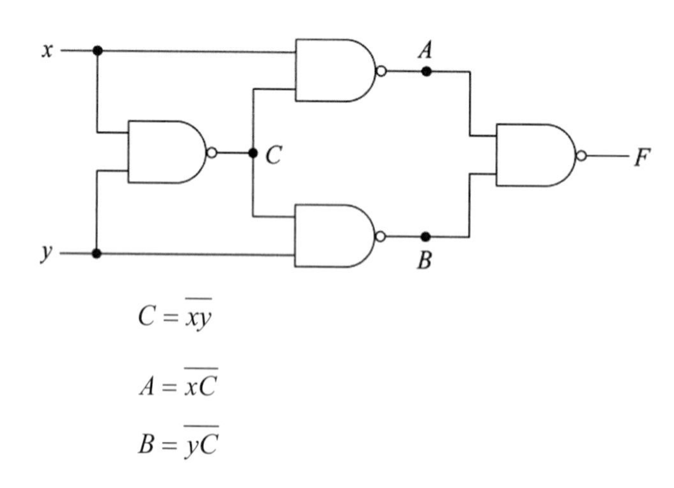

$C=\overline{xy}$

$A=\overline{xC}$

$B=\overline{yC}$

所以

$$F = \overline{\overline{A}\overline{B}} = \overline{\overline{A}} + \overline{\overline{B}}$$

$$= xC + yC$$

$$= (x+y)C$$

$$= (x+y)\overline{xy}$$

$$= (x+y)(\overline{x}+\overline{y})$$

$$= x\overline{x} + x\overline{y} + y\overline{x} + y\overline{y}$$

$$= x\overline{y} + y\overline{x}$$

$$= x \oplus y$$

亦即電路實際可以簡化為

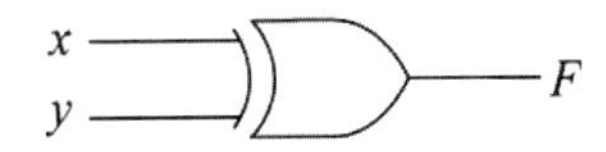

範例 3-6 $F=\overline{A}\overline{B}+A\overline{B}+AB$

解答 $F=\overline{A}\overline{B}+A\overline{B}+AB$

$= \overline{A}\overline{B}+A\overline{B}+A\overline{B}+AB$（這裡利用 $X+X=X$ 的觀念）

$= (\overline{A}\overline{B}+A\overline{B})+(A\overline{B}+AB)$

$= (\overline{A}+A)\overline{B}+A(\overline{B}+B)$（因為 $X+\overline{X}=1$）

$= \overline{B}+A$

範例 3-7 化簡 $F=AC+BC+\overline{A}B$ 。

解答

$F=AC+BC+\overline{A}B$

$=AC+BC(A+\overline{A})+\overline{A}B$

$=AC+ABC+\overline{A}BC+\overline{A}B$

$=AC(1+B)+\overline{A}B(C+1)$

$=AC+\overline{A}B$

範例 3-8 化簡 $F=A+\overline{B}+C+\overline{A}B\overline{C}$ 。

解答

$F=A+\overline{B}+C+\overline{A}B\overline{C}=(A+\overline{B}+C)+\overline{A}B\overline{C}$

因為 $\overline{A+\overline{B}+C}=\overline{A}B\overline{C}$ 且 $\overline{\overline{A}}=A$ ，所以若 $X=\overline{A}B\overline{C}$ ，

則 $\overline{\overline{A}B\overline{C}}+\overline{A}B\overline{C}=\overline{X}+X=1$

因此

$F=\overline{\overline{A+\overline{B}+C}}+\overline{A}B\overline{C}$

$=\overline{\overline{A}+B+\overline{C}}+\overline{A}B\overline{C}$

$=1$

範例 3-9 化簡 $F=\overline{A}+\overline{B}+AB\overline{C}$ 。

解答

$F=\overline{A}+\overline{B}+AB\overline{C}$ 　由 $\overline{A}$ 及 $AB\overline{C}$ 中知若 $\overline{A}B\overline{C}+AB\overline{C}=B\overline{C}(\overline{A}+A)=B\overline{C}$ ，

而 $\overline{B}\overline{C}+B\overline{C}=\overline{C}$ ，因此

$F=\overline{A}(1+B\overline{C})+AB\overline{C}+\overline{B}$ （保留 $\overline{A}$ 項，故 $\overline{A}$ 與 $1+B\overline{C}$ 做 AND 運算）

$=\overline{A}+\overline{A}B\overline{C}+AB\overline{C}+\overline{B}$

$=\overline{A}+(\overline{A}+A)B\overline{C}+\overline{B}$

$=\overline{A}+B\overline{C}+\overline{B}$

$=\overline{A}+B\overline{C}+\overline{B}(1+\overline{C})$ （為保留 $\overline{B}$ 項，故 $\overline{B}$ 與 $1+\overline{C}$ 做 AND 運算）

$= \overline{A} + B\overline{C} + \overline{B} + \overline{B}\,\overline{C}$

$= \overline{A} + \overline{B} + (B + \overline{B})\overline{C}$

$= \overline{A} + \overline{B} + \overline{C}$

範例 3-10 證明 $A\overline{B}\,\overline{C} + B\overline{C} = A\overline{C} + B\overline{C}$。

證明 $A\overline{B}\,\overline{C} + B\overline{C} = (A\overline{B} + B)\overline{C}$

$= (A\overline{B} + B(1 + A))\overline{C}$

$= (A\overline{B} + B + AB)\overline{C}$

$= (A(\overline{B} + B) + B)\overline{C}$

$= (A + B)\overline{C}$

$= A\overline{C} + B\overline{C}$

範例 3-11 化簡下列函數 $f(A, B, C) = (A + B)(A + C)$。

解答 $f(A, B, C) = (A + B)(A + C)$

$= AA + AC + BA + BC$

$= A + AC + AB + BC$

$= A(1 + C + B) + BC$

$= A + BC$

範例 3-12 化簡布林函數 $F = xyz + x\overline{y}z$。

解答 $F = xyz + x\overline{y}z$

$= xz(y + \overline{y})$

$= xz$

3-4 最大項與最小項

定　義

一個積項如果是由不同的字母變數所形成，則稱為 n 個變數的最小項(Minterm)，或稱為標準積。以 m_j 符號表示。其中 j 表示該積項相對應二進制數值的十進位數。

定　義

一個和項如果是由不同的字母變數所形成，則稱為 n 個變數的最大項(Maxterm)，或稱為標準和。以符號 M_j 表示之。其中 j 表示該和項對應二進制數值的十進制數。

詳細例子見表 3-1 所示。由表 3-1 所示，最小項係想像成輸入信號做 AND 運算後的輸出結果為準位 1；而最大項係想像成輸入信號做 OR 運算後的輸出結果為準位 0。

❖ 表 3-1　最大項、最小項與輸入變數間的關係

x y z	Minterms		Maxterms	
	項　次	代　號	項　次	代　號
0 0 0	$\bar{x}\,\bar{y}\,\bar{z}$	m_0	$x+y+z$	M_0
0 0 1	$\bar{x}\,\bar{y}\,z$	m_1	$x+y+\bar{z}$	M_1
0 1 0	$\bar{x}\,y\,\bar{z}$	m_2	$x+\bar{y}+z$	M_2
0 1 1	$\bar{x}\,y\,z$	m_3	$x+\bar{y}+\bar{z}$	M_3
1 0 0	$x\,\bar{y}\,\bar{z}$	m_4	$\bar{x}+y+z$	M_4
1 0 1	$x\,\bar{y}\,z$	m_5	$\bar{x}+y+\bar{z}$	M_5
1 1 0	$x\,y\,\bar{z}$	m_6	$\bar{x}+\bar{y}+z$	M_6
1 1 1	$x\,y\,z$	m_7	$\bar{x}+\bar{y}+\bar{z}$	M_7

定　理

$\overline{m_j}=M_j$

範例 3-13 $m_5=A\bar{B}C$

$M_5=\bar{A}+B+\bar{C}$

則 $\overline{m_5}=\overline{A\bar{B}C}$

$=\bar{A}+B+\bar{C}$

$=M_5$

範例 3-14 $f_1(X,Y,Z)=\bar{X}\bar{Y}\bar{Z}+\bar{X}YZ+X\bar{Y}Z+XY\bar{Z}$

$=m_0+m_3+m_5+m_6$

$\triangleq \Sigma(0,3,5,6)$

└ 全部為 OR 運算

範例 3-15 $f_2(X,Y,Z)=(X+Y+Z)(X+Y+\bar{Z})(X+\bar{Y}+Z)(\bar{X}+Y+Z)$

$=M_0+M_1+M_2+M_4$

$\triangleq \Pi(0,1,2,4)$

└ 全部為 AND 運算

範例 3-16 試將布林函數 $F=A+\bar{B}C$ 以 Minterms 之和表示之。

解答 $F=A+\bar{B}C$

因$(\bar{B}+B)=1$ 及$(\bar{C}+C)=1$

所以

$A=A(\bar{B}+B)(\bar{C}+C)=ABC+AB\bar{C}+A\bar{B}C+A\bar{B}\bar{C}$

$\bar{B}C=\bar{B}C(A+\bar{A})=A\bar{B}C+\bar{A}\bar{B}C$

所以

$F=A+\bar{B}C=ABC+AB\bar{C}+A\bar{B}C+A\bar{B}\bar{C}+A\bar{B}C+\bar{A}\bar{B}C$

$=m_1+m_4+m_5+m_6+m_7$

$=\bar{A}\bar{B}C+A\bar{B}\bar{C}+A\bar{B}C+AB\bar{C}+ABC$

為了方便起見，布林函數以 Minterms 之和表示時，可以簡記如下：

$F(A, B, C)=\Sigma(1, 4, 5, 6, 7)$

3-5 布林代數之補數運算

步　驟

設 U 為一布林函數中，所有布林變數 m_j 中所有十進制中之數值所成的集合。亦即 $U=\{0,1,2,3,4,5,6,7,8,9,\cdots\cdots\}$

X 為標準積項和(SOP)型式中所用到之布林變數 m_i 之下標 i 所成的集合。亦即 $i \in X$，則 X^c（稱之 X 的補數函數）：

(1) 仍為標準積項和型式。

(2) 其所用到布林變數 m_ℓ 之下標 ℓ 所成的集合，即為

$U-X$ 。亦即 $\ell \in U-X$

同理標準項積(POS)之補數函數原理亦然。

範例 3-17 $f(A,B,C)=\Sigma(1,2,4,7)$

$f^c(A,B,C)=\Sigma(0,3,5,6)$

3-6 標準積項之和(SOP)與標準和項之積(POS)之互換

步　驟

1. 先查看函數 $f(\cdot)$ 中之變數有幾個（令為 n）。

2. 該集合即有 2^n 個標準項，亦即該集合為（以代碼表示）

$U=\{0,1,2,\cdots\cdots,2^n-1\}$

3. 假若 $f(\cdot)$ 中之變數代碼所成之集合為 X，則其變換方法為

$$\Sigma \longleftrightarrow \Pi$$
$$X \longleftrightarrow U - X$$

有些書上把 $U - X$ 寫成 $U \setminus X$，其中符號 \ 表示扣除的意思，亦即，$U \setminus X$ 表示由 U 集合中扣除 X 集合中的所有元素。

範例 3-18 $f(x,y,z)=\Sigma(0,3,5,6)$

$$f^c(x,y,z)=\Sigma(1,2,4,7)=\overline{f}(x,y,z)$$
$$\overline{\overline{f}}(x,y,z)=\overline{f^c}(x,y,z)=f(x,y,z)$$
$$=\overline{\Sigma(1,2,4,7)}$$
$$=\overline{m_1+m_2+m_4+m_7}$$
$$=M_1\cdot M_2\cdot M_4\cdot M_7$$
$$=\Pi(1,2,4,7)$$
$$=\Sigma(0,3,5,6)$$

在 $n=3$ 時（亦即 x，y，z 等共 3 個布林變數，故最大值為 7）

$\Rightarrow U=\{0,1,2,3,4,5,6,7\}$，$X=\{0,3,5,6\}$

$\Rightarrow U-X=\{0,1,2,3,4,5,6,7\}-\{0,3,5,6\}=\{1,2,4,7\}$

且 $\Sigma \rightarrow \Pi$

$\therefore f(x,y,z)=\Sigma(0,3,5,6)=\Pi(1,2,4,7)$

範例 3-19 試將 $(A+C)(AB+AC)$ 表示式轉為標準積項之和。

解答

$$(A+C)(AB+AC)=AAB+AAC+ABC+ACC$$
$$=AB+AC+ABC+AC$$
$$=AB(1+C)+AC$$
$$=AB+AC$$

3-7 卡諾圖

由布林代數運算想要得到最簡化的代數表示法，有時實在是難以執行。為了能方便執行布林代數的化簡工作，卡諾圖將是一個很有效的工具。在不考慮 NAND 閘、NOR 閘及 XOR 閘的情況下，以卡諾圖所得到代數，將是最簡化的代數，也是在代數的電路設計上所使用的邏輯閘數目最少的。另外，其特性尚如下所述：

1. 簡稱為 *K* 圖。
2. 是化簡布林代數最簡單的一種圖解方式。
3. 亦是布林函數真值表的圖解方法。
4. 亦是范氏圖的擴充。
5. 卡諾圖是由 2^n 個方格（即含有 n 個變數）所組成，每一個方格代表一個「最小項」。
6. 方格上各變數值的排列順序係依格雷碼的順序排列。

化簡步驟：最小項

1. 將方格中所得真值表數值為 1 者填入相對應的變數位置上。
2. 檢視所有 1 項之周圍，查看是否 2^m 個 1 連續或相鄰存在（m 值取最大值）。若是，則觀看該順序係橫向或縱向，亦或兩者都有；並消去該變數同時具有 0,1 者之變數。
   (1) 留下之變數若僅為 0，則取該變數之補數表示；
   (2) 若為 1，則取該變數表示。
3. 重複步驟 2，直到所有的相鄰情況均已表示完畢。

化簡步驟：最大項

除了檢視所有 0 項之周圍外，其餘和最小項之化簡步驟一樣。

範例 3-20

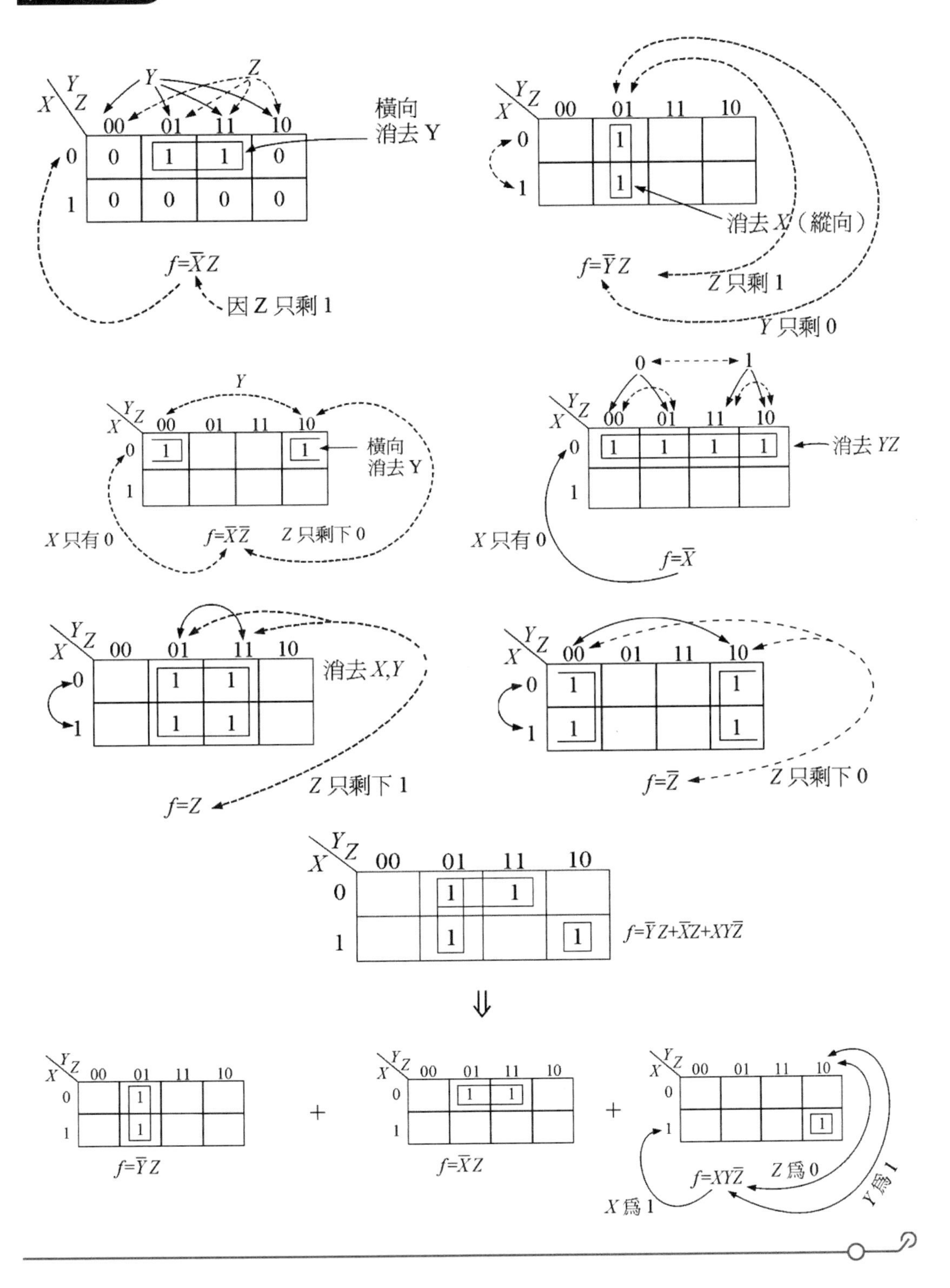

橫向
消去 Y
$f=\overline{X}Z$
因 Z 只剩 1
消去 X（縱向）
$f=\overline{Y}Z$
Z 只剩 1
Y 只剩 0
橫向
消去 Y
X 只有 0
$f=\overline{X}\overline{Z}$
Z 只剩下 0
消去 YZ
X 只有 0
$f=\overline{X}$
消去 X,Y
Z 只剩下 1
$f=Z$
$f=\overline{Z}$
Z 只剩下 0
$f=\overline{Y}Z+\overline{X}Z+XY\overline{Z}$
⇓
$f=\overline{Y}Z$
+
$f=\overline{X}Z$
+
$f=XY\overline{Z}$
Z 爲 0
Y 爲 1
X 爲 1

範例 3-21 將 $1101_{(Gray)}$ 轉成十進制碼。

解答

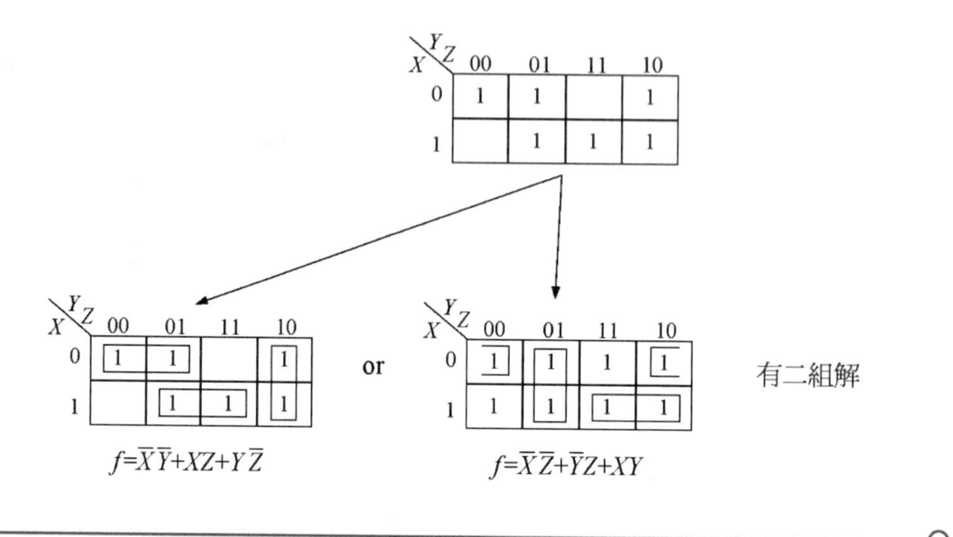

範例 3-22 化簡 $f(x,y,z)=\Sigma(0,2,3,4,5,7)$。

解答

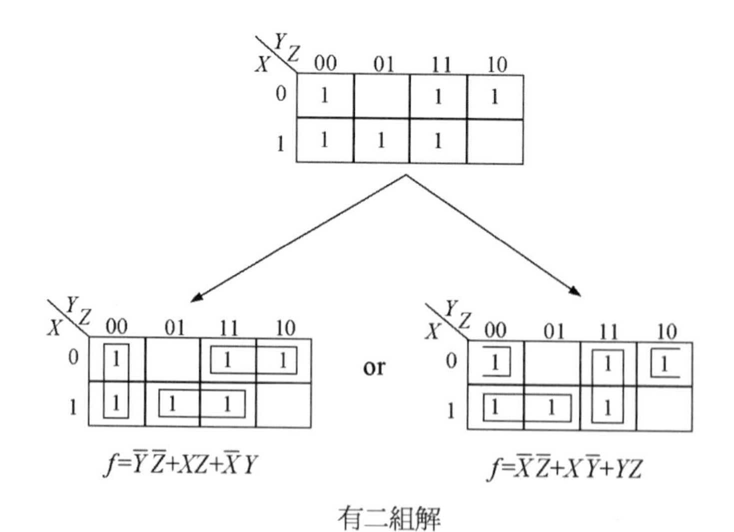

有二組解

範例 3-23 $f(A,B,C,D)=(\overline{A}+C)(A+\overline{C}+\overline{D})$

解答 此為最大項作法

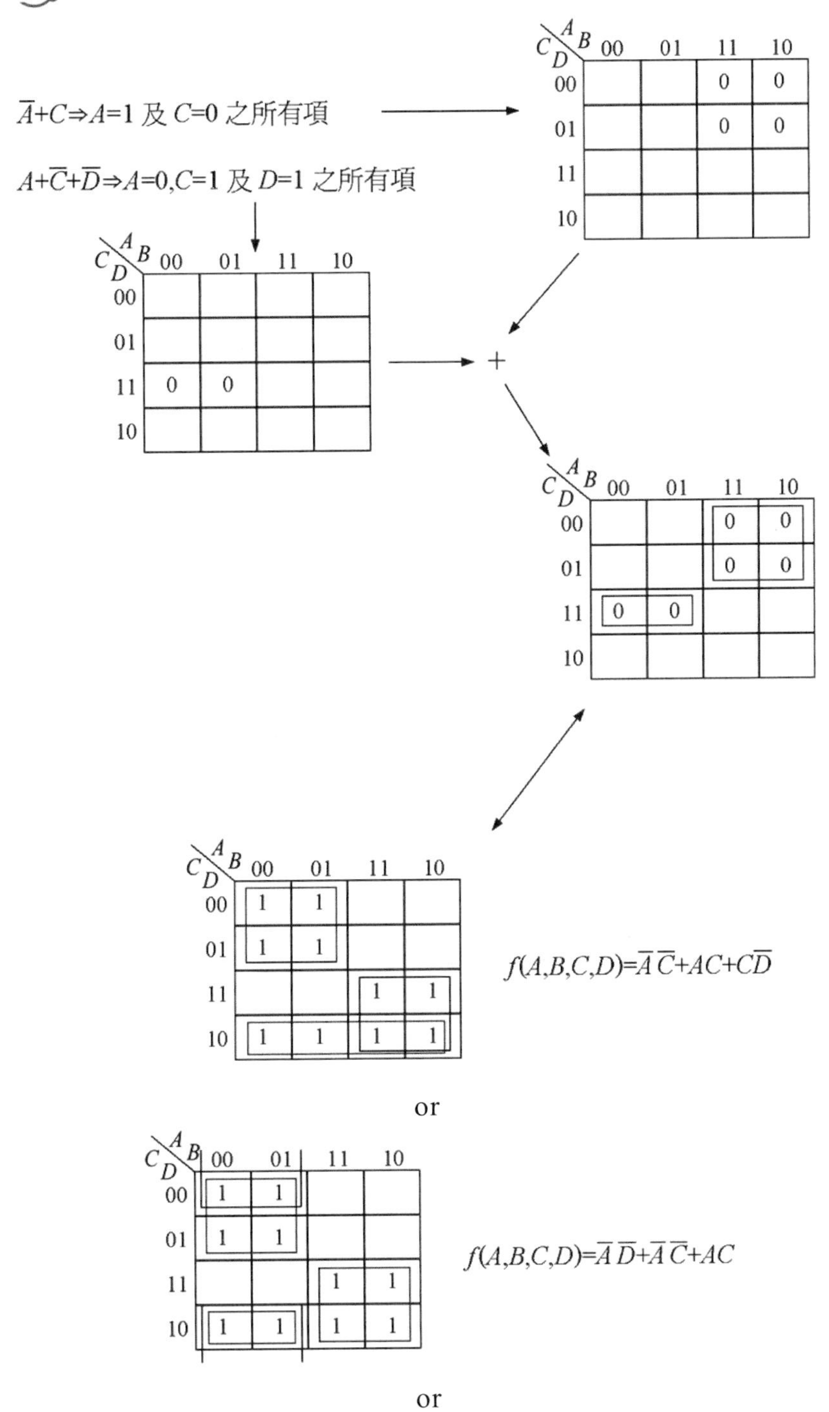

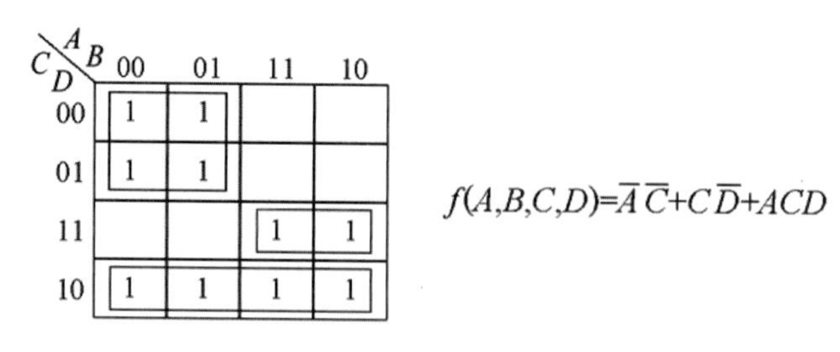

$$
\begin{aligned}
f(A,B,C,D) &= (\bar{A}+C)(A+\bar{C}+\bar{D}) \\
&= \bar{A}\bar{C}+AC+C\bar{D}+\bar{A}\bar{D} \\
&= \bar{A}\bar{C}+C\bar{D}+AC(D+\bar{D})+\bar{A}\bar{D}(C+\bar{C}) \\
&= \bar{A}\bar{C}+C\bar{D}+ACD+AC\bar{D}+\bar{A}\bar{D}C+\bar{A}\bar{D}\bar{C} \\
&= \bar{A}\bar{C}(1+\bar{D})+C\bar{D}(1+A+\bar{A})+ACD \\
&= \bar{A}\bar{C}+C\bar{D}+ACD
\end{aligned}
$$

$$
\begin{aligned}
f(A,B,C,D) &= \bar{A}\bar{C}+AC+C\bar{D}+\bar{A}\bar{D} \\
&= \bar{A}\bar{C}+AC+C\bar{D}+\bar{A}\bar{D}(C+\bar{C}) \\
&= \bar{A}\bar{C}+AC+C\bar{D}+\bar{A}C\bar{D}+\bar{A}\bar{C}\bar{D} \\
&= \bar{A}\bar{C}(1+\bar{D})+AC+C\bar{D}(1+\bar{A}) \\
&= \bar{A}\bar{C}+AC+C\bar{D}
\end{aligned}
$$

$$
\begin{aligned}
f(A,B,C,D) &= \bar{A}\bar{C}+AC+C\bar{D}+\bar{A}\bar{D} \\
&= \bar{A}\bar{D}+\bar{A}\bar{C}+AC+C\bar{D}(A+\bar{A}) \\
&= \bar{A}\bar{D}+\bar{A}\bar{C}+AC+AC\bar{D}+\bar{A}C\bar{D} \\
&= \bar{A}\bar{D}(1+C)+\bar{A}\bar{C}+AC(1+\bar{D}) \\
&= \bar{A}\bar{D}+\bar{A}\bar{C}+AC
\end{aligned}
$$

範例 3-24 試用卡諾圖法求出下列各式的最簡 SOP 式

$$f(A,B,C,D)=\overline{B}(C+AD)+D(\overline{A}+B)\text{。}$$

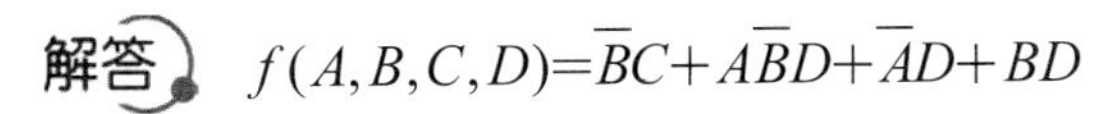

解答 $f(A,B,C,D)=\overline{B}C+A\overline{B}D+\overline{A}D+BD$

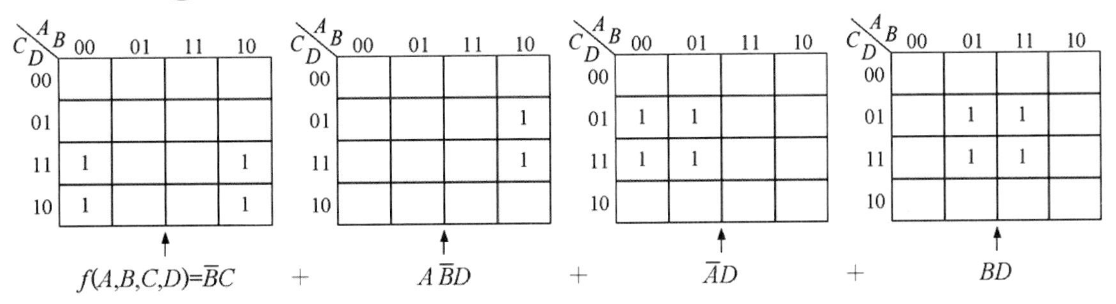

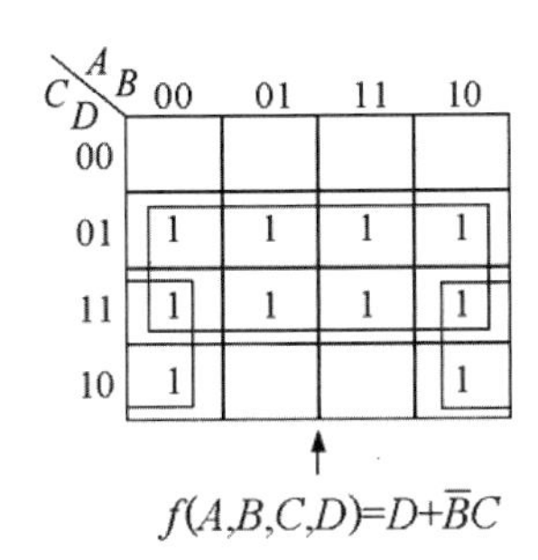

範例 3-25 對一特定的 4 輸入邏輯閘，如果具有 $L(x_1,x_2,x_3,x_4)=x_2x_3(x_1+x_4)$等特性函數者稱之為 L 閘。現在試以 3 個 L 閘及一個或閘來設計布林代數。

$$F=\Sigma(0,1,6,9,10,11,14,15)$$

解答 $L(x_1,x_2,x_3,x_4)=x_2x_3(x_1+x_4)=x_1x_2x_3+x_2x_3x_4$

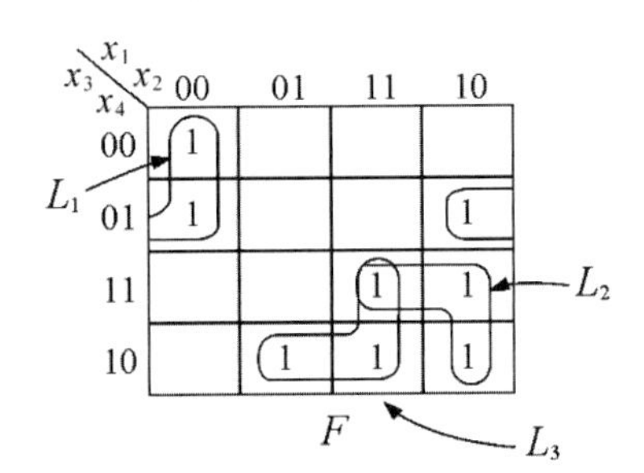

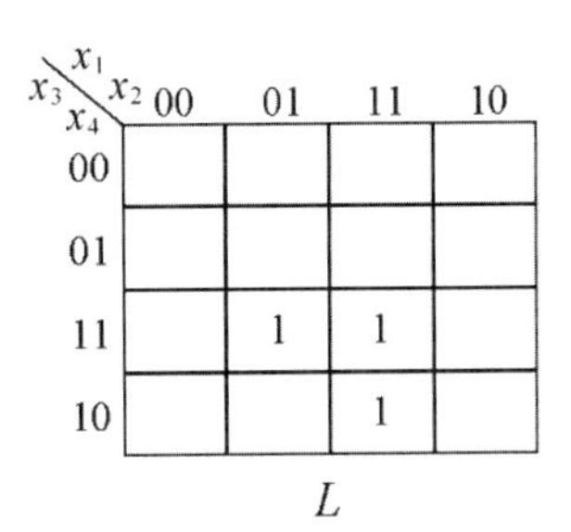

令

$$F=L_1+L_2+L_3$$

$$L_1=\overline{x_1}\,\overline{x_2}\,\overline{x_3}+\overline{x_3}x_4\overline{x_2}=\overline{x_2}\,\overline{x_3}(\overline{x_1}+x_4)$$

$$=L(\overline{x_1},\overline{x_2},\overline{x_3},x_4)$$

$$L_2=x_1x_3x_4+x_1\overline{x_2}x_3=x_1x_3(\overline{x_2}+x_4)$$

$$=L(\overline{x_2},x_1,x_3,x_4)$$

$$L_3=x_1x_2x_3+x_2x_3\overline{x_4}=x_2x_3(x_1+\overline{x_4})$$

$$=L(x_1,x_2,x_3,\overline{x_4})$$

範例 3-26 試設計一個電路，在每 75μs 週期內可以分別產生下列 A、B、C、D 四種脈波變化。其中 A、B、C、D 的變化分別在指定的時間內均為高準位 1。

A：0 － 15 μs
B：15 － 45 μs
C：30 － 65 μs
D：5 － 25 μs

解答 由題目中，因為週期是 75μs，亦即第 75μs 回到與 0μs 相同的狀態。且發現所有時間上的安排，其最大公因數為 5μs，亦即

gcd(5,15,25,30,45,65,70)＝5

所以我們在設計時，係以每 5μs 做一次狀態上的轉換。又從 0μs 至 75μs 間共有 70μs/5μs＋1（指 0μs 點）＝15 種狀態，故需要 4 個位元（假設為 W、X、Y、Z）來加以描述。因此真值表為

		W	X	Y	Z	A	B	C	D
0	μs	0	0	0	0	1	0	0	0
5	μs	0	0	0	1	1	0	0	1
10	μs	0	0	1	0	1	0	0	1
15	μs	0	0	1	1	1	1	0	1
20	μs	0	1	0	0	0	1	0	1
25	μs	0	1	0	1	0	1	0	1
30	μs	0	1	1	0	0	1	1	0
35	μs	0	1	1	1	0	1	1	0

	W	X	Y	Z	A	B	C	D
40 μs	1	0	0	0	0	1	1	0
45 μs	1	0	0	1	0	1	1	0
50 μs	1	0	1	0	0	0	1	0
55 μs	1	0	1	1	0	0	1	0
60 μs	1	1	0	0	0	0	1	0
65 μs	1	1	0	1	0	0	1	0
70 μs	1	1	1	0	0	0	0	0
75 μs	1	1	1	1	×	×	×	×

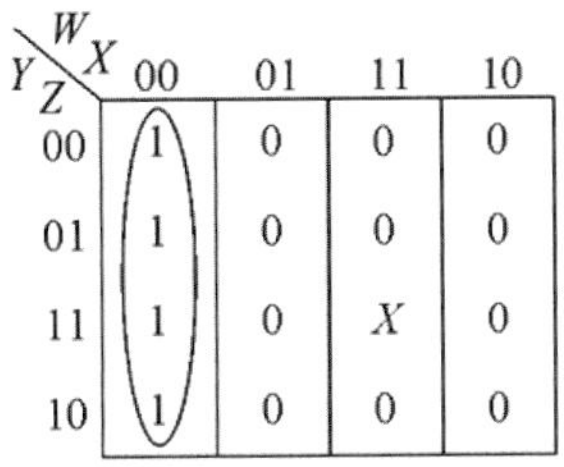

$YZ \backslash WX$	00	01	11	10
00	1	0	0	0
01	1	0	0	0
11	1	0	X	0
10	1	0	0	0

A

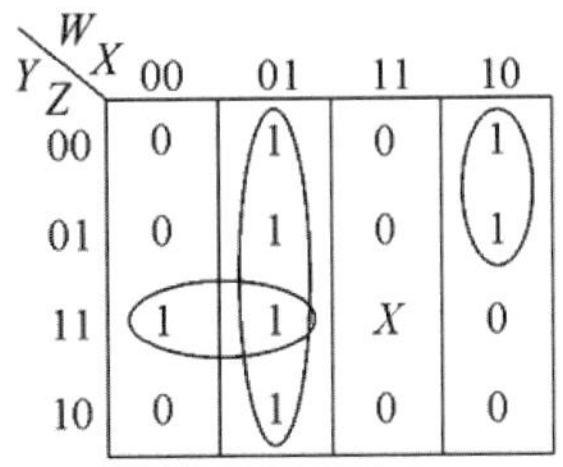

$YZ \backslash WX$	00	01	11	10
00	0	1	0	1
01	0	1	0	1
11	1	1	X	0
10	0	1	0	0

B

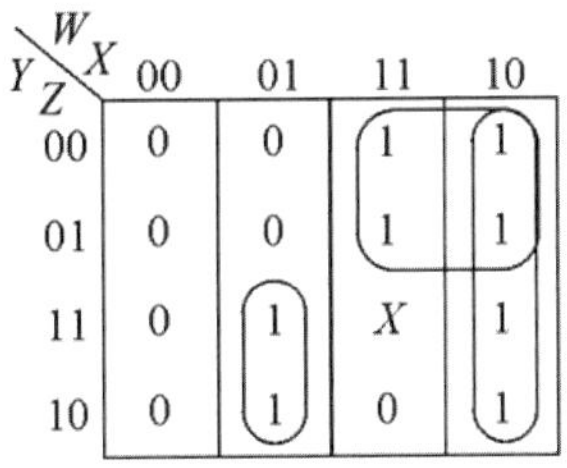

$YZ \backslash WX$	00	01	11	10
00	0	0	1	1
01	0	0	1	1
11	0	1	X	1
10	0	1	0	1

C

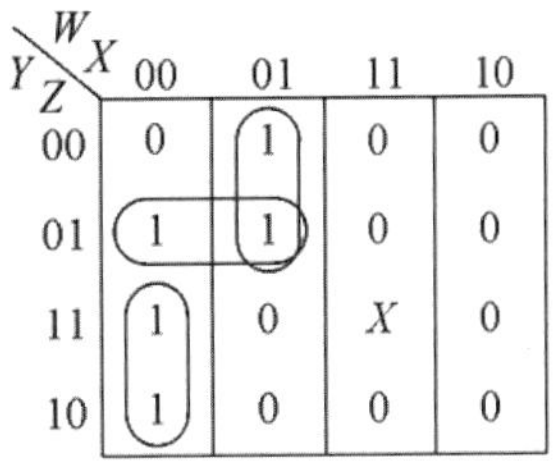

$YZ \backslash WX$	00	01	11	10
00	0	1	0	0
01	1	1	0	0
11	1	0	X	0
10	1	0	0	0

D

$A=\overline{W}\,\overline{X}$

$B=\overline{W}X+\overline{W}YZ+W\overline{X}\,\overline{Y}$

$C=\overline{W}XY+W\overline{Y}+W\overline{X}$

$D=\overline{W}\,\overline{X}Y+\overline{W}\,\overline{Y}Z+\overline{W}X\overline{Y}$

範例 3-27 簡化布林函數 $F(A,B,C,D)=\sum m(0,2,3,5,6,7,8,10,14,15)$ 所得的最簡之標準積項之和。

解答 由卡諾圖可知

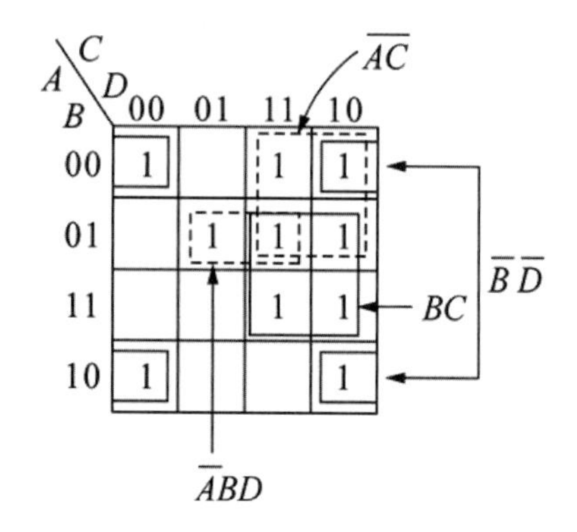

因此

$$F(A,B,C,D)=\overline{B}\,\overline{D}+BC+\overline{A}C+\overline{A}BD$$

範例 3-28 設有 4 台用電量均為 10K 瓦的設備 A、B、C、D，且其用電均是由發電量為 10K 瓦的發電機 F 及發電量為 20K 瓦的發電機 G 所組成的。假如 A、B、C、D 四台設備不可以同時工作，且至少有任意一台在工作中。試設計一個供電控制系統線路，使得既能省電，又可以使設備正常工作。

解答 令設備工作時為 1，不工作時為 0；發電機啟動時為 1，不啟動時為 0，且 F、G 的真值表如下：

A	B	C	D	F	G
0	0	0	0	–	–
0	0	0	1	1	0
0	0	1	0	1	0
0	0	1	1	0	1
0	1	0	0	1	0
0	1	0	1	0	1

A	B	C	D	F	G
0	1	1	0	0	1
0	1	1	1	1	1
1	0	0	0	1	0
1	0	0	1	0	1
1	0	1	0	0	1
1	0	1	1	1	1
1	1	0	0	0	1
1	1	0	1	1	1
1	1	1	0	1	1
1	1	1	1	–	–

因此 F 的卡諾圖為

CD \ AB	00	01	11	10
00	禁止	1		1
01	1		1	
11		1	禁止	1
10	1		1	

$$
\begin{aligned}
F &= \overline{C}\,\overline{D}\left(\overline{A}B + A\overline{B}\right) + \overline{C}D\left(\overline{A}\,\overline{B} + AB\right) + CD\left(\overline{A}B + A\overline{B}\right) + CD\left(\overline{A}\,\overline{B} + AB\right) \\
&= \overline{C}\,\overline{D}\left(A \oplus B\right) + CD\left(A \oplus B\right) + \overline{C}D\left(\overline{A \oplus B}\right) + C\overline{D}\left(\overline{A \oplus B}\right) \\
&= \left(A \oplus B\right)\left(\overline{C}\,\overline{D} + CD\right) + \left(\overline{C}D + C\overline{D}\right)\left(\overline{A \oplus B}\right) \\
&= \left(A \oplus B\right)\left(\overline{C \oplus D}\right) + \left(C \oplus D\right)\left(\overline{A \oplus B}\right) \\
&= \left(A \oplus B\right) \oplus \left(C \oplus D\right) \\
&= A \oplus B \oplus C \oplus D
\end{aligned}
$$

而 G 的卡諾圖為

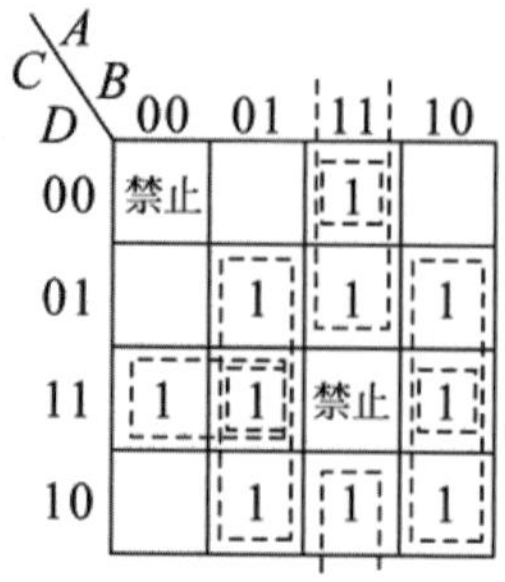

CD \ AB	00	01	11	10
00	禁止		1	
01		1	1	1
11	1	1	禁止	1
10		1	1	1

$$G = ABD + AB\overline{C} + A\overline{B}(D+C) + \overline{A}CD + \overline{A}B(D+C)$$
$$= ABD + AB\overline{C} + A\overline{B}D + A\overline{B}\,\overline{C} + \overline{A}CD + \overline{A}BD + \overline{A}BC$$
$$= AB(\overline{C}+D) + A\overline{B}(C+D) + \overline{A}D(B+D) + \overline{A}B(C+D)$$
$$= (C+D)(A \oplus B) + AB(\overline{C}+D) + \overline{A}D(B+C)$$

範例 3-29 設燈泡 F 的亮滅可以由三個控制開關 A、B、C 來加以控制。若奇數個控制開關為 1 時，則燈 F 將會亮起，否則仍為熄滅。試設計此一控制電路。

解答 令 $F=1$ 時代表燈亮，而 $F=0$ 時代表燈滅。因此根據題意可得

A	B	C	F
0	0	0	0
0	0	1	1
0	1	0	1
0	1	1	0
1	0	0	1
1	0	1	0
1	1	0	0
1	1	1	1

因此 F 的卡諾圖為

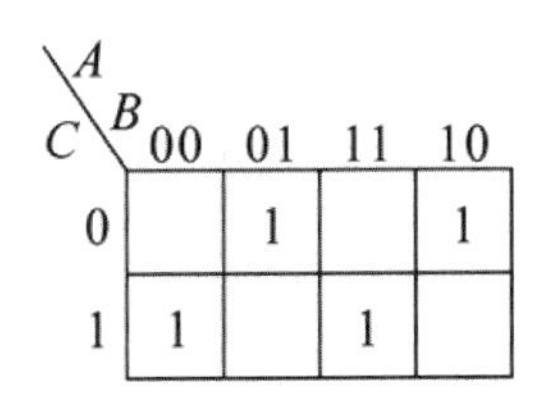

即

$$
\begin{aligned}
F &= \bar{A}B\bar{C} + A\bar{B}\bar{C} + \bar{A}\bar{B}C + ABC \\
&= \bar{A}(B \oplus C) + A\left(B\bar{B} + BC + \bar{B}\bar{C} + \bar{C}C\right) \\
&= \bar{A}(B \oplus C) + A\left(B + \bar{C}\right)\left(\bar{B} + C\right) \\
&= \bar{A}(B \oplus C) + A\left(\overline{\bar{B}C}\right)\left(\overline{B\bar{C}}\right) \\
&= \bar{A}(B \oplus C) + A\left(\overline{\bar{B}C + B\bar{C}}\right) \\
&= \bar{A}(B \oplus C) + A\left(\overline{B \oplus C}\right) \\
&= A \oplus B \oplus C
\end{aligned}
$$

範例 3-30 設計一個具有四個二進制代碼 $ABCD$ 輸入端的數字鎖，且 E 為開鎖控制輸入端。在本題目中，若 $ABCD = 1001$ 為開鎖代碼，如果輸入代碼與開鎖代碼一致，則在開鎖時 $(E = 1)$，鎖便會被打開 $(F_1 = 1)$；如果代碼不符，則在開鎖時，電路會發出警報聲 $(F_2 = 1)$。

解答 由題意知，F_1 及 F_2 的卡諾圖分別為

$F_1 : E = 1$

CD \ AB	00	01	11	10
00				
01				1
11				
10				

$F_1 = A\bar{B}\bar{C}DE$

F_2

CDE \ AB	00	01	11	10
000	0	0	0	0
001	1	1	1	1
011	1	1	1	0
010	0	0	0	0
110	0	0	0	0
111	1	1	1	1
101	1	1	1	1
100	0	0	0	0

$$F_2 = \overline{A}\overline{C}E + B\overline{C}E + \overline{C}\overline{D}E + CE$$
$$= \left(\overline{A} + B + \overline{D}\right)\overline{C}E + CE$$

作業（三）

(1) 將下列各式簡成 SOP 型式

(a) $f(A,B,C)=\overline{A}\overline{B}+BC+\overline{A}B\overline{C}$

(b) $f(A,B,C,D)=\overline{B}D+\overline{A}B\overline{C}+A(\overline{B}C+B\overline{C})$

(2) 將下列各式化成最簡的 POS 型式

(a) $f(A,B,C,D)=\Pi(0,1,4,5)$

(b) $f(A,B,C,D)=\Pi(0,1,2,3,4,10,11)$

(c) $f(A,B,C,D,E)=A(\overline{A}+B+C+D)+E$

(3) 將下列各式以最少的邏輯閘設計一邏輯電路

(a) $f(A,B,C,D)=(\overline{A}+\overline{B}+\overline{D})(A+\overline{B}+\overline{C})(\overline{A}+B+\overline{D})(B+\overline{C}+\overline{D})$

(b) $f(A,B,C,D)=(A+D)(\overline{A}+\overline{B})(\overline{A}+\overline{C})$

QUIZ

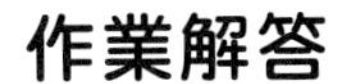
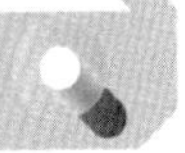

作業解答

ANSWER

【第 1 題】

(a) $f(A,B,C)=\overline{A}\,\overline{B}+BC+\overline{A}B\overline{C}$

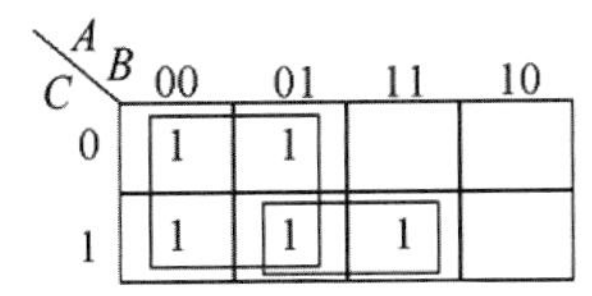

$f(A,B,C)=\overline{A}+BC$

(b) $f(A,B,C,D)=\overline{B}D+\overline{A}B\overline{C}+A(\overline{B}C+B\overline{C})$

$=\overline{B}D+\overline{A}B\overline{C}+A\overline{B}C+AB\overline{C}$

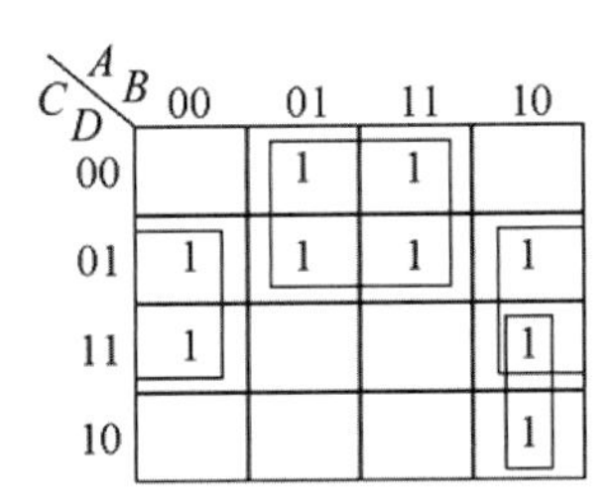

$f(A,B,C,D)=B\overline{C}+\overline{B}D+A\overline{B}C$

【第 2 題】

(a) $f(A,B,C,D)=\Pi(0,1,4,5)$

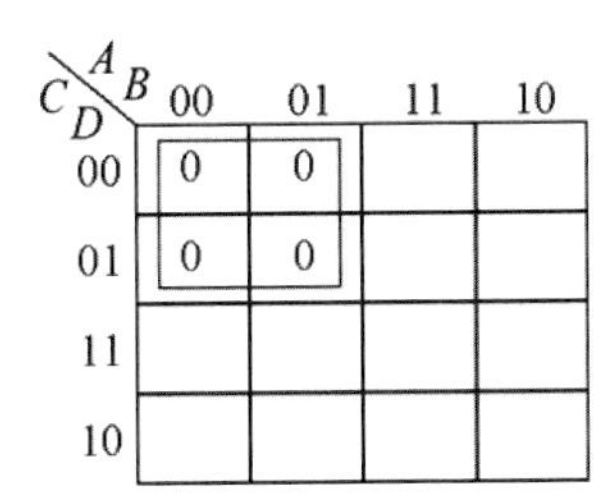

$f(A,B,C,D)=D+B$

(b) $f(A,B,C,D)=\Pi(0,1,2,3,4,10,11)$

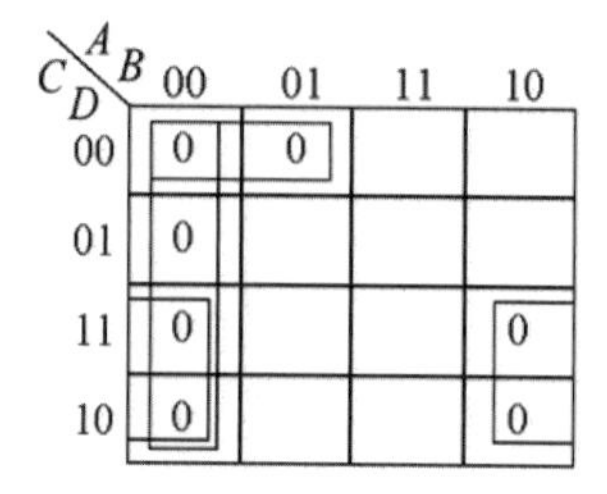

$f(A,B,C,D)=(C+D)(\overline{B}+C)(A+B+D)$

(c) $f(A,B,C,D)=A(\overline{A}+B+C+D)+E$

$=AB+AC+AD+E$

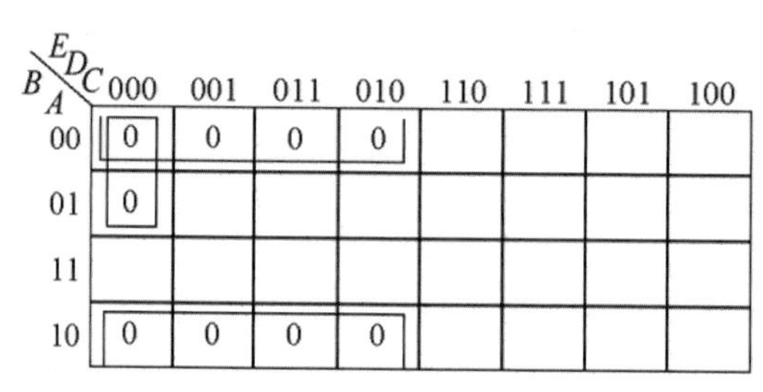

$f(A,B,C,D,E)=(A+E)(B+C+D+E)$

【第 3 題】

(a) $(\overline{A}+\overline{B}+\overline{D})(A+\overline{B}+\overline{C})(\overline{A}+B+\overline{D})(B+\overline{C}+\overline{D})$

$=\overline{C}\,\overline{D}+\overline{A}\,\overline{C}+A\overline{D}+\overline{B}\,\overline{D}$

$=\overline{C}(\overline{A}+\overline{D})+\overline{D}(A+\overline{B})$

$=\overline{\overline{\overline{C}(\overline{A}+\overline{D})+\overline{D}(A+\overline{B})}}$

$=\overline{[C+AD][D+\overline{A}B]}$

$=\overline{D(A+C)+\overline{A}BC}$

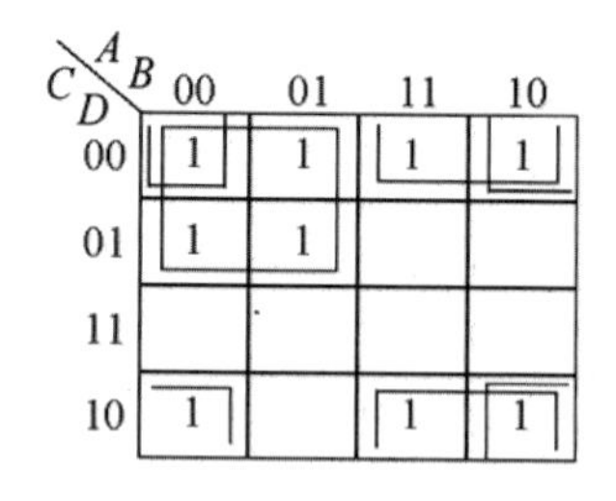

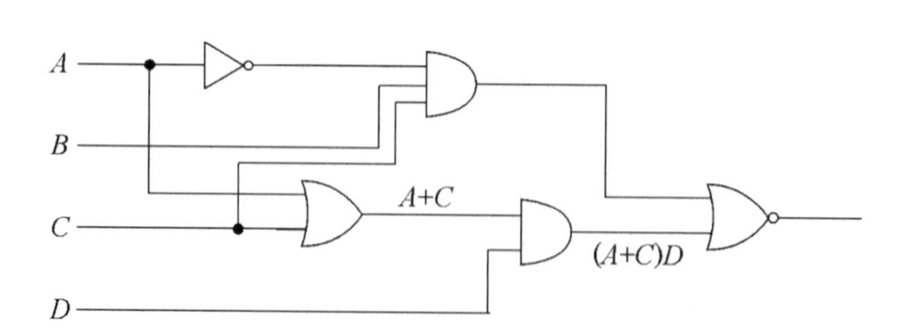

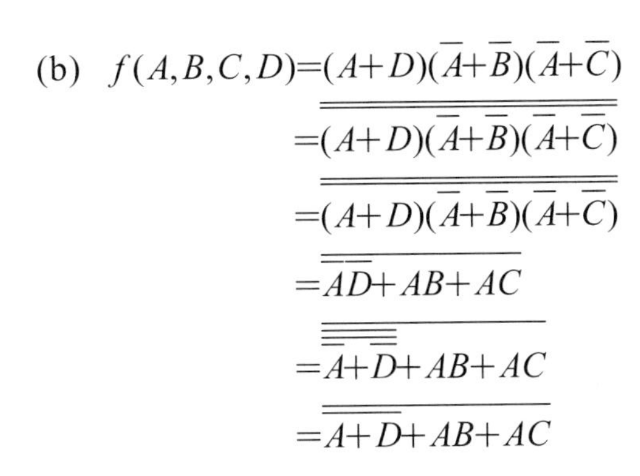

(b) $f(A,B,C,D)=(A+D)(\bar{A}+\bar{B})(\bar{A}+\bar{C})$

$=\overline{\overline{(A+D)(\bar{A}+\bar{B})(\bar{A}+\bar{C})}}$

$=\overline{\overline{(A+D)(\bar{A}+\bar{B})(\bar{A}+\bar{C})}}$

$=\overline{\bar{A}\bar{D}+AB+AC}$

$=\overline{\overline{\overline{\bar{A}+\bar{D}}}+AB+AC}$

$=\overline{\overline{A+D}+AB+AC}$

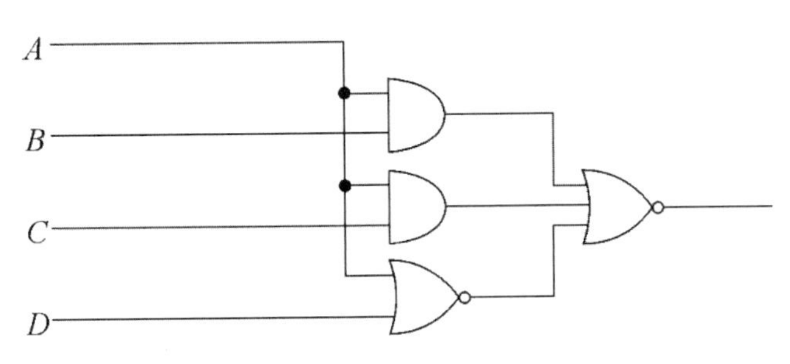

期中考考題

【第 1 題】轉換 $33.3_{(10)}$為二進制之表示法。

【第 2 題】(a)試將 $1011001110111_{(2)}$轉換成格雷碼。

(b)試將格雷碼 110111001110 轉換成 6 進制之數值。

【第 3 題】試分別用 8 的補數及 7 的補數求得 $330.07_{(8)}-451.4_{(8)}$之值。

【第 4 題】證明布林代數函數$(X+Y)(\overline{Y}+Z)+(X+Z)=(X+Y)(\overline{Y}+Z)$

【第 5 題】試以卡諾圖及布林代數函數運算，證明

$$f(A,B,C,D)=(\overline{A}+C)(A+\overline{C}+\overline{D})$$

與下列各函數具有相同輸出值

(a) $\overline{A}\overline{C}+AC+C\overline{D}$

(b) $\overline{A}\overline{D}+\overline{A}\overline{C}+AC$

(c) $\overline{A}\overline{C}+C\overline{D}+ACD$

【第 6 題】試只以邏輯 NOT 閘（只限用於單一輸入變數）及 NOR 閘完成下列布林代數函數

(a) $f(x,y,z)=x\oplus y\oplus z$

(b) $f(x,y,z)=\overline{x}\overline{y}\overline{z}+xy\overline{z}$

(c) $f(A,B,C)=A\overline{B}C+\overline{A}C+B\overline{C}$

【第 7 題】試就下列真值表，求出最簡化之積項和(SOP)及和項積(POS)函式表示式。

X	Y	Z	F_1	F_2
0	0	0	0	0
0	0	1	1	0
0	1	0	1	0
0	1	1	0	1
1	0	0	1	0
1	0	1	0	1
1	1	0	0	1
1	1	1	1	1

QUIZ

期中考解答

ANSWER

【第 1 題】

首先先看整數項

2|33
2|16 —1
2|8 —0
2|4 —0
2|2 →0
1 →0

其次看小數項

$0.3\times2=\underline{0}.6$ 0
$0.6\times2=\underline{1}.2$ 1
$0.2\times2=\underline{0}.4$ 0
$0.4\times2=\underline{0}.8$ 0
$0.8\times2=\underline{1}.6$ 1

因此 $33.3_{(10)}=100001.0\overline{1001}_{(2)}$

【第 2 題】

(a)

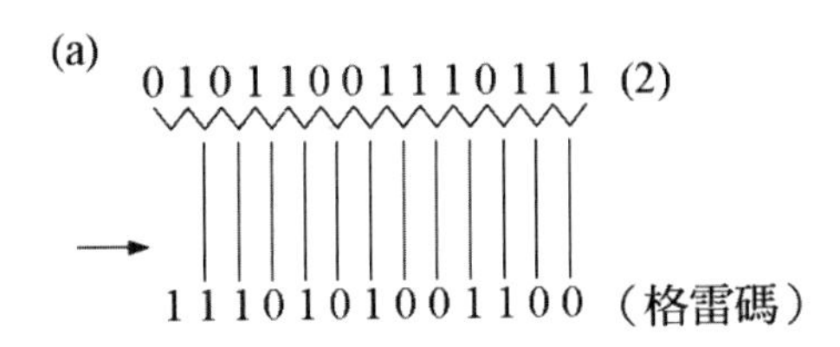

(b)

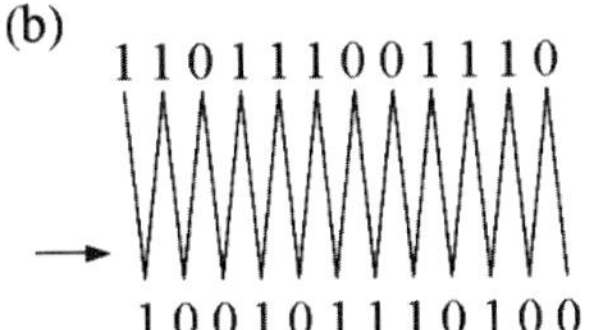

(格雷碼)

$(2)=2^{11}+2^8+2^6+2^5+2^4+2^2=2420=15112_{(6)}$

6|2420
6|403 —2
6|67 —1
6|11 —1
1 —5

【第 3 題】

8 的補數

令 $A=330.07_{(8)}$

$B=451.4_{(8)}\leftarrow n=3$

(a) $B^C=8^3-B=$

```
   8000
-)  451.4
   7326.4
```

7 的補數

$n=3$

$m=2$

(a) $B^C=8^3-8^{-2}-B=$

```
   8000
-)  451.4
-)    0.01
   7326.37
```

$$\begin{array}{r} 330.07 \\ \text{(b)}\ A+B^C = \underline{+)\quad 7326.4} \\ \square\ 2656.47 \end{array}$$

↑
沒進位

$n=4$

(c) $(A+B^C)^C = 8^4 - 2656.47$

$$\begin{array}{r} 80000 \\ = \underline{7656.47} \\ \underline{7}0121.31 \end{array}$$

即 − 121.31

$$\begin{array}{r} 330.07 \\ \text{(b)}\ A+B^C = \underline{+)\quad 7326.37} \\ \square\ 7656.46 \end{array}$$

↑
沒進位

$n=4,\ m=2$

(c) $(A+B^C)^C = 8^4 - 8^{-2} - (A+B^C)$

$$\begin{array}{r} 80000 \\ 0.01 \\ = \underline{-)\ 7656.46} \\ \underline{7}0121.31 \end{array}$$

即 − 121.31

【第 4 題】

$(x+y)(\overline{y}+z)+(x+z)=x\overline{y}+xz+yz+(x+z)=x(\overline{y}+1)+z(x+y+1)=x+z$

由上式，若令 $A=x\overline{y}+xz+y\overline{y}+yz$，$B=x+z$，則由 $A+B=B$ 的邏輯運算式中，可以看出一定是 $A=B$（因為 $A+B=B=B+B$）。注意 $0+B=B$，但這裡並沒有保證 A 永遠為 0 準位，所以由 $A=B$ 可知

$$x+z=x\overline{y}+xz+y\overline{y}+yz=(x+y)(\overline{y}+z)$$

亦即 $(x+y)(\overline{y}+z)+(x+z)=(x+y)(\overline{y}+z)$

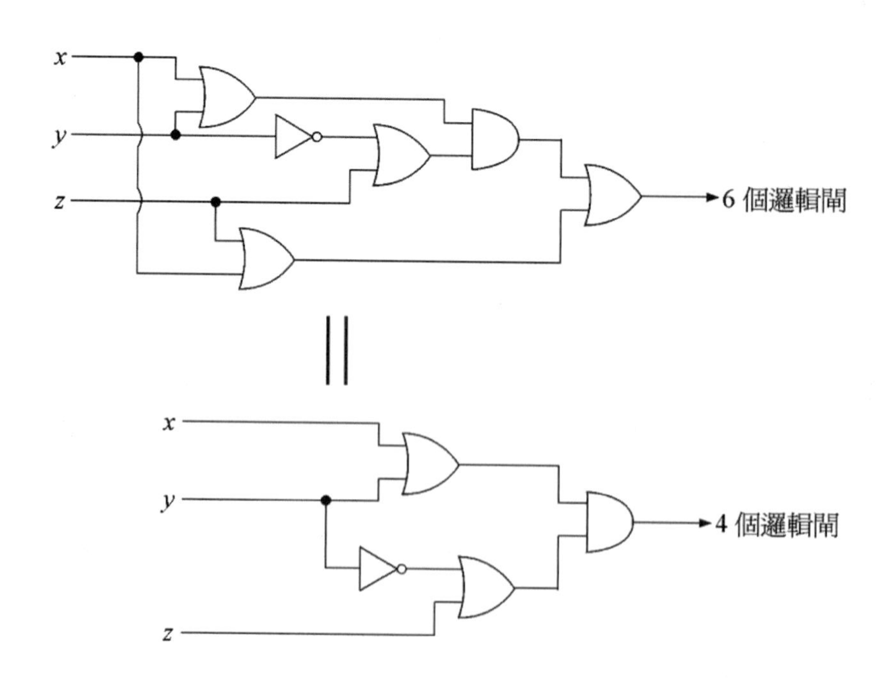

【第 5 題】

此為最大項作法

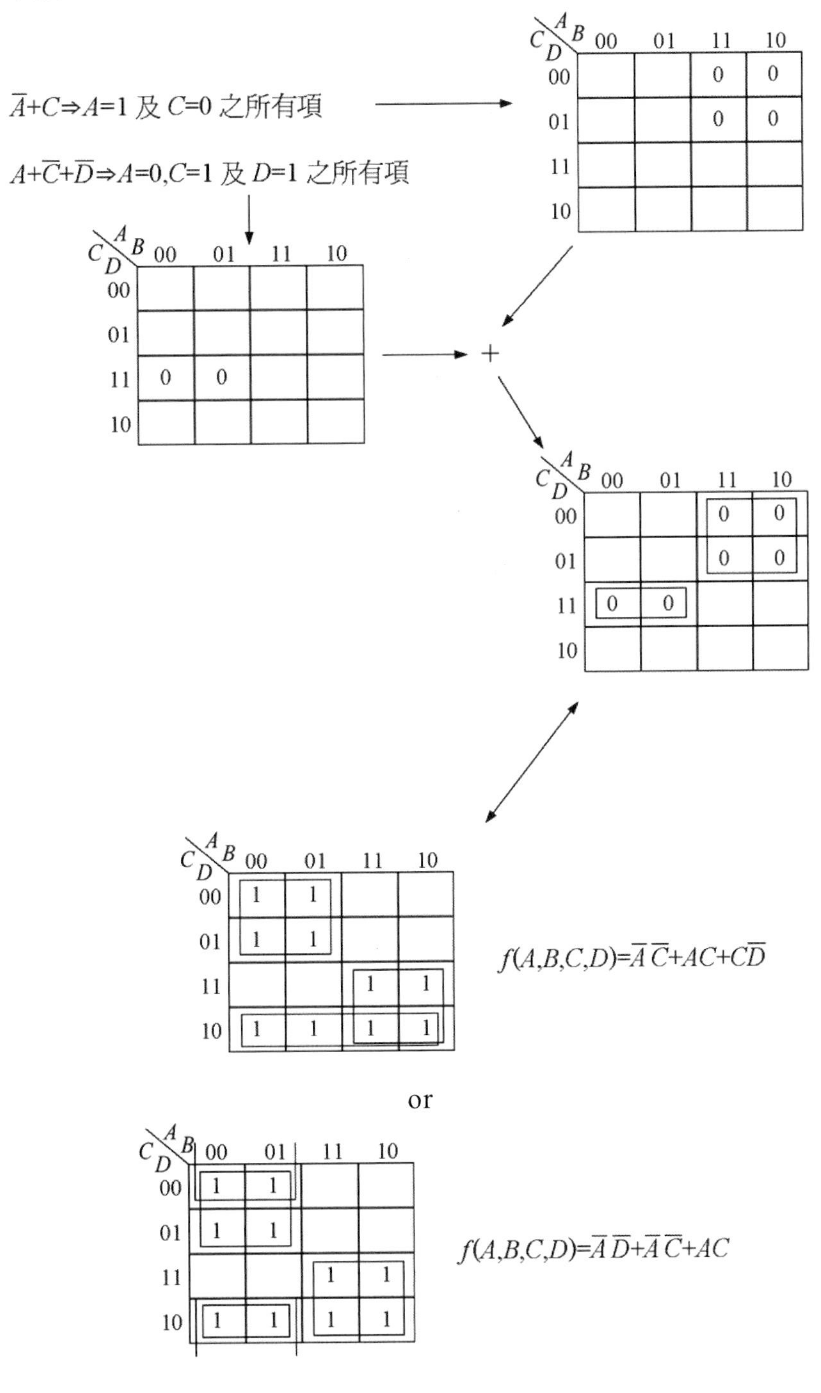
$\overline{A}+C \Rightarrow A=1$ 及 $C=0$ 之所有項
$A+\overline{C}+\overline{D} \Rightarrow A=0, C=1$ 及 $D=1$ 之所有項
+
$f(A,B,C,D)=\overline{A}\,\overline{C}+AC+C\overline{D}$
or
$f(A,B,C,D)=\overline{A}\,\overline{D}+\overline{A}\,\overline{C}+AC$
or

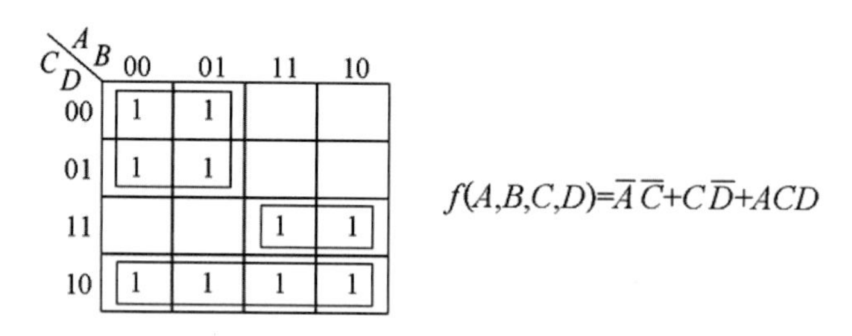

$$f(A,B,C,D)=(\bar{A}+C)(A+\bar{C}+\bar{D})$$
$$=\bar{A}\bar{C}+AC+C\bar{D}+\bar{A}\bar{D}$$
$$=\bar{A}\bar{C}+C\bar{D}+AC(D+\bar{D})+\bar{A}\bar{D}(C+\bar{C})$$
$$=\bar{A}\bar{C}+C\bar{D}+ACD+AC\bar{D}+\bar{A}\bar{D}C+\bar{A}\bar{D}\bar{C}$$
$$=\bar{A}\bar{C}(1+\bar{D})+C\bar{D}(1+A+\bar{A})+ACD$$
$$=\bar{A}\bar{C}+C\bar{D}+ACD$$

$$f(A,B,C,D)=\bar{A}\bar{C}+AC+C\bar{D}+\bar{A}\bar{D}$$
$$=\bar{A}\bar{C}+AC+C\bar{D}+\bar{A}\bar{D}(C+\bar{C})$$
$$=\bar{A}\bar{C}+AC+C\bar{D}+\bar{A}C\bar{D}+\bar{A}\bar{C}\bar{D}$$
$$=\bar{A}\bar{C}(1+\bar{D})+AC+C\bar{D}(1+\bar{A})$$
$$=\bar{A}\bar{C}+AC+C\bar{D}$$

$$f(A,B,C,D)=\bar{A}\bar{C}+AC+C\bar{D}+\bar{A}\bar{D}$$
$$=\bar{A}\bar{D}+\bar{A}\bar{C}+AC+C\bar{D}(A+\bar{A})$$
$$=\bar{A}\bar{D}+\bar{A}\bar{C}+AC+AC\bar{D}+\bar{A}C\bar{D}$$
$$=\bar{A}\bar{D}(1+C)+\bar{A}\bar{C}+AC(1+\bar{D})$$
$$=\bar{A}\bar{D}+\bar{A}\bar{C}+AC$$

【第 6 題】

(a) $f(x,y,z)=x\oplus y\oplus z$

$$=\bar{x}y+\bar{y}x+z$$
$$=\overline{\overline{\bar{x}y+\bar{y}x+z}}$$
$$=\overline{(x\bar{y})(y+\bar{x})\bar{z}}$$
$$=\overline{x+\bar{y}}+\overline{(y+\bar{x})}+z$$
$$=\overline{\overline{\overline{x+\bar{y}}+\overline{\bar{x}+y}+z}}$$

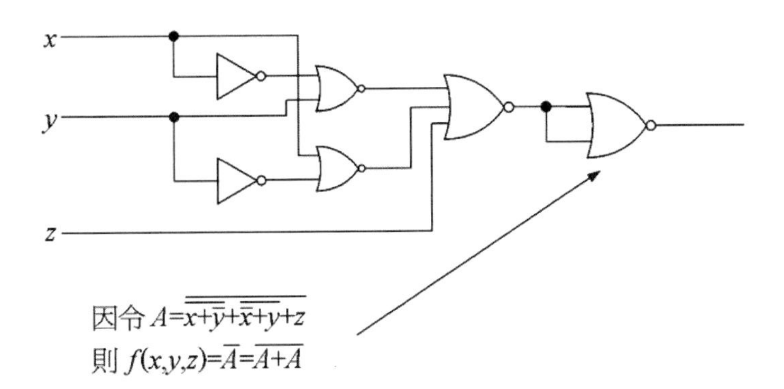

(b) $f(x,y,z)=\bar{x}\bar{y}\bar{z}+xy\bar{z}$

$=\overline{\overline{\bar{x}\bar{y}\bar{z}+xy\bar{z}}}$

$=\overline{(x+y+z)(\bar{x}+\bar{y}+z)}$

$=\overline{x+y+z}+\overline{\bar{x}+\bar{y}+z}$

$=\overline{\overline{\overline{x+y+z}+\overline{\bar{x}+\bar{y}+z}}}$

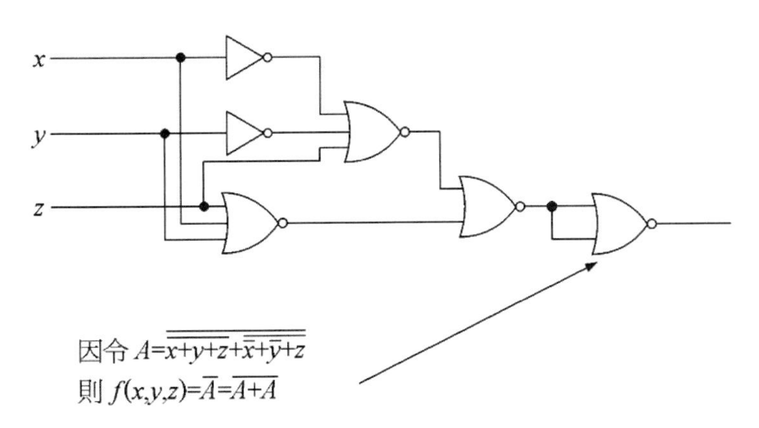

(c) $f(A,B,C)=A\bar{B}C+\bar{A}C+B\bar{C}$

$=\overline{\overline{A\bar{B}C+\bar{A}C+B\bar{C}}}$

$=\overline{(\bar{A}+B+\bar{C})(A+\bar{C})(\bar{B}+C)}$

$=\overline{(\bar{A}+B+\bar{C})}+\overline{(A+\bar{C})}+\overline{\bar{B}+C}$

$=\overline{\overline{\overline{(\bar{A}+B+\bar{C})}+\overline{(A+\bar{C})}+\overline{\bar{B}+C}}}$

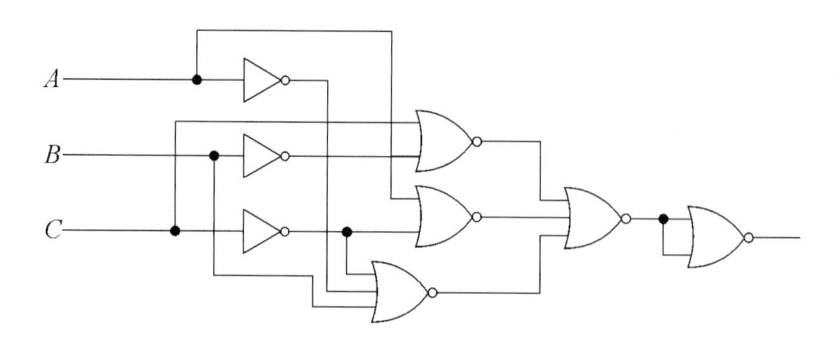

【第 7 題】

F_1：SOP

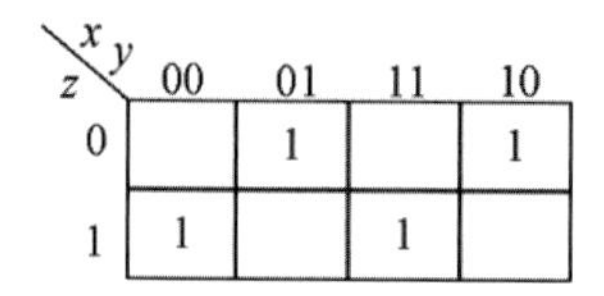

$F_1=\overline{x}\,\overline{y}z+\overline{x}y\overline{z}+xyz+x\overline{y}\,\overline{z}$

F_1：POS

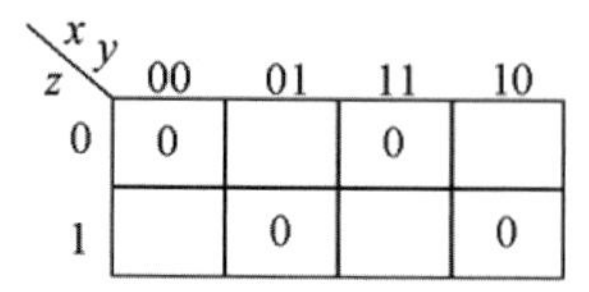

$F_1=(x+y+z)(x+\overline{y}+\overline{z})(\overline{x}+\overline{y}+z)(\overline{x}+y+\overline{z})$

F_2：SOP

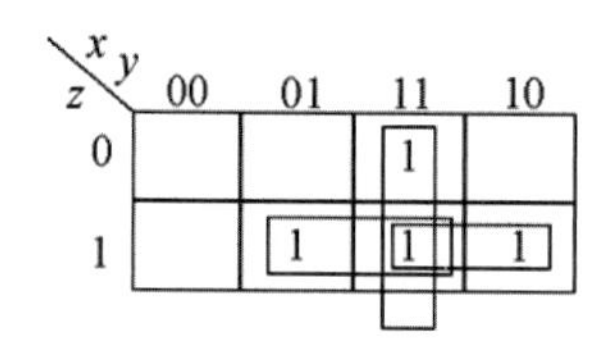

$F_2=yz+xz+xy$

F_2：POS

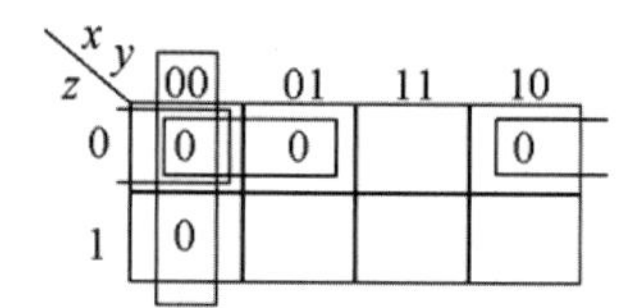

$F_2=(x+z)(y+z)(x+y)$

CHAPTER 04

加法器與減法器

DIGITAL LOGIC DESIGN

4-1 半加器

半加器(Half Adder, HA)是一個最基本的加法運算電路。由於執行一個完整的加法運算，需要兩個這種電路，因此稱為半加器。半加器有兩個輸入端（被加數與加數）A 與 B，和兩個輸出端 S（餘數）與進位 C。其運算原則如下：

(1) 當兩個輸入均為 0 時，其總和為 0，因此進位為 0。

(2) 若兩個輸入其中一個為 1，另一個為 0 時（即 1+0），則總和為 1，且進位為 1。

(3) 當兩個輸入均為 1 時，總和為 2，即餘數為 0，進位為 1。

$$\begin{array}{r} A \\ +\ B \\ \hline CS \end{array}$$

輸入		輸出	
A	B	C	S
0	0	0	0
0	1	0	1
1	0	0	1
1	1	1	0

由卡諾圖來求得 C 及 S，則分別如下

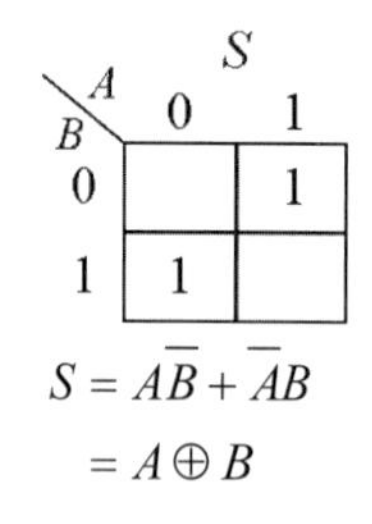

$S = A\overline{B} + \overline{A}B$
$= A \oplus B$

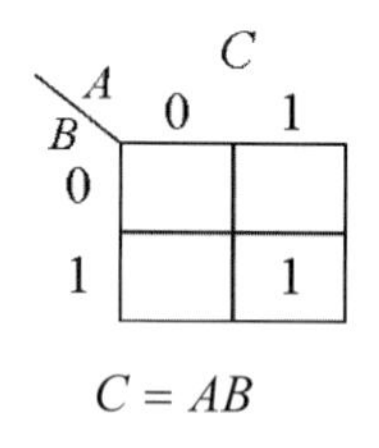

$C = AB$

所以線路為

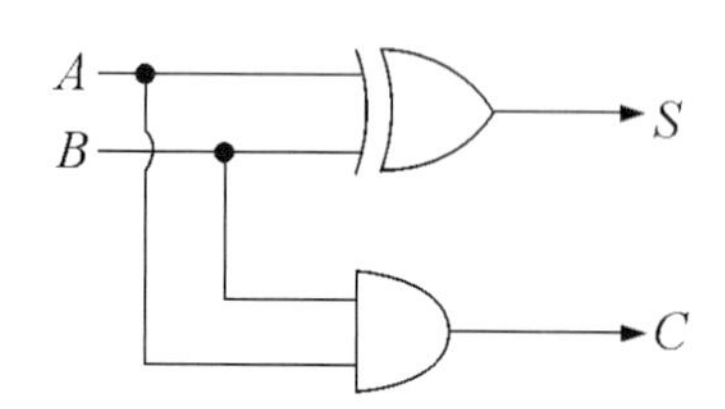

其符號為

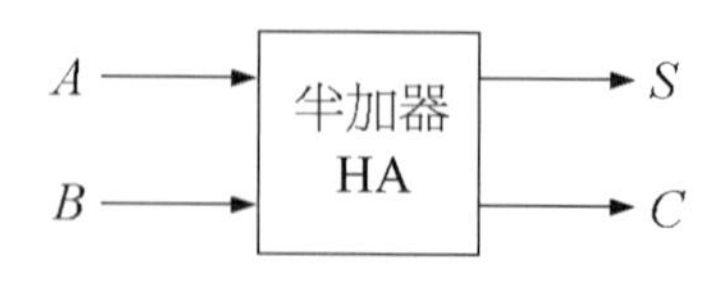

4-2 全加器

全加器(Full Adder, FA)具有三個輸入 A、B、C_i（被加數，加數，與進位輸入）和兩個輸出 S 及進位輸出 C_{out}。其運算法則如下：

(1) $A=0$，$B=0$，$C_i=0$，則 $A+B+C_i=0$，所以 $S=0$，$C_{out}=0$

(2) $A=1$，$B=0$，$C_i=0$ 或
$A=0$，$B=1$，$C_i=0$ 或
$A=0$，$B=0$，$C_i=1$，則 $A+B+C_i=1$，且 $S=1$，$C_{out}=0$

(3) $A=1$，$B=1$，$C_i=0$ 或
$A=0$，$B=1$，$C_i=1$ 或
$A=1$，$B=0$，$C_i=1$，則 $A+B+C_i=2$，且 $S=0$，$C_{out}=1$

(4) $A=1$，$B=1$，$C_i=1$，則 $A+B+C_i=3$，且 $S=1$，$C_{out}=1$

所以

輸入			輸出	
A	B	C_i	C_{out}	S
0	0	0	0	0
0	0	1	0	1
0	1	0	0	1
0	1	1	1	0
1	0	0	0	1
1	0	1	1	0
1	1	0	1	0
1	1	1	1	1

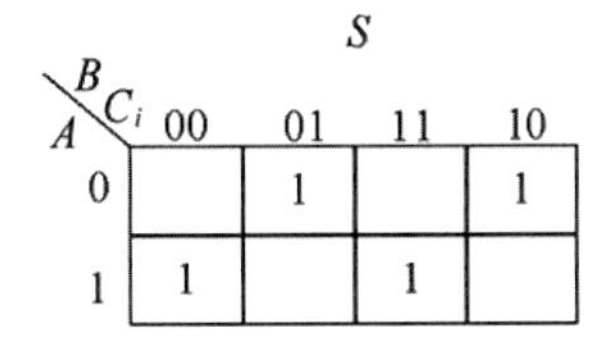

$S=\bar{A}\bar{B}C_i+\bar{A}B\bar{C}_i+A\bar{B}\bar{C}_i+ABC_i$

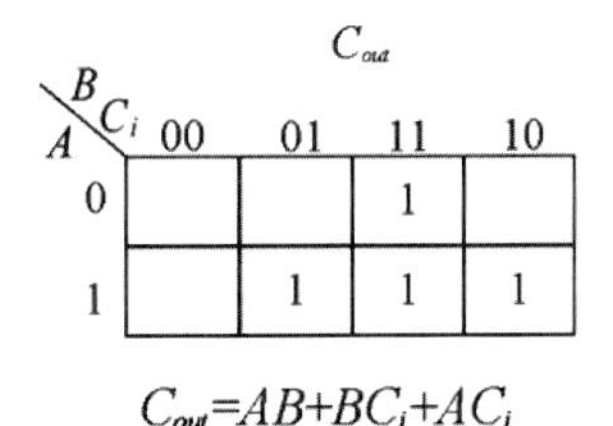

$C_{out}=AB+BC_i+AC_i$

又因 $S=\bar{A}\,\bar{B}\,C_i+\bar{A}\,B\,\bar{C}_i+A\,\bar{B}\,\bar{C}_i+A\,B\,C_i$

$$=C_i(\bar{A}\,\bar{B}+A\,B)+\bar{C}_i(\bar{A}B+A\bar{B})$$

$$=C_i\,\overline{\overline{(\bar{A}\bar{B}+AB)}}+\bar{C}_i\,(A\oplus B)$$

$$=C_i\,\overline{(A+B)(\bar{A}+\bar{B})}+\bar{C}_i\,(A\oplus B)$$

$$=C_i\,\overline{(\bar{A}B+A\bar{B})}+\bar{C}_i\,(A\oplus B)$$

$$= C_i\,\overline{(A\oplus B)} + \overline{C}_i\,(A\oplus B)$$

$$= C_i \oplus (A\oplus B)$$

$$C_{out} = AB + BC_i + AC_i$$

$$= AB + C_i(A+B)$$

$$= AB + C_i(A+B)\overline{AB} \quad \leftarrow \text{因為} \quad x+y = x+\overline{x}y$$

$$= AB + C_i(A+B)\,(\overline{A}+\overline{B})$$

$$= AB + C_i\,(A\oplus B)$$

因此

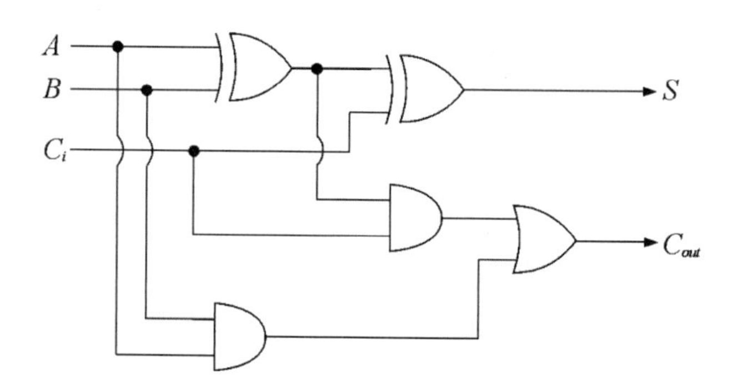

其符號為

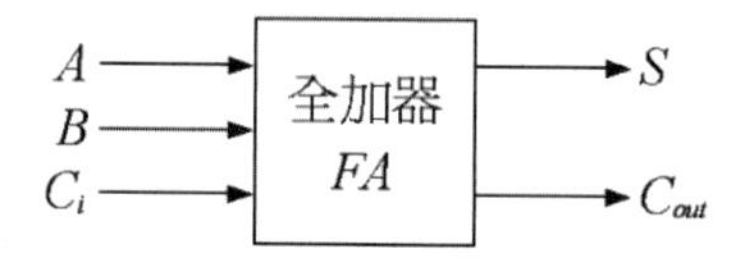

範例 4-1 試純以 NAND 閘設計半加器。

解答 $S = A\overline{B} + \overline{A}B$

$$= \overline{\overline{(A\overline{B})+\overline{A}B}} = \overline{AB+\overline{A}\,\overline{B}}$$

$$= \overline{(\overline{A}+AB)+(\overline{B}+AB)}$$

$$= \overline{\overline{[A(\overline{AB})]}\;\overline{[B(\overline{AB})]}}$$

$C = AB = \overline{\overline{AB}}$

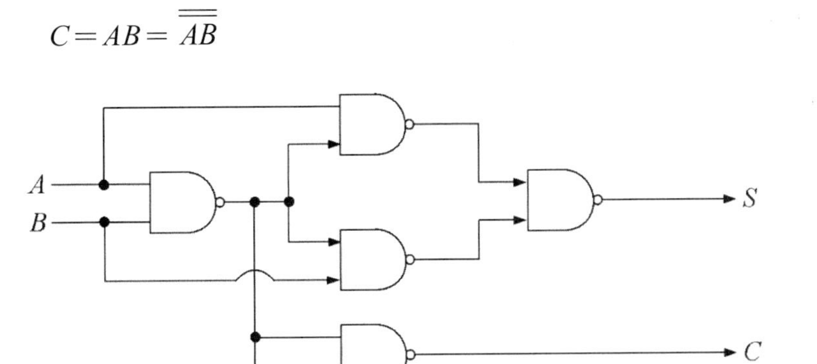

範例 4-2 試純以 NAND 閘設計全加器。

解答

$S = C_i \oplus (A \oplus B)$

$C = AB + C_i(A \oplus B)$

$= \overline{\overline{AB + C_i(A \oplus B)}}$

$= \overline{\overline{AB}\ [\overline{C_i(A \oplus B)}]}$

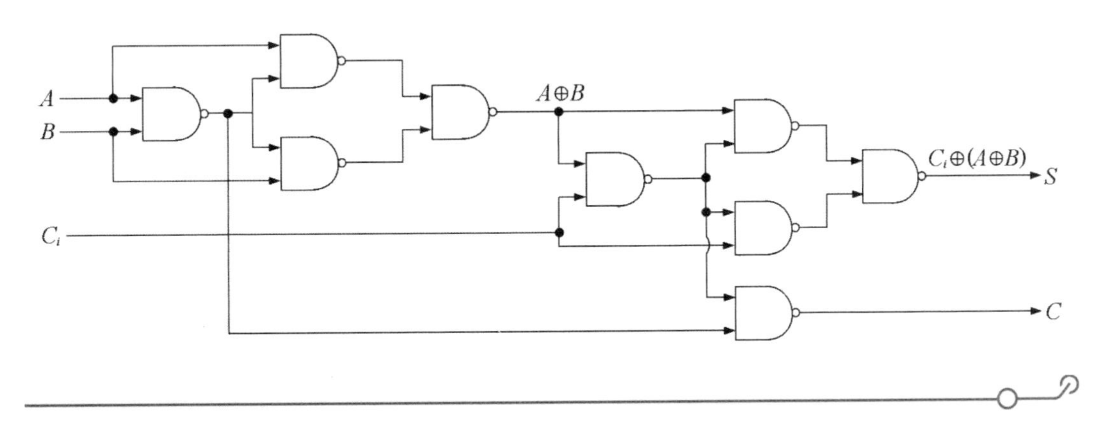

範例 4-3 試用三個半加器完成布林代數 $f(A,B,C)=ABC$。

解答

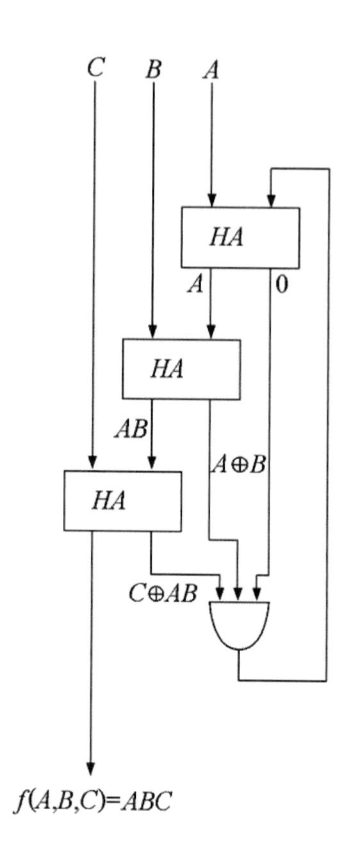

範例 4-4 試用三個半加器完成布林代數 $f(A,B,C)=AB\overline{C}+(\overline{A}+\overline{B})C$。

解答 $f(A,B,C)=AB\overline{C}+(\overline{A}+\overline{B})C=AB\overline{C}+(\overline{AB})C=C\oplus(AB)$

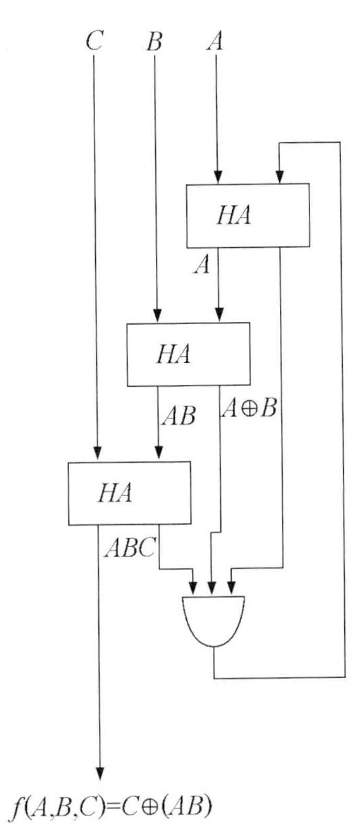

範例 4-5　試用三個半加器完成布林代數 $f(A,B,C)=A\oplus B\oplus C$。

解答

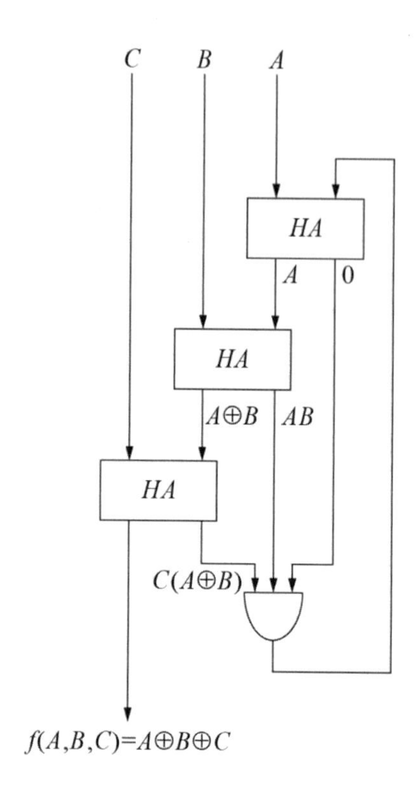

範例 4-6 試用三個半加器完成布林代數 $f(A,B,C)=\overline{A}BC+A\overline{B}C$。

解答 $f(A,B,C)=\overline{A}BC+A\overline{B}C=(A\oplus B)C$

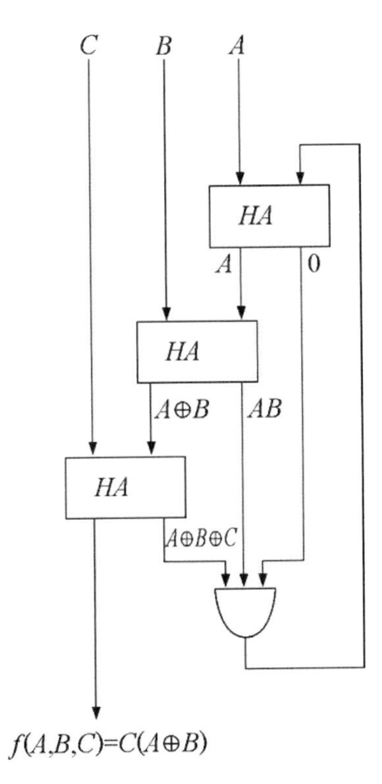

範例 4-7 試利用二個半加器及一個 OR 邏輯閘執行全加器的功能。

解答 設半加器的兩個輸入端分別為 A、B；而半加器輸出端之和埠為 S，進位輸出為 C_0。因半加器的輸出及輸入的關係為

$$S=A\overline{B}+\overline{A}B=A\oplus B$$
$$C_0=AB$$

對全加器而言，若 C_{in} 代表全加器進位輸入端，則

$$\begin{aligned}S&=\overline{A}\overline{B}C_{in}+\overline{A}B\overline{C}_{in}+A\overline{B}\overline{C}_{in}+ABC_{in}\\&=C_{in}(\overline{A}\overline{B}+\mathrm{AB})+\overline{C}_{in}(\overline{A}B+A\overline{B})\\&=C_{in}(\overline{\overline{A}B+A\overline{B}})+\overline{C}_{in}(\overline{A}\mathrm{B}+A\overline{B})\end{aligned}$$

$$= C_{in} \oplus (A \oplus B)$$

$$\begin{aligned} C_0 &= AB + BC_{in} + AC_{in} \\ &= AB + C_{in}(A+B) \\ &= AB + C_{in}(A+B)\overline{AB} \quad （由 x+y=x+\bar{x}y） \\ &= AB + C_{in}(A+B)(\bar{A}+\bar{B}) \\ &= AB + C_{in}(A \oplus B) \end{aligned}$$

因為全加器的 S 及 C_0 中均有 $A \oplus B$ 項及 C_{in} 項，因此在不考慮 AB 項時，可知第二級半加器的輸入端可由半加器的 S 及外部 C_{in} 所組成。而使得第二級半加器的

$$S = C_{in} \oplus (A \oplus B)$$

$$C_0 = C_{in}(A \oplus B)$$

至於最後的進位輸出，則可由第一級半加器 C_0 及第二級半加器之 C_0 作 OR 運算。所以組合電路為

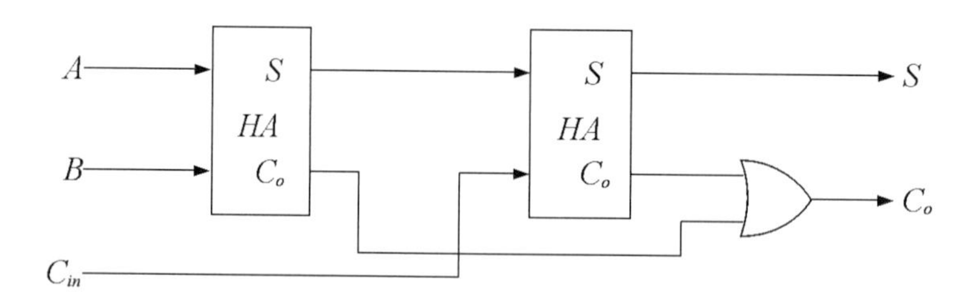

4-3 半減器

一個半減器有兩個輸入端 X（減數）和 Y（被減數），和兩個輸出端 D（差）及 B_0（借位）。其運算法則為：

(1) 當 $X > Y$ 時，則在 $X - Y$ 下，$D=1$，且無借位，即 $B_0 = 0$。

(2) 當 $X < Y$ 時，此時 $X - Y$ 不夠減，必須從次高位元借 1。此時 $B_0 = 1$，$D=1$。

(3)當 $X=Y$ 時，此時 $D=0$，$B_0=0$。

輸入		輸出	
X	Y	B_0	D
0	0	0	0
0	1	1	1
1	0	0	1
1	1	0	0

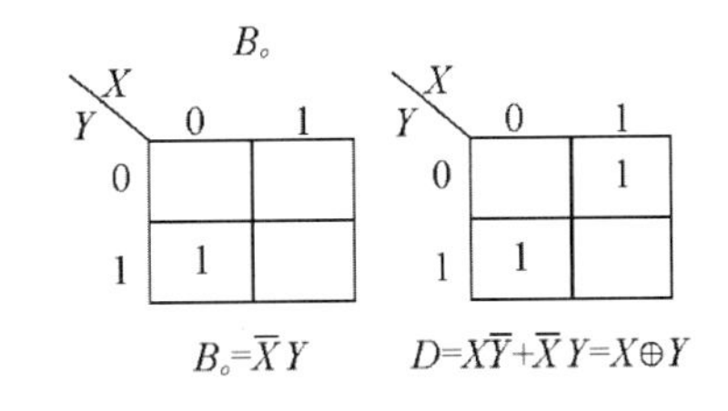

其電路為

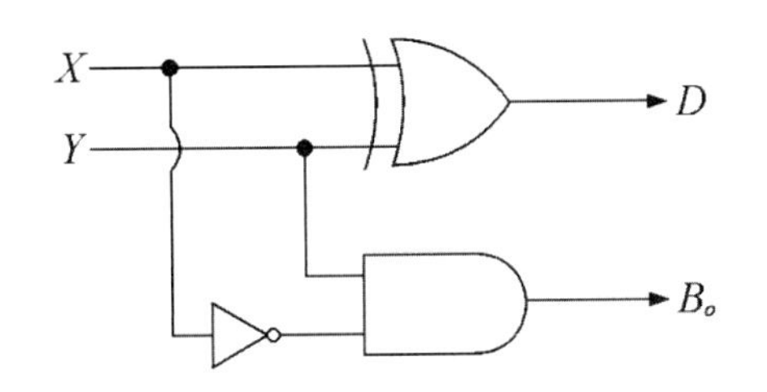

其符號為

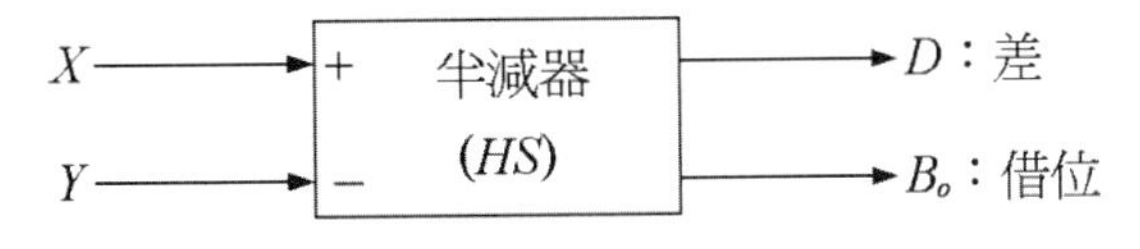

4-4 全減器

一個全減器具有三個輸入端 x（減數），y（被減數）及下一位元借位 B_i。另有差 D 及借位 B_0 兩個輸出。其真值表為

輸入			輸出	
x	y	B_i	B_0	D
0	0	0	0	0
0	0	1	1	1
0	1	0	1	1
0	1	1	1	0
1	0	0	0	1
1	0	1	0	0
1	1	0	0	0
1	1	1	1	1

(1) 即當 $x=0$，$y=0$，$B_i=1$ 時，必須向前一位借 1，使得 $B_0=1$，$D=1$。

(2) 當 $x=0$，$y=1$，$B_i=1$ 時，仍須向前一位借 1，使得 $B_0=1$，$D=0$。

(3) 當 $x=1$，$y=0$，$B_i=1$ 時，$B_0=0$，$D=0$。

(4) 當 $x=1$，$y=1$，$B_i=1$ 時，則需借位，使得 $B_0=1$，$D=1$。

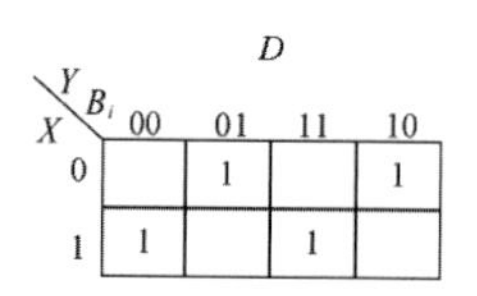

D

X \ YB_i	00	01	11	10
0		1		1
1	1		1	

B_o

X \ YB_i	00	01	11	10
0		1	1	1
1			1	

$D = \bar{x}\bar{y}B_i + \bar{x}y\bar{B}_i + x\bar{y}\bar{B}_i + xyB_i$ $\qquad B_0 = \bar{x}y + \bar{x}B_i + yB_i$

其符號為

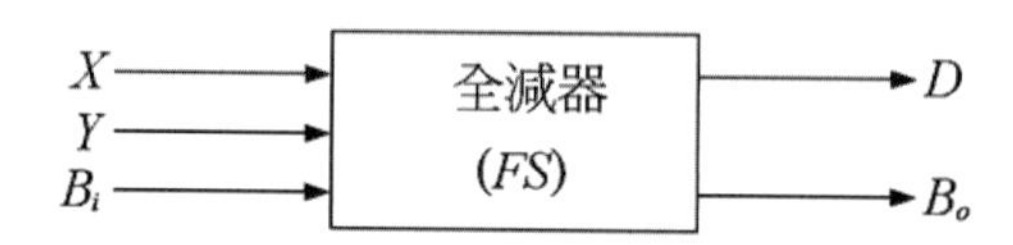

又 $D = \bar{x}(\bar{y}B_i + y\bar{B}_i) + x(\bar{y}\bar{B}_i + yB_i)$

$= \bar{x}(y \oplus B_i) + x\overline{[(y+B_i)(\bar{y}+\bar{B}_i)]}$

$= \bar{x}(y \oplus B_i) + x\overline{[y\bar{B}_i+\bar{y}B_i]}$

$= \bar{x}(y \oplus B_i) + x\overline{y \oplus B_i}$

$= x \oplus (y \oplus B_i)$

範例 4-8 試利用二個全減器設計一個可以執行 $(10)_2 - (11)_2$ 之電路。

解答

$$\begin{array}{r} 10 \\ -)\ 11 \\ \hline \underline{1}11 \end{array}$$

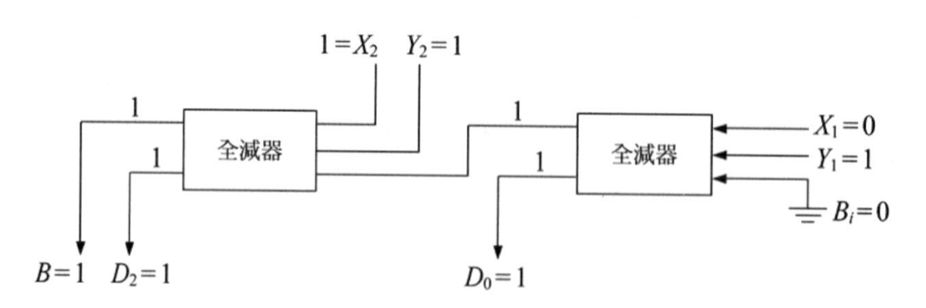

範例 4-9 試利用二個全減器設計一個可以執行 $(11)_2-(10)_2$ 之電路。

解答

$$\begin{array}{r} 11 \\ -)\ \ 10 \\ \hline \underline{0}01 \end{array}$$

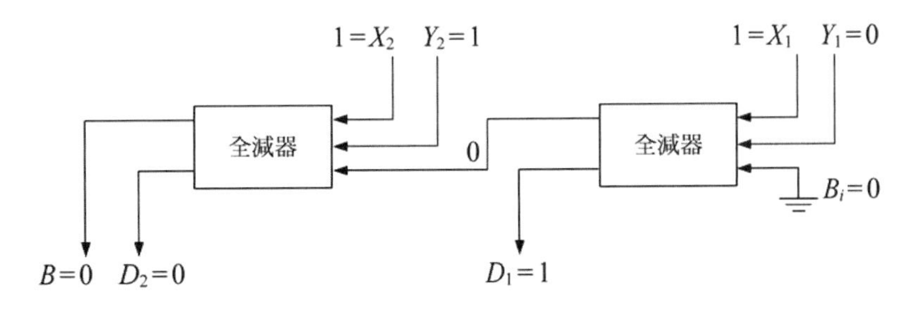

範例 4-10 試利用二個全減器設計一個可以執行 $(01)_2-(11)_2$ 之電路。

解答

$$\begin{array}{r} 01 \\ -)\ \ 11 \\ \hline \underline{1}10 \end{array}$$

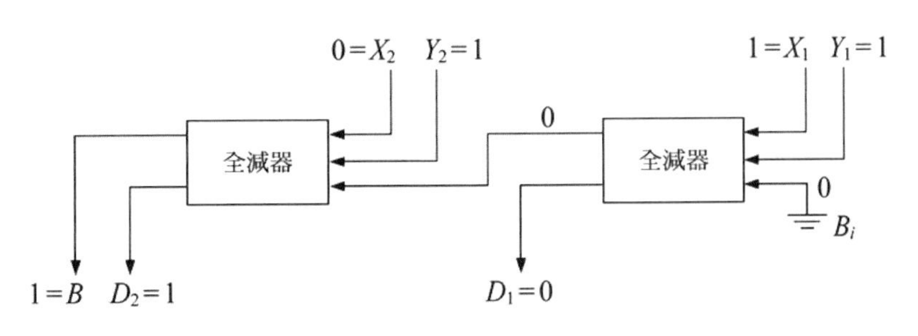

範例 4-11 試利用二個半減器來執行一個全減器所擁有的功能。

解答 首先我們發現到一個全減器的真值表如下所示：

x	y	B_i	B_0	D
0	0	0	0	0
0	0	1	1	1
0	1	0	1	1
0	1	1	1	0
1	0	0	0	1
1	0	1	0	0
1	1	0	0	0
1	1	1	1	1

得 $D = x \oplus (y \oplus B_i)$

$B_0 = \bar{x}y + \bar{x}B_i + yB_i$

至於半減器中 $D_{(HS)} = x \oplus y$

$B_{0(HS)} = \bar{x}y$

因此可知道 $D = (x \oplus y) \oplus B_i$ 且

$$
\begin{aligned}
B &= \bar{x}y + yB_i + \bar{x}B_i \\
&= \bar{x}y + yB_i + \bar{x}B_i(y+\bar{y}) \\
&= \bar{x}y + \bar{x}yB_i + yB_i + \bar{x}\bar{y}B_i \\
&= \bar{x}y(1+B_i) + yB_i + \bar{x}\bar{y}B_i \\
&= \bar{x}y + yB_i + \bar{x}\bar{y}B_i \\
&= \bar{x}y + yB_i(x+\bar{x}) + \bar{x}\bar{y}B_i \\
&= \bar{x}y + \bar{x}yB_i + xyB_i + \bar{x}\bar{y}B_i \\
&= \bar{x}y(1+B_i) + xyB_i + \bar{x}\bar{y}B_i \\
&= \bar{x}y + xyB_i + \bar{x}\bar{y}B_i \\
&= \bar{x}y + (\overline{x \oplus y})B_i
\end{aligned}
$$

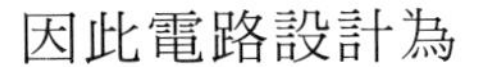
因此電路設計為

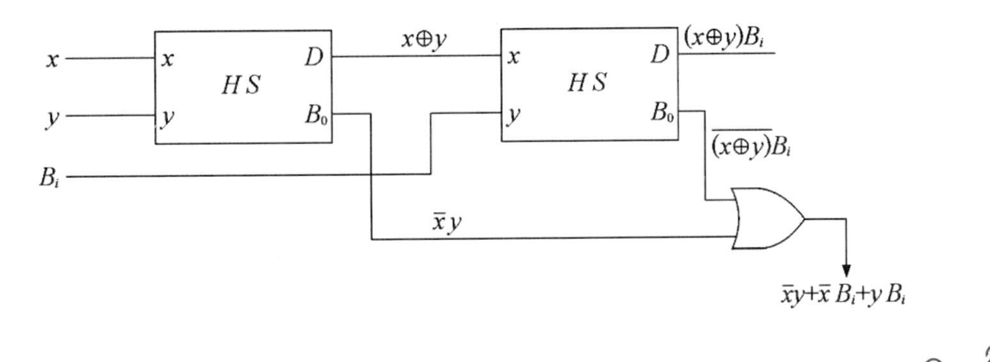

範例 4-12 試設計一能執行三進制（以 3 為基底）的加法器。其中輸入 x、y 分別具有 2 個位元，即 x_0、x_1 及 y_0、y_1。同理輸出 w 亦為兩個位元，即以 Z_0 與 Z_1 來表示，而進位線只有一位元 C_{in} 表示。當總和 $=0$ 時，Z_1Z_0 則以 00 輸出；$w=1$ 時，則以 $Z_1Z_0=01$ 表示；而 $w=2$ 時，$Z_1Z_0=10$ 表示之。

解答 由題意。

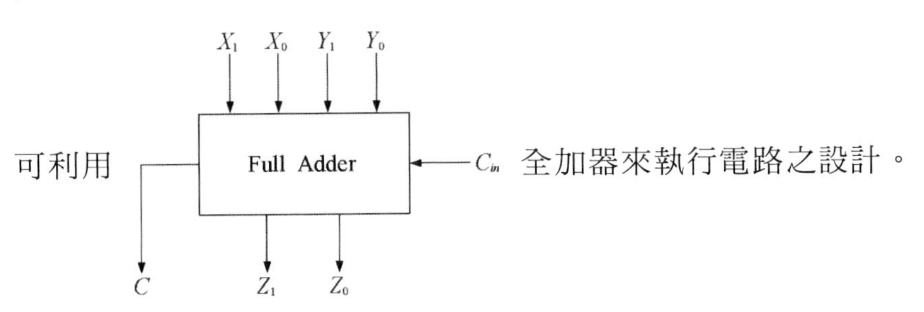

可利用 Full Adder 全加器來執行電路之設計。

因 $0 \leqq x \leqq 2$，$0 \leqq y \leqq 2$ 則 $0 \leqq x+y+C_{in} \leqq 5$（因 C_{in} 只有一位元表示，故 C_{in} 不是邏輯準位 1，就是邏輯準位 0）

即 $x+y+C_{in}=$

	C	Z_1	Z_0
0	0	0	0
1	0	0	1
2	0	1	0
3	0	1	1
4	1	0	0
5	1	0	1

值得注意的是，我們以前所採用的全加器均為二進制位元加法運算，現在卻要設計一個三進制的加法運算，因此必須加以轉換。由真值表可得

Binary			Ternary		
C_{in}	Z_1	Z_0	C_{out}	W_1	W_2
0	0	0	0	0	0
0	0	1	0	0	1
0	1	0	0	1	0
0	1	1	1	0	0
1	0	0	1	0	1
1	0	1	1	1	0
1	1	0	X	X	X
1	1	1	X	X	X

再依卡諾圖知

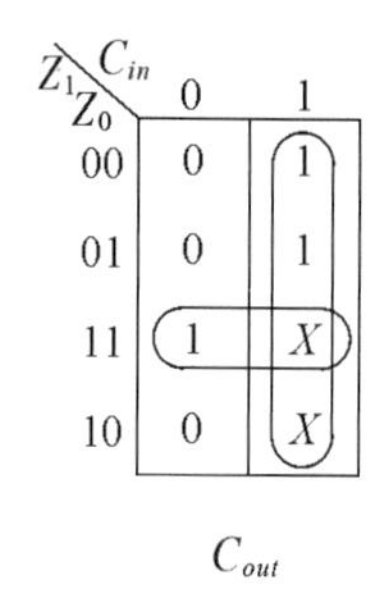

C_{out}

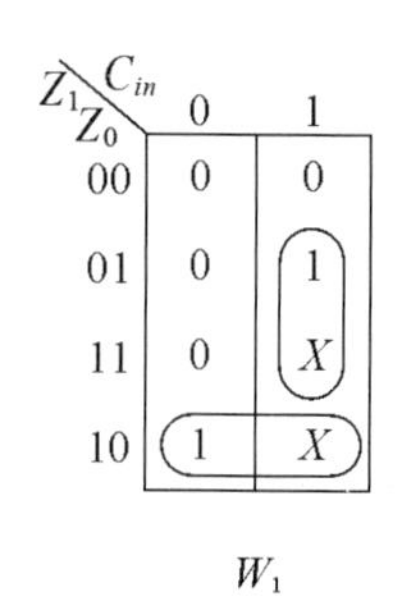

W_1

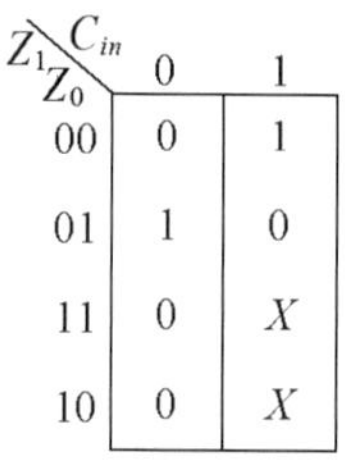

Z_1Z_0 \ C_{in}	0	1
00	0	1
01	1	0
11	0	X
10	0	X

W_0

$$C_{out} = C + Z_1Z_0$$

$$W_1 = CZ_0 + Z_1\overline{Z}_0$$

$$W_0 = C_{in}\overline{Z}_1\overline{Z}_0 + \overline{C}_{in}\overline{Z}_1Z_0$$

$$= \overline{Z}_1(C_{in}\overline{Z}_0 + \overline{C}_{in}Z_0)$$

$$= \overline{Z}_1(C \oplus Z_0)$$

所以，最後全部之電路如下：

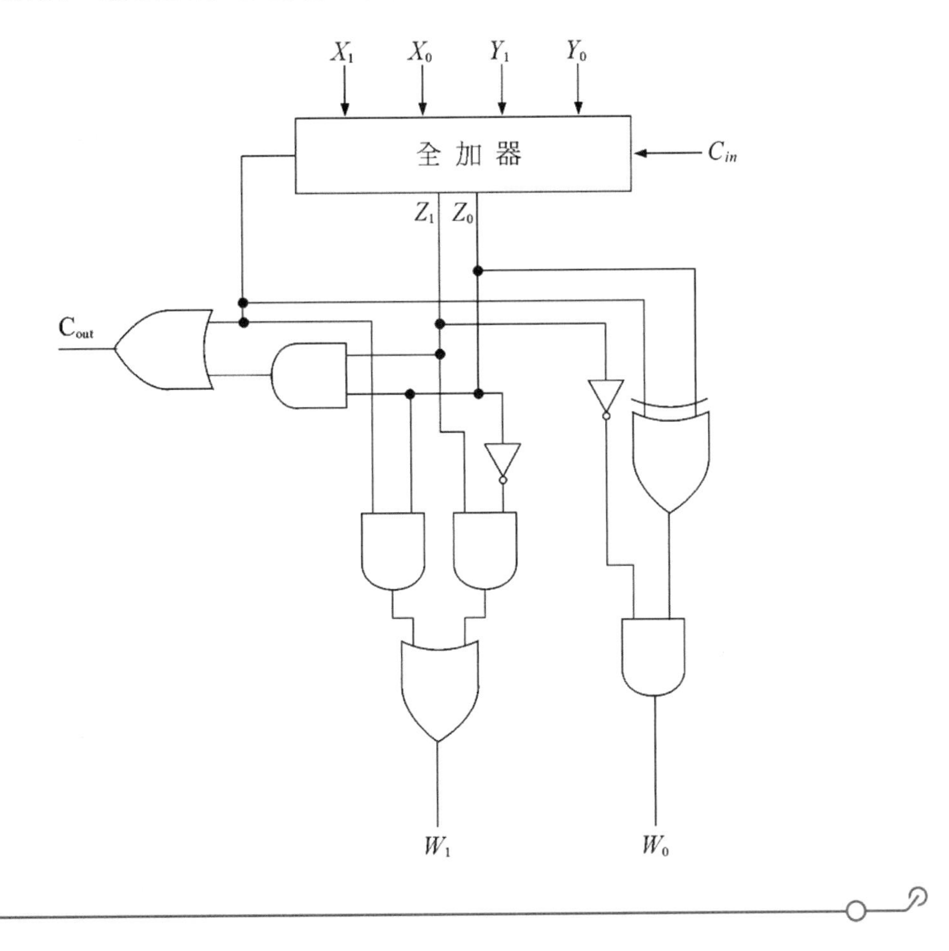

範例 4-13 試利用全加器設計 $1101_{(2)}+1010_{(2)}$的加法運算。

解答 假設將 $1101_{(2)}$標式為相對應全部器的 A 輸入端，而 $1010_{(2)}$標示為相對應全加器的 B 端，因此執行電路為

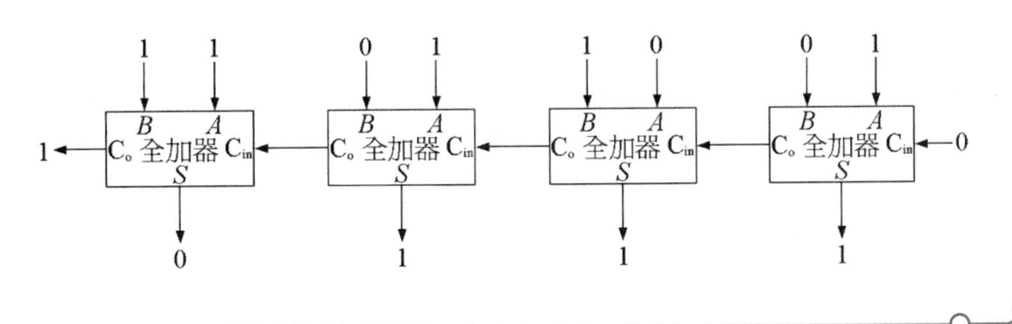

範例 4-14 試利用全減器設計 $1101_{(2)}-1010_{(2)}$的減法運算。

解答 假設將 $1101_{(2)}$標示為全減器的 A 輸入端，而 $1010_{(2)}$標示為相對應全減器的 B 端，其中減法器是執行 $A-B$ 的運算，因此執行電路為

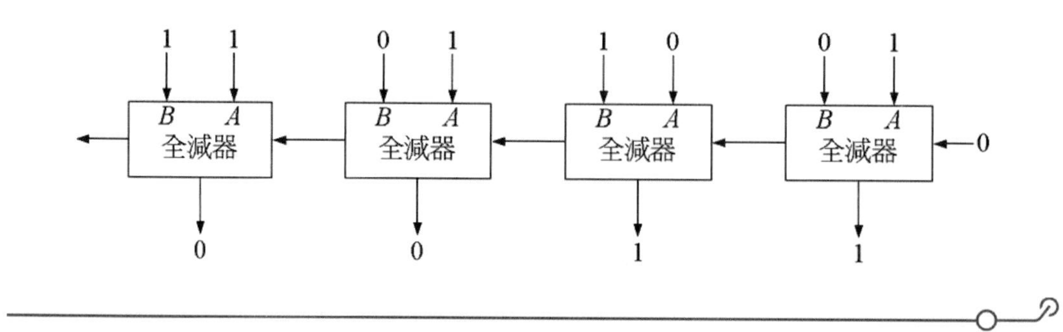

範例 4-15 試利用半加器設計一個電路。此電路可以檢測 8 位元輸入訊息中為高準位 1 之位元數為 4 或 6。

解答 假設此 8 bits 之 message 為 $D_7\ D_6\ D_5\ D_4\ D_3\ D_2\ D_1\ D_0$。依半加器功能可知設計的電路大略如下方塊圖所示。

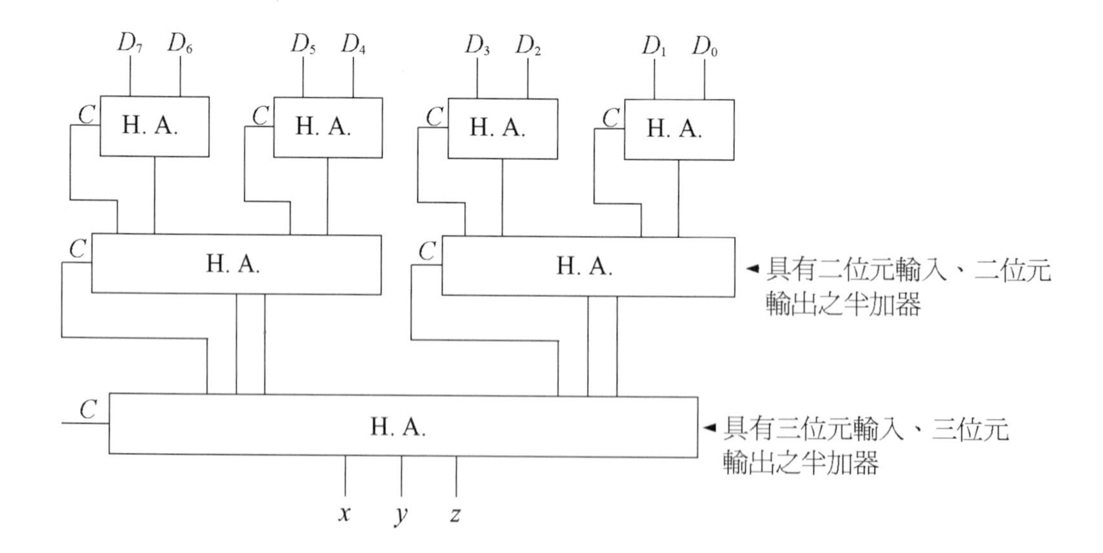

假設 f 為檢測輸出，即若起始輸入資料有 4 個或 6 個 1 的位元輸入時，則 $f=1$，否則 $f=0$。因此，x、y、z 和 f 之間的關係，則如下列真值表可得 $f=x\bar{z}$。

x	y	z	f
0	0	0	0
0	0	1	0
0	1	0	0
0	1	1	0
1	0	0	1
1	0	1	0
1	1	0	1
1	1	1	0

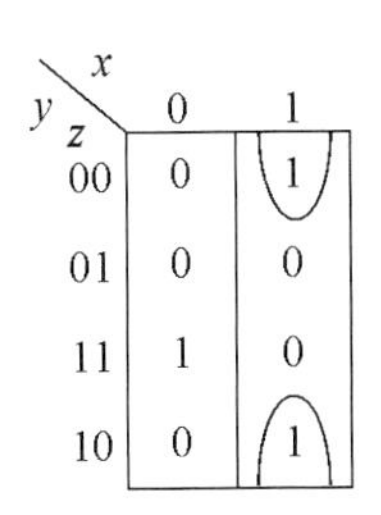

4-5 以全加器設計全減器之電路

【解一】由全加器及全減器之真值表之比較

全減器

輸入			輸出	
x	y	B_i	B_0	D
0	0	0	0	0
0	0	1	1	1
0	1	0	1	1
0	1	1	1	0
1	0	0	0	1
1	0	1	0	0
1	1	0	0	0
1	1	1	1	1

全加器

輸入			輸出	
x	y	C_i	C_0	S
0	0	0	0	0
0	0	1	0	1
0	1	0	0	1
0	1	1	1	0
1	0	0	0	1
1	0	1	1	0
1	1	0	1	0
1	1	1	1	1

(1) $C_i = B_i$

(2) 只要$y \neq B_i$，則$C_0 = \overline{B}_0$

$y = B_i$，則$C_0 = B_0$

故令 $A = y \oplus B_i$

if $A=1$ then $C_0 = \overline{B}_0$

if $A=0$ then $C_0 = B_0$

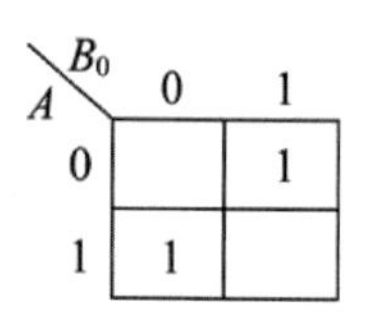

$A \backslash B_0$	0	1
0		1
1	1	

$$C_0 = A\overline{B}_0 + \overline{A}B_0$$
$$= A \oplus B_0$$

所以電路為

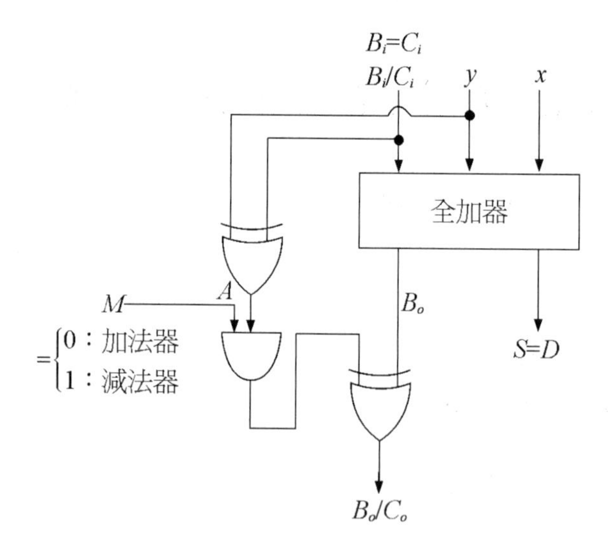

【解二】另由卡諾圖之結果得

在全減器中

$$D = \overline{x}\overline{y}B_i + \overline{x}y\overline{B}_i + x\overline{y}\overline{B}_i + xyB_i$$

$$B_0 = \overline{x}y + \overline{x}B_i + yB_i$$

在全加器中

$$S=\overline{x}\,\overline{y}C_i+\overline{x}y\overline{C_i}+x\overline{y}\overline{C_i}+xyC_i$$

$$C_0=xy+yC_i+xC_i$$

現在若令外部有一信號，令其為二進制控制線位元 M，當 $M=0$ 時，代表系統是以全加器的方式執行；若 $M=1$ 時，則系統是以全減器方式執行。因為除了 M 以外，其他線路均沒有變化。且是要在 $M=1$ 時，將全加器再配合 M 下而成全減器的電路。所以我們必須由 $M=1$ 時全減器真值表與 $M=0$ 時全加器真值表來互為比較，以得出可能的設計電路。

(1) 若將 x 換為 $M\oplus x$ 時，則真值表為

在全減器($M=1$)

輸入				輸出	
x	$M\oplus x$	y	B_i	B_0	D
0	1	0	0	0	1
0	1	0	1	0	0
0	1	1	0	0	0
0	1	1	1	1	1
1	0	0	0	0	0
1	0	0	1	1	1
1	0	1	0	1	1
1	0	1	1	1	0

⟷

在全加器($M=0$)

輸入				輸出	
x	$M\oplus x$	y	C_i	C_0	S
0	0	0	0	0	0
0	0	0	1	0	1
0	0	1	0	0	1
0	0	1	1	1	0
1	1	0	0	0	1
1	1	0	1	1	0
1	1	1	0	1	0
1	1	1	1	1	1

(2) 由真值表知道 $C_0=B_0$

(3) if $M=1$，then $D=\overline{S}$

if $M=0$，then $D=S$

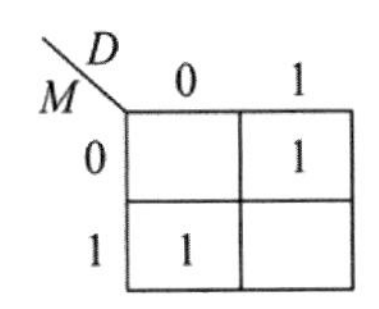

因此

$$D=M\oplus S$$

所以電路為

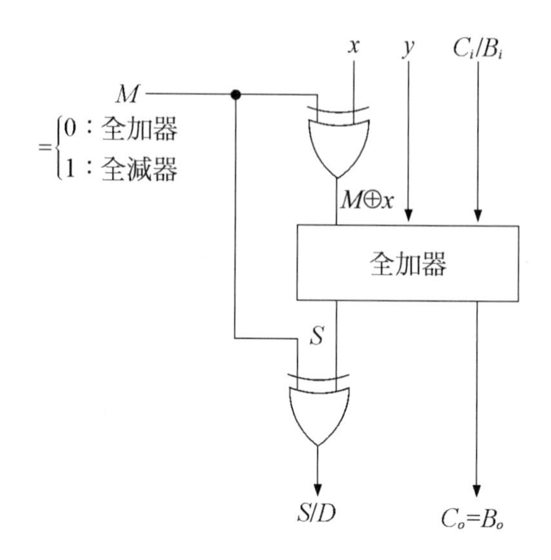

4-6 BCD 加法器

因一個 BCD 數字的最大值為 9，因此兩個 BCD 數字相加後，最大值為 18。若考慮進位時，則兩個 BCD 數之最大和為 19。但在 BCD 碼中最大的數字為 9，因此當總和超過 9 時，必須加以調整。

因一個 BCD 數字是以 4 個位元來加以表示，而 4 位元中之最大數字為 15，但 BCD 碼中最大數字為 9，兩者之間差 6。因此當 BCD 碼以二進制作加法時，其和若大於 9 時，則須再加 6 使其強迫進位，方能得到正確的 BCD 碼。

範例 4-16 將 $1101_{(Gray)}$轉成十進制碼。

```
   47          0100      0111
+) 35       +) 0011      0101
   82          0111      1100 ←— 大於 P
            +)    1 ← +) 0110
               1000      0010
                     ↑
                     進
                     位
               ︸         ︸
               8          2
```

根據上述原理得到下列之真值表為

【附註】：BCD ＝Binary codes for the decimal digits

＝Binary-Coded Decimal

＝以二進制表示之十進位數

兩個 BCD 數字相加後之結果	修正前					修正後				
	進位	和				進位	和			
	C_4'	S_4'	S_3'	S_2'	S_1'	C_4	S_4	S_3	S_2	S_1
0		0	0	0	0		0	0	0	0
1		0	0	0	1		0	0	0	1
2		0	0	1	0		0	0	1	0
3		0	0	1	1		0	0	1	1
4		0	1	0	0		0	1	0	0
5		0	1	0	1		0	1	0	1
6		0	1	1	0		0	1	1	0
7		0	1	1	1		0	1	1	1
8		1	0	0	0		1	0	0	0
9		1	0	0	1		1	0	0	1
10		1	0	1	0	1	0	0	0	0
11		1	0	1	1	1	0	0	0	1
12		1	1	0	0	1	0	0	1	0
13		1	1	0	1	1	0	0	1	1
14		1	1	1	0	1	0	1	0	0
15		1	1	1	1	1	0	1	0	1
16	1	0	0	0	0	1	0	1	1	0
17	1	0	0	0	1	1	0	1	1	1
18	1	0	0	1	0	1	1	0	0	0
19	1	0	0	1	1	1	1	0	0	1

從真值表可以發現：當 $C_4'=1$ 時，$C_4=1$。另外，兩個 BCD 的相加結果為 10,11,12,13,14,15 時，縱使 $C_4'=0$、C_4 亦然為 1。所以我們僅需算出兩個 BCD 相加為 10,11,12,13,14,15 時的布林代數即可。

由卡諾圖得

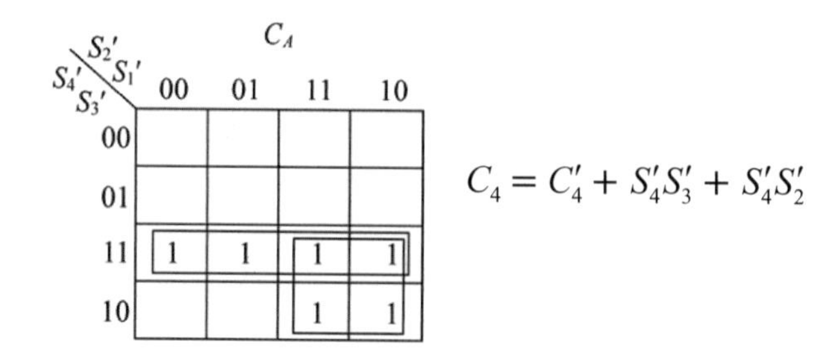

$$C_4 = C_4' + S_4'S_3' + S_4'S_2'$$

即

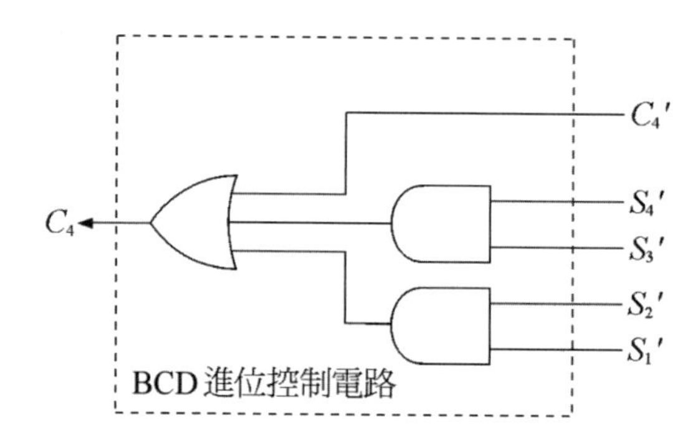

所以整個 BCD 加法器實際電路為

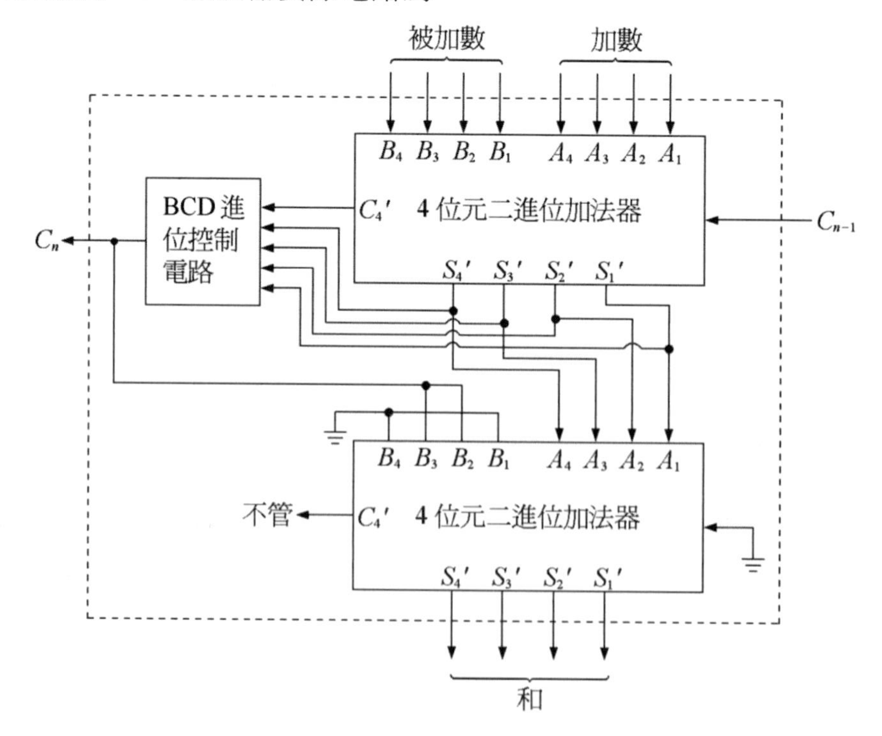

其符號為

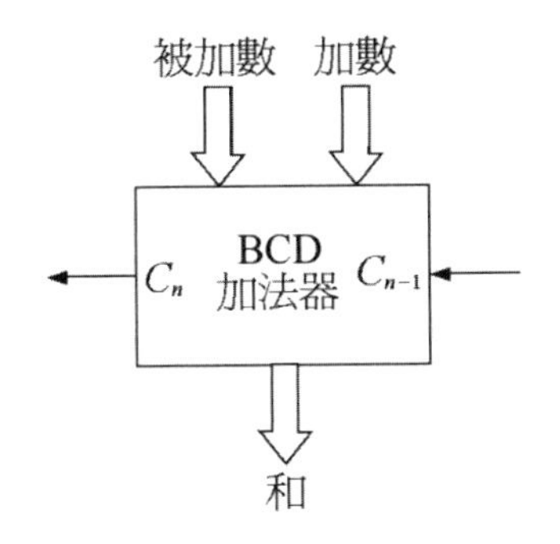

4-7 前瞻進位加法器 (Look-ahead Carry Adder)

由於並聯式加法器之運算，需知道前一級的進位 C_{i-1} 後，才能再和該級的輸入作加法運算，以得到 S_i 及 C_i。因此需等待進位的延遲時間。為改進此一缺點，我們直接產生各級所需的進位輸入，以作並行輸入。此種方式之加法器稱之為前瞻進位加法器。

由全加器中之

$$S_i = A_i \oplus B_i \oplus C_i = P_i \oplus C_i \quad (\text{令 } P_i = A_i \oplus B_i)$$

$$C_{i+1} = A_iB_i + C_i(A_i \oplus B_i) = G_i + P_iC_i \quad (\text{令 } G_i = A_iB_i)$$

此時各級進位為

$$C_1 = G_0 + P_0C_0$$

$$C_2 = G_1 + P_1C_1 = G_1 + P_1(G_0 + P_0G_0) = G_1 + P_1G_0 + P_1P_0C_0$$

$$C_3 = G_2 + P_2C_2 = G_2 + P_2(G_1 + P_1G_0 + P_1P_0C_0)$$

$$= G_2 + P_2G_1 + P_2P_1G_0 + P_2P_1P_0C_0$$

$$C_4 = G_3 + P_3C_3 = G_3 + (G_2 + P_2G_1 + P_2P_1G_0 + P_2P_1P_0C_0)$$

$$= G_3 + P_3G_2 + P_3P_2G_1 + P_3P_2P_1G_0 + P_3P_2P_1P_0C_0$$

$$\vdots$$

$$\vdots$$

以 4 位元的前瞻加法器而言，其電路為

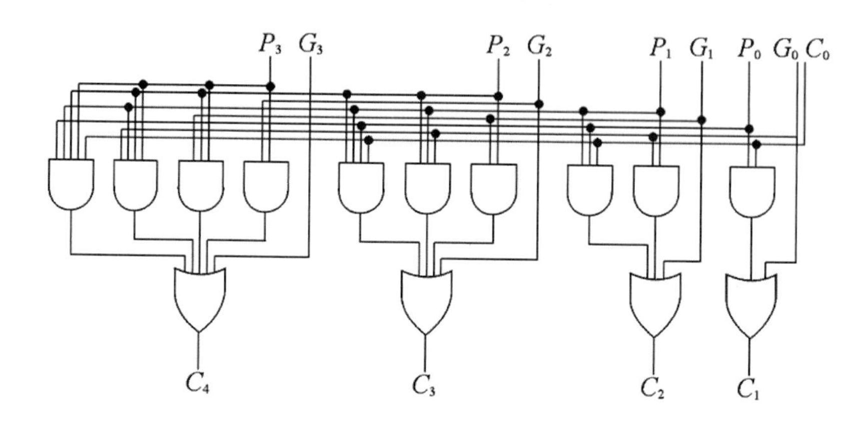

或

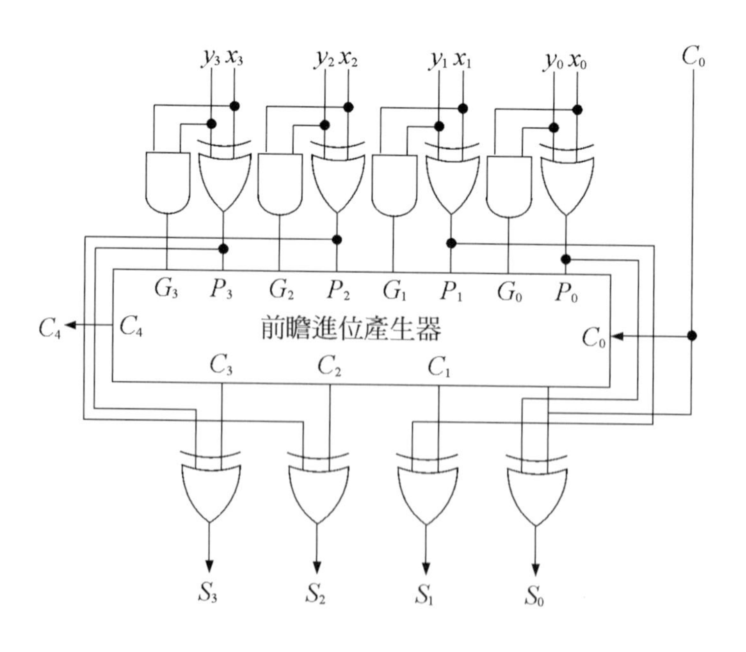

至於邏輯符號則可以如下圖所示。

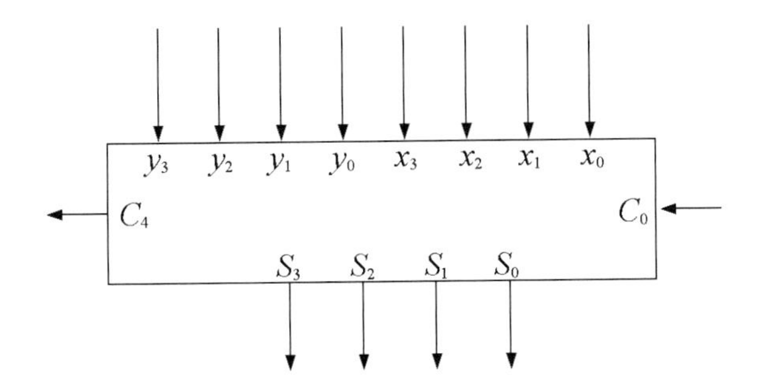

範例 4-17 試設計一個可以產生 9 補數的產生器電路。

	輸　入				輸　出			
	原數目				9 補數			
	A_3	A_2	A_1	A_0	Z_3	Z_2	Z_1	Z_0
0	0	0	0	0	1	0	0	1
1	0	0	0	1	1	0	0	0
2	0	0	1	0	0	1	1	1
3	0	0	1	1	0	1	1	0
4	0	1	0	0	0	1	0	1
5	0	1	0	1	0	1	0	0
6	0	1	1	0	0	0	1	1
7	0	1	1	1	0	0	1	0
8	1	0	0	0	0	0	0	1
9	1	0	0	1	0	0	0	0

由卡諾圖知

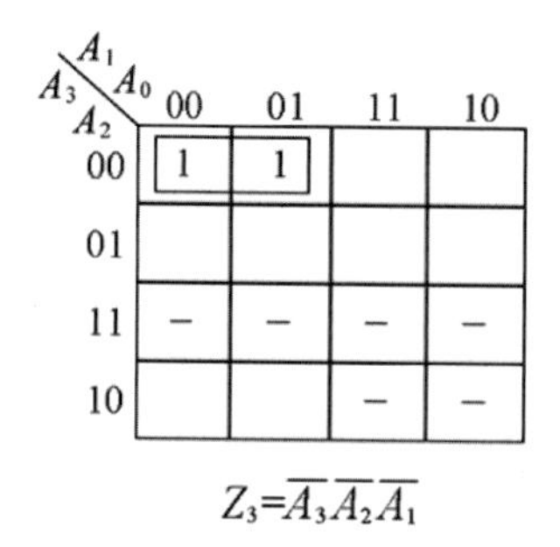

$Z_3=\overline{A_3}\,\overline{A_2}\,\overline{A_1}$

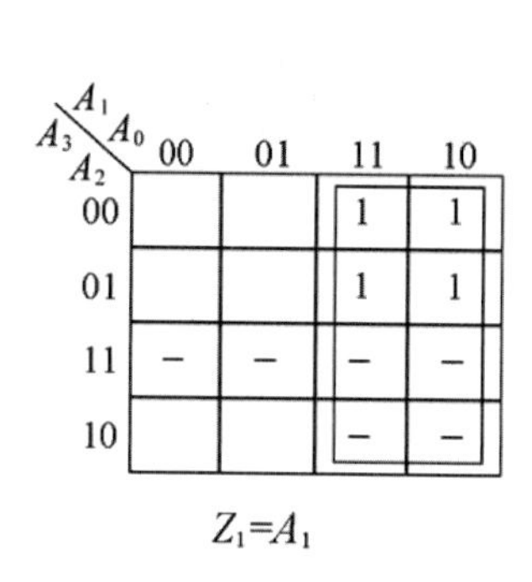

$Z_1=A_1$

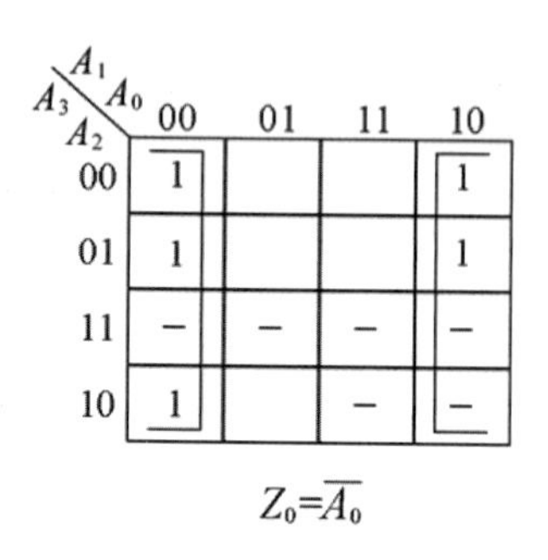

$Z_2=\overline{A_1}A_2+A_1\overline{A_2}=A_1\oplus A_2$

$Z_0=\overline{A_0}$

所以 9 補數產生器電路為

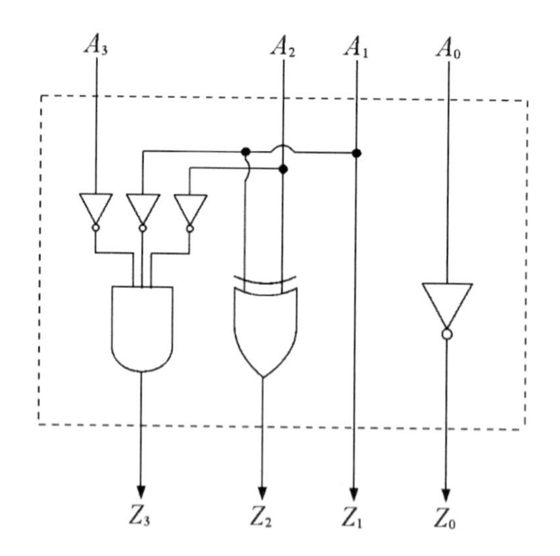

典型 IC：4561B

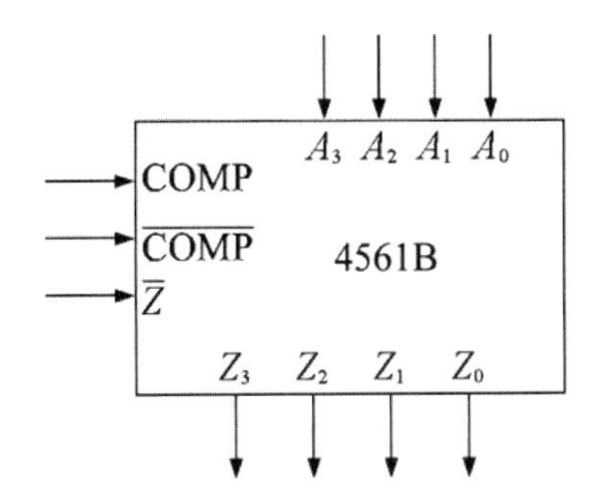

輸入			輸出				說明
$\overline{Z}$	COMP	$\overline{\text{COMP}}$	Z_3	Z_2	Z_1	Z_0	
1	×	×	0	0	0	0	0 輸出
0	0	0	A_3	A_2	A_1	A_0	真值輸出
0	0	1	A_3	A_2	A_1	A_0	真值輸出
0	1	1	A_3	A_2	A_1	A_0	真值輸出
0	1	0	$\overline{A_3}\,\overline{A_2}\,\overline{A_1}$	$A_1 \oplus A_2$	A_1	$\overline{A_0}$	9 補數輸出

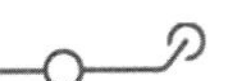

範例 4-18 試設計一 ALU，其功能如下表所示。其中 C_{in} 表示前級進位，A、B 表兩輸入信號，而 Z 表輸出信號。

A 輸入	B 輸入	C_{in}	Z 輸出	功能
A	0	0	$Z=A$	將 A 轉至 Z
A	0	1	$Z=A+1$	增加 A
A	B	0	$Z=A+B$	加法
A	B	1	$Z=A+B+1$	加法（有進位）
A	1	1	$Z=A$	將 A 轉至 Z
A	$\overline{B}$	0	$Z=A+\overline{B}$	A 加 B 之 1 的補數
A	$\overline{B}$	1	$Z=A+\overline{B}+1$	A 減 B
A	1	0	$Z=A-1$	A 減 1

解答 上表 B 輸入之可能值為 0、1、B、$\overline{B}$， 為了容易表明與輸入 A 相加的對象，因此必須將 B 的 4 種可能值加以選取。因 B 有 4 種可能值，因此需要 2 條控制線來控制($2^2=4$)。故令這兩條控制線分別為 S_0 及 S_1，而在控制 B 之下得到的輸出為 F，則可令 F 與 S_0,S_1 及 B 之間的真值表關係如下：

真值表

S_1	S_0	F_i
0	0	0
0	1	B_i
1	0	$\overline{B_i}$
1	1	1

因為兩個選擇線 S_1、S_0 控制著 B 之輸入，現在若輸入以 $B=0$ 或 $B=1$ 來 B_i 表示，且輸出以 F 表示，則 S_1、S_0 及 F 之真值表可改為

S_1	S_0	B	F
0	0	0	0
0	0	1	0
0	1	0	0
0	1	1	1
1	0	0	1
1	0	1	0
1	1	0	1
1	1	1	1

化簡得 $F_i = S_1\overline{B} + S_0B$

其線路圖則如下圖所示：

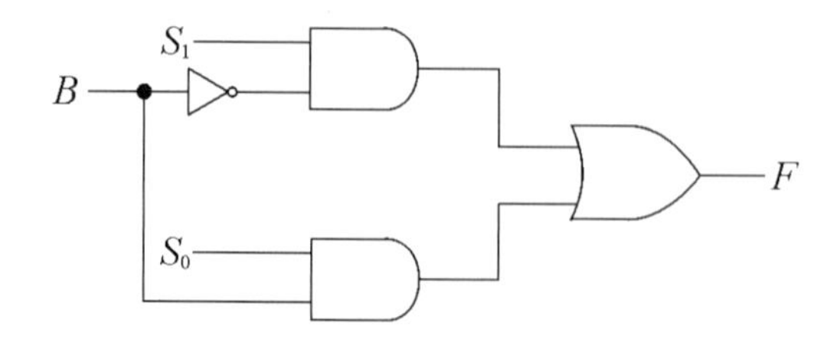

所以，若將算術邏輯線路分成 k 個 stage，每一個 stage 採用相同線路，可減化設計上的困難。每一 stage i 之線路圖如下圖，可執行之 8 種微運算如上表：

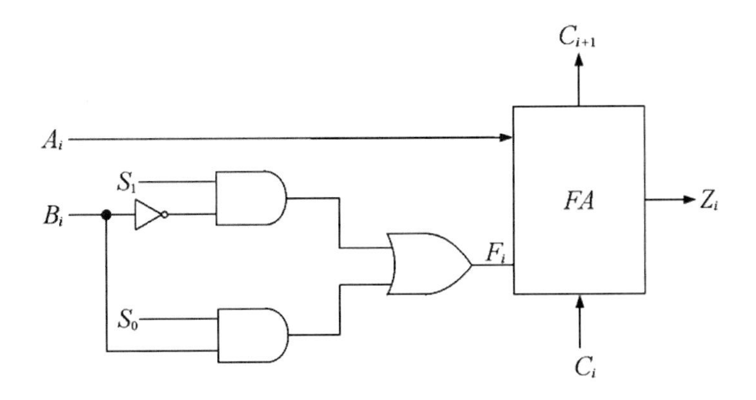

但我們得考慮最後一種狀況，其猶如是將全加器改為全減器的例子。因此，如第 4-5 節中的解法二所示，我們可以將 A 視為 y，而將 B 視為 x，M 則為 $M=S_1S_0$。亦即第 i 個 stage 的電路則為

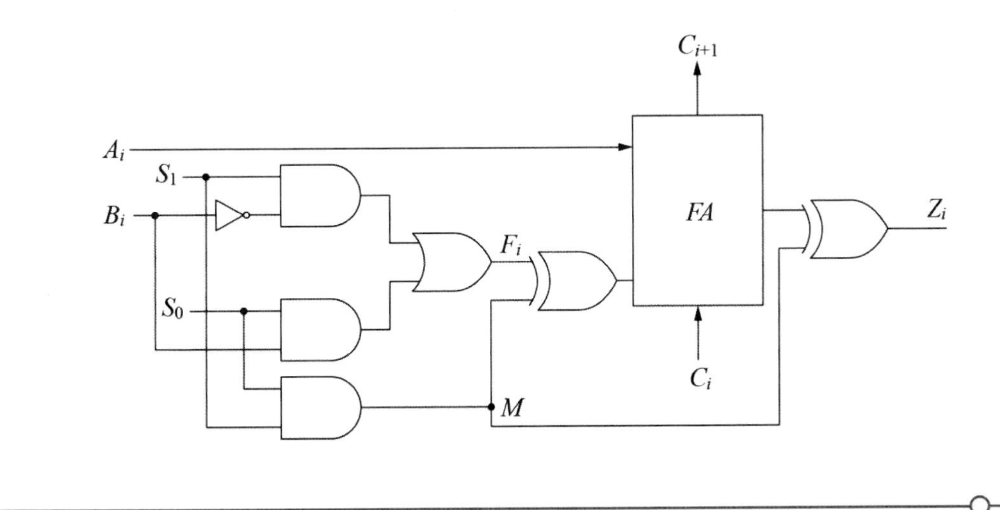

範例 4-19 利用 4 位元加法器，及其他的邏輯閘，設計一個可做 4 位元加法及減法的加減器，電路圖中須有一個控制信號 $SUB/\overline{ADD}$，當此信號為 0 時，作加法，否則，作減法。

解答 假設加法器所執行的運算為 BCD 數的運算，且設 M 為此控制信號。其中 $M=0$ 代表執行加法運算，而 M 為 1 則執行減法運算（此時必須先對減數取補數），設計的方塊圖如下。

$M=0$ 執行加法，$S=A+B$

$M=1$ 執行減法，$S=A-B$

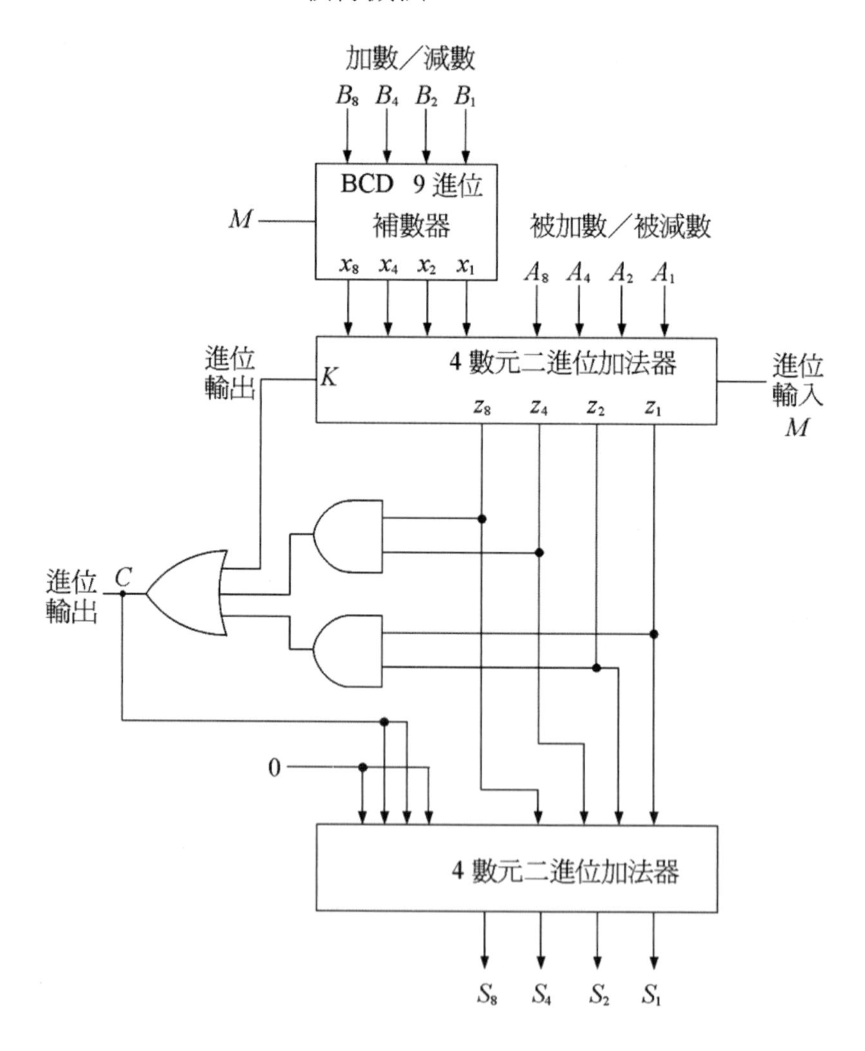

第一次段考考題

【第 1 題】 試利用三個半減器及一個 AND 閘設計布林代數式
$f(A,B,C)=A\overline{B}\oplus C$

【第 2 題】 試利用三個半減器及一個 AND 閘設計布林代數式
$f(A,B,C)=(A+\overline{B})C$

【第 3 題】 試設計一個以十進制數值之 10 的補數電路（4 位元）。

QUIZ

第一次段考解答

ANSWER

【第 1 題】

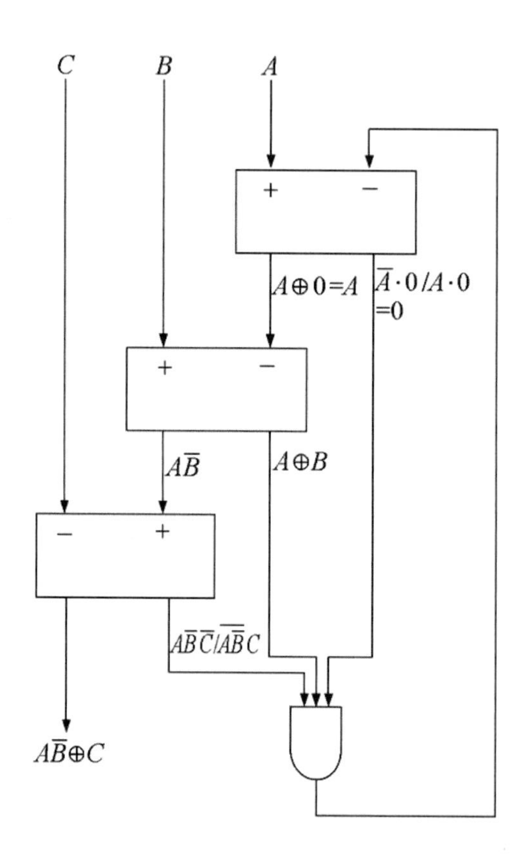

【第 2 題】

$$f(A,B,C)=(A+\overline{B})C=\overline{\overline{(A+\overline{B})}}\,C=\overline{(\overline{A}B)}\,C$$

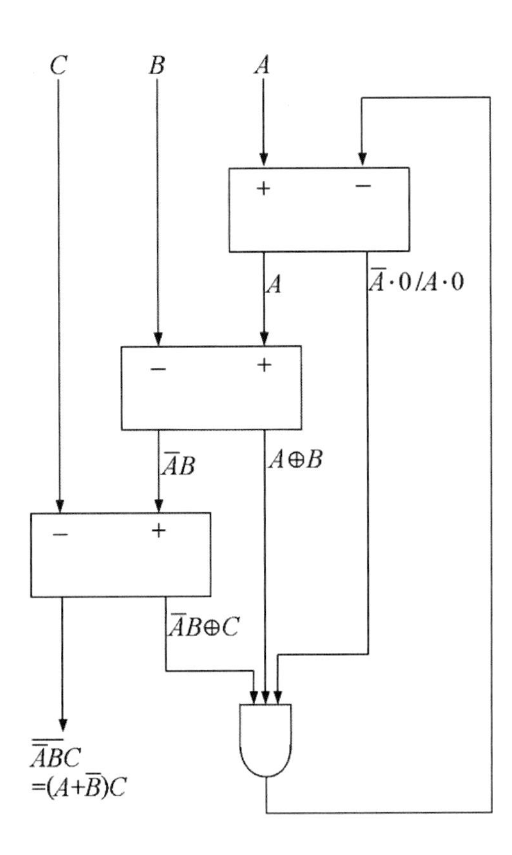

【第 3 題】

原十進制輸入				10 的補數輸出值			
Y_3	Y_2	Y_1	Y_0	Z_3	Z_2	Z_1	Z_0
0	0	0	0	0	0	0	0
0	0	0	1	1	0	0	1
0	0	1	0	1	0	0	0
0	0	1	1	0	1	1	1
0	1	0	0	0	1	1	0
0	1	0	1	0	1	0	1
0	1	1	0	0	1	0	0
0	1	1	1	0	0	1	1
1	0	0	0	0	0	1	0
1	0	0	1	0	0	0	1

Z_3

Y_1Y_0 \ Y_3Y_2	00	01	11	10
00			−	
01	1		−	
11			−	−
10	1		−	−

Z_2

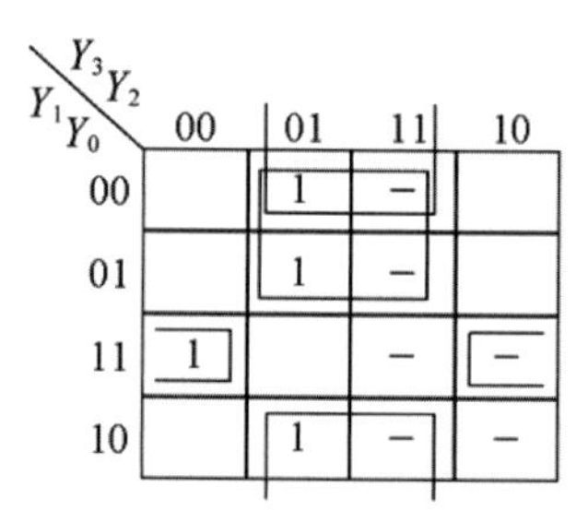

$$Z_3 = Y_0\overline{Y}_1\overline{Y}_2\overline{Y}_3 + \overline{Y}_0Y_1\overline{Y}_2\overline{Y}_3$$
$$= \overline{Y}_2\overline{Y}_3(Y_0\overline{Y}_1 + \overline{Y}_0Y_1)$$
$$= (Y_0 \oplus Y_1)\overline{Y}_2\overline{Y}_3$$
$$= (Y_0 \oplus Y_1)(\overline{Y_2Y_3})$$

$$Z_2 = \overline{Y}_0Y_2 + \overline{Y}_1Y_2 + \overline{Y}_2Y_1Y_0$$
$$= Y_2(\overline{Y}_1 + \overline{Y}_0) + Y_0Y_1\overline{Y}_2$$
$$= \overline{Y_0Y_1}\ Y_2 + Y_0Y_1\overline{Y}_2$$
$$= (Y_0Y_1) \oplus Y_2$$

Z_1

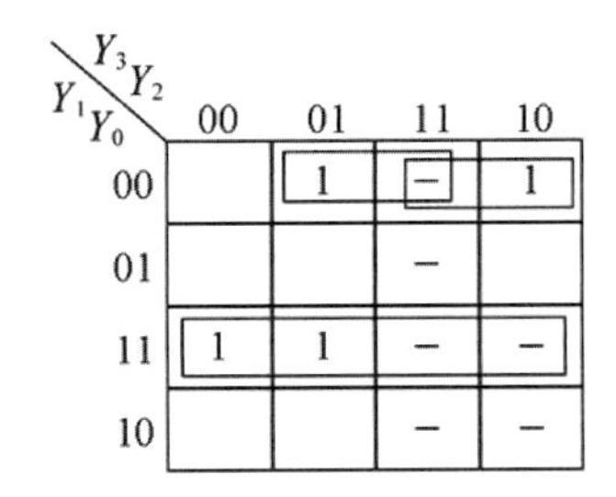

Z_0

Y_1Y_0 \ Y_3Y_2	00	01	11	10
00			–	
01	1	1	–	1
11	1	1	–	–
10			–	–

$$Z_1 = \overline{Y_0}\,\overline{Y_1}Y_2 + \overline{Y_0}\,\overline{Y_1}Y_3 + Y_0Y_1$$
$$= \overline{Y_0 + Y_1}\,(Y_2 + Y_3) + Y_0Y_1$$

$$Z_0 = Y_0$$

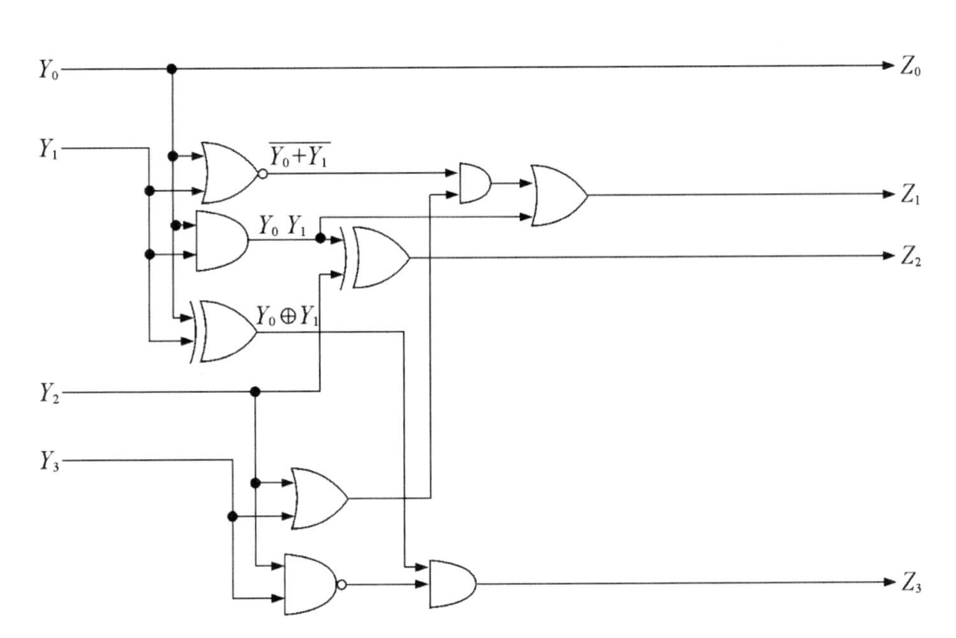

＊本題解答電路設計係以取少元件為考量，非以最簡積項和(SOP)考量。

4-8 轉碼器(Code Converter)

所謂轉碼器即是藉著組合邏輯電路使二種不相同的信號可以互相轉換。在此種電路上更可以進一步看出卡諾圖的重要性。

範例 4-20 試利用組合邏輯閘將 8421 碼轉換成加三碼。

解答 既然是將 8421 碼轉為加三碼，所以輸入為 8421 碼，而輸出為加三碼（亦即將原來數字加 3）。既是 8421 碼，就代表必須要有 4 個位元來表示一個十進制的數字，因此輸出與輸入均以 4 個位元來加以表示。現令 A、B、C、D 等四個變數代表輸入信號的四個位元；而 W、X、Y、Z 代表輸出的四個位元。其中令 D 及 Z 為輸入及輸出信號之最小位元(LSB)，而 A 及 W 分別為輸入及輸出之最高位元。至於輸出入之間的真值表則如下所示。

8421 碼				加三碼			
A	B	C	D	W	X	Y	Z
0	0	0	0	0	0	1	1
0	0	0	1	0	1	0	0
0	0	1	0	0	1	0	1
0	0	1	1	0	1	1	0
0	1	0	0	0	1	1	1
0	1	0	1	1	0	0	0
0	1	1	0	1	0	0	1
0	1	1	1	1	0	1	0
1	0	0	0	1	0	1	1
1	0	0	1	1	1	0	0

欲求 W 的組合邏輯，由卡諾圖知

CD \ AB	00	01	11	10
00	0	0	–	1
01	0	1	–	1
11	0	1	–	–
10	0	1	–	–

$$W = A + BC + BD = A + B(C + D)$$

欲求 X 的組合邏輯，則由卡諾圖知

CD \ AB	00	01	11	10
00	0	1	–	0
01	1	0	–	1
11	1	0	–	–
10	1	0	–	–

$$X = \overline{B}C + \overline{B}D + B\overline{C}\overline{D}$$

欲求 Y 的組合邏輯，則由卡諾圖知

CD \ AB	00	01	11	10
00	1	1	–	1
01	0	0	–	0
11	1	1	–	–
10	0	0	–	–

$$Y = CD + \overline{C}\overline{D}$$

欲求 Z 的組合邏輯，則由卡諾圖知

CD \ AB	00	01	11	10
00	1	1	–	1
01	0	0	–	0
11	0	0	–	–
10	1	1	–	–

$$Z = \overline{D}$$

所以最後電路圖為

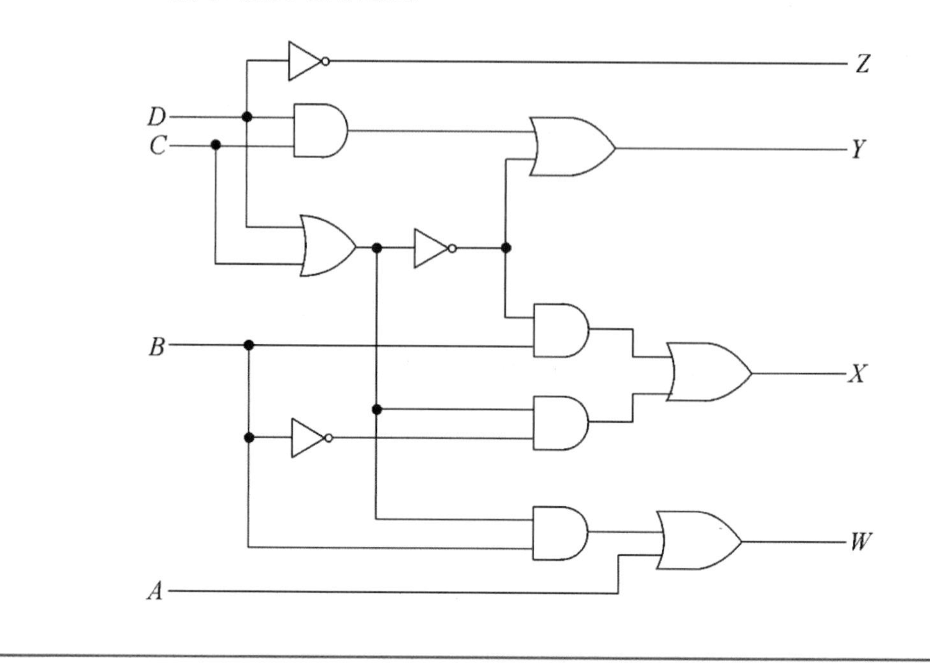

範例 4-21 試設計一能將加三碼信號轉成 8421 碼的轉換電路。

解答 設輸入信號為加三碼信號，可以四位元 A（最高位元）、B、C、D（最低位元）表示；而輸出信號為 8421 碼信號，以四位元 W（最高位元）、X、Y、Z（最低位元）表示。其關係如下表所示。

輸入加三碼				輸出 8421 碼			
A	B	C	D	W	X	Y	Z
0	0	1	1	0	0	0	0
0	1	0	0	0	0	0	1
0	1	0	1	0	0	1	0
0	1	1	0	0	0	1	1
0	1	1	1	0	1	0	0
1	0	0	0	0	1	0	1
1	0	0	1	0	1	1	0
1	0	1	0	0	1	1	1
1	0	1	1	1	0	0	0
1	1	0	0	1	0	0	1

欲求 W 的組合邏輯，則先由其卡諾圖得

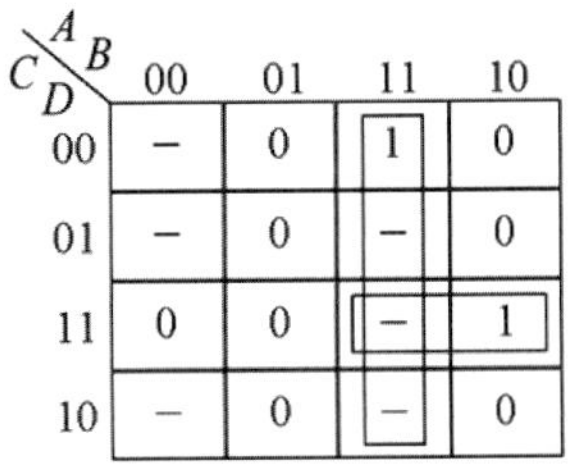

CD \ AB	00	01	11	10
00	–	0	1	0
01	–	0	–	0
11	0	0	–	1
10	–	0	–	0

$$W = AB + ACD = A(B + CD)$$

欲求 X 的組合邏輯，則先由其卡諾圖得

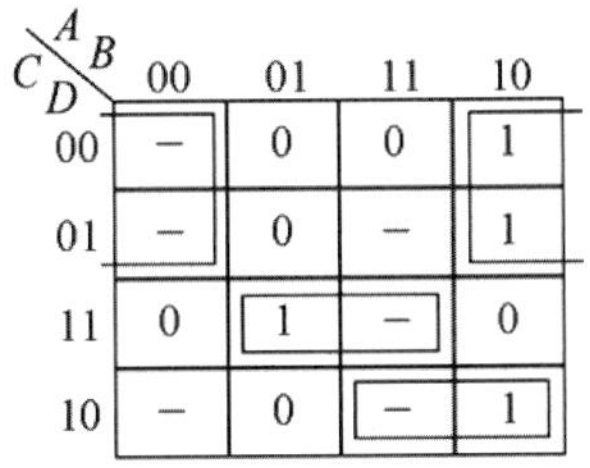

CD \ AB	00	01	11	10
00	–	0	0	1
01	–	0	–	1
11	0	1	–	0
10	–	0	–	1

$$\begin{aligned} X &= \overline{B}\overline{C} + \overline{B}\overline{D} + BCD \\ &= \overline{B}(\overline{C} + \overline{D}) + BCD \\ &= \overline{B}\overline{CD} + BCD \\ &= \overline{B \oplus CD} \end{aligned}$$

欲求 Y 的組合邏輯，則先由其卡諾圖得

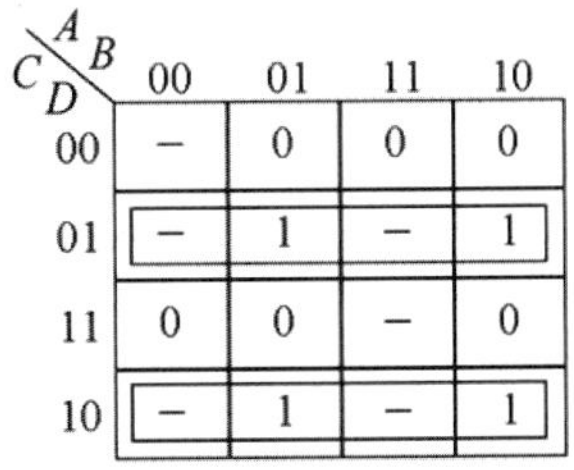

CD \ AB	00	01	11	10
00	–	0	0	0
01	–	1	–	1
11	0	0	–	0
10	–	1	–	1

$$\begin{aligned} Y &= \overline{C}D + C\overline{D} \\ &= C \oplus D \end{aligned}$$

欲求 Z 的組合邏輯，則先由其卡諾圖得

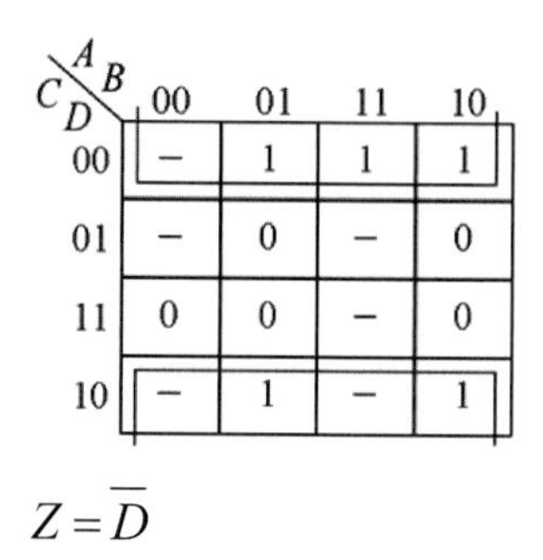

CD \ AB	00	01	11	10
00	–	1	1	1
01	–	0	–	0
11	0	0	–	0
10	–	1	–	1

$Z = \overline{D}$

因此，最後的轉換電路為

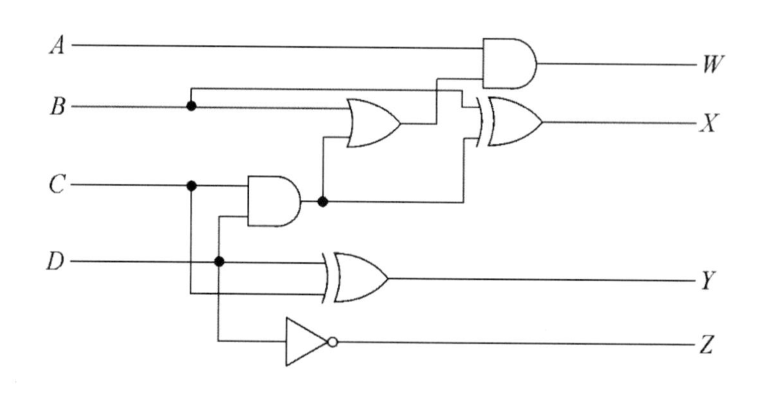

4-9 減半電路

當一個十進制的數字要轉換成二進制的數字時，只需將此一十進制數字不斷地除以 2，記錄各次所得的餘數，直到商數為零。此一方式類似將一個數字不斷地加以減半。一般而言，減半電路需有二個輸入端（即同一級的商數及較高級的餘數），及兩個輸出（即：該級的商數及餘數）。其運作方式概述如下：

範例 4-22 試將十進制的 53 表示成二進制數字。

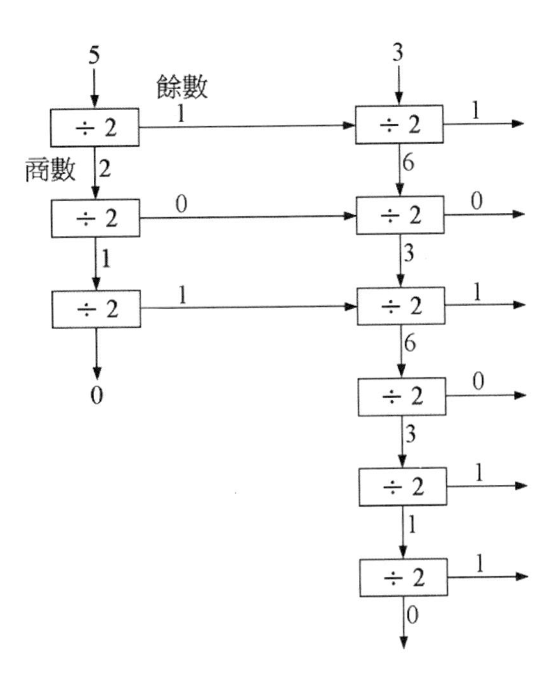

亦即 $(53)_{10} = (110101)_2$

由範例中，若令輸入中的商數及較高一級進入的餘數分別設為 Q_i 及 R_i；且同級輸出的商數及餘數分別設為 Q_0 及 R_0，則減半電路符號可以記為

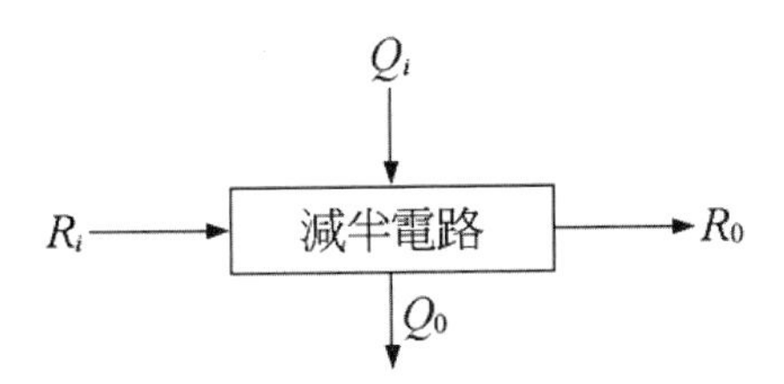

同時減半電路的真值表為：

輸入		輸出		輸入		輸出	
Q_i	R_i	Q_0	R_0	Q_i	R_i	Q_0	R_0
0	0	0	0	0	1	5	0
1	0	0	1	1	1	5	1
2	0	1	0	2	1	6	0
3	0	1	1	3	1	6	1
4	0	2	0	4	1	7	0
5	0	2	1	5	1	7	1
6	0	3	0	6	1	8	0
7	0	3	1	7	1	8	1
8	0	4	0	8	1	9	0
9	0	4	1	9	1	9	1

因為二位數的 BCD 碼最大為 19，所以需以 5 個位元加以表示。換個角度而言，我們用 $ABCD$ 四個位元表示輸入 Q_i，其中 D 為低位元，而 E 位元代表 R_i，亦即該數字為 $10R_i + Q_i$。相對地用 $WXYZ$（其中 Z 為最低位元，而 W 為最高位元）四個位元加以表示輸出，而位元 V 則代表 R_0，亦即減半後的輸出之商為 Q_0，餘數為 R_0。因此，8421BCD 十進數的減半電路真值表為：

十進數	輸入					輸出				
	A	B	C	D	E	W	X	Y	Z	V
0	0	0	0	0	0	0	0	0	0	0
2	0	0	0	1	0	0	0	0	0	1
4	0	0	1	0	0	0	0	0	1	0
6	0	0	1	1	0	0	0	0	1	1
8	0	1	0	0	0	0	0	1	0	0
10	0	1	0	1	0	0	0	1	0	1
12	0	1	1	0	0	0	0	1	1	0
14	0	1	1	1	0	0	0	1	1	1
16	1	0	0	0	0	0	1	0	0	0
18	1	0	0	1	0	0	1	0	0	1

十進數	輸入					輸出				
	A	B	C	D	E	W	X	Y	Z	V
1	0	0	0	0	1	0	1	0	1	0
3	0	0	0	1	1	0	1	0	1	1
5	0	0	1	0	1	0	1	1	0	0
7	0	0	1	1	1	0	1	1	0	1
9	0	1	0	0	1	0	1	1	1	0
11	0	1	0	1	1	0	1	1	1	1
13	0	1	1	0	1	1	0	0	0	0
15	0	1	1	1	1	1	0	0	0	1
17	1	0	0	0	1	1	0	0	1	0
19	1	0	0	1	1	1	0	0	1	1

為了能設計減半電路，由卡諾圖知：

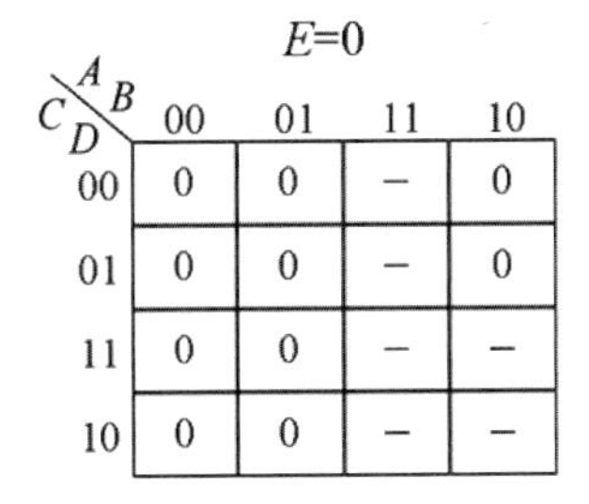

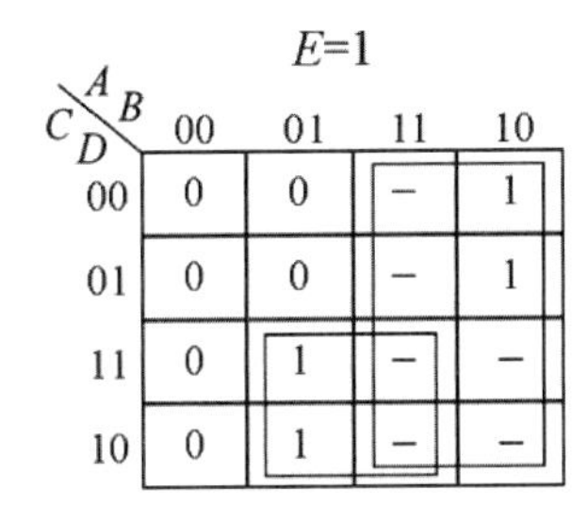

$$W = AE + BCE$$

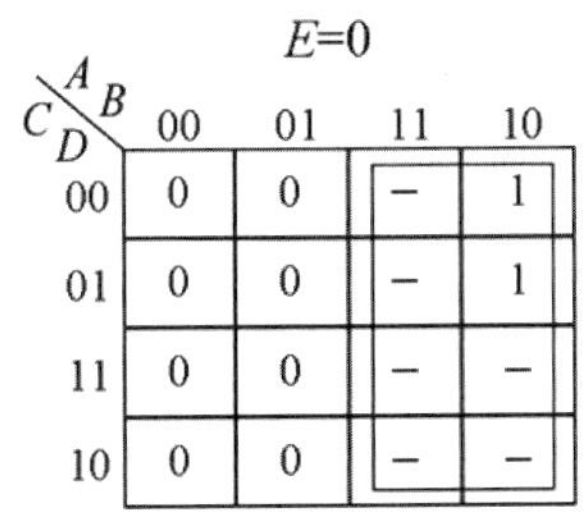

E=1

CD \ AB	00	01	11	10
00	1	1	–	0
01	1	1	–	0
11	1	0	–	–
10	1	0	–	–

$$X = A\overline{E} + \overline{A}\overline{B}E + \overline{A}\overline{C}E$$
$$= A\overline{E} + \overline{A}E(\overline{B} + \overline{C})$$

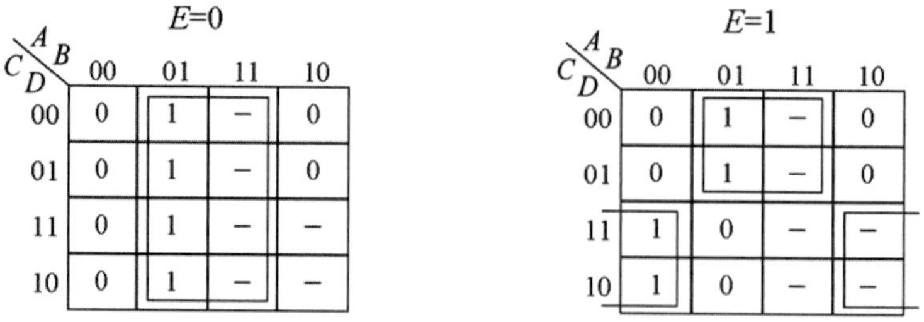

E=0

$CD \backslash AB$	00	01	11	10
00	0	1	–	0
01	0	1	–	0
11	0	1	–	–
10	0	1	–	–

E=1

$CD \backslash AB$	00	01	11	10
00	0	1	–	0
01	0	1	–	0
11	1	0	–	–
10	1	0	–	–

$$Y = B\overline{E} + (B\overline{C} + \overline{B}C)E$$
$$= B\overline{E} + (B \oplus C)E$$

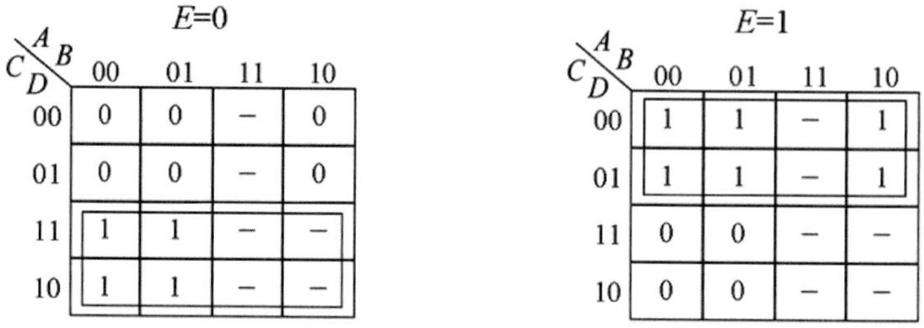

E=0

$CD \backslash AB$	00	01	11	10
00	0	0	–	0
01	0	0	–	0
11	1	1	–	–
10	1	1	–	–

E=1

$CD \backslash AB$	00	01	11	10
00	1	1	–	1
01	1	1	–	1
11	0	0	–	–
10	0	0	–	–

$$Z = C\overline{E} + \overline{C}E$$
$$= C \oplus E$$

E=0

$CD \backslash AB$	00	01	11	10
00	0	0	–	0
01	1	1	–	1
11	1	1	–	–
10	0	0	–	–

E=1

$CD \backslash AB$	00	01	11	10
00	0	0	–	0
01	1	1	–	1
11	1	1	–	–
10	0	0	–	–

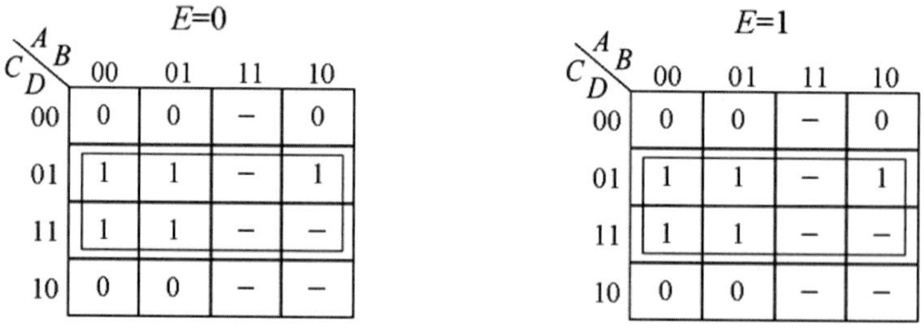

$$V = D\overline{E} + DE$$
$$= D(\overline{E} + E)$$
$$= D$$

所以減半器邏輯圖為

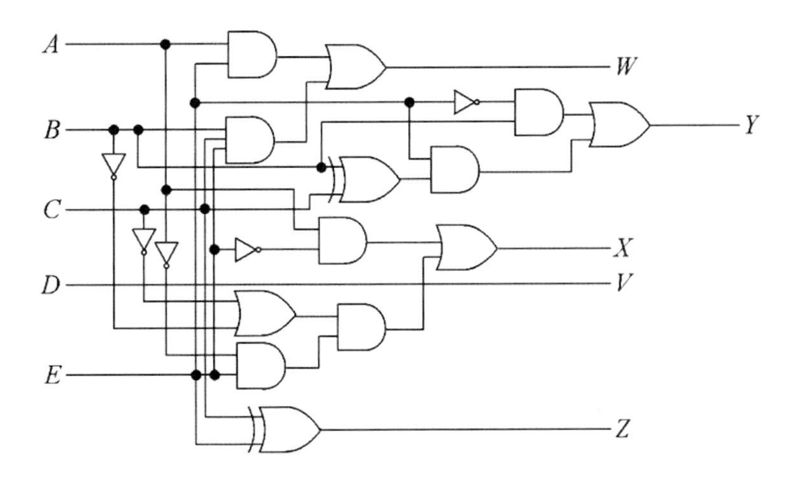

其電路符號為

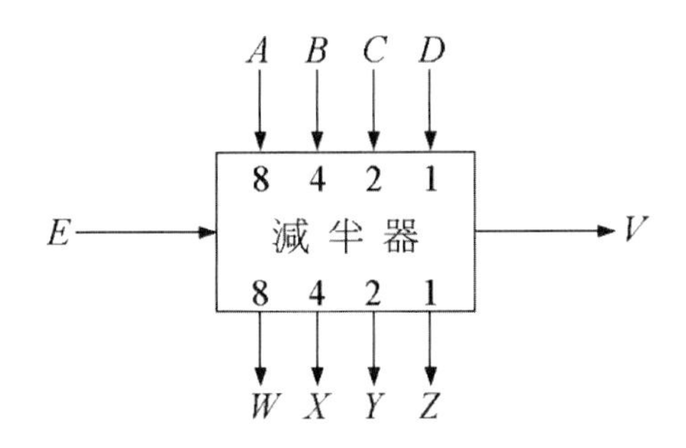

4-10 加倍電路

由二進制轉成十進制，則是將最高位元的數值乘以 2 之後，再加到次高位元。加法之後的總和再乘以 2，再次加到下一低位元數值中。如此重複做法直到所有的總和加到最低位元後才終止。很明顯的，二進制數字轉換成十進制數字的演算法如下所示：

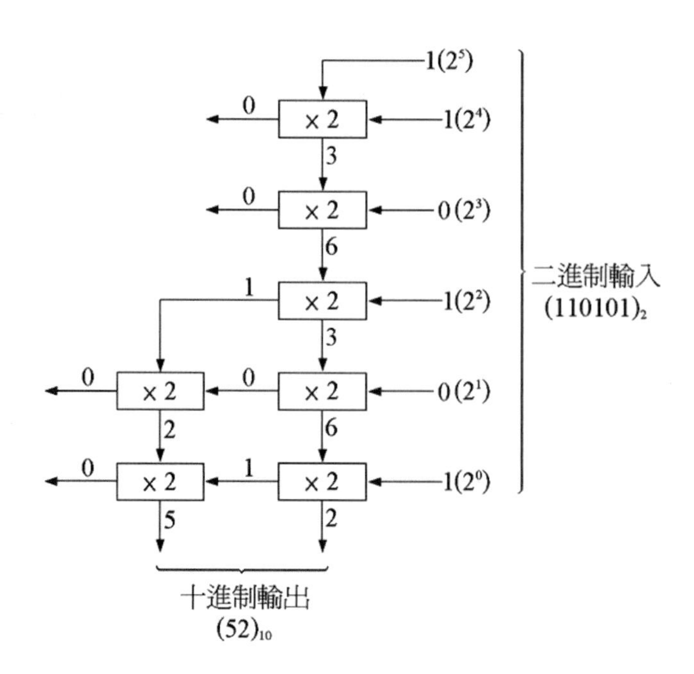

在上述的演算中，×2 的電路又稱為加倍電路。且加倍電路中包括了二個輸入 P_i（代表前級乘積的個位數）及 C_i（代表由較低位元來的進位結果），與二個輸出：P_0（代表產生的乘積項之個位數）及 C_0（代表進位）。其符號如下：

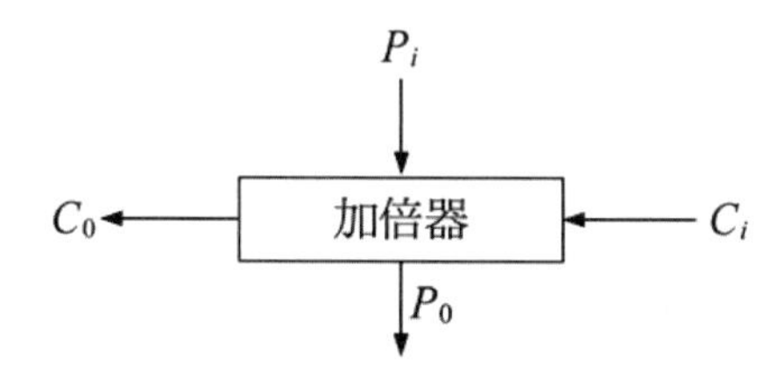

另外，由上述的說明可知

$$P_0 = 2P_i + C_i$$

及

$$C_0 = \begin{cases} 0 \ , & 若\ P_0 \le 9 \\ 1 \ , & 若\ P_0 > 9 \end{cases}$$

若 $P_0 > 9$ 時

且 $$P_0 = P_0 - 10$$

其真值表為

輸入		輸出	
P_i	C_i	P_0	C_0
0	0	0	0
1	0	2	0
2	0	4	0
3	0	6	0
4	0	8	0
5	0	0	1
6	0	2	1
7	0	4	1
8	0	6	1
9	0	8	1
0	1	1	0
1	1	3	0
2	1	5	0
3	1	7	0
4	1	9	0
5	1	1	1
6	1	3	1
7	1	5	1
8	1	7	1
9	1	9	1

如同減半器一樣，我們可以 A（最高位元）、B、C、D 四個位元代表 P_i，而以 E 位元代表 C_i；且以 W、X、Y、Z（最低位元）代表輸出 P_0，以 V 位元代表輸出 C_0。如此一來，可得加倍器的真值表為

十進制	輸入					輸出				
	A	*B*	*C*	*D*	*E*	*W*	*X*	*Y*	*Z*	*V*
0	0	0	0	0	0	0	0	0	0	0
2	0	0	0	1	0	0	0	1	0	0
4	0	0	1	0	0	0	1	0	0	0
6	0	0	1	1	0	0	1	1	0	0
8	0	1	0	0	0	1	0	0	0	0
10	0	1	0	1	0	0	0	0	0	1
12	0	1	1	0	0	0	0	1	0	1
14	0	1	1	1	0	0	1	0	0	1
16	1	0	0	0	0	0	1	1	0	1
18	1	0	0	1	0	1	0	0	0	1
1	0	0	0	0	1	0	0	0	1	0
3	0	0	0	1	1	0	0	1	1	0
5	0	0	1	0	1	0	1	0	1	0
7	0	0	1	1	1	0	1	1	1	0
9	0	1	0	0	1	1	0	0	1	0
11	0	1	0	1	1	0	0	0	1	1
13	0	1	1	0	1	0	0	1	1	1
15	0	1	1	1	1	0	1	0	1	1
17	1	0	0	0	1	0	1	1	1	1
19	1	0	0	1	1	1	0	0	1	1

由真值表，我們可做出下列卡諾圖

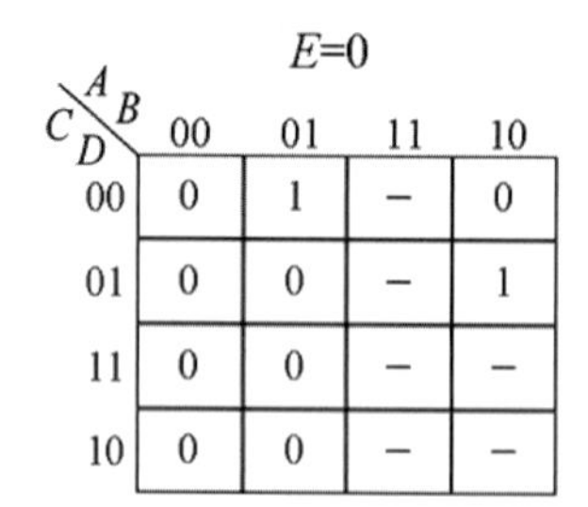

E=1

CD \ *AB*	00	01	11	10
00	0	1	–	0
01	0	0	–	1
11	0	0	–	–
10	0	0	–	–

$$W = B\overline{C}\,\overline{D}(\overline{E} + E) + AD(\overline{E} + E)$$
$$= B\overline{C}\,\overline{D} + AD$$
$$= AD + B\overline{(C+D)}$$

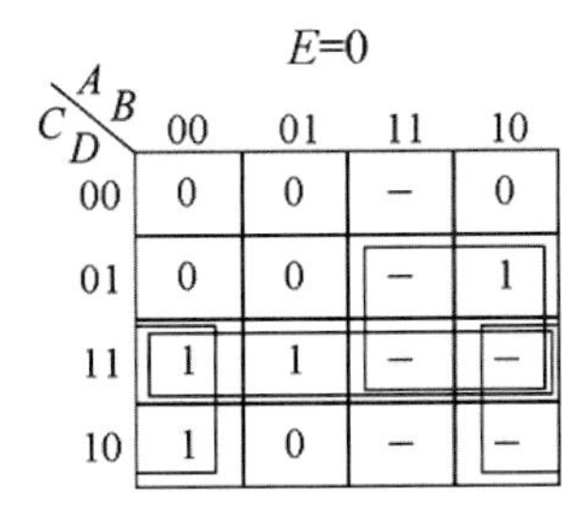

$E=0$

CD \ AB	00	01	11	10
00	0	0	–	0
01	0	0	–	1
11	1	1	–	–
10	1	0	–	–

$E=1$

CD \ AB	00	01	11	10
00	0	0	–	0
01	0	0	–	1
11	1	1	–	–
10	1	0	–	–

$$X = CD + AD + \overline{B}C$$

$E=0$

CD \ AB	00	01	11	10
00	0	0	–	1
01	1	0	–	0
11	1	0	–	–
10	0	1	–	–

$E=1$

CD \ AB	00	01	11	10
00	0	0	–	1
01	1	0	–	0
11	1	0	–	–
10	0	1	–	–

$$Y = A\overline{C}\overline{D} + \overline{A}\overline{B}D + BC\overline{D}$$

$E=0$

CD \ AB	00	01	11	10
00	0	0	–	0
01	0	0	–	0
11	0	0	–	–
10	0	0	–	–

$E=1$

CD \ AB	00	01	11	10
00	1	1	–	1
01	1	1	–	1
11	1	1	–	–
10	1	1	–	–

$$Z = E$$

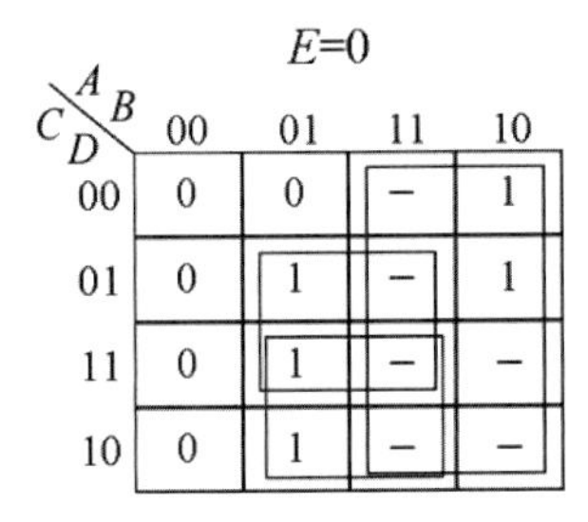

$E=0$

CD \ AB	00	01	11	10
00	0	0	–	1
01	0	1	–	1
11	0	1	–	–
10	0	1	–	–

$E=1$

CD \ AB	00	01	11	10
00	0	0	–	1
01	0	1	–	1
11	0	1	–	–
10	0	1	–	–

$$V = A + B(D + C)$$

由上述分析，可得電路為

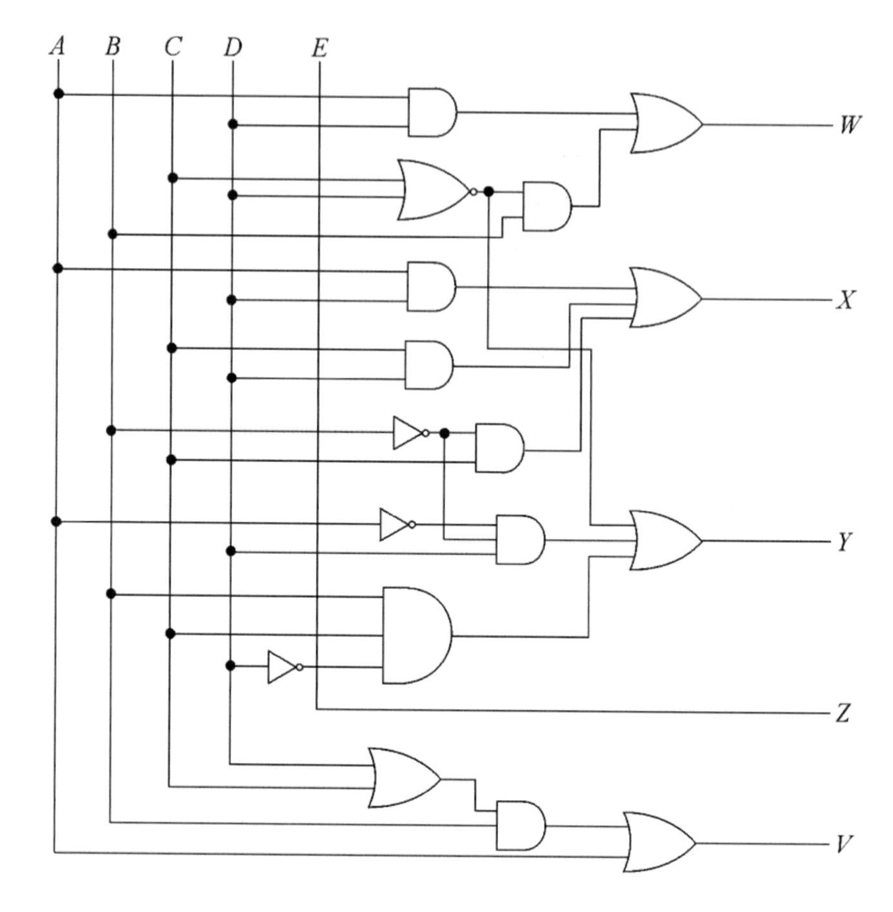

其符號為

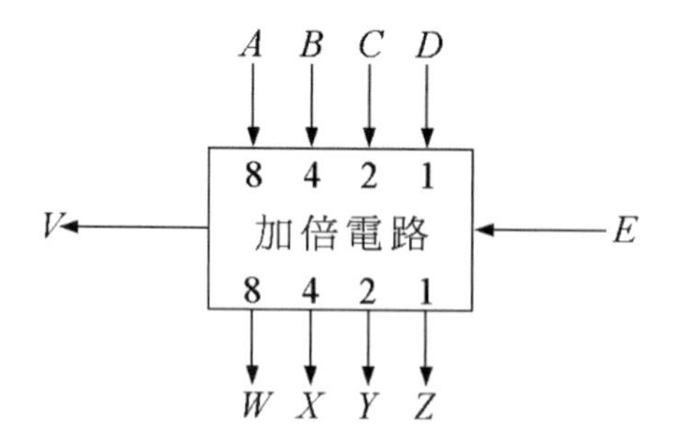

範例 4-23 設計一 ROM 的電路時只有 A_0、A_1、A_2 三條輸入線，其輸出為輸入數的平方。

解答

十進制	輸入			輸出					
	A_0	A_1	A_2	Y_5	Y_4	Y_3	Y_2	Y_1	Y_0
0	0	0	0	0	0	0	0	0	0
1	0	0	1	0	0	0	0	0	1
2	0	1	0	0	0	0	1	0	0
3	0	1	1	0	0	1	0	0	1
4	1	0	0	0	1	0	0	0	0
5	1	0	1	0	1	1	0	0	1
6	1	1	0	1	0	0	1	0	0
7	1	1	1	1	1	0	0	0	1

由卡諾圖得

A_0 \ A_1A_2	00	01	11	10
0	0	0	0	1
1	0	0	0	1

$$Y_5 = A_1\overline{A_2}$$

A_0 \ A_1A_2	00	01	11	10
0	0	0	0	0
1	1	1	1	0

$$Y_4 = \overline{A_1}A_0 + A_2A_1$$

A_0 \ A_1A_2	00	01	11	10
0	0	0	1	0
1	0	1	0	0

$$\begin{aligned} Y_3 &= A_1A_2\overline{A_0} + \overline{A_1}A_2A_0 \\ &= A_2(A_1\overline{A_0} + \overline{A_1}A_0) \\ &= A_2(A_1 \oplus A_0) \end{aligned}$$

A_0 \ A_1A_2	00	01	11	10
0	0	0	0	0
1	0	0	0	0

$$Y_1 = 0$$

A_0 \ A_1A_2	00	01	11	10
0	0	1	1	0
1	0	1	1	0

$Y_0 = A_2$

A_0 \ A_1A_2	00	01	11	10
0	0	0	0	1
1	0	0	0	1

$Y_2 = A_1\overline{A_2}$

所以電路為

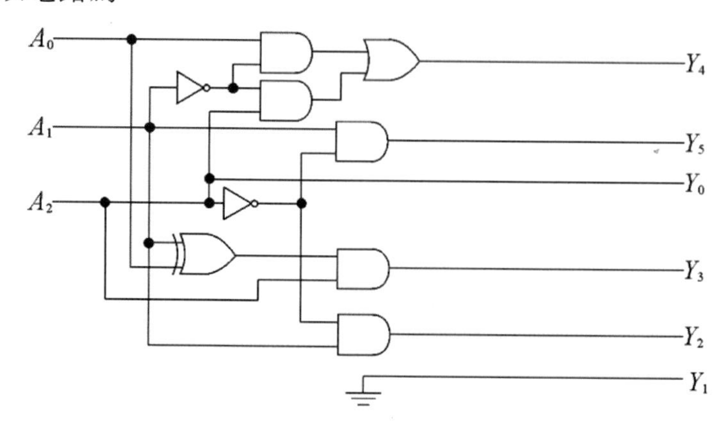

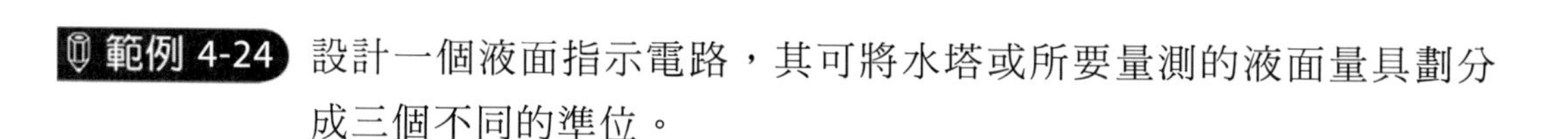

範例 4-24 設計一個液面指示電路，其可將水塔或所要量測的液面量具劃分成三個不同的準位。

解答 我們可以利用水能導電的原理加以發揮。若水面到達某一高度時，則在高度上放置一條導線，此時該導線因碰及水面而導通。然後可利用發光二極體在順向偏壓時，以使導通時而能發光。因此由電路真值表得知：

輸入			輸出		
高水位導線 X	中水位導線 Y	低水位導線 Z	LED1（高水位）A	LED2（中水位）B	LED3（低水位）C
0	0	0	0	0	0
0	0	1	0	0	1
0	1	0	不可能發生		
0	1	1	0	1	0
1	0	0	不可能發生		
1	0	1	不可能發生		
1	1	0	不可能發生		
1	1	1	1	0	0

依據真值表可以做出卡諾圖為

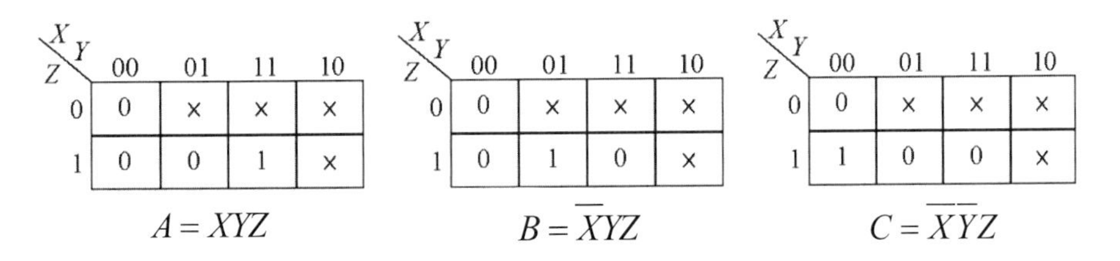

因此電路可設計成

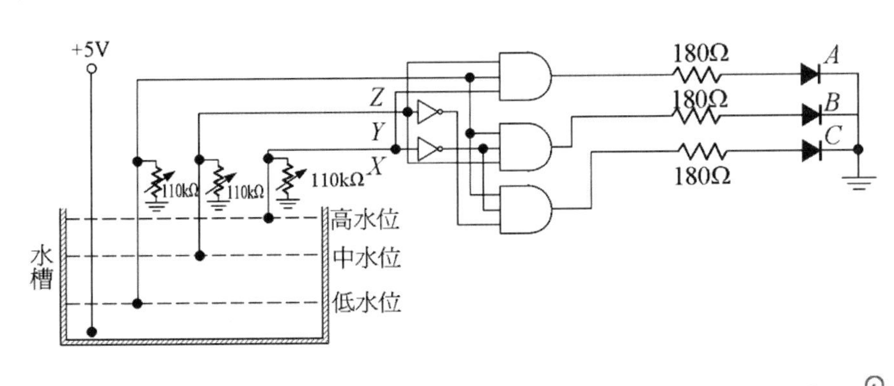

範例 4-25 我們曾在電視上看到益智搶答的節目，當主持人說出題目，則來賓必須按下面前的按鈕。若誰的按鈕被按下，則其面前的燈亮起，而其他人的燈均不會亮。現假設有二個人玩此遊戲，試設計此一遊戲電路。另外，若主持人按下重置鍵，則兩個人面前的燈均會熄滅。

解答 設二位來賓的按鈕分別為 A、B，重置鍵係輸入 C。且若鍵被按下時，則代表輸入為低邏輯準位，此時，若 A 鈕先被按下，則輸出 $X=0$ 使發光二極體呈順向偏壓狀態，即

而相對於 B 按鈕的輸出 $Y=1$，使發光二極體沒有動作。根據上述原理可知電路真值表為

輸入			輸出	
A	B	C	X	Y
0	0	0	1	1
0	0	1	不會發生	
0	1	0	1	1
0	1	1	0	1
1	0	0	1	1
1	0	1	1	0
1	1	0	1	1
1	1	1	1	1

因此卡諾圖為

C \ AB	00	01	11	10
0	1	1	1	1
1	×	0	1	1

C \ AB	00	01	11	10
0	1	1	1	1
1	×	1	1	0

$$X = \overline{C} + A$$
$$= \overline{\overline{\overline{C}+A}}$$
$$= \overline{C\overline{A}}$$

$$Y = \overline{C} + B$$
$$= \overline{\overline{\overline{C}+B}}$$
$$= \overline{C\overline{B}}$$

所以電路為

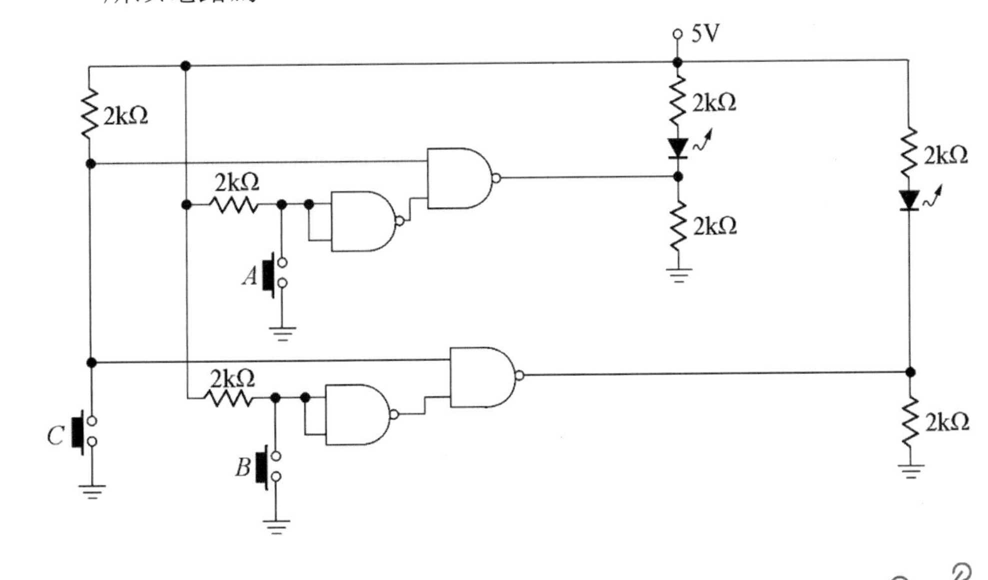

MEMO
DIGITAL LOGIC DESIGN

CHAPTER 05

編碼與多工

DIGITAL LOGIC DESIGN

5-1 解碼器

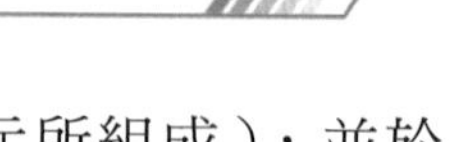

解碼器的基本功能是在輸入端檢測某一輸入數字（由位元所組成），並於輸出端用一特定輸出準位來指示該數字是否出現。

所謂 $n \times m$ 解碼器或 n 對 m 線的解碼器，即代表其有 n 個輸入端，X_0, X_1, ……, X_{n-1} 及 m 個輸出端，$Y_0, Y_1, \ldots\ldots, Y_{m-1}$。

範例 5-1 試設計一個三對八線的解碼器。

解答 因一個三對八線的解碼器即代表該解碼器有三個輸入端（令為 A, B, C）及八個輸出端（令為 Y_0, Y_1, Y_2, Y_3, Y_4, Y_5, Y_6, Y_7）。其關係如下之真值表所示（在此若輸入數字被檢測出，則令相對輸出端輸出位準為 1）。

輸入信號			輸出信號							
C	B	A	Y_0	Y_1	Y_2	Y_3	Y_4	Y_5	Y_6	Y_7
0	0	0	1	0	0	0	0	0	0	0
0	0	1	0	1	0	0	0	0	0	0
0	1	0	0	0	1	0	0	0	0	0
0	1	1	0	0	0	1	0	0	0	0
1	0	0	0	0	0	0	1	0	0	0
1	0	1	0	0	0	0	0	1	0	0
1	1	0	0	0	0	0	0	0	1	0
1	1	1	0	0	0	0	0	0	0	1

$$Y_0 = \overline{C}\,\overline{B}\,\overline{A}$$

$$Y_1 = \overline{C}\,\overline{B}A$$

$$Y_2 = \overline{C}B\overline{A}$$

$$Y_3 = \overline{C}BA$$

$$Y_4 = C\overline{B}\,\overline{A}$$

$$Y_5 = C\overline{B}A$$

$$Y_6 = CB\overline{A}$$

$$Y_7 = CBA$$

其符號表示為

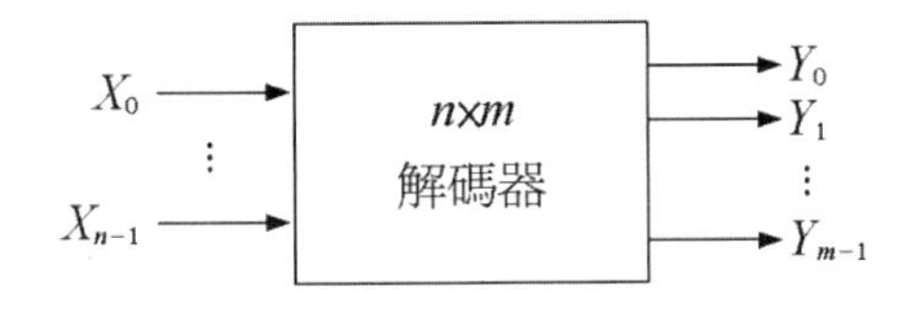

範例 5-2 試利用二個三對八線的解碼器組成一個四對十六線的解碼器。

解答 四對 16 線之解碼器的真值表如下：

輸入信號	輸出信號																說 明
$A\ B\ C\ D$	Y_0	Y_1	Y_2	Y_3	Y_4	Y_5	Y_6	Y_7	Y_8	Y_9	Y_{10}	Y_{11}	Y_{12}	Y_{13}	Y_{14}	Y_{15}	
0 0 0 0	1	0	0	0	0	0	0	0	0	0	0	0	0	0	0	0	第一組解碼器 $A=0$
0 0 0 1	0	1	0	0	0	0	0	0	0	0	0	0	0	0	0	0	
0 0 1 0	0	0	1	0	0	0	0	0	0	0	0	0	0	0	0	0	
0 0 1 1	0	0	0	1	0	0	0	0	0	0	0	0	0	0	0	0	
0 1 0 0	0	0	0	0	1	0	0	0	0	0	0	0	0	0	0	0	
0 1 0 1	0	0	0	0	0	1	0	0	0	0	0	0	0	0	0	0	
0 1 1 0	0	0	0	0	0	0	1	0	0	0	0	0	0	0	0	0	
0 1 1 1	0	0	0	0	0	0	0	1	0	0	0	0	0	0	0	0	
1 0 0 0	0	0	0	0	0	0	0	0	1	0	0	0	0	0	0	0	第二組解碼器 $A=1$
1 0 0 1	0	0	0	0	0	0	0	0	0	1	0	0	0	0	0	0	
1 0 1 0	0	0	0	0	0	0	0	0	0	0	1	0	0	0	0	0	
1 0 1 1	0	0	0	0	0	0	0	0	0	0	0	1	0	0	0	0	
1 1 0 0	0	0	0	0	0	0	0	0	0	0	0	0	1	0	0	0	
1 1 0 1	0	0	0	0	0	0	0	0	0	0	0	0	0	1	0	0	
1 1 1 0	0	0	0	0	0	0	0	0	0	0	0	0	0	0	1	0	
1 1 1 1	0	0	0	0	0	0	0	0	0	0	0	0	0	0	0	1	

因 A 之不同，故依據 A 畫出二組三對八線之解碼器。但一組三對八線之解碼器代表僅有三條輸入線(B,C,D)此時無法容入 A 端。因 A 係控制第一組解碼器$(A=0)$之啟動或第二組解碼器之啟動$(A=1)$，因此可選擇具有致能線(Enable)之解碼器，而 A 便是該解碼器之致能端。此時

(1) $A=0$ 時，第二組解碼器不能有動作，即輸出均為 0。

(2) $A=1$ 時，第一組解碼器不能有動作，即輸出均為 0。

因此線路設計為

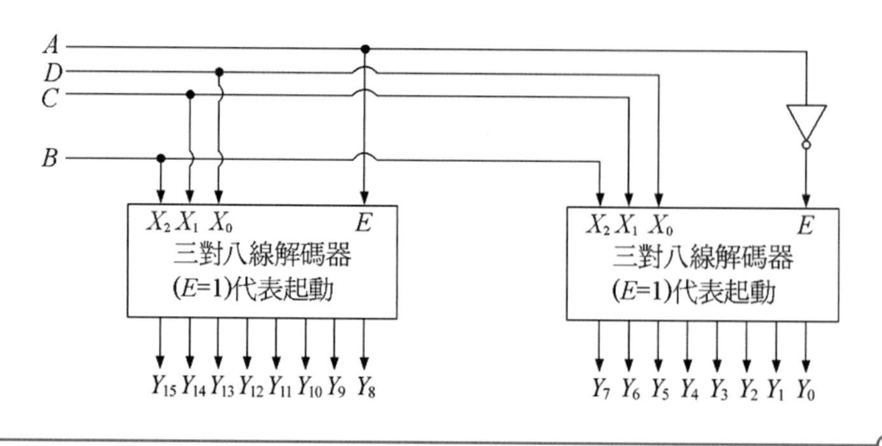

範例 5-3 試利用解碼器製作一全加器。

解答 因全加器之真值表得

$$S=\overline{A}\overline{B}C_i+\overline{A}B\overline{C_i}+A\overline{B}\overline{C_i}+ABC_i$$

$$C_0=AB+BC_i+AC_i$$

以最小項表示，即

$$S(A,B,C_i)=\Sigma(1,2,4,7)$$

$$C_0(A,B,C_i)=\Sigma(3,5,6,7)$$

因此電路為

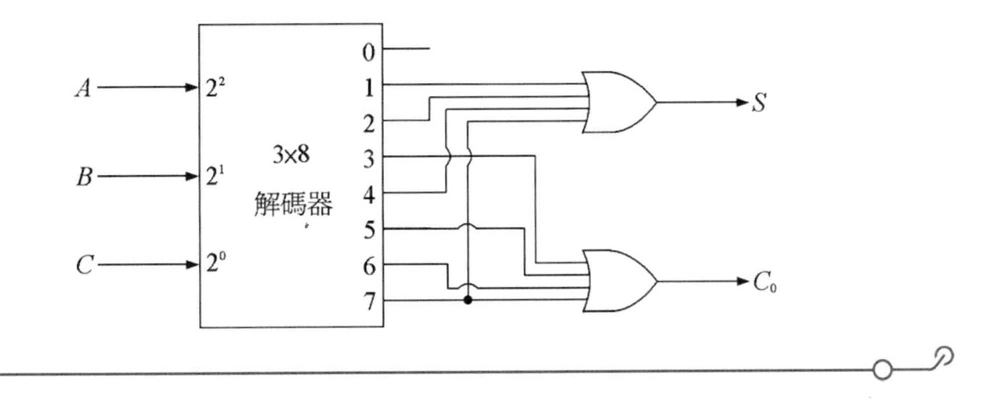

範例 5-4 試利用 ROM 方式來設計下列之乘法運算。

X	0	1	2	3
0	0	0	0	0
1	0	1	2	3
2	0	2	4	6
3	0	3	6	9

解答1 (1) 因運算子最大為 3，故以二個位元表示之。(A_1, A_2)及(B_1, B_2)。

(2) 最大乘積為 9，故以(X_1,X_2,X_3,X_4)四個位元表示之。

	X_4	X_3	X_2	X_1
1	0	0	0	1
2	0	0	1	0
3	0	0	1	1
4	0	1	0	0
6	0	1	1	0
9	1	0	0	1

$X_4 = \sum(9)$

$X_3 = \sum(4,6)$

$X_2 = \sum(2,3,6)$

$X_1 = \sum(1,3,9)$

所以總電路設計為

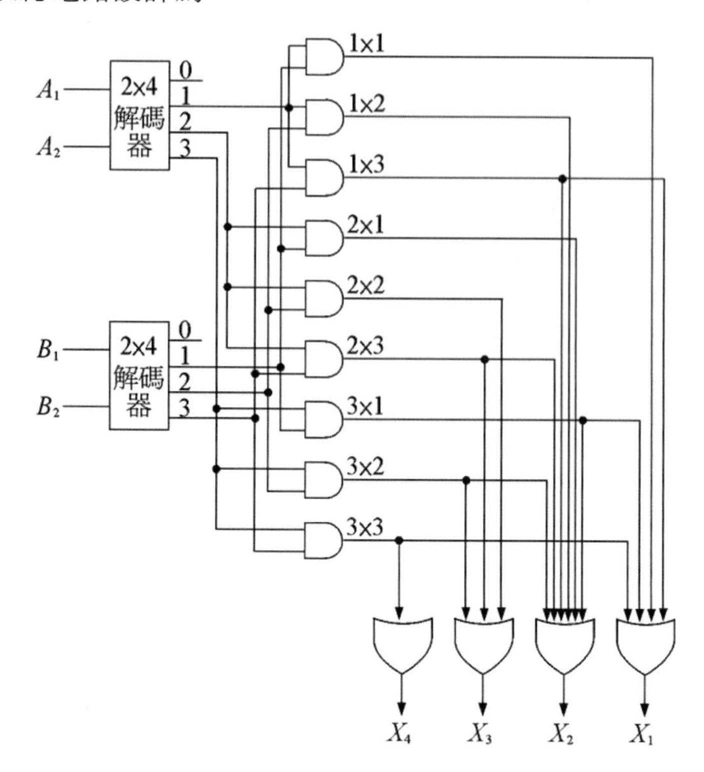

解答2

輸入				輸出			
X_8	X_4	X_2	X_1	Y_4	Y_3	Y_2	Y_1
0	0	0	0	0	0	1	1
0	0	0	1	0	1	0	0
0	0	1	0	0	1	0	1
0	0	1	1	0	1	1	0
0	1	0	0	0	1	1	1
0	1	0	1	1	0	0	0
0	1	1	0	1	0	0	1
0	1	1	1	1	0	1	0
1	0	0	0	1	0	1	1
1	0	0	1	1	1	0	0

X_2X_1 \ X_8X_4	00	01	11	10
00	1	1	–	1
01			–	
11			–	–
10	1	1	–	–

$$Y_1 = \overline{X}_1 = \Sigma(0,2,4,6,8)$$

X_2X_1 \ X_8X_4	00	01	11	10
00			–	1
01		1	–	1
11		1	–	–
10		1	–	–

$$Y_4 = X_8 + X_4(X_1 + X_2) = \Sigma(5,6,7,8,9)$$

X_2X_1 \ X_8X_4	00	01	11	10
00		1	–	
01	1		–	1
11	1		–	–
10	1		–	–

$$Y_3 = \overline{X}_4X_2 + \overline{X}_4X_1 + X_4\overline{X}_2\overline{X}_1 = \Sigma(1,2,3,4,9)$$

X_2X_1 \ X_8X_4	00	01	11	10
00	1	1	–	1
01			–	
11	1	1	–	–
10			–	–

$$Y_2 = \overline{X}_2\overline{X}_1 + X_2X_1 = \Sigma(0,3,4,7,8)$$

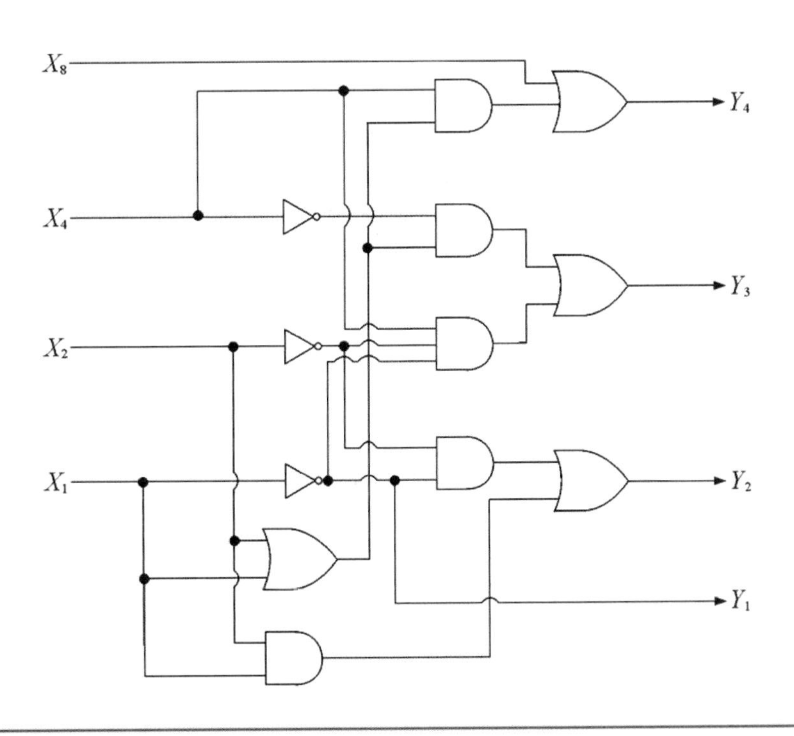

範例 5-5 試設計一 BCD 到七段顯示器的解碼器。

BCD 碼對七段顯示器之方塊圖如下：

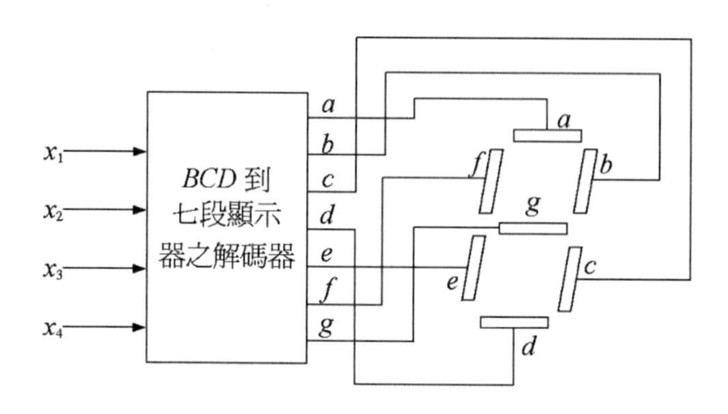

解答 此一解碼器的輸入有 4 個 (x_1,x_2,x_3,x_4)，而輸出有七個 (a,b,c,d,e,f,g)其真值表如下：

十進位數字	顯示圖形	BCD碼 x_1 x_2 x_3 x_4	七段劃碼 a b c d e f g
1	1	0 0 0 1	0 1 1 0 0 0 0
2	2	0 0 1 0	1 1 0 1 1 0 1
3	3	0 0 1 1	1 1 1 1 0 0 1
4	4	0 1 0 0	0 1 1 0 0 1 1
5	5	0 1 0 1	1 0 1 1 0 1 1
6	6	0 1 1 0	1 0 1 1 1 1 1
7	7	0 1 1 1	1 1 1 0 0 0 0
8	8	1 0 0 0	1 1 1 1 1 1 1
9	9	1 0 0 1	1 1 1 1 0 1 1
0	0	0 0 0 0	1 1 1 1 1 1 0

由卡諾圖可得

$$a = x_1 + x_3 + x_2 x_4 + \overline{x_2}\,\overline{x_4}$$

$$b = \overline{x_2} + \overline{x_3}\,\overline{x_4} + x_3 x_4$$

$$c = x_2 + x_3 + x_4$$

$$d = \overline{x_2}\,\overline{x_4} + \overline{x_3} x_4 + x_3 \overline{x_4} + x_2 \overline{x_3} x_4$$

$$e = \overline{x_2}\,\overline{x_4} + x_3 \overline{x_4}$$

$$f = x_1 + x_2 \overline{x_3} + x_2 \overline{x_4} + \overline{x_3}\,\overline{x_4}$$

$$g = x_1 + \overline{x_2} x_3 + x_2 \overline{x_3} + x_3 \overline{x_4}$$

5-2 編碼器

編碼器的原理恰和解碼器原理相反，係由 m 個輸入線至 n 個輸出線，且 $m \geq n$ 的電路。對一個八對三線之編碼器而言，其真值表如下：

十進制	輸入								輸出		
	A_1	A_6	A_5	A_4	A_3	A_2	A_1	A_0	Y_2	Y_1	Y_0
0	0	0	0	0	0	0	0	1	0	0	0
1	0	0	0	0	0	0	1	0	0	0	1
2	0	0	0	0	0	1	0	0	0	1	0
3	0	0	0	0	1	0	0	0	0	1	1
4	0	0	0	1	0	0	0	0	1	0	0
5	0	0	1	0	0	0	0	0	1	0	1
6	0	1	0	0	0	0	0	0	1	1	0
7	1	0	0	0	0	0	0	0	1	1	1

$Y_0 = A_1 + A_3 + A_5 + A_7$

$Y_1 = A_2 + A_3 + A_6 + A_7$

$Y_2 = A_4 + A_5 + A_6 + A_7$

其電路如下：

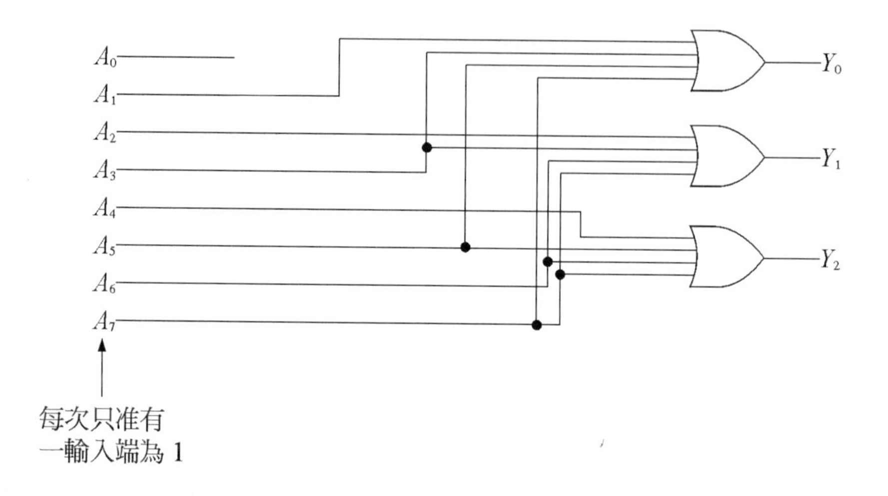

問題

若有同時兩個以上之輸入為 1 時，很明顯該電路將會產生錯誤。如何避免呢？

5-3 優先編碼器

優先編碼器(Priority Encoder)的功能是當有二個或二個以上的輸入端同時被激發時，產生輸入中最高數字的對應輸出碼於輸出端。例如：如果 A_3 和 A_6 兩個輸入均為高電位，則輸出碼是 A_6（即 0110）。依據上述原則，可得優先編碼器之真值表為

輸入								輸出		
A_0	A_1	A_2	A_3	A_4	A_5	A_6	A_7	Y_2	Y_1	Y_0
1	0	0	0	0	0	0	0	0	0	0
	1	0	0	0	0	0	0	0	0	1
		1	0	0	0	0	0	0	1	0
			1	0	0	0	0	0	1	1
				1	0	0	0	1	0	0
					1	0	0	1	0	1
						1	0	1	1	0
							1	1	1	1

(1) 使 Y_0 為 1 之輸入有

A_0	A_1	A_2	A_3	A_4	A_5	A_6	A_7
	1	0	0	0	0	0	0
			1	0	0	0	0
					1	0	0
							1

⇓

A_0	A_1	A_2	A_3	A_4	A_5	A_6	A_7
	1	0	1	0	1	0	1

(a) 對 A_1 而言，$A_2 \neq 1, A_4 \neq 1, A_6 \neq 1 \Rightarrow A_1\overline{A_2}\,\overline{A_4}\,\overline{A_6}$

(b) 對 A_3 而言，$A_4 \neq 1, A_6 \neq 1 \qquad \Rightarrow A_3\overline{A_4}\,\overline{A_6}$

(c) 對 A_5 而言，$A_6 \neq 1 \qquad \Rightarrow A_5\overline{A_6}$

所以

$$Y_0 = A_1\overline{A_2}\,\overline{A_4}\,\overline{A_6} + A_3\overline{A_4}\,\overline{A_6} + A_5\overline{A_6} + A_7$$

(2) 使 Y_1 為 1 之輸入有

A_0	A_1	A_2	A_3	A_4	A_5	A_6	A_7
		1	0	0	0	0	0
			1	0	0	1	0
							1

⇓

A_0	A_1	A_2	A_3	A_4	A_5	A_6	A_7
		1	1	0	0	1	1

(a) 對 A_2 而言，$A_4 \neq 0, A_5 \neq 0 \Rightarrow$ $A_2\overline{A_4}\,\overline{A_5}$

(b) 對 A_3 而言，$A_4 \neq 0, A_5 \neq 0 \Rightarrow$ $A_3\overline{A_4}\,\overline{A_5}$

所以

$$\begin{aligned} Y_1 &= A_2\overline{A_4}\,\overline{A_5} + A_3\overline{A_4}\,\overline{A_5} + A_6 + A_7 \\ &= (A_2 + A_3)\overline{A_4}\,\overline{A_5} + A_6 + A_7 \end{aligned}$$

(3) 使 Y_2 為 1 之輸入有

A_0	A_1	A_2	A_3	A_4	A_5	A_6	A_7
				1	1	1	1

所以

$$Y_2 = A_4 + A_5 + A_6 + A_7$$

因此其電路設計如下：

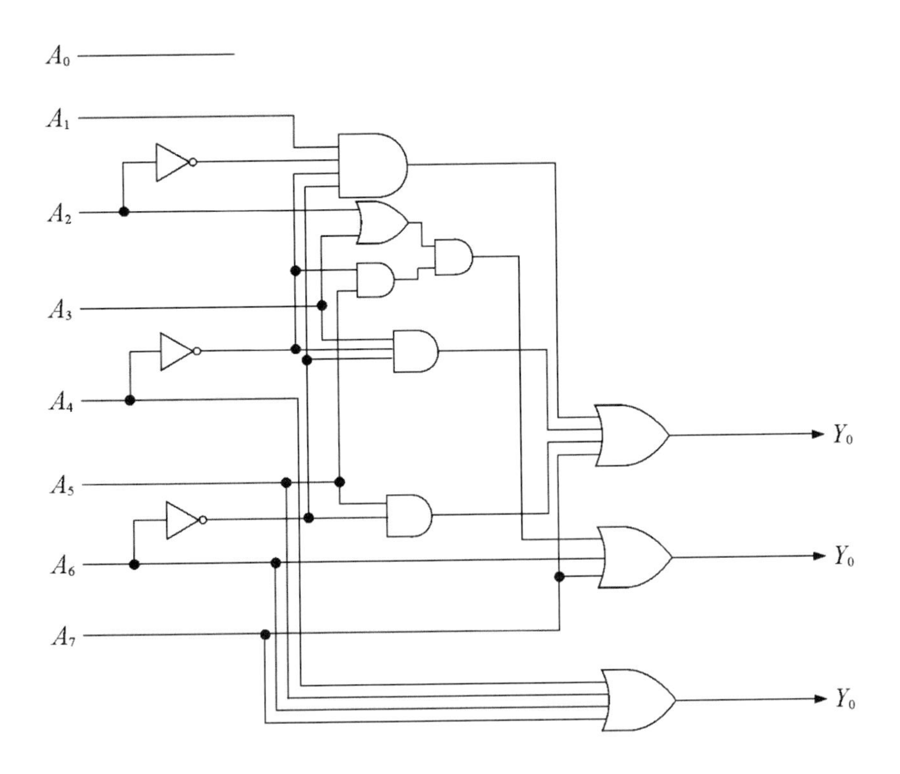

5-4 多工器

多工器(MUX)的功能係從許多組輸入線中選擇其中一組，將此所選擇的輸入線之資料送至單一的輸出線上，因此多工器亦稱為資料選擇器。至於究竟那一條輸入線可被選中，則由多工器之選擇輸入端或稱位址輸入端來加以控制。假設該多工器之輸入線有 n 條，控制線有 m 條，則

$$2^m \geq n$$

範例 5-6 試設計一個四選一的多工器。

解答 因該多工器為四選一，即表示有 4 條輸入線（令為 x_0,x_1,x_2,x_3），亦即 $n=4$。現令控制線需 m 條。因 $2^m \geq 4$，所以 m 的最小值為 2，故可取 2 條控制線加以控制。其真值表為

控制線輸入		輸出		
S_1	S_0	Y		
0	0	x_0	→	$\overline{S_0}\,\overline{S_1}$
0	1	x_1	→	$S_0\overline{S_1}$
1	0	x_2	→	$\overline{S_0}S_1$
1	1	x_3	→	S_0S_1

所以 $Y=x_0\overline{S_0}\,\overline{S_1}+X_1S_0\overline{S_1}+x_2\overline{S_0}S_1+x_3S_0S_1$

其電路設計為

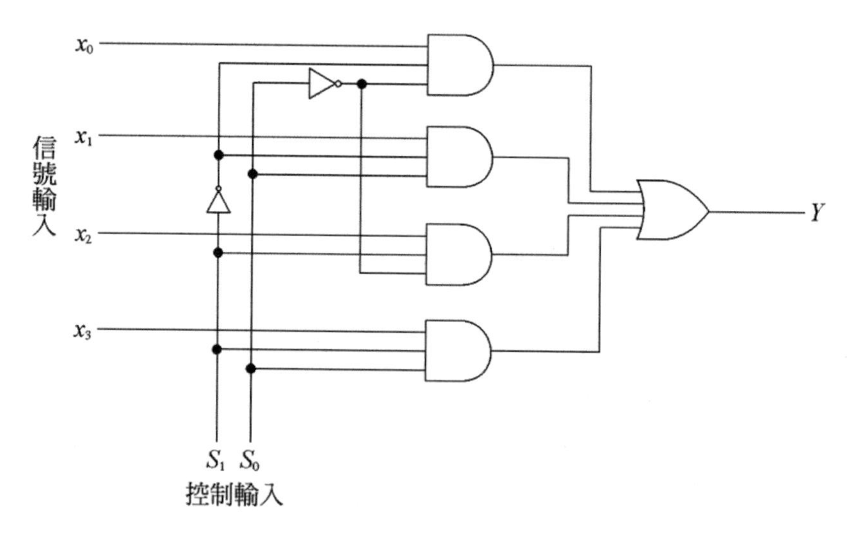

其符號為

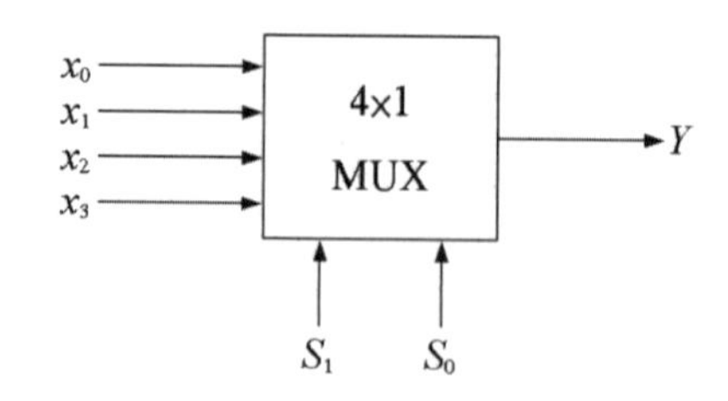

範例 5-7 試利用 2×1 MUX 來完成一個 4×1 MUX。

解答 因 2×1 MUX 中有兩條輸入線($n=2$)，因此在 $2^m \geq 2 \Rightarrow m=1$ 下只有一個控制線，因此無法完成 4×1 MUX。但若在該 2×1 MUX 中選擇一具有致能控制線者，則令該致能線(E＝0)時選擇 2×1 MUX I（即第一組的 2×1 多工器）；E＝1 時，選擇第二組 2×1 多工器(2×1 MUX II)，即可得一個 4×1 MUX。亦即該電路為

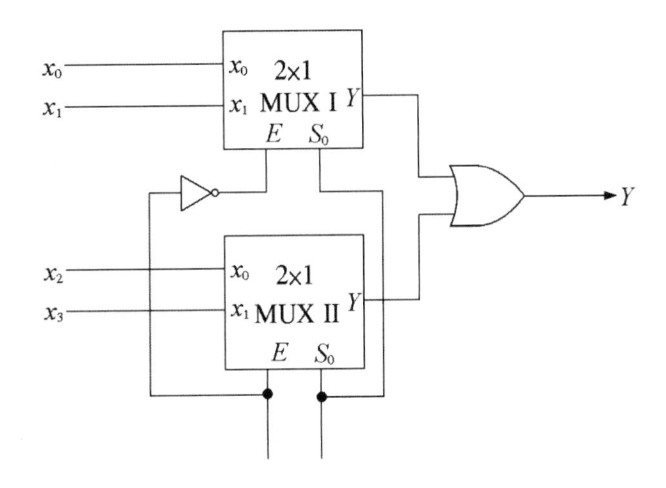

其中 2×1 之多工器真值表

選擇輸入	輸出
S_0	Y
0	X_0
1	X_1

$Y = X_0\overline{S_0} + X_1 S_0$

而內部電路結構為

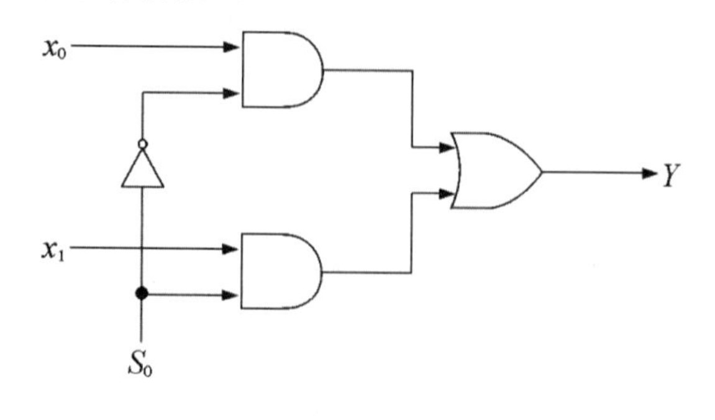

範例 5-8 試設計一 4 位元之二選一的多工器。

解答 本題仍係一個二選一的多工器，只不過將各輸入線 X_0 及 X_1 改成 4 位元表示之。而輸出 Y 亦以 4 位元表示之。故其真值表如下：

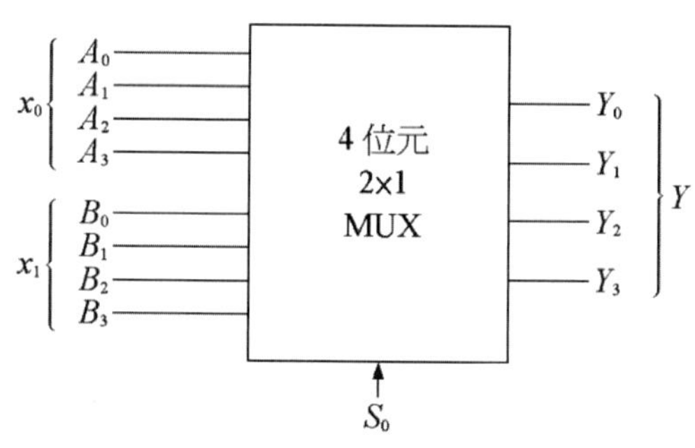

選擇控制線	輸出			
S_0	Y_3	Y_2	Y_1	Y_0
0	A_3	A_2	A_1	A_0
1	B_3	B_2	B_1	B_0

因此

$$Y_0=A_0\overline{S_0}+B_0S_0$$

$$Y_1=A_1\overline{S_0}+B_1S_0$$

$$Y_2=A_2\overline{S_0}+B_2S_0$$

$$Y_3=A_3\overline{S_0}+B_3S_0$$

其電路為

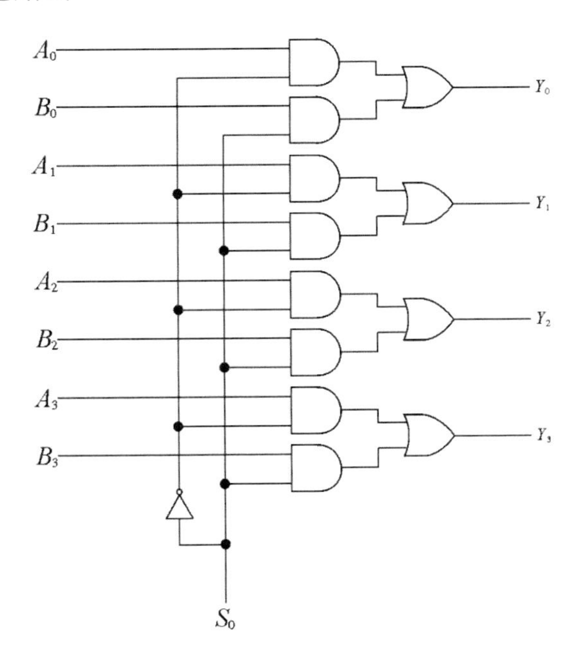

範例 5-9 就利用多工器完成兩輸入端具有 OR、XOR、AND 及 NOT 之邏輯運算的選擇功能。

解答 由題目知有四種邏輯運算可供選擇，因此代表該多工器有兩條控制線以控制邏輯運算型式的選取。現假設控制線為 S_0(LSB)及 S_1(MSB)，輸出線為 Z，則其真值表如下表所示。由真值表可知本多工器使用電路如下：

S_1	S_0	輸　出	功 能
0	0	$Z=A+B$	OR
0	1	$Z=A\oplus B$	XOR
1	0	$Z=AB$	AND
1	1	$Z=\overline{A}$	NOT

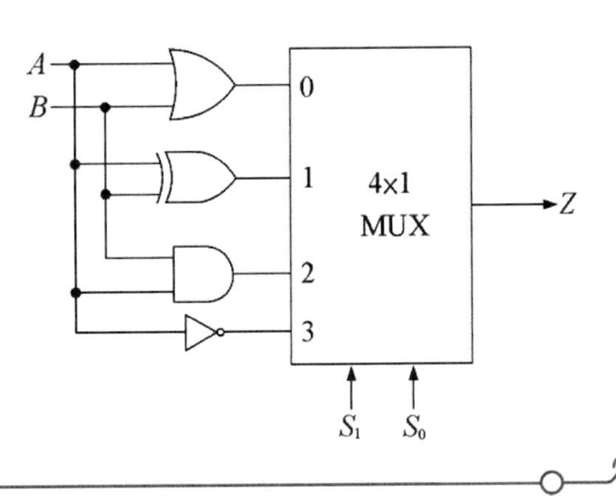

範例 5-10 試設計一個 64 線至 1 線的多工器。

解答

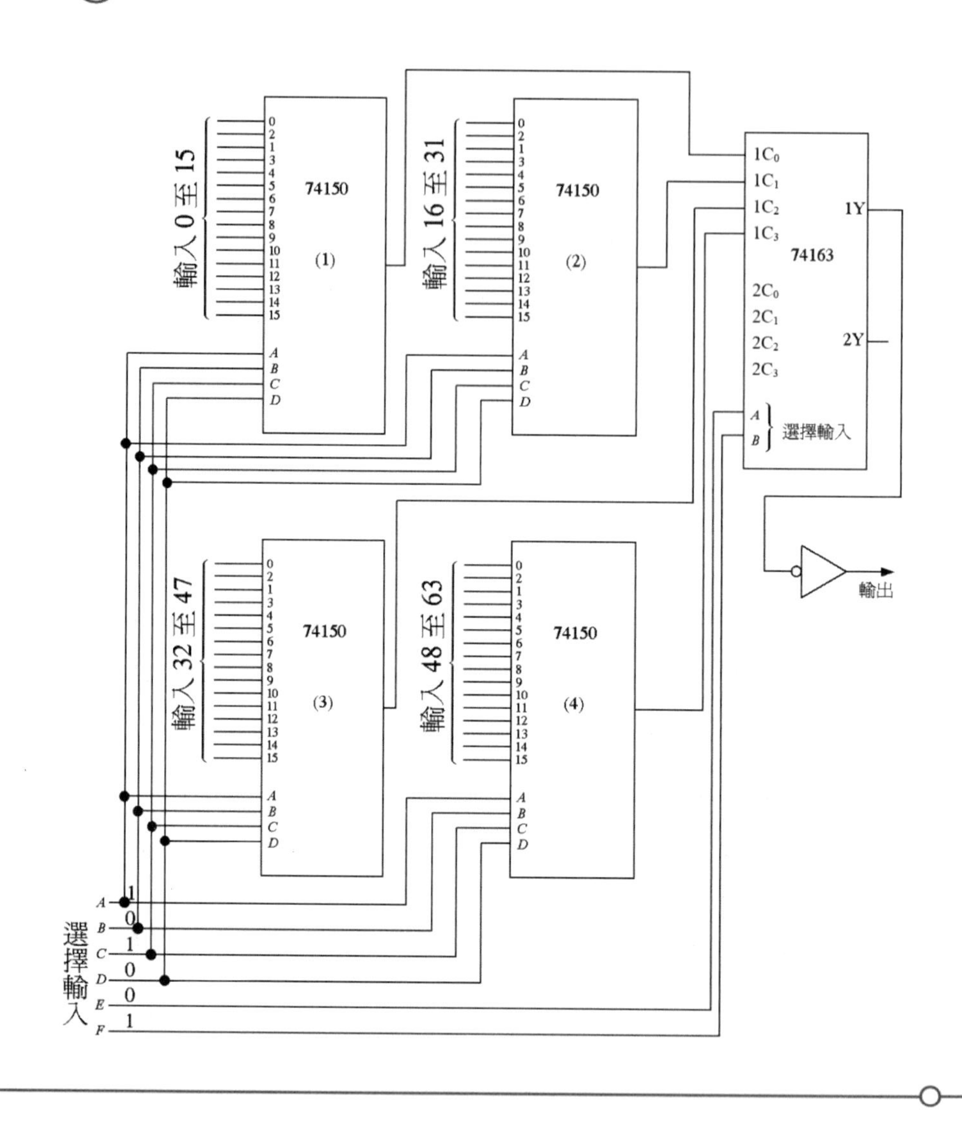

範例 5-11 試利用二線到一線之多工器組合成一個三線到一線的多工器。且在該電路中不得使用額外的邏輯閘。

解答

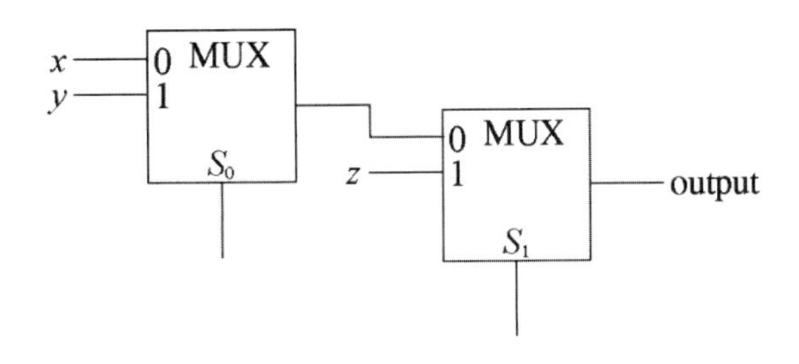

真值表如下：

S_1	S_0	Output
0	0	x
0	1	y
1	–	z

範例 5-12 試利用一個七段顯示如右圖，當輸入準位為高準位時，則七段顯示器會顯示 H 圖樣；若輸入為低準位時，則顯示 L。

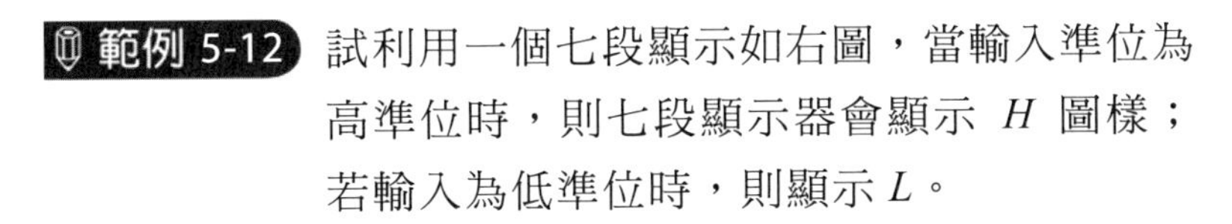

解答 令輸入為 A，則真值表為

輸入	輸　出						
A	a	b	c	d	e	f	g
0	0	0	0	1	1	1	0
1	0	1	1	0	1	1	1

由真值表中可知 e，f 永遠為高準位，而 a 永遠為低準位，且

$$b=A，c=A，g=A$$
$$d=\overline{A}$$

因此電路為

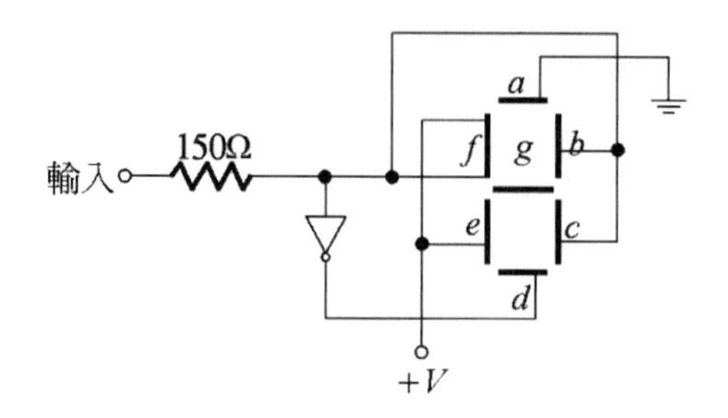

其中七段顯示器選用共陰極元件。

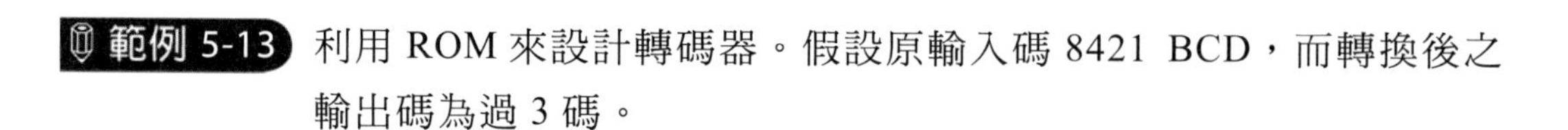

範例 5-13 利用 ROM 來設計轉碼器。假設原輸入碼 8421 BCD，而轉換後之輸出碼為過 3 碼。

解答

84 21 BCD				過 3 碼			
Y_4	Y_3	Y_2	Y_1	X_4	X_3	X_2	X_1
0	0	0	0	0	0	1	1
0	0	0	1	0	1	0	0
0	0	1	0	0	1	0	1
0	0	1	1	0	1	1	0
0	1	0	0	0	1	1	1
0	1	0	1	1	0	0	0
0	1	1	0	1	0	0	1
0	1	1	1	1	0	1	0
1	0	0	0	1	0	1	1
1	0	0	1	1	1	0	0

$X_4=\Sigma(5,6,7,8,9)$

$X_3=\Sigma(1,2,3,4,9)$

$X_2=\Sigma(0,3,4,7,8)$

$X_1=\Sigma(0,2,4,6,8)$

其電路為

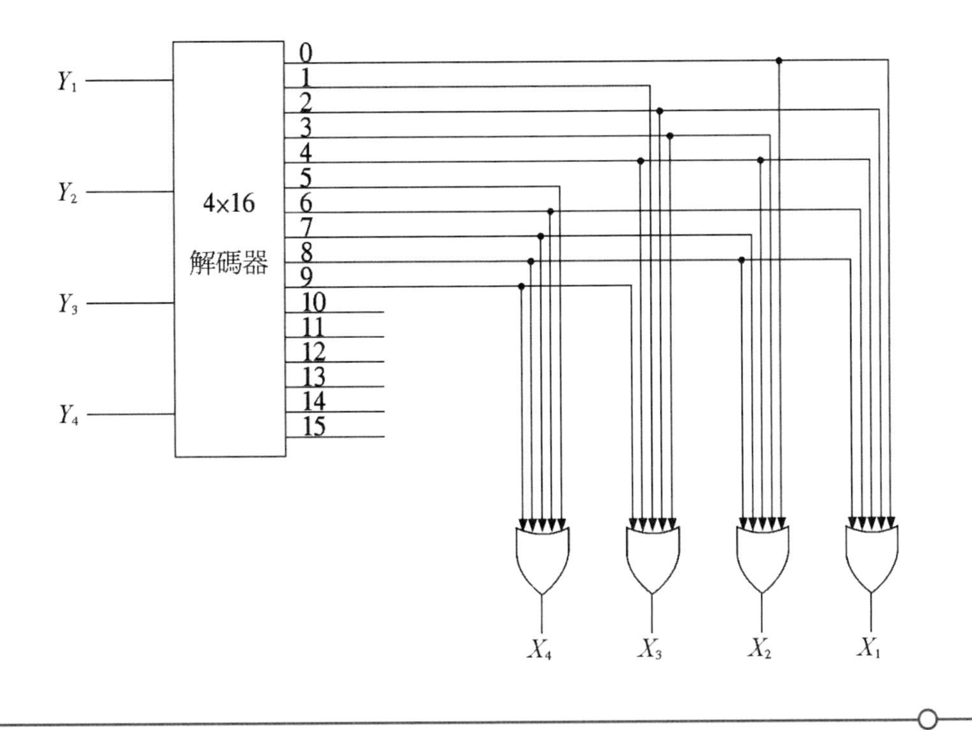

範例 5-14 試利用一解碼器及最多 4 個 OR 閘來設計一個 4 位元的二進制碼對格雷碼的轉換電路。

解答 首先我們先寫出二進制碼、解碼器輸出，及格雷碼的相對應關係如下：

輸	入			解碼器輸出	格	雷	碼	
X_3	X_2	X_1	X_0	W_n	Y_3	Y_2	Y_1	Y_0
0	0	0	0	W_0	0	0	0	0
0	0	0	1	W_1	0	0	0	1
0	0	1	0	W_2	0	0	1	1
0	0	1	1	W_3	0	0	1	0
0	1	0	0	W_4	0	1	1	0
0	1	0	1	W_5	0	1	1	1
0	1	1	0	W_6	0	1	0	1
0	1	1	1	W_7	0	1	0	0

輸入				解碼器輸出	格雷碼			
X_3	X_2	X_1	X_0	W_n	Y_3	Y_2	Y_1	Y_0
1	0	0	0	W_8	1	1	0	0
1	0	0	1	W_9	1	1	0	1
1	0	1	0	W_{10}	1	1	1	1
1	0	1	1	W_{11}	1	1	1	0
1	1	0	0	W_{12}	1	0	1	0
1	1	0	1	W_{13}	1	0	1	1
1	1	1	0	W_{14}	1	0	0	1
1	1	1	1	W_{15}	1	0	0	0

$$Y_0 = W_1 + W_2 + W_5 + W_6 + W_9 + W_{10} + W_{13} + W_{14}$$

$$Y_1 = W_2 + W_3 + W_4 + W_5 + W_{10} + W_{11} + W_{12} + W_{13}$$

$$Y_2 = W_4 + W_5 + W_6 + W_7 + W_8 + W_9 + W_{10} + W_{11}$$

$$Y_3 = W_8 + W_9 + W_{10} + W_{11} + W_{12} + W_{13} + W_{14} + W_{15}$$

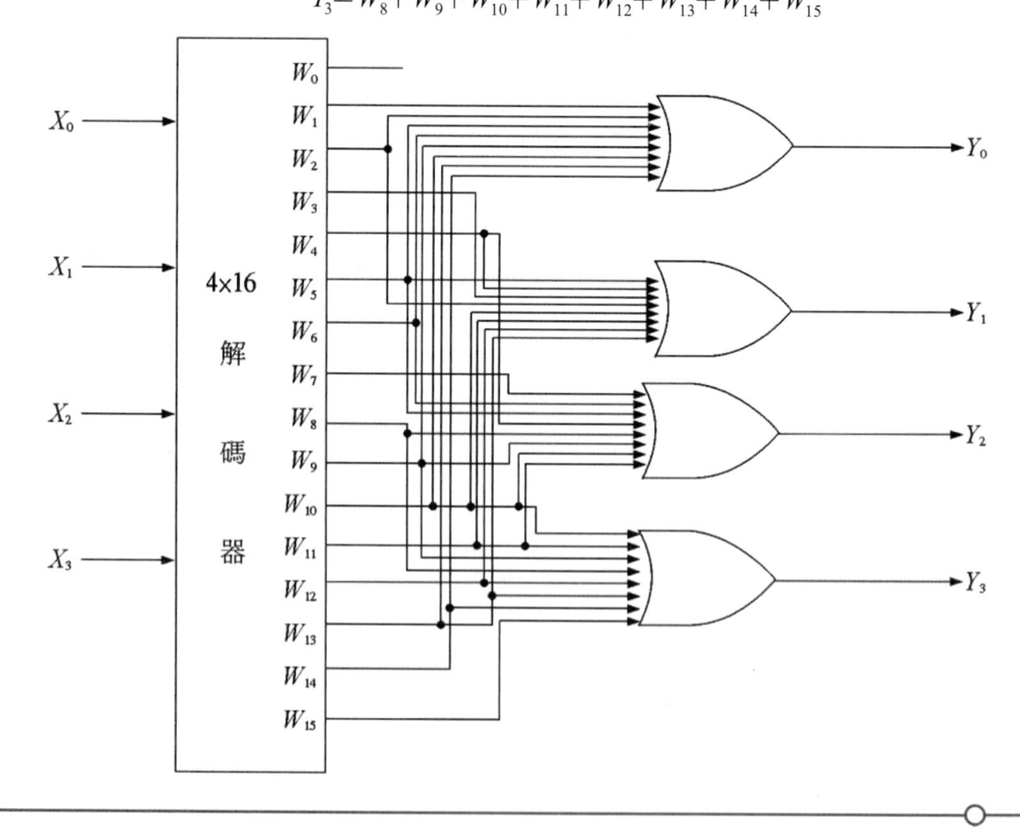

5-5 以多工器執行布林代數式之電路設計

多工器的應用非常廣，除了資料路徑之選擇，也可以用來完成一布林代數式。如果一布林代數式，其中有 n 個變數，則取 $n-1$ 個變數來做多工器的位址選擇輸入，剩下的一個變數則做為多工器的資料輸入，亦即若變數 A 為輸入，則多工器的輸入有四種：A、$\overline{A}$、0 及 1。首先寫出布林代數的 SOP（積之和）型式，再依以下方法：

(1) 列出真值表，將要做為輸入端的變數置於 MSB（最大位），其餘的變數則依序列出。

(2) 列出執行表(Implementation Table)，最上排依多工器的輸入，從 I_0 起，由左至右依序排列，例如：I_0、I_1、I_2、I_3。

(3) 將真值表中的最大位變數置於執行表的最左行，並且分別標示如 A 與 $\overline{A}$。

(4) 在執行表中，依真值表所列順序，分別填入相對應的十進制數字。

(5) 加圈於使布林函數值為 1 的各最小項相對應的十進制數字之上。

(6) 決定多工器的輸入：

  (a) 觀察各垂直欄。若兩個最小項均沒被加圈者，就在最底下的那一列對應項的輸入端填入 0。

  (b) 若兩個最小項均被加圈者，就在最底下的那一列對應項的輸入端填入 1。

  (c) 若只有底列的最小項被加圈者，就在最底下的那一列對應項的輸入端之中，填入最大位之變數，如 A。

  (d) 若只有頂列的最小項被加圈者，就在最底下的那一列對應項的輸入端之中，填入最大位之補數，如 $\overline{A}$。

範例 5-15 請用一個四選一多工器完成下列布林代數式

$$f(A,B,C)=\Sigma(1,3,5,6)。$$

解答 以變數 A 當最大位，列出布林代數的真值表

最小項	A	B	C	F
0	0	0	0	0
1	0	0	1	1
2	0	1	0	0
3	0	1	1	1
4	1	0	0	0
5	1	0	1	1
6	1	1	0	1
7	1	1	1	0

列出執行表

	I_0	I_1	I_2	I_3
$\overline{A}$	0	①	2	③
A	4	⑤	⑥	7
	0	1	A	$\overline{A}$

由真值表中知，因為最小項 m_1、m_3、m_5、m_6 均使得布林代數的值為 1，故加圈於這四項的十進制數上。其次觀察 I_0，I_1，I_2，I_3 各垂直欄，以決定各輸入端。在 I_0 垂直欄都沒加圈，所以在其相對應垂直欄最底端填 0；在 I_1 垂直欄都加圈，所以在底端填入 A；在 I_2 垂直欄只有對應於 A 列的項有加圈，所以在其相對應的垂直欄之最底端填入 A；在 I_3 垂直欄之中，因為只有對應於 $\overline{A}$ 列的項有加圈，所以在其相對應的垂底端填入 $\overline{A}$。最後其邏輯電路如下圖所示。

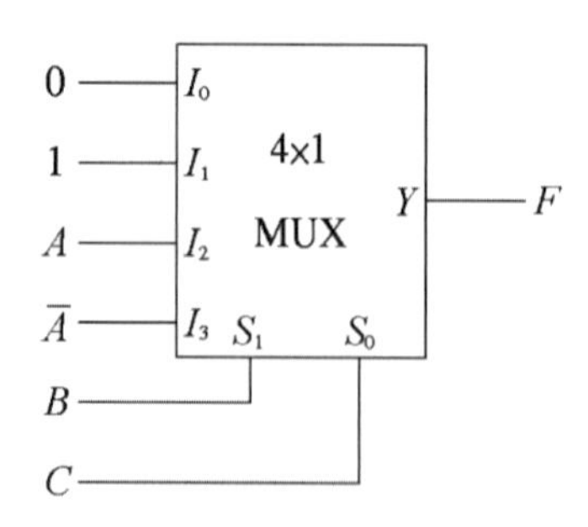

另解 用變數 C 做輸入，其執行表如下所示：

	I_0	I_1	I_2	I_3
$\overline{C}$	0	2	4	⑥
C	①	③	⑤	7
	C	C	C	$\overline{C}$

而其電路則如圖所示：

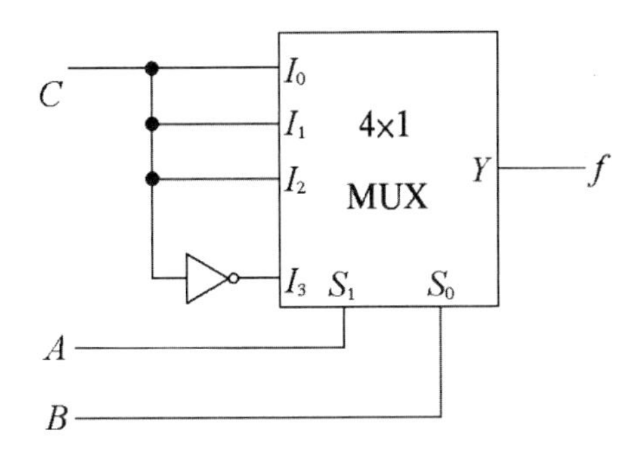

範例 5-16 試以多工器完成布林代數式 $f(A,B,C,D)=\Sigma(0,1,3,4,8,9,15)$。

解答 首先我們先畫出真值表

十進制	A	B	C	D	輸出
0	0	0	0	0	1
1	0	0	0	1	1
2	0	0	1	0	0
3	0	0	1	1	1
4	0	1	0	0	1
5	0	1	0	1	0
6	0	1	1	0	0
7	0	1	1	1	0
8	1	0	0	0	1
9	1	0	0	1	1
10	1	0	1	0	0
11	1	0	1	1	0
12	1	1	0	0	0
13	1	1	0	1	0
14	1	1	1	0	0
15	1	1	1	1	1

現在以 A 為變數，則執行表如下：

	I_0	I_1	I_2	I_3	I_4	I_5	I_6	I_7	T
$\overline{A}$	⓪	①	2	③	④	5	6	7	
A	⑧	⑨	10	11	12	13	14	⑮	
	1	1	0	$\overline{A}$	$\overline{A}$	0	0	A	

所以電路為

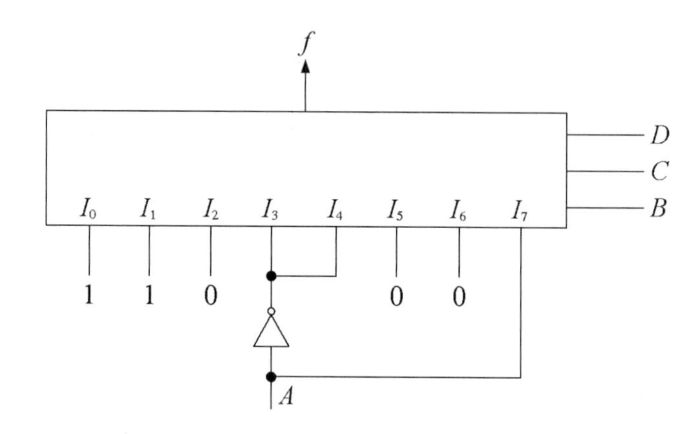

若以 D 為變數，則執行表如下：

	I_0	I_1	I_2	I_3	I_4	I_5	I_6	I_7
$\overline{D}$	⓪	2	④	6	⑧	10	12	14
D	①	③	5	7	⑨	11	13	⑮
	1	D	$\overline{D}$	0	1	0	0	D

所以電路為

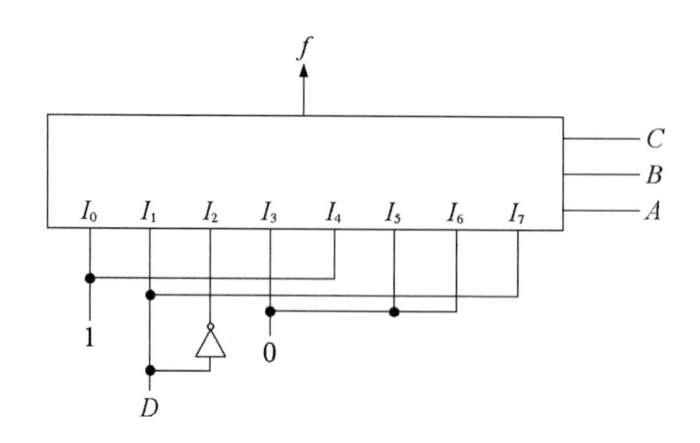

範例 5-17 試利用一個四選 1 的多工器來完成下列布林代數式

$$f(A,B,C,D)=\Sigma(0,2,4,7)$$ 。

解答

十進制	輸入				輸出
	A	B	C	D	f
0	0	0	0	0	1
1	0	0	0	1	0
2	0	0	1	0	1
3	0	0	1	1	0
4	0	1	0	0	1
5	0	1	0	1	0
6	0	1	1	0	0
7	0	1	1	1	1
8	1	0	0	0	0
9	1	0	0	1	0
10	1	0	1	0	0
11	1	0	1	1	0
12	1	1	0	0	0
13	1	1	0	1	0
14	1	1	1	0	0
15	1	1	1	1	0

由上面真值表，若以 A 為變數，則執行表為

	I_0	I_1	I_2	I_3	I_4	I_5	I_6	I_7
A	8	9	10	11	12	13	14	15
$\overline{A}$	⓪	1	②	3	④	5	6	⑦
	$\overline{A}$	0	$\overline{A}$	0	$\overline{A}$	0	0	$\overline{A}$

因此電路為

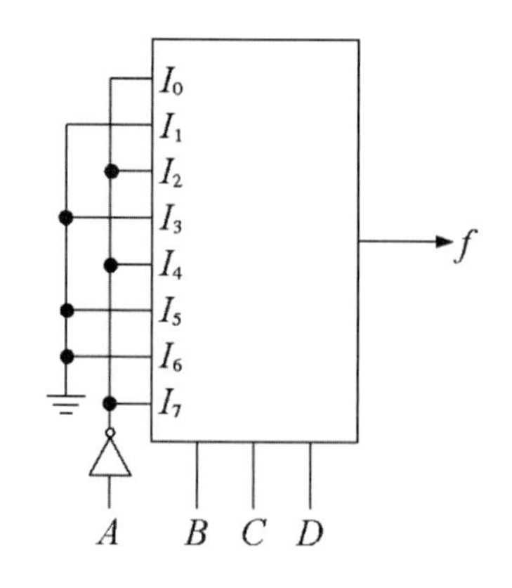

5-6 多工顯示電路設計

多工器常用於從多組資料來源中，選取其中一組的資料來源，將其送至目的地。若我們將二個 BCD 計數器（如圖所示）的計數內容值當資料來源，BCD 對七段顯示器的驅動則視為其目的地，此時，BCD 計數器能計數送進來的脈衝數，之後，再將其數目轉換成 BCD 碼，而由輸出端送出。因為 BCD 計數器每數十個脈衝，便輸出一個進位脈衝，然而，因為我們現在有 *A*、*B* 兩組計數器，因此必須有一條控制線來選擇究竟是要致能 *A* 組 BCD 計數器的驅動顯示，還是要致能 *B* 組 BCD 計數器的驅動顯示。現令該致能線為 *S* 端。因此，當計數器選擇端為 1 時，則 *A* 組的多工器會被打開，此時我們在七段顯示器上所看到的結果便是 *A* 組 BCD 計數器所計數的結果。同理，若計數器選擇端為 0 時，則七段顯示器上所看到的，便是 *B* 組 BCD 計數器的計數結果。像這樣兩組計數器共用一組顯示器的時機，主要用在分時系統。

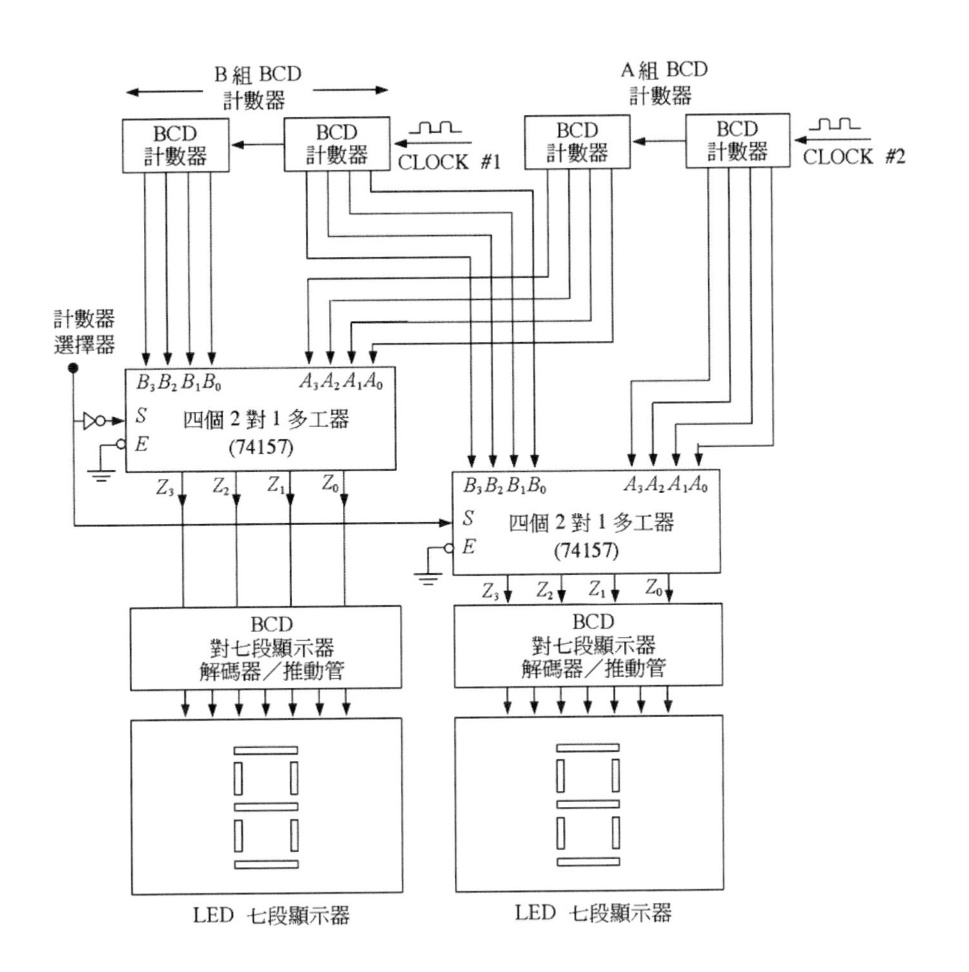

5-7 多工數位顯示系統

所謂多工器顯示係指將各個 BCD 計數器的內容全部接到數字顯示器之上，但於任一時刻，只有一個 BCD 計數器的計數結果資料會傳到解碼器上。而解碼器驅動相對應該 BCD 計數器的數字顯示器，而將該計數結果送至相對應的數字顯示器，並使其顯示。只要選擇開關切換的變化週期低於人眼視覺暫留時間，則就好像所有數字顯示器同時發亮一般。

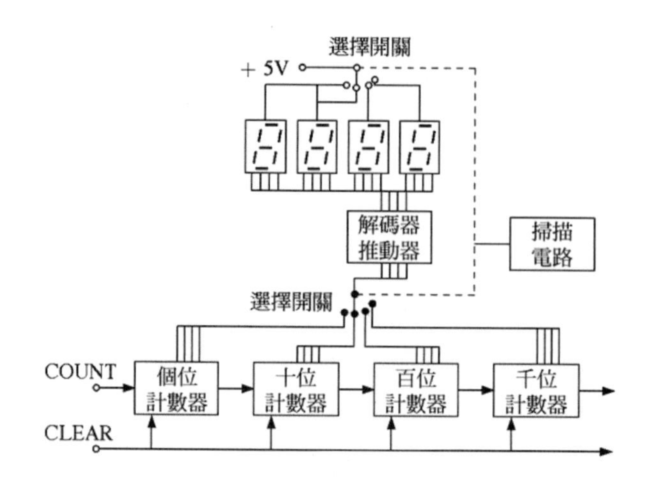

5-8 解多工器(DEMUX: Demultiplexer)

其功能恰與多工器相反。對所謂 $1\times n$ 的解多工器而言，係將單一輸入線上的資料傳送至 n 條輸出線中指定之一條線上。因此又稱為資料分配器。令輸入線為 I_0 且輸出線為 $(Y_0,Y_1,\cdots Y_{n-1})$。

範例 5-18 試設計一 1×2 DEMUX。

解答 因輸出線有 2 條，即 $n=2$。同理控制選擇線最少需 1 條 $(2^m=n=2\Rightarrow m=1)$ 所以其真值表為

控制選擇線	輸出	
S	Y_0	Y_1
0	I_0	0
1	0	I_0

因此

$$Y_0=I_0\overline{S}$$

$$Y_1=I_0S$$

其電路為

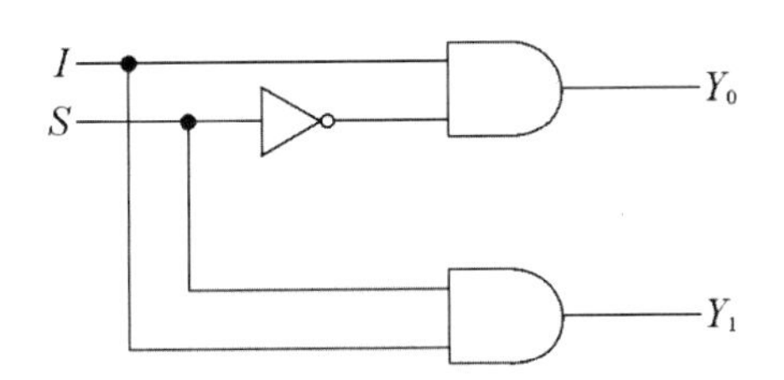

其符號為

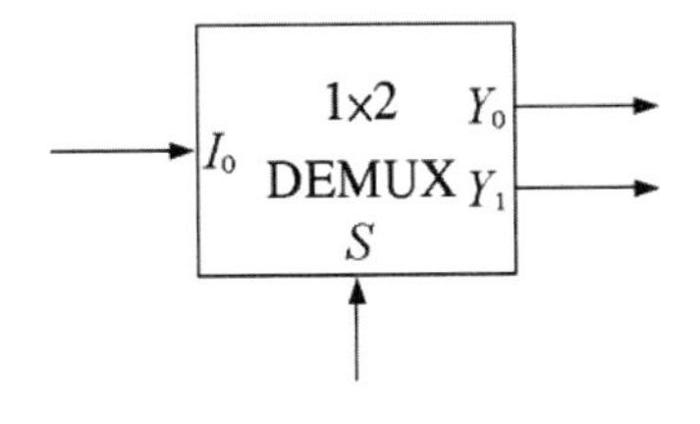

範例 5-19 試設計一個 1×4 的解多工器。

解答 一個 1×4 的解多工器即表示有 4 條輸出線 Y_0, Y_1, Y_2, Y_3 及一條輸入線 I_0。因 $n=4$，所以控制選擇線需

$$2^m \leq 4$$

$$\Rightarrow \min(m)=2$$

即最少要二條控制選擇線（令為 S_0，S_1）。由真值表知

控制選擇線		輸　出			
S_1	S_0	Y_0	Y_1	Y_2	Y_3
0	0	I_0	0	0	0
0	1	0	I_0	0	0
1	0	0	0	I_0	0
1	1	0	0	0	I_0

即 $Y_0 = I_0\left(\overline{S_1}\,\overline{S_0}\right)$

$Y_1 = I_0\left(\overline{S_1}S_0\right)$

$Y_2 = I_0\left(S_1\overline{S_0}\right)$

$Y_3 = I_0\left(S_1S_0\right)$

其符號為

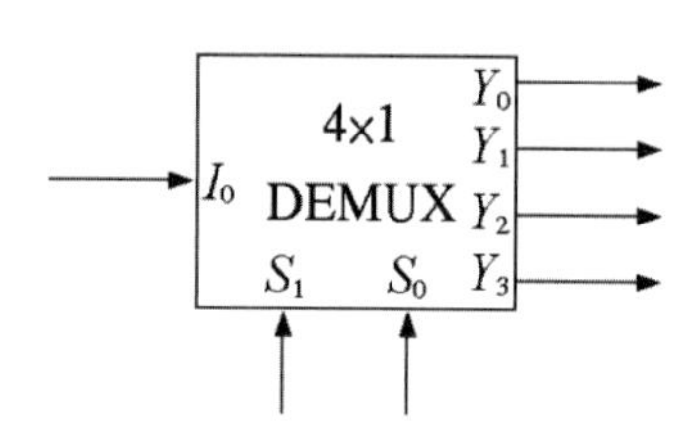

電路為

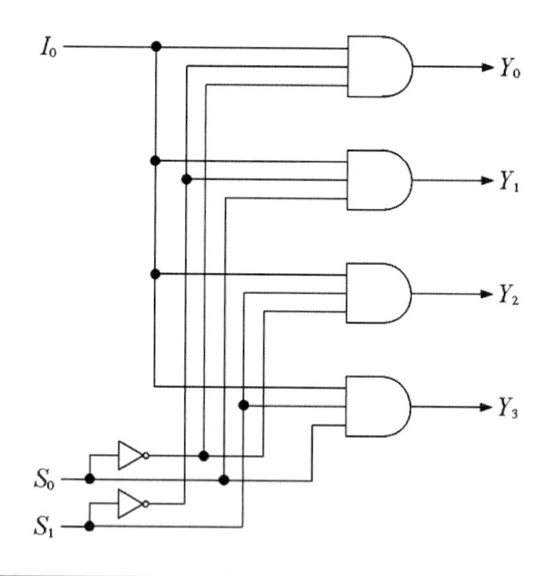

範例 5-20 試設計一個 1×4 的解多工器，其真值表如下：

控制選擇線		輸　出			
S_1	S_2	Y_0	Y_1	Y_2	Y_3
0	0	0	I_0	0	0
0	1	0	0	0	I_0
1	0	I_0	0	0	0
1	1	0	0	I_0	0

解答 由真值表知

$$Y_0 = I_0 S_1 \overline{S_2}$$

$$Y_1 = I_0 \overline{S_1}\,\overline{S_2}$$

$$Y_2 = I_0 S_1 S_2$$

$$Y_3 = I_0 \overline{S_1} S_2$$

其電路為

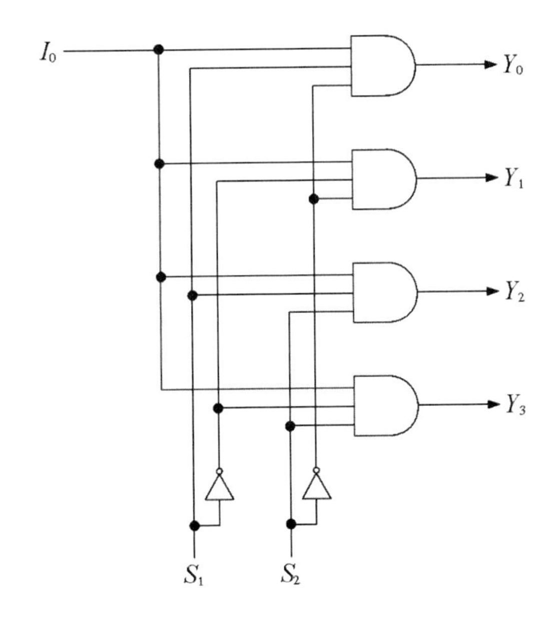

範例 5-21 試利用兩個具有致能(Enable)控制的一對四解多工器，設計一個一對八的解多工器。

解答

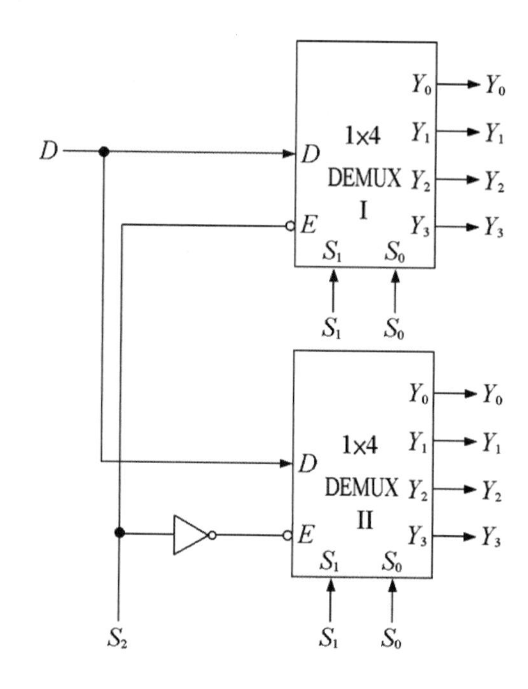

其電路原理係：

當 $S_2=0$ 時，DEMUX Ⅰ 致能（起用），而 DEMUX Ⅱ 禁用；

當 $S_2=1$ 時，DEMUX Ⅰ 禁用，而 DEMUX Ⅱ 起用。

範例 5-22 試設計一個 4 位元的一對二線之解多工器。

解答 其邏輯電路則如圖

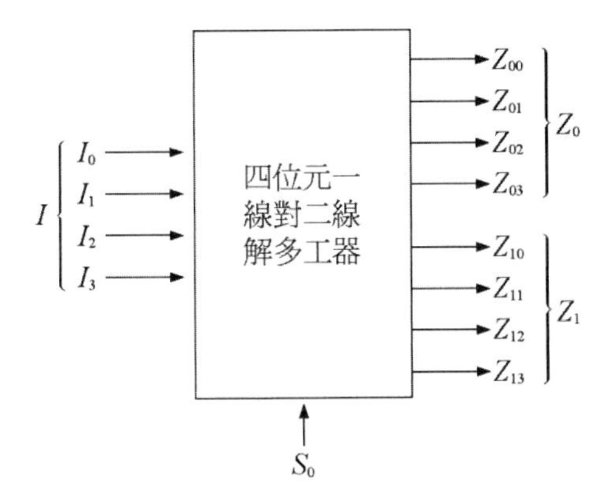

其真值表如下所示：

選擇輸入	輸出							
S_0	Z_{13}	Z_{12}	Z_{11}	Z_{10}	Z_{03}	Z_{02}	Z_{01}	Z_{00}
0	0	0	0	0	I_3	I_2	I_1	I_0
1	I_3	I_2	I_1	I_0	0	0	0	0

其中

$$Z_{00}=I_0\overline{S_0} \qquad Z_{10}=I_0S_0$$

$$Z_{01}=I_1\overline{S_0} \qquad Z_{11}=I_1S_0$$

$$Z_{02}=I_2\overline{S_0} \qquad Z_{12}=I_2S_0$$

$$Z_{03}=I_3\overline{S_0} \qquad Z_{13}=I_3S_0$$

因此其電路為

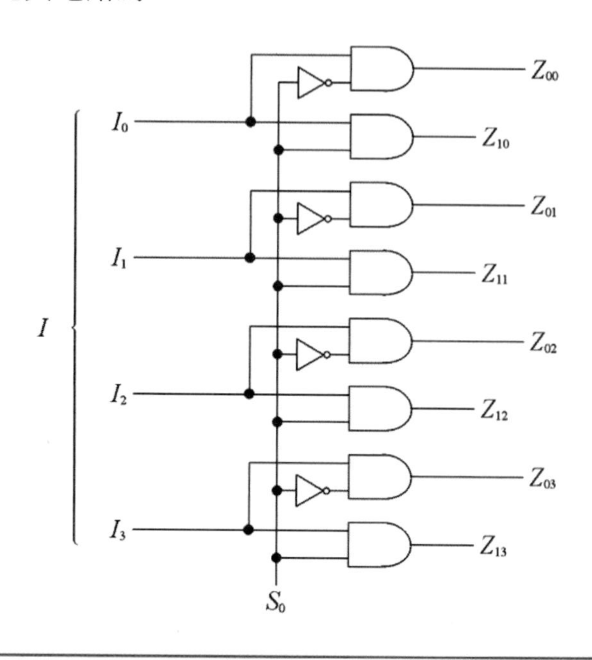

範例 5-23 請利用一個一對八解多工器完成下列布林函數

$$f(x,y,z)=\Sigma(3,5,6,7)$$ 。

解答 利用一個四輸入的 OR 閘，將解多工器的輸出端 3,5,6 及 7 接到 OR 閘即可。

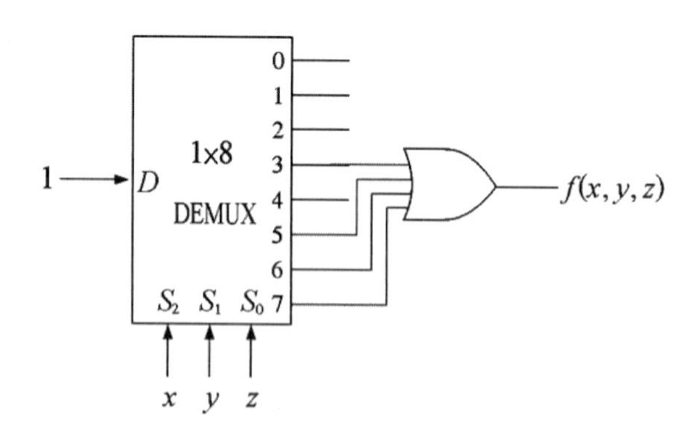

範例 5-24 試利用五個一對四線之解多工器，設計一個一對十六之解多工器。

解答

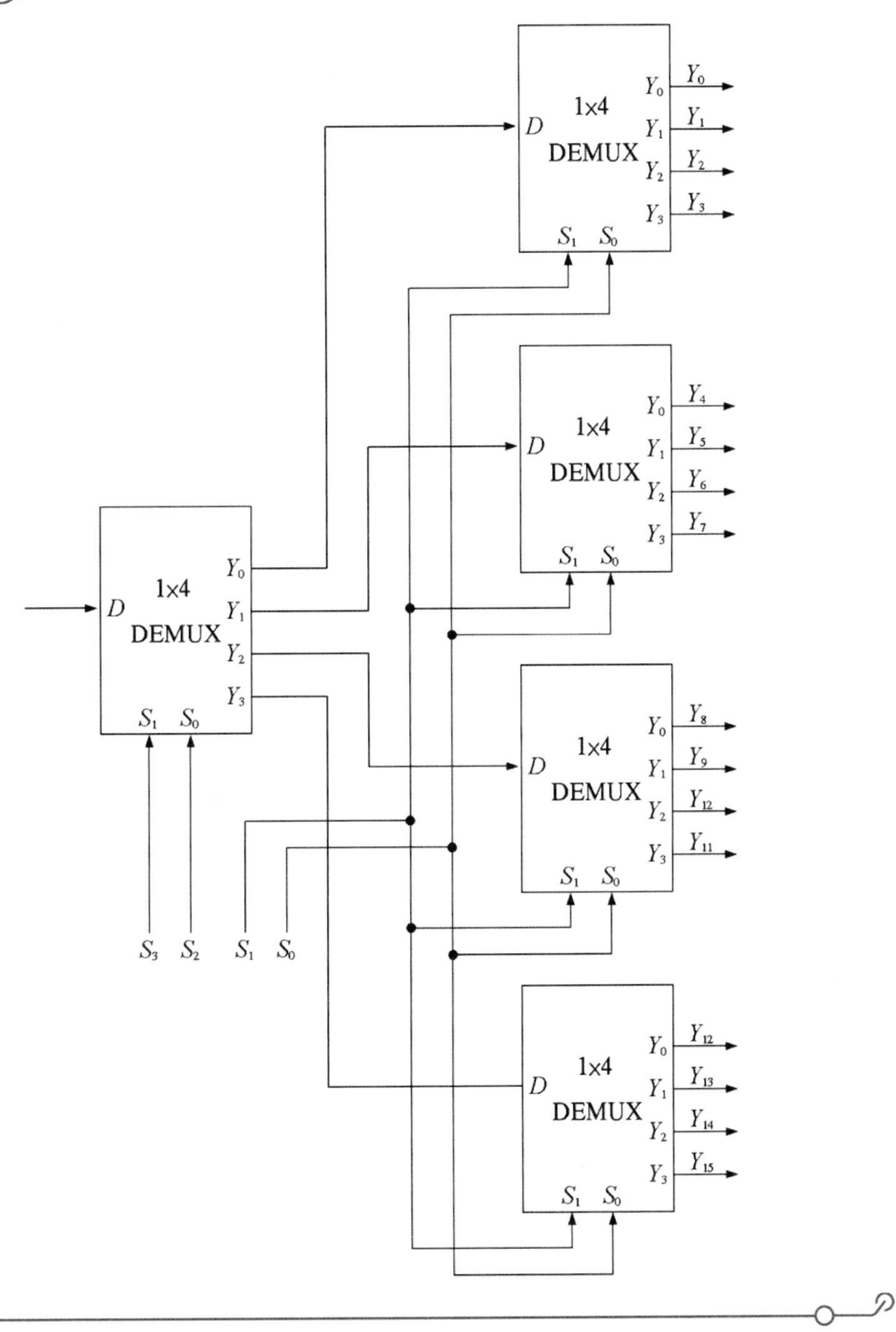

範例 5-25 試利用二個 74154 之一對十六線之解多工器，設計一個 1×32 DEMUX。

解答 因為要設計一 32 條輸出線，共須五條選擇輸入，其中四條（令為 *A*、*B*、*C*、*D*）同時接到二個 74154 的選擇輸入之上，第五條選擇輸入 E 連接到上半部的解多工器的 G_1 上，而經過一反相器再連接到下半部的解多工器的 G_1 上。因此當 E＝0 時，選擇上半部的 74154 動作，而下半部的 74154 輸出皆為高電位；當 E＝1 時，選擇下半部的 74154 動作，而上半部的 74154 輸出皆為高電位。資料輸入和兩個 G_2 連接在一起，當資料輸入是低電位時，則被選擇到的輸出便為低電位；否則輸出為高電位。

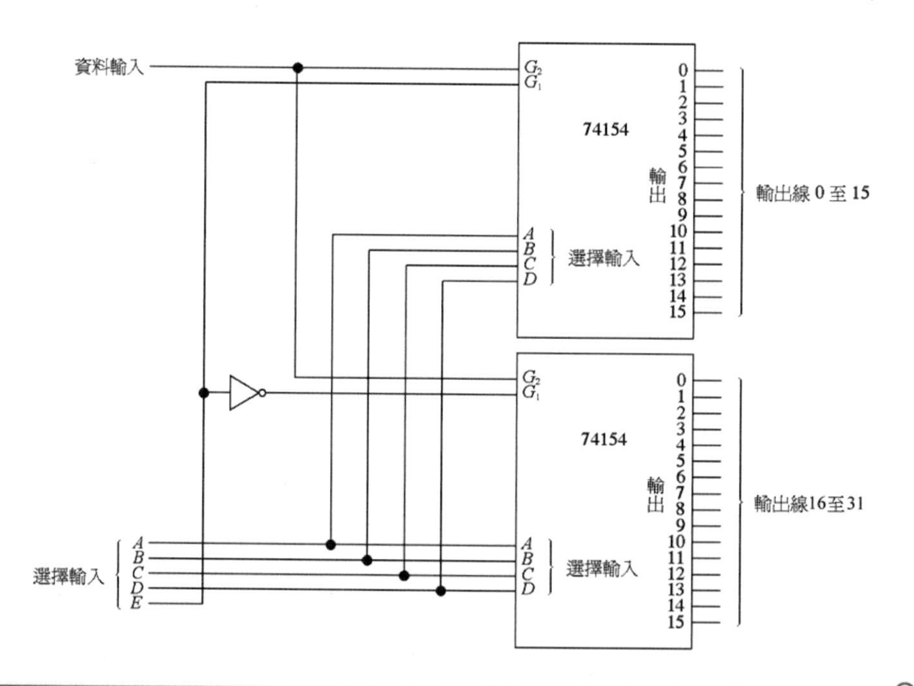

5-9 比較器

比較器的基本功能是比較兩個數字之間大小關係式。就兩個數字 A，B 間存在著 $A>B$，$A=B$ 或 $A<B$ 三種狀況。其真值表如下所示：

輸入		輸出		
		$A>B$	$A=B$	$A<B$
A	B	X	Y	Z
0	0	0	1	0
0	1	0	0	1
1	0	1	0	0
1	1	0	1	0

所以

$$X=A\overline{B}$$

$$Y=\overline{A}\overline{B}+AB$$

$$Z=\overline{A}B$$

其邏輯電路如圖

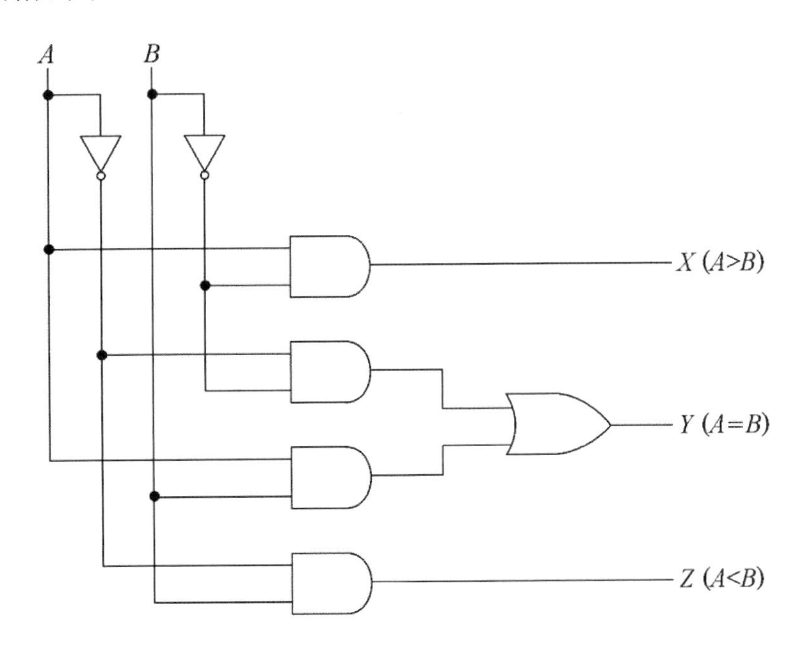

範例 5-26 設計兩個四位元二進位數比較器。

解答 設該兩個四位元之二進位數分表為 $A(A_3A_2A_1A_0)$及 $B(B_3B_2B_1B_0)$，且令 A_3 及 B_3 為相對 A，B 兩數的最高位元。此時若：

(1) $A=B$ 時，$A_3=B_3$ 且 $A_2=B_2$ 且 $A_1=B_1$ 且 $A_0=B_0$。

(2) $A>B$ 時，則 $A_3>B_3$；或 $A_3=B_3$ 且 $A_2>B_2$；或 $A_3=B_3$ 且 $A_2=B_2$ 且 $A_1>B_1$；或 $A_3=B_3$ 且 $A_2=B_2$ 且 $A_1=B_1$ 且 $A_0>B_0$。

(3) $A<B$ 時，則 $A_3<B_3$；或 $A_3=B_3$ 且 $A_2<B_2$；或 $A_3=B_3$ 且 $A_2=B_2$ 且 $A_1<B_1$；或 $A_3=B_3$ 且 $A_2=B_2$ 且 $A_1=B_1$ 且 $A_0<B_0$。

首先令 E_i 為位元 i 相等的布林代數（即 $A_i=B_i$），由真值表可知

輸入		輸出
A_i	B_i	E_i
0	0	1
0	1	0
1	0	0
1	1	1

$$E_i=\overline{A_i}\,\overline{B_i}+A_iB_i \qquad i=1,2,\cdots\cdots n$$

$$=\overline{A_i\oplus B_i}$$

另外

(1) 在 $A=B$ 時，其布林代數的組合為 $E_3E_2E_1E_0$

(2) 在 $A>B$ 時，其電路的布林代數組合為

$$A_3\overline{B}_3+E_3A_2\overline{B}_2+E_3E_2A_1\overline{B}_1+E_3E_2E_1A_0\overline{B}_0$$

(3) 在 $A<B$ 時，其電路的布林代數組合為

$$\overline{A}_3B_3+E_3\overline{A}_2B_2+E_3E_2\overline{A}_1B_1+E_3E_2E_1\overline{A}_0B_0$$

因此該電路為

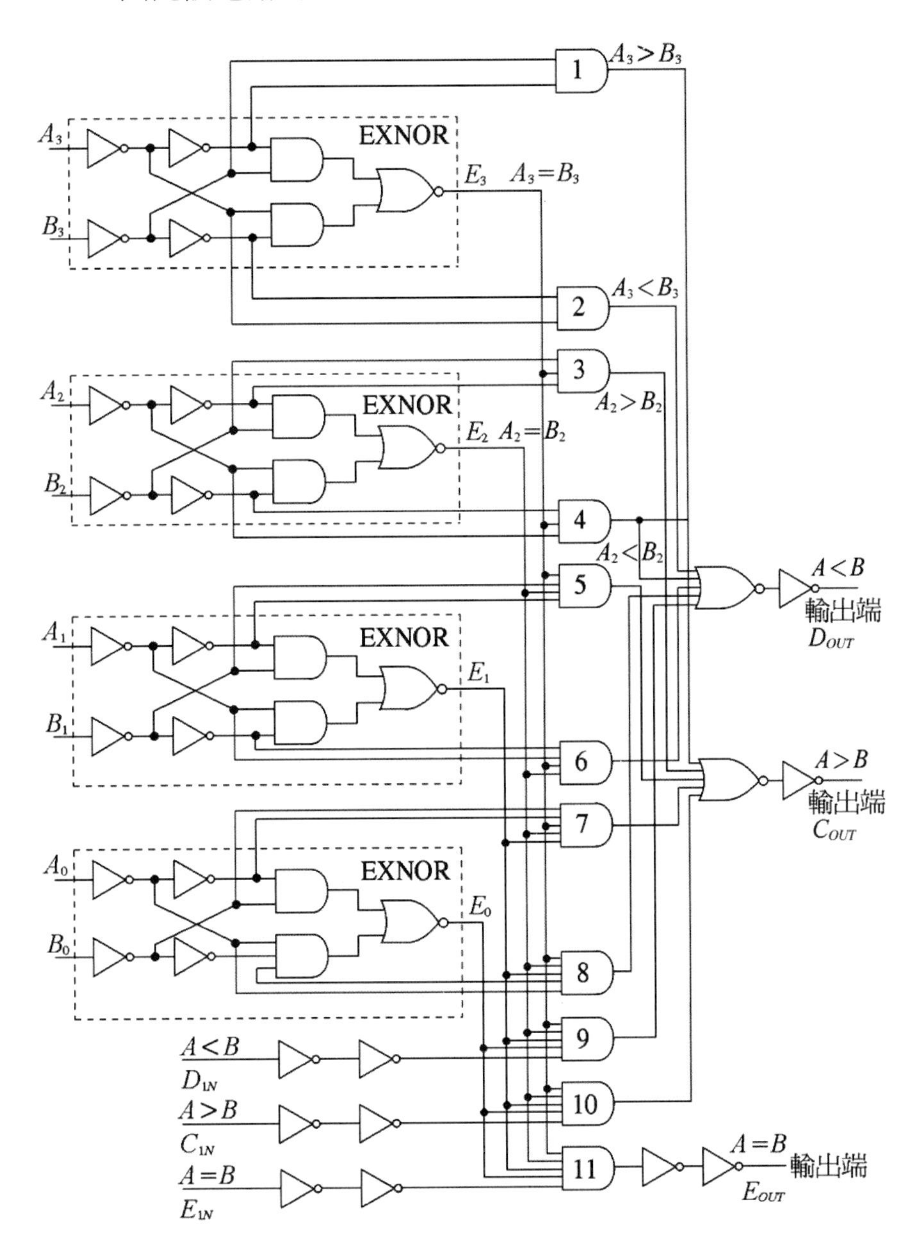
EXNOR
A_3
B_3
E_3 $A_3=B_3$
$A_3>B_3$
$A_3<B_3$
A_2
B_2
E_2 $A_2=B_2$
$A_2>B_2$
$A_2<B_2$
A_1
B_1
E_1
A_0
B_0
E_0
1
2
3
4
5
6
7
8
9
10
11
$A<B$ 輸出端 D_{OUT}
$A>B$ 輸出端 C_{OUT}
$A<B$ D_{IN}
$A>B$ C_{IN}
$A=B$ E_{IN}
$A=B$ 輸出端 E_{OUT}

而其真值表為

輸入							輸出		
比較				串接					
A_3，B_3	A_2，B_2	A_1，B_1	A_0，B_0	$A>B$	$A<B$	$A=B$	$A>B$	$A<B$	$A=B$
$A_3>B_3$	×	×	×	×	×	×	H	L	L
$A_3<B_3$	×	×	×	×	×	×	L	H	L
$A_3=B_3$	$A_2>B_2$	×	×	×	×	×	H	L	L
$A_3=B_3$	$A_2<B_2$	×	×	×	×	×	L	H	L
$A_3=B_3$	$A_2=B_2$	$A_1>B_1$	×	×	×	×	H	L	L
$A_3=B_3$	$A_2=B_2$	$A_1<B_1$	×	×	×	×	L	H	L
$A_3=B_3$	$A_2=B_2$	$A_1=B_1$	$A_0>B_0$	×	×	×	H	L	L
$A_3=B_3$	$A_2=B_2$	$A_1=B_1$	$A_0<B_0$	×	×	×	L	H	L
$A_3=B_3$	$A_2=B_2$	$A_1=B_1$	$A_0=B_0$	H	L	L	H	L	L
$A_3=B_3$	$A_2=B_2$	$A_1=B_1$	$A_0=B_0$	L	H	L	L	H	L
$A_3=B_3$	$A_2=B_2$	$A_1=B_1$	$A_0=B_0$	L	L	H	L	L	H
$A_3=B_3$	$A_2=B_2$	$A_1=B_1$	$A_0=B_0$	×	×	H	L	L	H
$A_3=B_3$	$A_2=B_2$	$A_1=B_1$	$A_0=B_0$	H	H	L	L	L	L
$A_3=B_3$	$A_2=B_2$	$A_1=B_1$	$A_0=B_0$	L	L	L	H	H	L

其產品最典型的可以 7485 IC 代表之。在實際的電路設計上，可以利用數個 7485 IC 一起串接來完成一個多位元的比較器。因為 7485 比較器之中，具有三個串接輸入，因此在擴充時只需要將低位元比較器之輸出 $A<B$，$A=B$ 及 $A>B$ 連接至下一級較高位元比較器之串接輸入即可。例如，如圖所示，可以利用兩個四位元比較器加以串接而完成一個八位元的大小比較器。

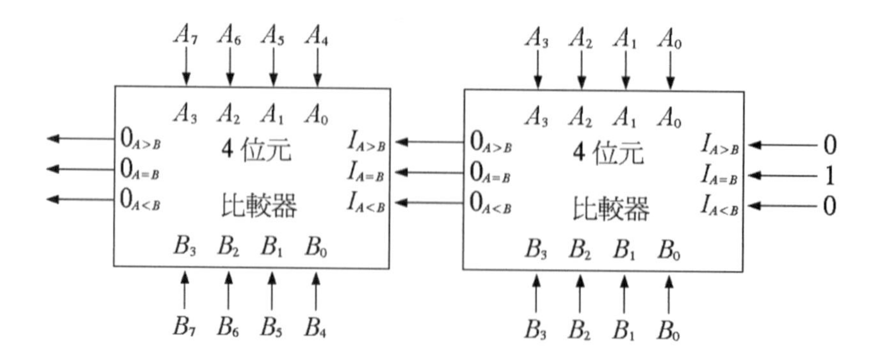

7485 這顆 IC 是設計用來作為二個二進制數目的 IC，它有 A 輸入端，以 $A_3A_2A_1A_0$ 代表 A 的四個位元，其中 A_0 是最低位元；而另有 B 輸入端，以 $B_3B_2B_1B_0$ 代表 B 的四個位元。另外有 $A>B$，$A<B$ 以及 $A=B$ 三個串接輸入端以及三個作為比較結果的 $A>B$，$A<B$ 以及 $A=B$ 的三個輸出端。

現若要以單一個 7485 設計一個四位元的比較器，若 $A=0100$，$B=0110$，則其電路設計如下：

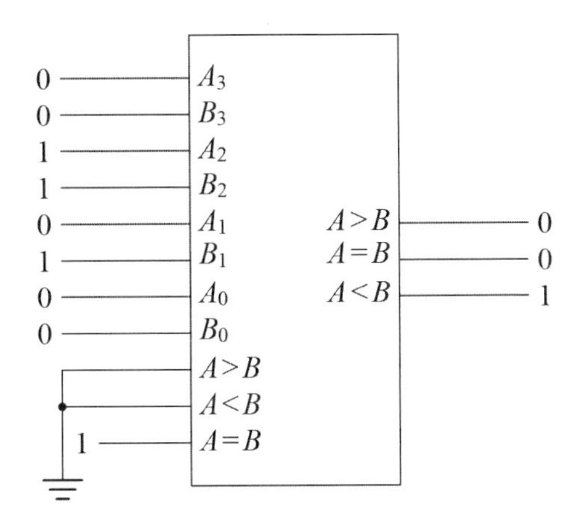

範例 5-27 試用 2 個 7485 來組成一個 8 位元之比較器，並繪出各比較器間的正確連接方式。

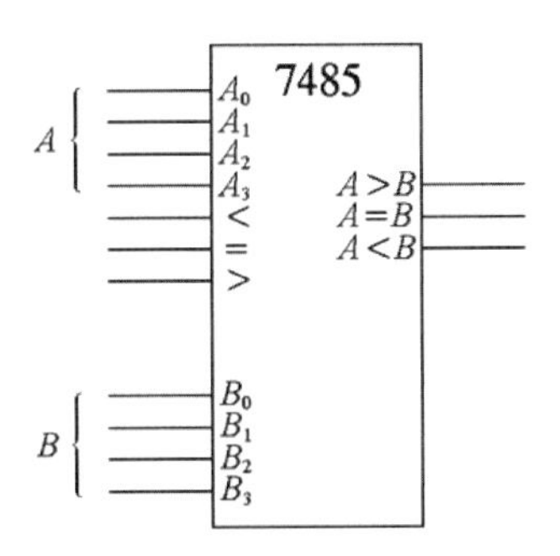

解答 令 $A=A_7A_6A_5A_4A_3A_2A_1A_0$

$B=B_7B_6B_5B_4B_3B_2B_2B_0$

A 與 B 比較大小，可用 2 個 4 位元比較器來製作。如下圖：

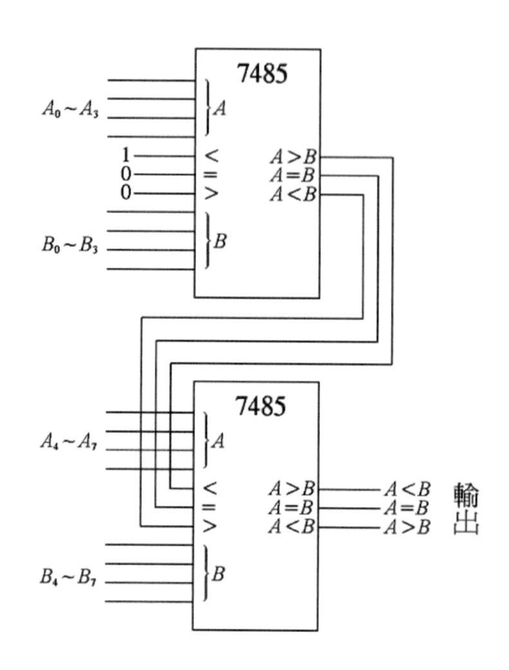

範例 5-28 設計一個可以用來和$(195)_{10}$比較大小的八位元電路。

解答 因為$(195)_{10}=11000011$，因此電路為將 $Y_7=1$，$Y_6=1$，$Y_5=0$，$Y_4=0$，$Y_3=0$，$Y_2=0$，$Y_1=1$，$Y_0=1$，而將未知數的八個位元分別接到圖中之 X_7~X_0 即可。若要接成可以比較二個 24 位元數字的比較器電路，則考慮最小的延遲時間下，可以如下圖所示電路之接法。

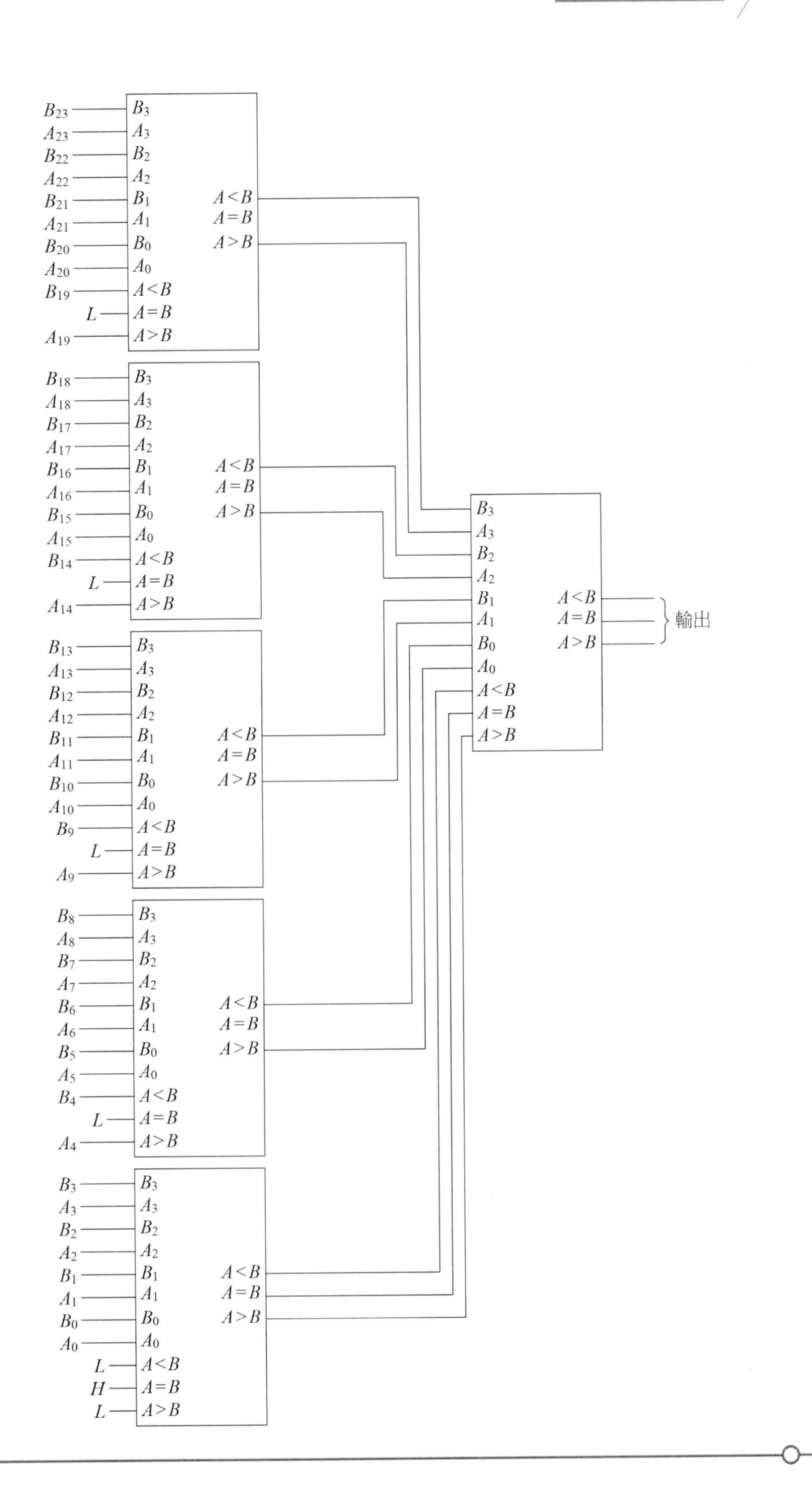
B23
A23
B22
A22
B21
A21
B20
A20
B19
L
A19
B3
A3
B2
A2
B1
A1
B0
A0
A<B
A=B
A>B
A<B
A=B
A>B
B18
A18
B17
A17
B16
A16
B15
A15
B14
L
A14
B13
A13
B12
A12
B11
A11
B10
A10
B9
L
A9
B8
A8
B7
A7
B6
A6
B5
A5
B4
L
A4
B3
A3
B2
A2
B1
A1
B0
A0
L
H
L
輸出

範例 5-29 試以最少邏輯閘設計 $f(A,B,C,D)=\sum(1,2,4,7,8,11,13,14)$。

解答 由題意知

$$\begin{aligned} f(A,B,C,D) &= \overline{A}\,\overline{B}\,\overline{C}D+\overline{A}\,\overline{B}C\overline{D}+\overline{A}B\overline{C}\,\overline{D}+\overline{A}BCD+A\overline{B}\,\overline{C}\,\overline{D}+A\overline{B}CD \\ &\quad +AB\overline{C}D+ABC\overline{D} \\ &= \overline{A}\,\overline{B}(\overline{C}D+C\overline{D})+\overline{A}B(\overline{C}\,\overline{D}+CD)+A\overline{B}(\overline{C}\,\overline{D}+CD) \\ &\quad +AB(\overline{C}D+C\overline{D}) \\ &= \overline{A}\,\overline{B}(C\oplus D)+\overline{A}B(\overline{C\oplus D})+A\overline{B}(\overline{C\oplus D})+AB(C\oplus D) \\ &= (C\oplus D)(AB+\overline{A}\,\overline{B})+(\overline{C\oplus D})(\overline{A}B+A\overline{B}) \\ &= (C\oplus D)(\overline{A\oplus B})+(\overline{C\oplus D})(A\oplus B) \\ &= A\oplus B\oplus C\oplus D \end{aligned}$$

亦即電路設計如下：

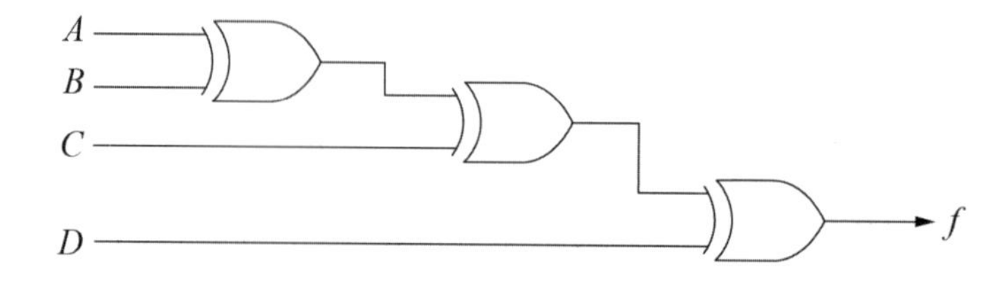

5-10 定　址

範例 5-30 在 8086 系統中，使用如下圖所示之邏輯電路作為定址解碼，則 ROM 的位址解碼範圍為何？

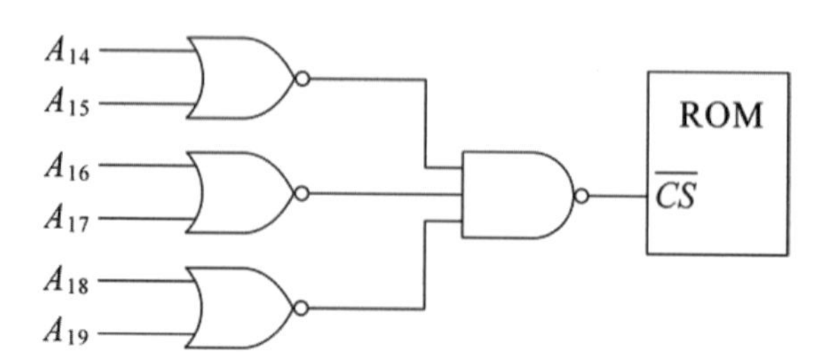

解答 因$\overline{CS}=0$才會有動作，因此$A_{14}\sim A_{19}$均必須為 0，而$A_{13}\sim A_0$的範圍可以自 00000000000000 至 11000000000000，所以位址解碼範圍為自 00000H 至 03FFFH。

範例 5-31 下圖是利用解碼 IC 來定址記憶體空間，試求A_4、A_3、A_2、A_1、A_0的定址範圍。

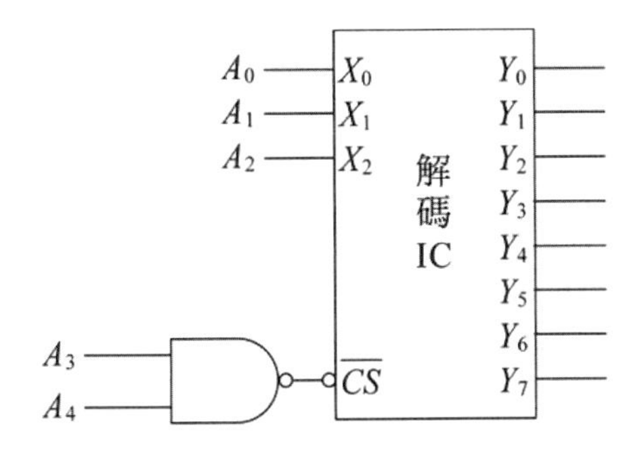

解答 當$\overline{CS}=0$時，本解碼器才會動作，因此可知，若要$\overline{CS}=0$，則$A_3A_4=1$。至於$A_0A_1A_2$所能定址的範圍則是由 000 至 111。因此可得由$A_4A_3A_2A_1A_0$的定址範圍乃自 11000 至 11111，亦即自 18H 至 1FH。

範例 5-32 如下圖所示，若處理器有 16 條位址線，則此 SRAM 之位址範圍為何？

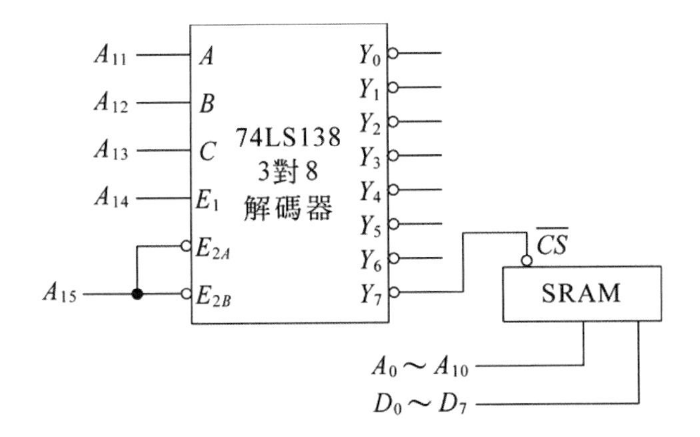

解答 要使 74LS138 動作，則 $A_{15}=0$ 且 A_{14} 必須為 1（致能）。再者 $A_{11}A_{12}A_{13}=111$，故直到目前為止，$A_{15}\sim A_0$ 的位元配置必須為

A_{15}	A_{14}	A_{13}	A_{12}	A_{11}	A_{10}	A_9	A_8	A_7	A_6	A_5	A_4	A_3	A_2	A_1	A_0
0	1	1	1	1											

而 $A_{10}\sim A_0$ 可以是由 00000000000 至 11111111111，因此可知定址範圍為自 7800H 至 7FFFH。

範例 5-33 如下圖所示為某記憶體的解碼電路，試問其定址範圍為何？

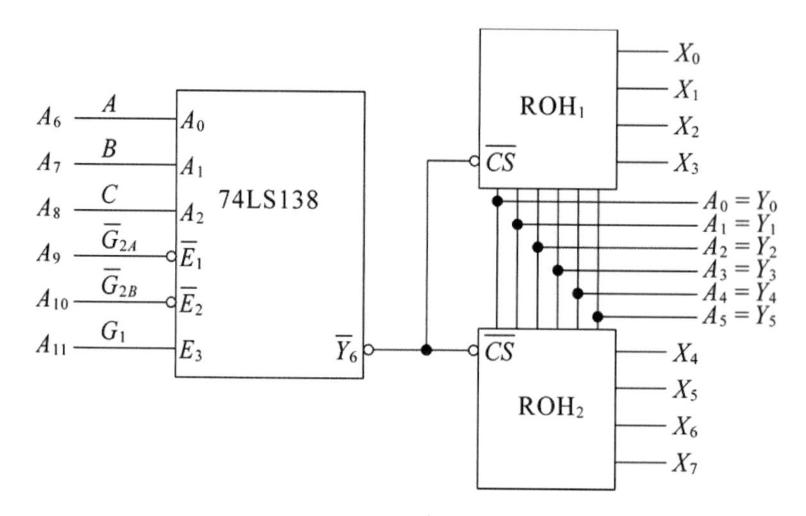

解答 要能使 74LS138 動作，很明顯地 $A_9=A_{10}=0$ 且 $A_{11}=1$。又因輸出為 Y_6，因此 $A_8A_7A_6=110$，此時 $A_{11}\sim A_0$ 的位元配置為

A_{11}	A_{10}	A_9	A_8	A_7	A_6	A_5	A_4	A_3	A_2	A_1	A_0
1	0	0	1	1	0						

因此定址位址自 980H 至 98FH。

作業（四）

(1) 試用 4 個 3×8 解碼器和 1 個 2×4 解碼器完成一個 5×32 解碼器。

(2) 試用 5 個 1×4 解多工器完成 1 個 1×16 解多工器。

(3) 試設計一個 4 線對 2 線的優先編碼器。

(4) 試用一個解多工器及一個多工器來設計四位元之相等檢驗器。

QUIZ

作業解答 ANSWER

【第 1 題】

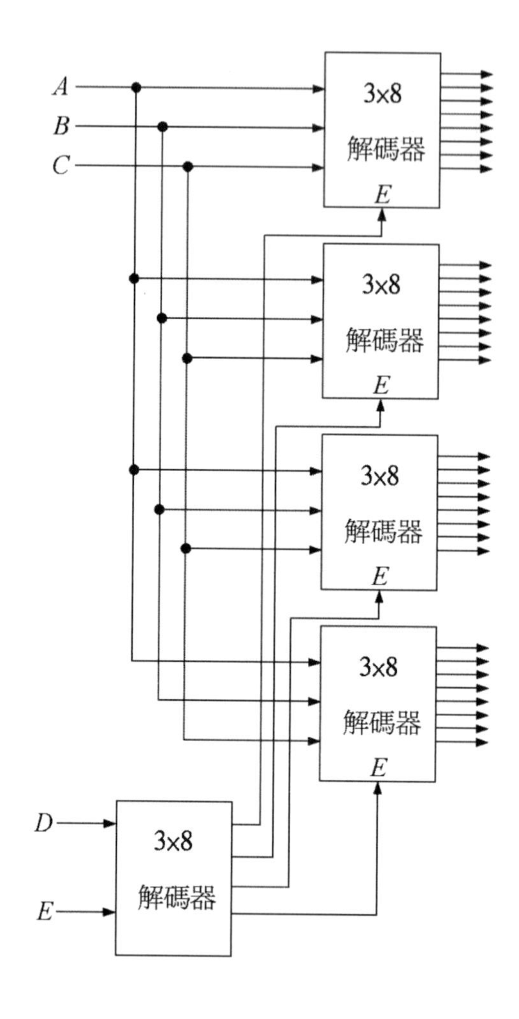

【第 2 題】

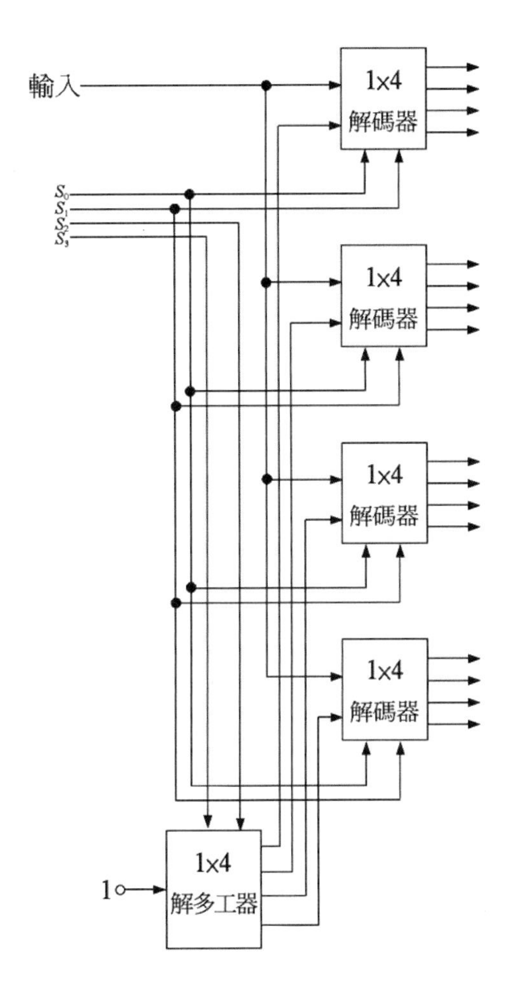

【第 3 題】

輸入				輸出	
X_0	X_1	X_2	X_3	Y_0	Y_1
1	0	0	0	0	0
×	1	0	0	0	1
×	×	1	0	1	0
×	×	×	1	1	1

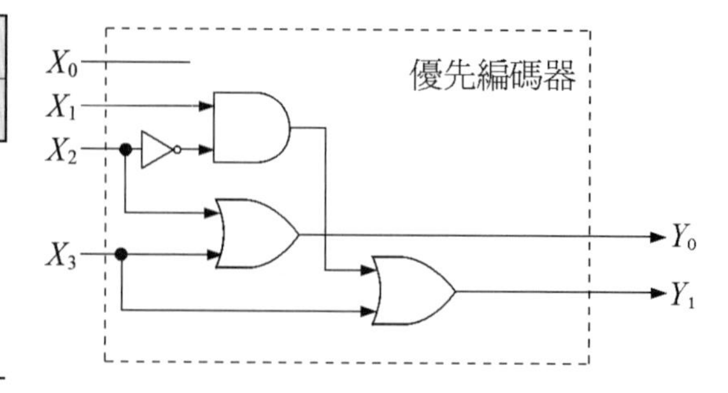

$Y_0=X_3+X_2$

$Y_1=X_3+X_1\overline{X_2}$

【第 4 題】

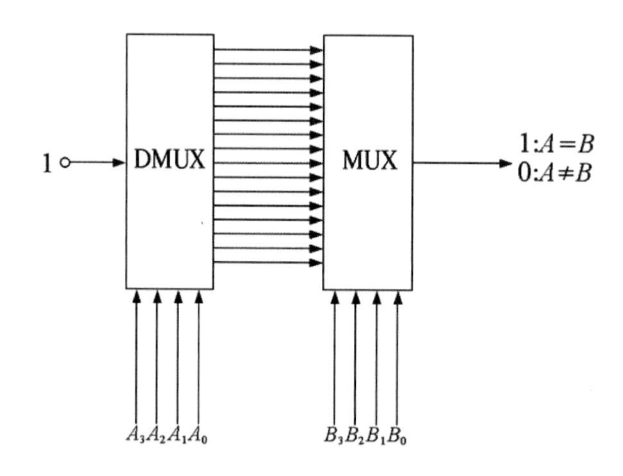

CHAPTER 06

正反器

DIGITAL LOGIC DESIGN

正反器的功能是執行一個雙穩態多諧振盪動作。至於正反器的類別，一般而言有 *SR* 正反器、*JK* 正反器、*D* 型正反器及 *T* 型正反器四種。現分別加以探討。

6-1 *SR* 正反器

在 *SR* 正反器中可以有 NOR 閘及 NAND 閘兩種。這兩種設計均將輸出端反饋(Feedback)至另一輸入端中作邏輯運算以得到新的輸出。圖 6-1 顯示 NOR 型的 *SR* 正反器之等效電路及其相對符號。根據此一等效電路，我們可以得到其真值表，如表 6-1 所示。其中 Q_{n+1} 代表在離散時間軸上 t_{n+1} 處，*SR* 正反器的輸出。符號 R_{n+1} 或 S_{n+1} 的下標 $n+1$ 是現在時間 t_{n+1} 的輸入值或輸出值，而 Q_n 中的下標 n 則是上一個時間 t_n 的輸出值。而圖 6-2 則為其依據表 6-1 之真值表而得的輸入與輸出的關係。

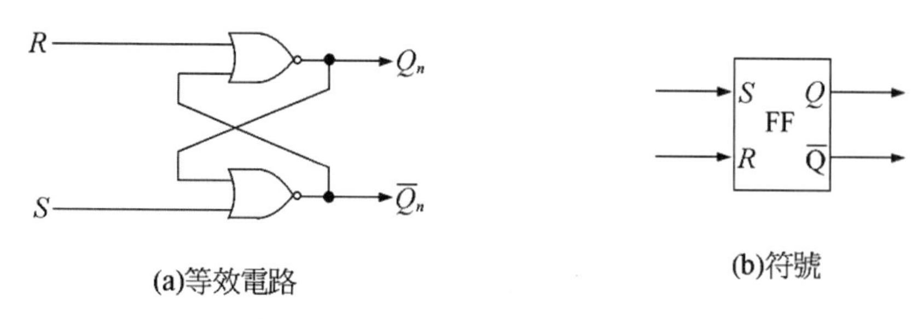

(a)等效電路　　(b)符號

圖 6-1　NOR 型的 *SR* 正反器

❖ 表 6-1　NOR 型 *SR* 正反器之真值表

輸入			輸出
R_{n+1}	S_{n+1}	Q_n	Q_{n+1}
0	0	0	0
0	0	1	1
0	1	0	X
0	1	1	1
1	0	0	0
1	0	1	X
1	1	0	X
1	1	1	X

←X 表示禁止項

Q_n \ $R_{n+1}S_{n+1}$	00	01	11	10
0	0	×	×	0
1	1	1	×	×

$$Q_{n+1}=\overline{R_{n+1}}Q_{n+1}$$

And $$Q_{n+1}=S_{n+1}+Q_n$$

圖 6-2　NOR 型 *SR* 正反器設計之卡諾圖

另外圖 6-3 所顯示的是 NAND 型之 *SR* 正反器及其符號。依表 6-2 及圖 6-4 可知 $Q_{n+1}=R_{n+1}Q_n$ 以及 $Q_{n+1}=\overline{S}_{n+1}+Q_n$

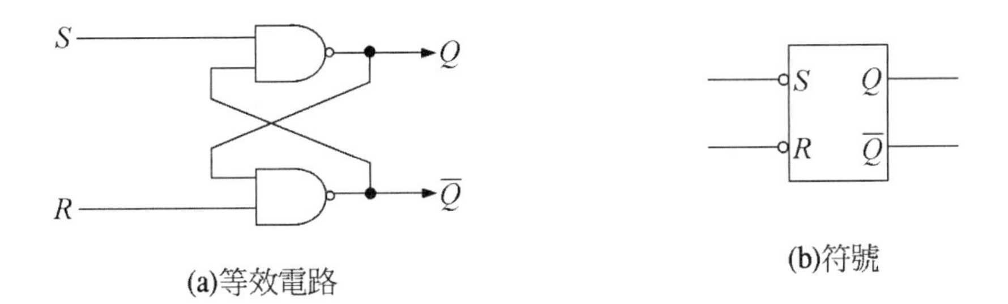

圖 6-3 NAND 型 *SR* 正反器

❖ 表 6-2 NAND 型 *SR* 正反器之真值表

輸入			輸出
S_{n+1}	R_{n+1}	Q_n	Q_{n+1}
0	0	0	X
0	0	1	X
0	1	0	X
0	1	1	1
1	0	0	0
1	0	1	X
1	1	0	0
1	1	1	1

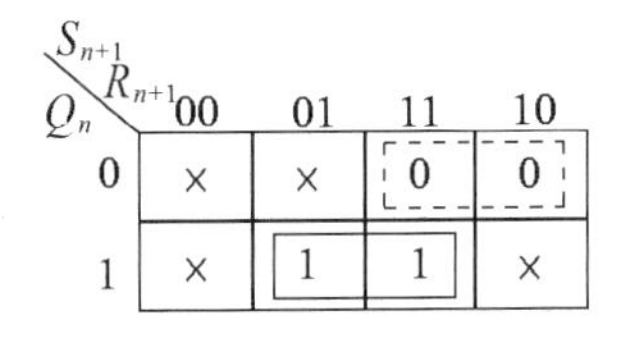

$$Q_{n+1}=R_{n+1}Q_{n+1}$$

And $Q_{n+1}=\overline{S_{n+1}}+Q_n$

圖 6-4 NAND 型 *SR* 正反器設計之卡諾圖

附註

從此頁之後，假設我們設計之 *SR* 正反器可以控制各禁止項不致於發生時，則以 NOR 型 *SR* 正反器可得表 6-3 之真值表，而其卡諾圖如圖 6-5 所示。

❖ 表 6-3　NOR 型 *SR* 正反器之真值表

輸　入		輸出
S_{n+1}	R_{n+1}	Q_{n+1}
0	0	Q_n
0	1	0
1	0	1
1	1	禁止

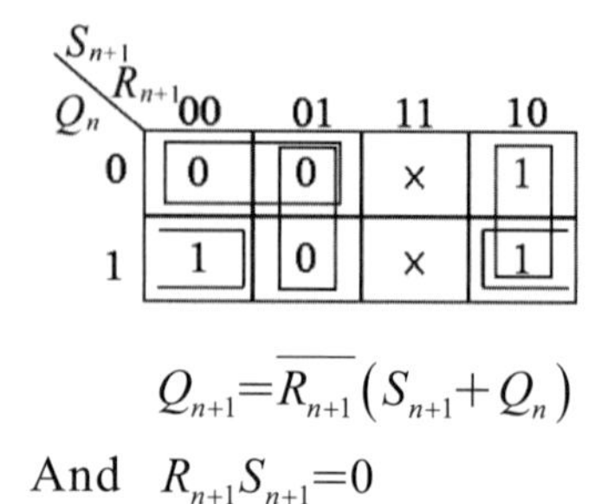

$$Q_{n+1}=\overline{R_{n+1}}\left(S_{n+1}+Q_n\right)$$

And　$R_{n+1}S_{n+1}=0$

圖 6-5　*SR* 正反器之卡諾圖

依據卡諾圖所設計的結果，再配合真值表 6-4（由表 6-3 展開得到）可知 *SR* 正反器之內部電路應設計成如圖 6-6 所示之等效電路。

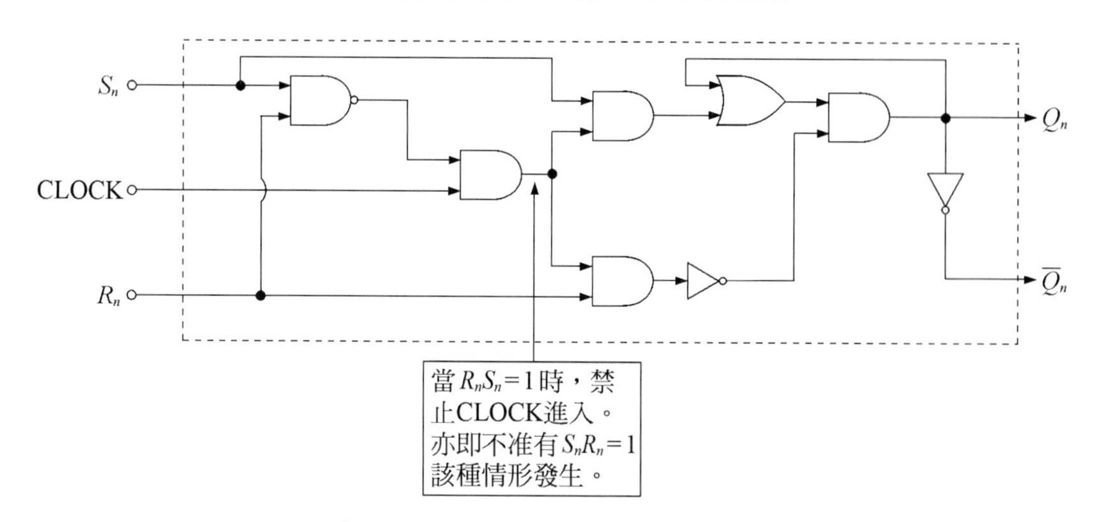

圖 6-6　*SR* 正反器實際等效電路圖

❖ 表 6-4　SR 正反器之真值表

輸入 Q_n	輸出 Q_{n+1}	分析	輸入 R_n	S_n
0 0	0 0	(1)$S_{n+1}=0$，$R_{n+1}=0$ (2)$S_{n+1}=0$，$R_{n+1}=1$	–	0
0	1	$S_{n+1}=1$，$R_{n+1}=0$	0	1
1	0	$S_{n+1}=0$，$R_{n+1}=1$	1	0
1	1	(1)$S_{n+1}=0$，$R_{n+1}=0$ (2)$S_{n+1}=1$，$R_{n+1}=0$	0	–

6-2 JK 正反器

從 SR 正反器中，假設我們要將其真值表設計成如表 6-5 所示之電路（稱之為 JK 正反器，其符號如圖 6-7 所示），則很明顯的，其展開的真值表則如表 6-6 所示。依真值表及卡諾圖（如圖 6-8 所示），可得 $Q_{n+1}=J_{n+1}Q_n+K_{n+1}Q_n$

❖ 表 6-5　JK 正反器之真值表

時脈 CK	輸入 J	K	輸出 Q_{n+1}
↑	0	0	Q_n
↑	0	1	0
↑	1	0	1
↑	1	1	$\overline{Q_n}$

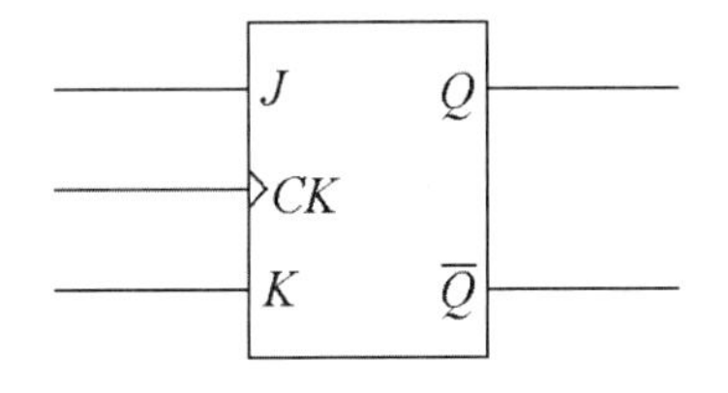

圖 6-7　具 Clock 之 JK 正反器符號

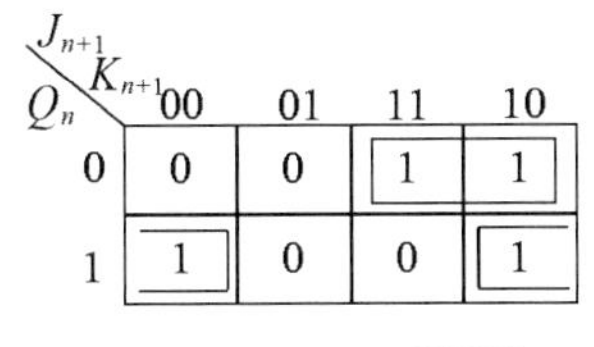

$$Q_{n+1}=J_{n+1}\overline{Q_n}+\overline{K_{n+1}}Q_n$$

圖 6-8　JK 正反器卡諾圖

即　$J_{n+1}+K_{n+1}=0 \Rightarrow Q_{n+1}=Q_n$

$J_{n+1} \oplus K_{n+1}=1 \Rightarrow Q_{n+1}=J_{n+1}$

$J_{n+1}K_{n+1}=1 \Rightarrow Q_{n+1}=\overline{Q_n}$

亦即，JK 正反器與 SR 正反器之間的關係，如圖 6-9 所示。

❖ 表 6-6　JK 正反器展開之真值表

輸入 Q_n	輸出 Q_{n+1}	分　析	J_{n+1}	K_{n+1}
0	0	(1)$J_{n+1}=0$，$K_{n+1}=0$ (2)$J_{n+1}=0$，$K_{n+1}=1$	0	–
0	1	(1)$J_{n+1}=0$，$K_{n+1}=0$ (2)$J_{n+1}=1$，$K_{n+1}=1$	1	–
1	0	(1)$J_{n+1}=0$，$K_{n+1}=1$ (2)$J_{n+1}=1$，$K_{n+1}=1$	–	1
1	1	(1)$J_{n+1}=0$，$K_{n+1}=0$ (2)$J_{n+1}=1$，$K_{n+1}=0$	–	0

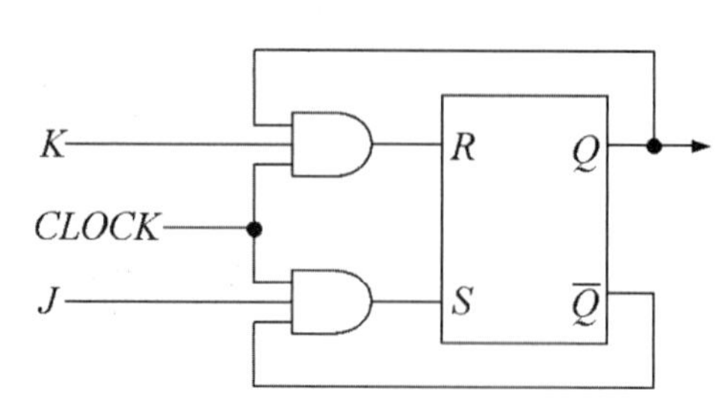

圖 6-9　JK 正反器與 SR 正反器之間的關係

範例 6-1　請將一 SR 型正反器轉換成 JK 型正反器。

解答

❖ 表 6-7　真值表

JK 輸入		輸出		SR 輸入	
J_{n+1}	K_{n+1}	Q_n	Q_{n+1}	R_{n+1}	S_{n+1}
0	0	0	0	–	0
0	0	1	1	0	–
0	1	0	0	–	0
0	1	1	0	1	0
1	0	0	1	0	1
1	0	1	1	0	–
1	1	0	1	0	1
1	1	1	0	1	0

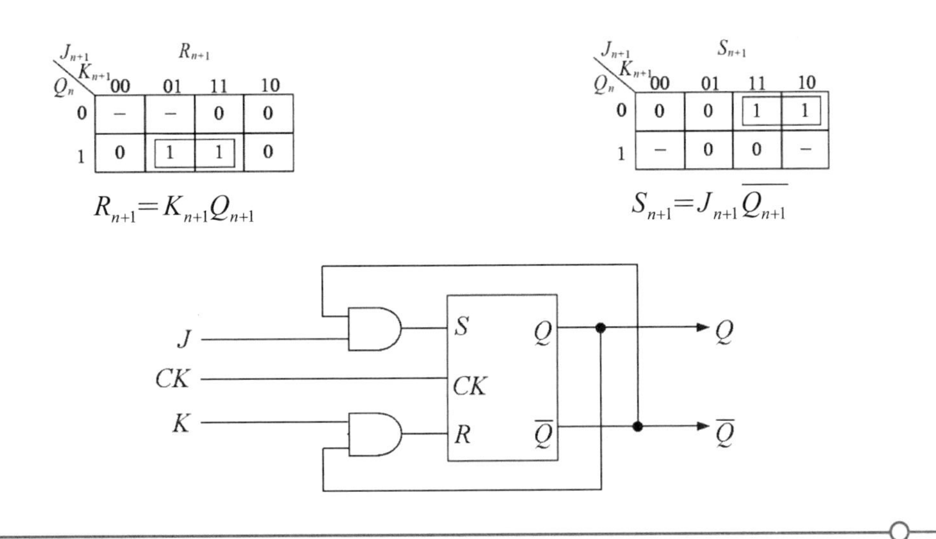

6-3 D 型正反器

D 型正反器（其符號如圖 6-10 所示），一般常被用來做為移位暫存器及除 2 電路。依其要求之真值表（如表 6-8 所示），可知其和 *JK* 正反器間的關係正好是 *JK* 的輸入位元準位互為反相，因此 *D* 型正反器的等效電路則可如圖 6-11 所示。

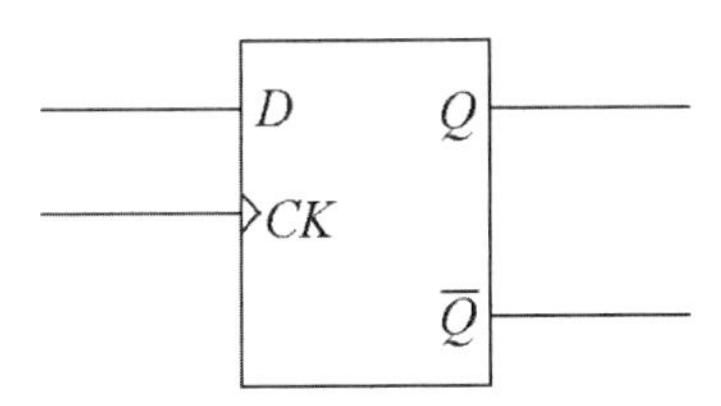

圖 6-10　*D* 型正反器符號

❖ 表 6-8　*D* 型正反器之真值表

CLK	*D*	*Q*
↑	0	0
↑	1	1

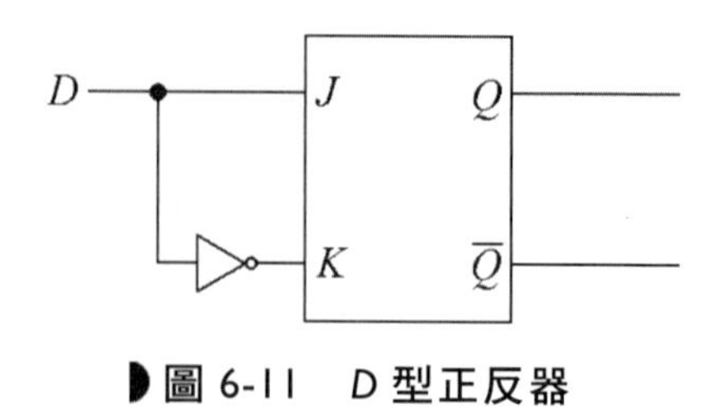

圖 6-11　*D* 型正反器

6-4 *T* 型正反器

T 型正反器，其符號則如圖 6-12 所示，一般常被用來做為諧振電路，因為當輸入為 1 時，則 $Q_{n+1}=\overline{Q_n}$，如表 6-9 所示。

❖ 表 6-9　*T* 型正反器之真值表

CLK	*T*	Q_{n+1}
↑	0	Q_n
↑	1	$\overline{Q_n}$

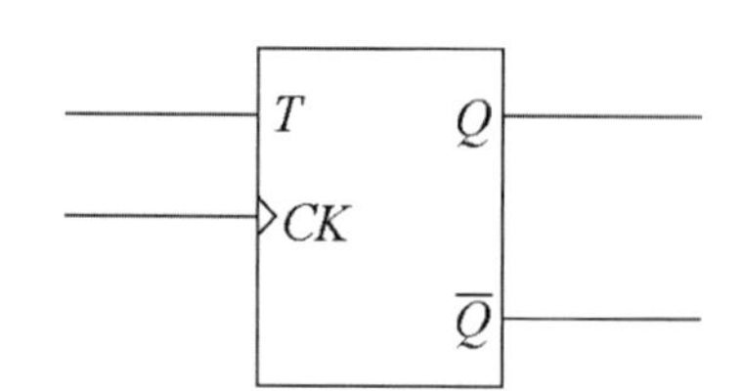

圖 6-12　*T* 型正反器符號

由 *T* 型正反器之真值表與 *JK* 型正反器之真值表可以看出，若將 *JK* 型正反器兩輸入端相接連，即 $J=K$，則即成 *T* 型正反器。因此，*T* 型正反器的等效電路則可如圖 6-13。

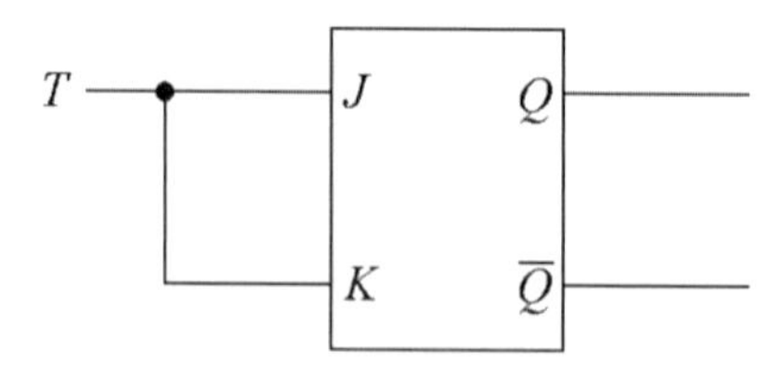

圖 6-13　T 型正反器等效電路

範例 6-2 請將一 SR 型正反器轉換成 T 型正反器。

解答

T 型輸入	輸	出	SR 型輸入	
T_{n+1}	Q_n	Q_{n+1}	R_{n+1}	S_{n+1}
0	0	0	–	0
0	1	1	0	–
1	0	1	0	1
1	1	0	1	0

在真值表第一行中，要使 $Q_{n+1}=0$ 的情況在 SR 正反器中包括

$$S_{n+1}=R_{n+1}=0，Q_n=Q_{n+1}=0$$

$S_{n+1}=0$ 且 $R_{n+1}=1$，所以 $S_{n+1}=0$，R_{n+1} 可為 0 亦可為 1，因此 don't care

在真值表第二行中，要使 $Q_{n+1}=0$ 的情況在 SR 正反器中包括

$$S_{n+1}=R_{n+1}=0，Q_n=Q_{n+1}=1$$

$S_{n+1}=1$ 且 $R_{n+1}=0$，

因此 $R_{n+1}=0$，而 S_{n+1} 可為 0 亦可為 1，所以 S_{n+1} 為 don't care。

在真值表第三行中，在 $Q_n=0$，$Q_{n+1}=1$ 下，

只有 $S_{n+1}=1$，$R_{n+1}=0$

在真值表第四行中，在 $Q_n=1$ 及 $Q_{n+1}=0$ 下，

只有 $S_{n+1}=0$，$R_{n+1}=1$

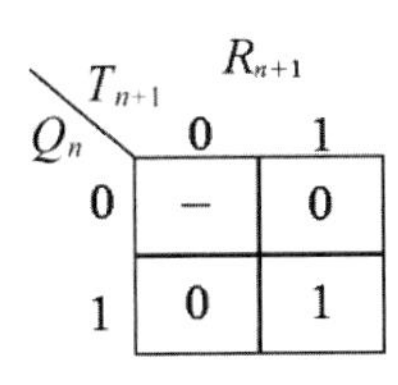

$R_{n+1}=T_{n+1}Q_n$

S_{n+1}

Q_n \ T_{n+1}	0	1
0	0	1
1	–	0

$S_{n+1}=T_{n+1}\overline{Q_n}$

最後可得電路為

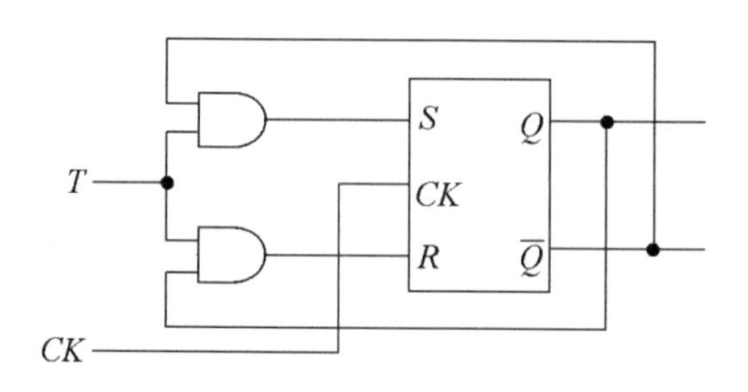

範例 6-3 請將一 D 型正反器轉換成 JK 型正反器。

解答 在 D 型正反器中 D_{n+1} 永遠等於 Q_{n+1}，因此真值表為

❖表 6-10　真值表

JK 型輸入		輸　出		D 型輸入
J_{n+1}	K_{n+1}	Q_n	Q_{n+1}	D_{n+1}
0	0	0	0	0
0	0	1	1	1
0	1	0	0	0
0	1	1	0	0
1	0	0	1	1
1	0	1	1	1
1	1	0	1	1
1	1	1	0	0

依據真值表可得卡諾圖為

Q_n \ $J_{n+1}K_{n+1}$	00	01	11	10
0	0	0	1	1
1	1	0	0	1

$$D_{n+1}=J_{n+1}\overline{Q_n}+\overline{K_{n+1}}Q_n$$

則最後電路為

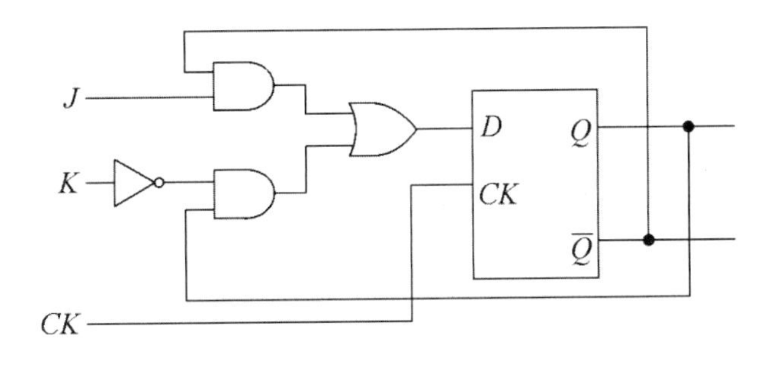

範例 6-4 試將 T 型正反器設計成 JK 型正反器。

解答 根據 JK 型正反器及 T 型正反器的真值表可得

J_{n+1}	K_{n+1}	Q_n	Q_{n+1}	T_{n+1}
0	0	0	0	0
0	0	1	0	1
0	1	0	0	0
0	1	1	1	0
1	0	0	1	1
1	0	1	0	1
1	1	0	1	1
1	1	1	1	0

因此卡諾圖

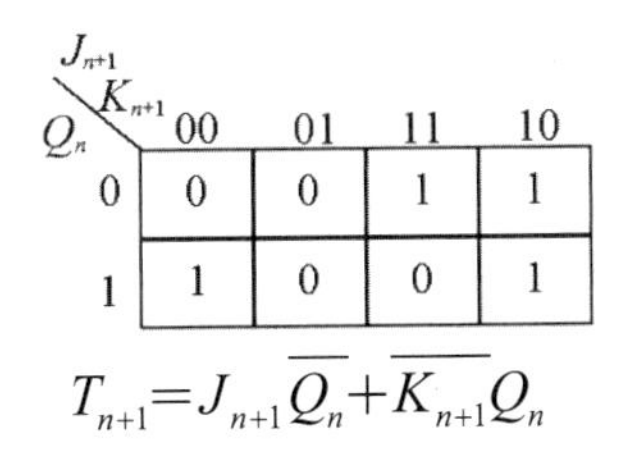

$$T_{n+1} = J_{n+1}\overline{Q_n} + \overline{K_{n+1}}Q_n$$

所以電路設計圖如下：

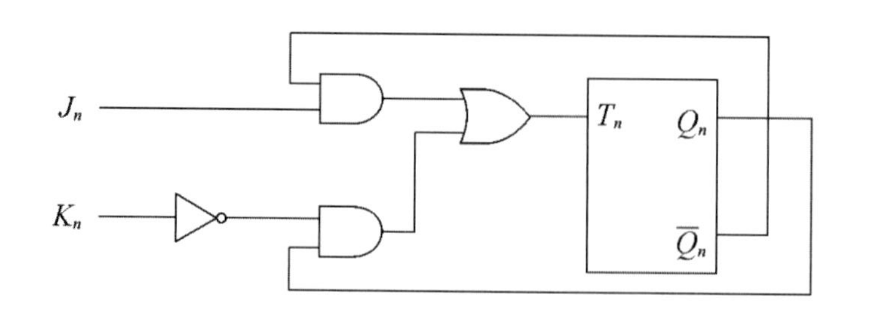

6-5 狀態變化

正反器的重要應用可用於計數器及除法器（或除頻器）。計數器設計上又可分為同步計數器及非同步計數器。同步意味著事件和其他事件之間具有某一固定的關係。所以同步計數器係指構成計數器的所有正反器同一時間用同一時脈觸發。在設計同步計數器之前，我們必須先行定義兩相鄰時間點 t_n 及 t_{n+1} 間之輸出轉態。若定義 Q_n 及 Q_{n+1} 分別在時間 t_n 及 t_{n+1} 時正反器的輸出，則狀態變化與符號間的定義如表 6-11 所示。

❖ 表 6-11　狀態變遷符號表示

$Q_n \to Q_{n+1}$	符號
0→0	0
0→1	II
1→0	Θ
1→1	1

定義好符號後，我們必須依符號做該正反器定義選項規則。表 6-12 中很清楚地列出正反器卡諾圖的競選規則。其中「－」代表既可以是 0 也可以是 1，亦即 don't care 項。

❖ 表 6-12　正反器設計時各輸入端卡諾圖選項表

正反器型式	必要項	隨意項	禁止項
D 型正反器	II，1	－	Θ，0
T 型正反器	II，Θ	－	1，0
J 端	II	Θ，1，－	0
K 端	Θ	II，0，－	1
S 端	II	1，－	Θ，0
R 端	Θ	0，－	II，1

6-6 同步計數器

同步計數器和非同步計數器的差別在於同步計數器中各正反器的 clock 線是全部連接在一起，且由外部時序脈波(Clock)觸發。

在計數中，每進入一個 clock，則計數器便加 1。就一個除以 N 的計數器而言，則須要$\lceil \log_2 N \rceil$個位元才有辦法完成此一計數電路。其中$\lceil X \rceil$代表不小於 X 的最小整數值。每一個位元，代表需要一個正反器來加以設計獲之輸出端。如$\lceil 3.4 \rceil = 4$。另外除以 N 的計數電路即是一個 module N 的電路。

以 $N=16$ 為例，當 $Q_3Q_2Q_1Q_0=1111$ 時（其中 Q_3 為 MSB，Q_0 為 LSB）時，只有一個 clock 進入則應有進位，而使得 $Q_3Q_2Q_1Q_0=0000$。但因該進位已被捨棄，所以很像是 module N 的電路。

範例 6-5 試設計一個除以 16 的計數器。

解答 對一除以 16 之計數器而言，其狀態表則如表 6-13 所示。假如我們想要用 JK 正反器或 T 型正反器來加以設計此一電路，則依狀態轉換所畫成的卡諾圖可得到

$$J_0=K_0=1=T_0$$

$$J_1=K_1=Q_0=T_1$$

$$J_2=K_2=Q_0Q_1=T_2$$

$$J_3=K_3=Q_0Q_1Q_2=T_3$$

❖ 表 6-13 除以 16 計數器之狀態表

Q_3	Q_2	Q_1	Q_0
0	0	0	0
0	0	0	1
0	0	1	0
0	0	1	1
0	1	0	0
0	1	0	1
0	1	1	0
0	1	1	1
1	0	0	0
1	0	0	1
1	0	1	0
1	0	1	1
1	1	0	0
1	1	0	1
1	1	1	0
1	1	1	1

因此就 JK 正反器而言

J_0，k_0

Q_1Q_0 \ Q_3Q_2	00	01	11	10
00	II	II	II	II
01	Ⓗ	Ⓗ	Ⓗ	Ⓗ
11	Ⓗ	Ⓗ	Ⓗ	Ⓗ
10	II	II	II	II

(a)

Q_1Q_0 \ Q_3Q_2	00	01	11	10
00	0	1	Ⓗ	II
01	0	1	Ⓗ	II
11	0	1	Ⓗ	II
10	0	1	Ⓗ	II

(b)

Q_1Q_0 \ Q_3Q_2	00	01	11	10
00	0	0	II	0
01	0	0	II	0
11	1	1	Ⓗ	1
10	1	1	Ⓗ	1

(c)

Q_1Q_0 \ Q_3Q_2	00	01	11	10
00	0	0	0	0
01	1	1	1	1
11	1	1	Ⓗ	1
10	0	0	II	0

(d)

所以其線路為

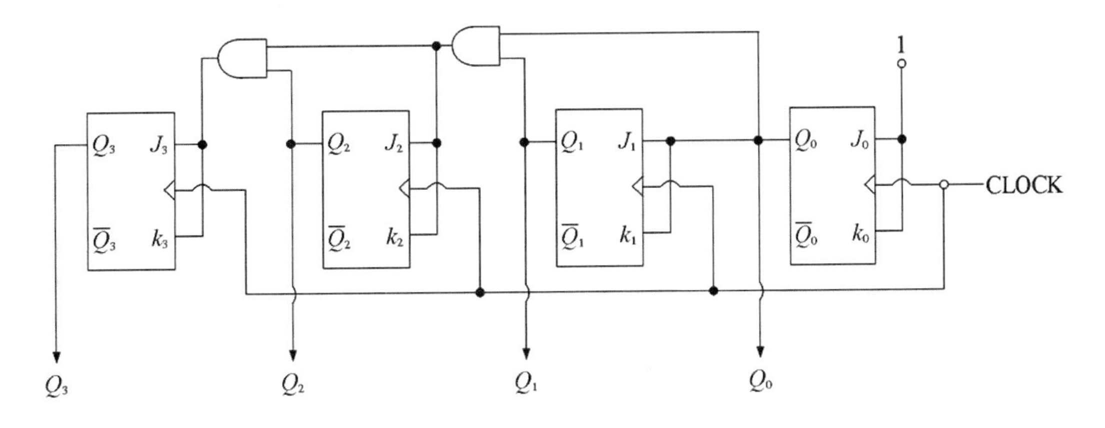

若以 D 型正反器設計可得

$$D_0=\overline{Q_0}$$

$$D_1=Q_0\overline{Q_1}+\overline{Q_0}Q_1=Q_0\oplus Q_1$$

$$D_2=\overline{Q_2}Q_0Q_1+Q_2\overline{Q_1}+Q_2\overline{Q_0}=\overline{Q_2}Q_1Q_0+Q_2\left(\overline{Q_1}+\overline{Q_0}\right)=\overline{Q_2}Q_1Q_0+Q_2\overline{Q_1Q_0}$$

$$=Q_2\oplus(Q_0Q_1)$$

$$D_3=\overline{Q_3}Q_2Q_1Q_0+Q_3\left(\overline{Q_1}+\overline{Q_2}+\overline{Q_0}\right)=Q_3\oplus(Q_0Q_1Q_2)$$

範例 6-6 試設計一個除以 10 的計數器。

解答 在除以 10 的計數器中，我們仍然需 4 個位元來加以表示。然而和除以 16 電路唯一不同的是：當 $Q_3Q_2Q_1Q_0=1001$ 時，若有一 clock 再度輸入下，$Q_3Q_2Q_1Q_0=0000$ 而不是 $Q_3Q_2Q_1Q_0=1010$，如表 6-14。亦即 $Q_3Q_2Q_1Q_0=1010$，1011，1100，1101，1110，1111 這些項全不需要（即 don't care 項，以「－」表示）。所以狀態變化所做出的狀態表則如表 6-14 所示。依據狀態表，則 J_0、J_1、J_2、J_3 以及 K_0、K_2、K_3 及 K_4 的卡諾圖則如後所示。

❖ 表 6-14　除以 10 的計數器之狀態表

Q_3	Q_2	Q_1	Q_0
0	0	0	0
0	0	0	1
0	0	1	0
0	0	1	1
0	1	0	0
0	1	0	1
0	1	1	0
0	1	1	1
1	0	0	0
1	0	0	1

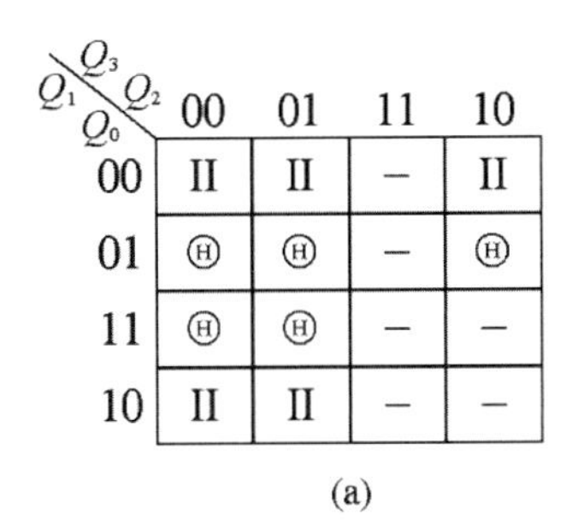

Q_1Q_0 \ Q_3Q_2	00	01	11	10
00	II	II	–	II
01	Ⓗ	Ⓗ	–	Ⓗ
11	Ⓗ	Ⓗ	–	–
10	II	II	–	–

(a)

Q_1Q_0 \ Q_3Q_2	00	01	11	10
00	0	0	–	0
01	II	II	–	0
11	0	Ⓗ	–	–
10	1	1	–	–

(b)

Q_1Q_0 \ Q_3Q_2	00	01	11	10
00	0	1	–	0
01	0	1	–	0
11	II	Ⓗ	–	–
10	0	1	–	–

(c)

Q_1Q_0 \ Q_3Q_2	00	01	11	10
00	0	0	–	1
01	0	0	–	Ⓗ
11	0	II	–	–
10	0	0	–	–

(d)

$$J_0=K_0=1$$

$$J_1=K_1=Q_0\overline{Q_3}$$

$$J_2=K_2=Q_0Q_1$$

$$J_3=Q_0Q_1Q_2$$

$$K_3=Q_0$$

而其最後的電路則如下圖所示：

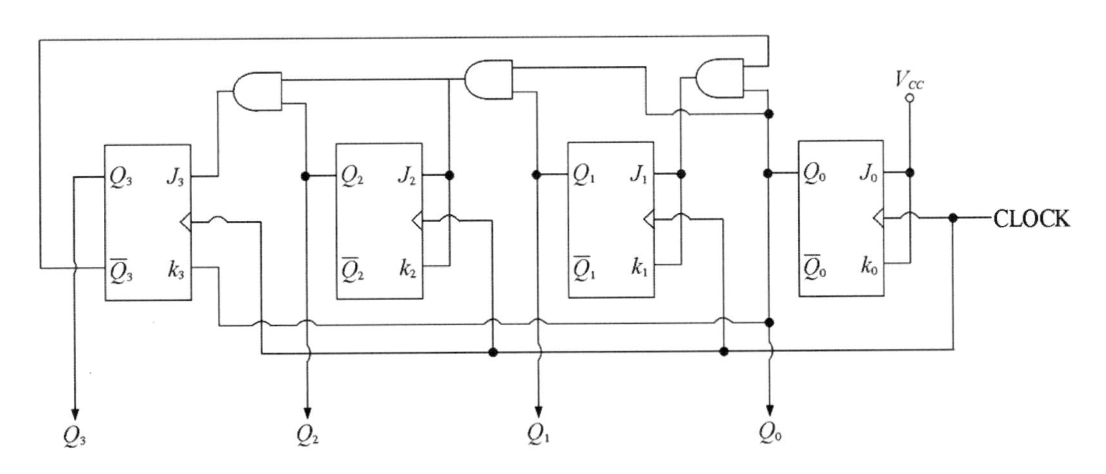

若以 D 型正反器設計，則得

$$D_0=\overline{Q_0}$$

$$D_1=\overline{Q_3}\,\overline{Q_1}Q_0+Q_1\overline{Q_0}$$

$$D_2=\overline{Q_2}Q_1Q_0+Q_2\overline{Q_1}+Q_2\overline{Q_0}=\overline{Q_2}Q_1Q_0+Q_2\left(\overline{Q_1}+\overline{Q_0}\right)=Q_2\oplus\left(Q_1Q_0\right)$$

$$D_3=Q_2Q_1Q_0+Q_3\overline{Q_0}$$

範例 6-7 試設計一個平行計數器，而且能產生 0,1,3,7,15,14,12,8,0,1……的順序狀態。

解答 首先列出其狀態順序表

	狀　態　順　序							
	0	1	3	7	15	14	12	8
Q_A	0	1	1	1	1	0	0	0
Q_B	0	0	1	1	1	1	0	0
Q_C	0	0	0	1	1	1	1	0
Q_D	0	0	0	0	1	1	1	1

$Q_CQ_D \backslash Q_AQ_B$	00	01	11	10
00	II	–	1	1
01	0	–	–	–
11	0	0	Ⓗ	–
10	–	–	1	–

$D_0=\overline{Q_D}$，$J_0=\overline{Q_D}$，$S_0=\overline{Q_D}$

$K_0=Q_D$，$R_0=Q_D$

$T_0=\overline{Q_D}\,\overline{Q_A}+Q_DQ_A$

$Q_CQ_D \backslash Q_AQ_B$	00	01	11	10
00	0	–	1	II
01	0	–	–	–
11	0	Ⓗ	1	–
10	–	–	1	–

$D_1=Q_A$，$J_1=Q_A$，$S_1=Q_A$

$K_1=\overline{Q_A}$，$R_1=\overline{Q_A}$

$T_1=Q_A\overline{Q_B}+Q_B\overline{Q_A}=Q_A\oplus Q_B$

Q_CQ_D \ Q_AQ_B	00	01	11	10
00	0	–	Ⅱ	0
01	0	–	–	–
11	Ⓗ	1	1	–
10	–	–	1	–

$D_2=Q_B$，$J_2=Q_B$，$S_2=Q_B$

$K_2=\overline{Q_B}$，$R_2=\overline{Q_B}$

$T_2=\overline{Q_C}Q_B+Q_C\overline{Q_B}=Q_C\oplus Q_B$

Q_CQ_D \ Q_AQ_B	00	01	11	10
00	0	–	0	0
01	Ⓗ	–	–	–
11	1	1	1	–
10	–	–	Ⅱ	–

$D_3=Q_C$，$J_3=Q_C$，$S_3=Q_C$

$K_3=\overline{Q_C}$，$R_3=\overline{Q_C}$

$T_3=\overline{Q_D}Q_C+\overline{Q_C}Q_D=Q_C\oplus Q_D$

所以若以 D 型正反器設計時，其電路為

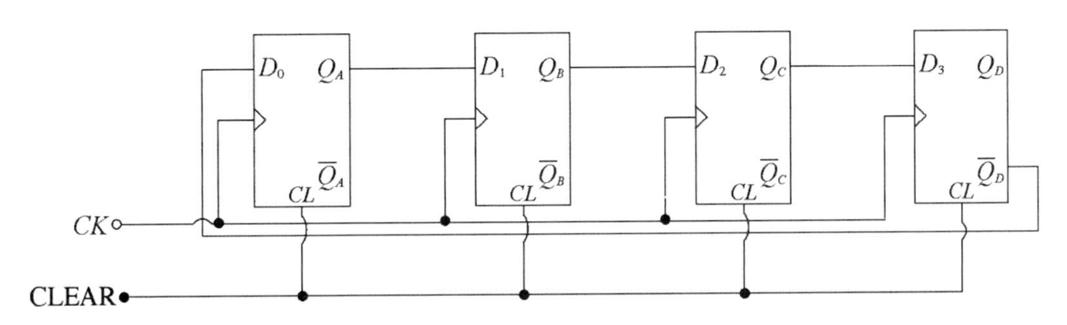

若以 JK 型正反器設計時，其電路為

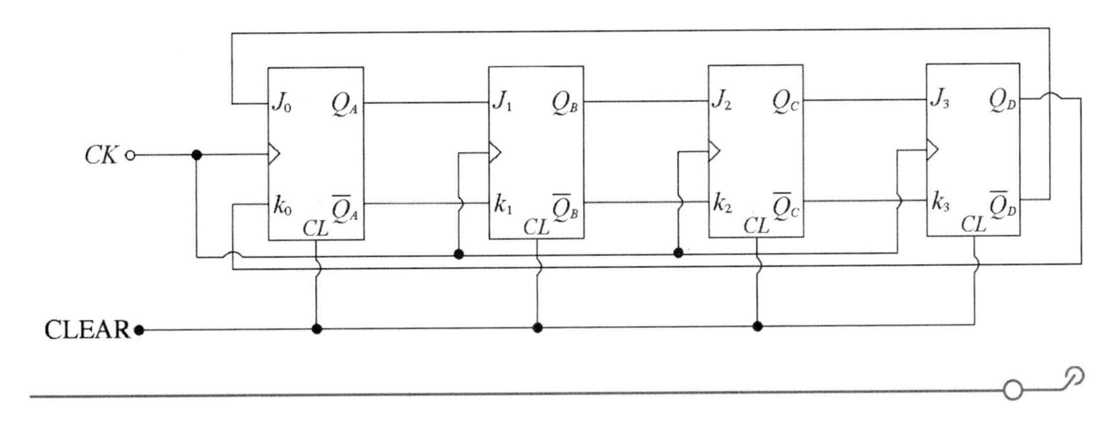

範例 6-8 有一 4 位元同步計數器 74S163 具有 4 個控制輸入：清除輸入 clear，載入控制 load，P 及 T；4 個資料輸入：D_A、D_B、D_C、D_D；4 個計數器輸出：Q_A、Q_B、Q_C、Q_D；及 1 進位輸出 carry，此計數器之運作原理如下表所示：

			下一狀態				
clear	load	P.T	Q_D	Q_C	Q_B	Q_A	
0	×	×	0	0	0	0	(clear)
1	0	×	D_D	D_C	D_B	D_A	(load)
1	1	0	Q_D	Q_C	Q_B	Q_A	(no change)
1	1	1	present state 加 1 (increment count)				

X為don't care
當$Q_A=Q_B=Q_C=Q_D=T=1$ 時，carry=1

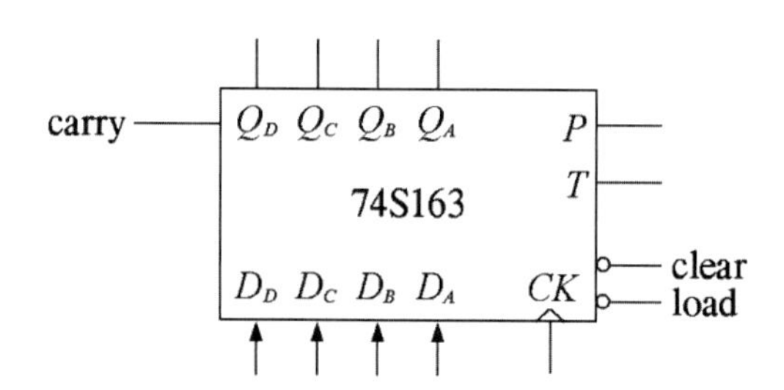

(1) 試以 2 個 74S163 接成一個 8 位元計數器（繪出接線圖）。

(2) 以一個 74S163 設計成一個 12 狀態計數器，其狀態順序為 0,1,2,3,4,5,6,7,8,9,10,11,0,1,……

(3) 以一個 74S163 設計成一個 9 狀態計數器，其順序為 7,8,9,10,11,12,13,14,15,7,8, ……

解答 假設 clear 及 load 的反應與 clock 是同步的。

(1)

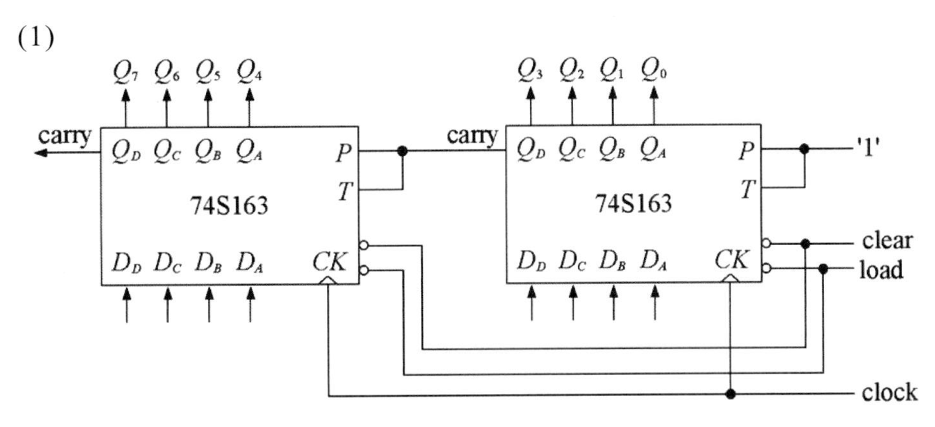

(2)

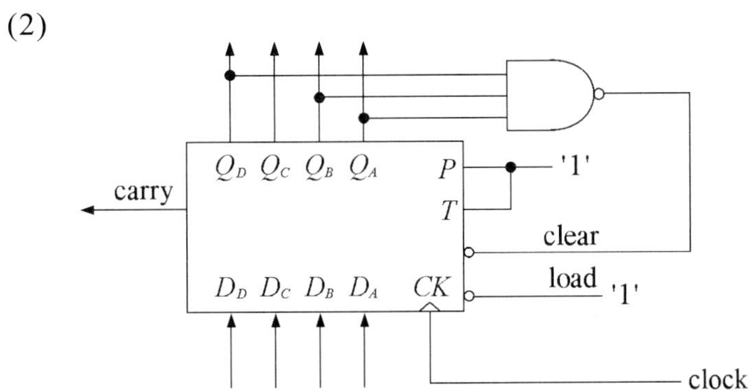

(3)

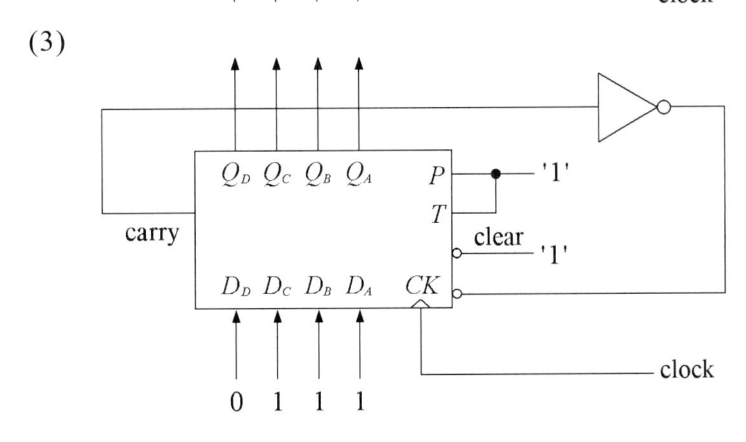

範例 6-9 試設計一個除以 5 的同步計數器，但其計數順序為

001→011→010→100→101→001→011→……。

解答 由上面計數順序，可知真值表為

Q_C	Q_B	Q_A
0	0	1
0	1	1
0	1	0
1	0	0
1	0	1

所以卡諾圖為

Q_A \ Q_CQ_B	00	01	11	10
0	–	0	–	II
1	1	Ⓗ	–	1

$J_A=Q_C$
$K_A=Q_B$

Q_A \ Q_CQ_B	00	01	11	10
0	–	Ⓗ	–	0
1	II	1	–	0

$J_B=\overline{Q}_C$
$K_B=\overline{Q}_A$

Q_A \ Q_CQ_B	00	01	11	10
0	–	II	–	1
1	0	0	–	Ⓗ

$J_C=\overline{Q}_A$
$K_C=\overline{Q}_A$

因此電路為

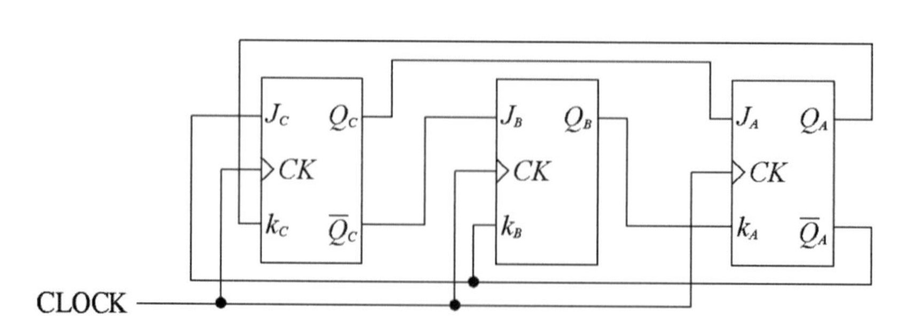

範例 6-10 設計一個 3 位元格雷碼同步計數器，使其依 3 位元格雷碼之次序計數：

(1) 選用 T 正反器。

(2) 選用 JK 正反器。（3 位元格雷碼依序為：000→001→011→010→110→111→101→100）

解答 3 位元格雷碼之次序如下

Q_A	Q_B	Q_C
0	0	0
0	0	1
0	1	1
0	1	0
1	1	0
1	1	1
1	0	1
1	0	0

而其狀態表為

Q_A	Q_B	Q_C	Q_A	Q_B	Q_C
0	0	0	0	0	1
0	0	1	0	1	1
0	1	0	1	1	0
0	1	1	0	1	0
1	0	0	0	0	0
1	0	1	1	0	0
1	1	0	1	1	1
1	1	1	1	0	1

因此由狀態變遷所形成之卡諾圖為

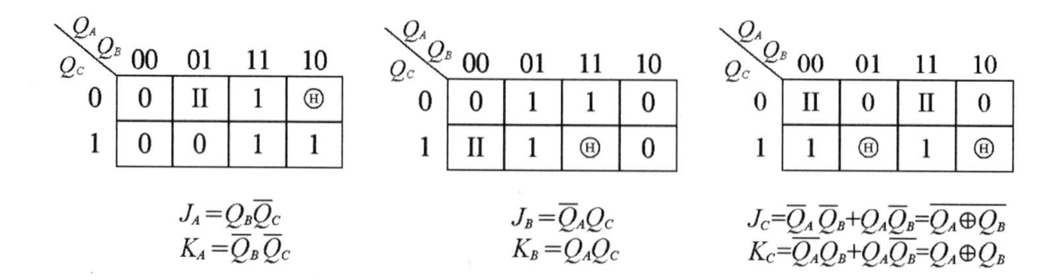

很明顯的 T 型正反器無法完成此一電路。由 JK 正反器設計下，此一電路為

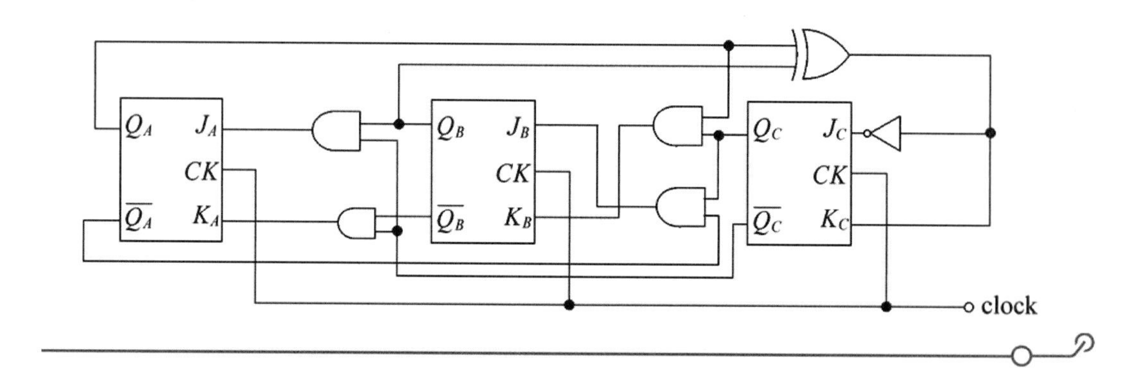

範例 6-11 試使用 SR 正反器設計一除以 8 的計數器，其計數順序如下所示。

$$000 \rightarrow 001 \rightarrow 011 \rightarrow 010 \rightarrow 110 \rightarrow 111 \rightarrow 101 \rightarrow 100 \rightarrow 000$$

解答 由題意，可得狀態轉換表

Q_A	Q_B	Q_C	Q_A	Q_B	Q_C
0	0	0	0	0	1
0	0	1	0	1	1
0	1	0	1	1	0
0	1	1	0	1	0
1	0	0	0	0	0
1	0	1	1	0	0
1	1	0	1	1	1
1	1	1	1	0	1

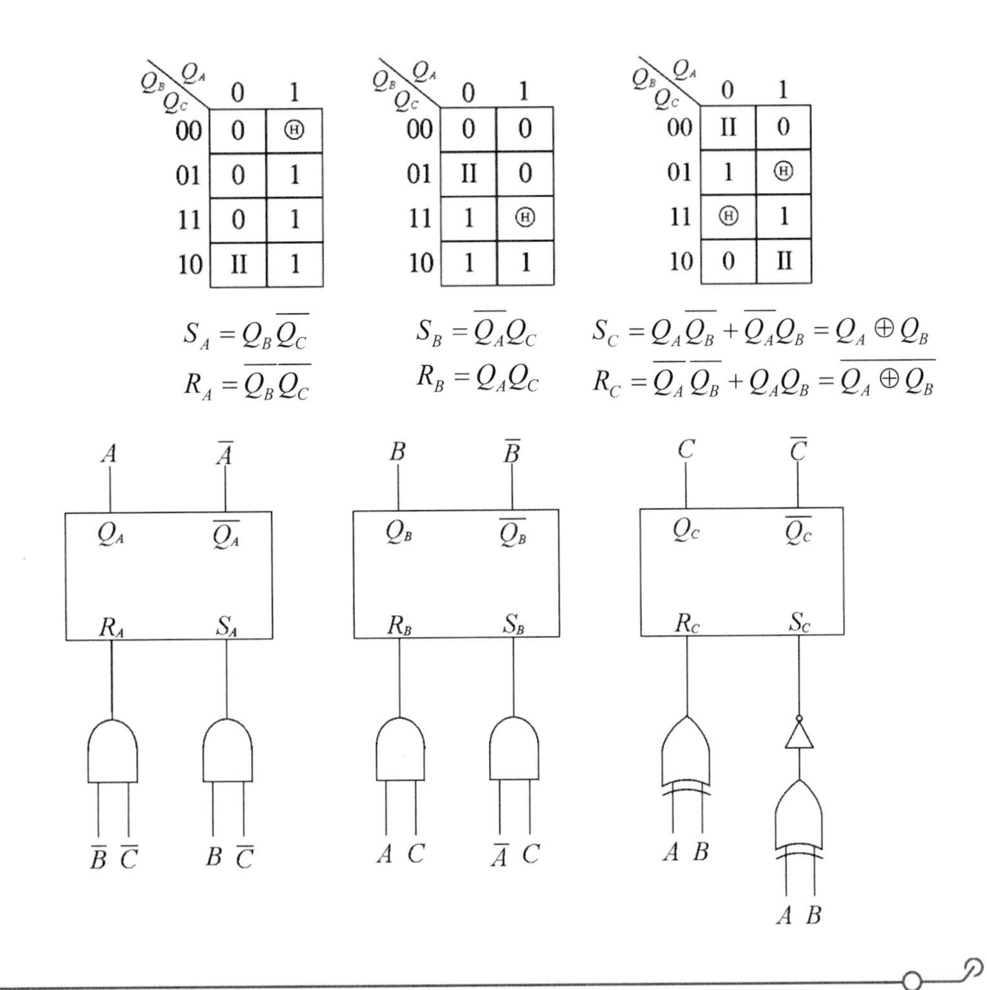

$$S_A = Q_B\overline{Q_C}$$
$$R_A = \overline{Q_B}\,\overline{Q_C}$$

$$S_B = \overline{Q_A}Q_C$$
$$R_B = Q_AQ_C$$

$$S_C = Q_A\overline{Q_B} + \overline{Q_A}Q_B = Q_A \oplus Q_B$$
$$R_C = \overline{Q_A}\,\overline{Q_B} + Q_AQ_B = \overline{Q_A \oplus Q_B}$$

範例 6-12 如圖所示，試分析該電路之輸出順序。

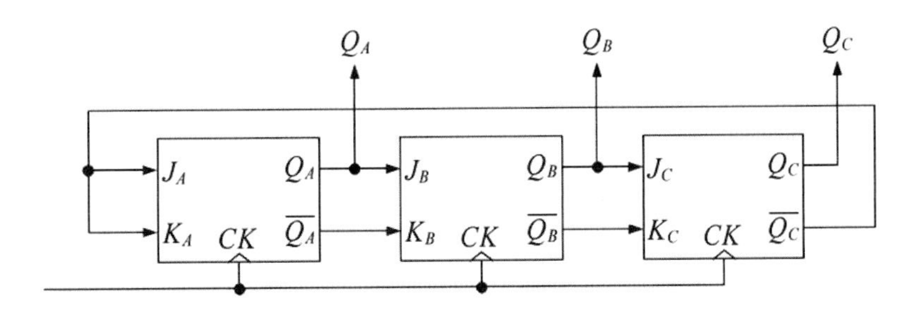

解答

	Q_A	Q_B	Q_C
	0	0	0
↑	1	0	0
↑	0	1	0
↑	1	0	1
↑	1	1	0
↑	0	1	1
↑	0	0	1
↑	0	0	0

很明顯地，此一電路為一個除 7 的同步計數器，其輸出順序為 000→100→010→101→110→011→001→000→……

範例 6-13 試分析下列電路的特性，並寫出其計數順序。

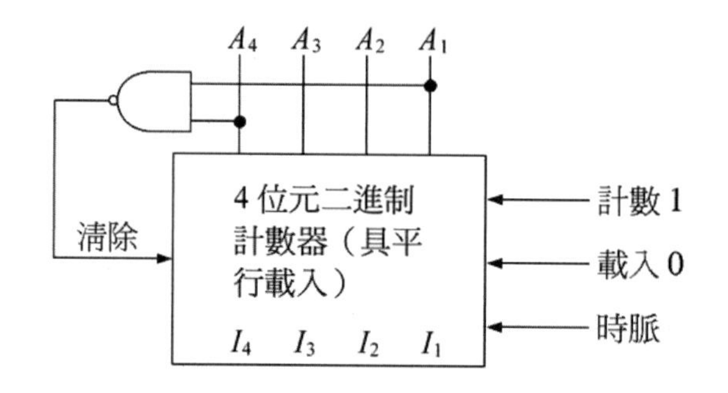

❖ 表 6-15 功能表

清除	時脈	載入	計數	功能
0	×	×	×	清除為 0
1	×	0	0	沒有改變
1	↑	1	×	載入輸入
1	↑	0	1	向上計數

解答 因計數輸入線為 1，載入控制線為 0，因此此一電路功能為向上計數之計數器。又清除線中其邏輯功能為 $\overline{A_1A_4}$，亦即 $A_1=1$且$A_4=1$時，清除線輸出才會為 0。所以，計數順序為 0000→0001→0010→0011→0100→0101→0110→0111→1000→0000→……

6-7 移位暫存器

移位暫存器是由一組連在一起的正反器所組成的，當一個時序脈波輸入至 clock 端時，每一個正反器就會將其資料位元傳送至下一個正反器之中。如下圖中，如果位移是由高位元往低位元方向傳送時，就如同除以 2 的電路。

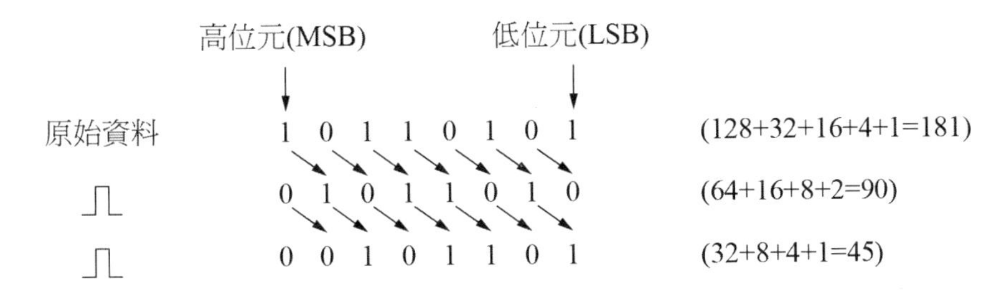

但如果位移是由低位元往高位元方向傳送時，就如同是乘以 2 的電路

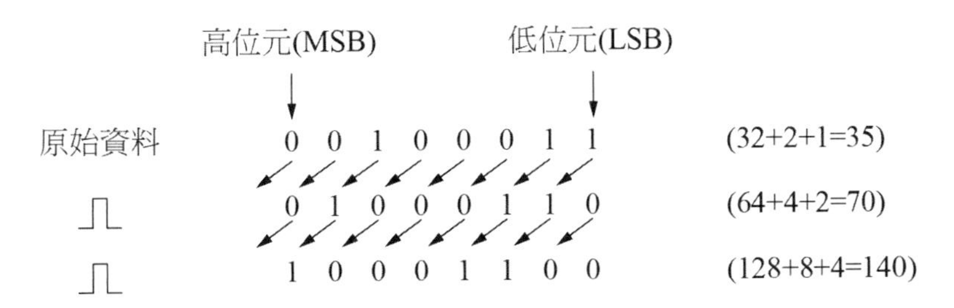

有時視位元移動方向而定，又可以稱為左移暫存器或右移暫存器。

由 D 型正反器組成的移位暫存器，則可由每一級 D 型正反器的輸出 Q 接到下一級 D 型正反器的 D 輸入端而成，如圖所示：

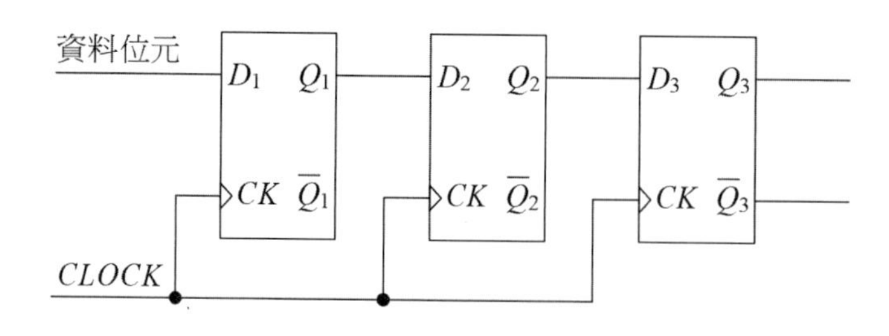

若是由 JK 正反器來組成時，則電路設計如下所示：

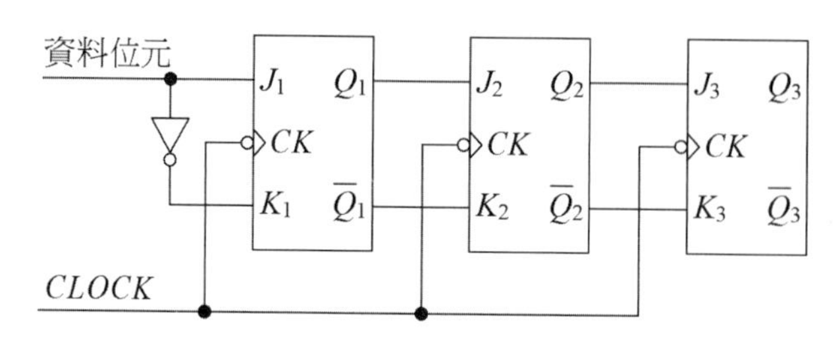

不管上述的 D 型正反器或是 JK 正反器所組成的移位暫存器，均是屬於串列資料位元輸入，故稱為串聯載入移位暫存器。若資料位元是以同時間下輸入至各級暫存器之中，則此種移位暫存器便是屬於並聯載入移位暫存器。注意：這裡只是強調資料的載入方式，但移位仍是以串列時序來加以執行。下圖即是 74615 移位暫存器構造，其上半部是屬於並聯載入，而究竟是要執行資料載入或資料移位，則是由移位／載入接腳加以控制。當移位／載入為 0 時，時序脈波(CLOCK)會被抑制而執行資料載入；若移位／載入為 1 時，則會依據時序脈波執行位移（此時計時脈波抑制為 0，否則則不會執行移位）。

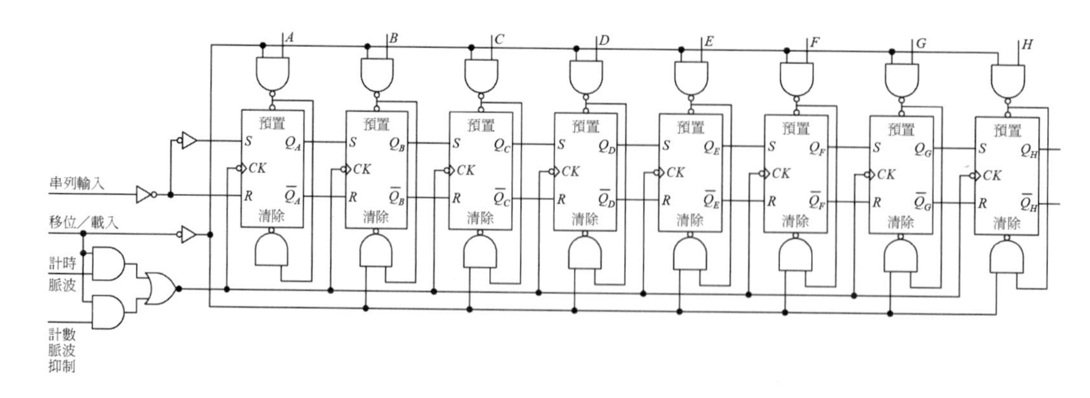

範例 6-14 一個線路在 $70\mu s$ 之內會重複產生四個脈波，且這些脈波在下列時間之內均是邏輯高準位：

A　0~$20\mu s$

B　15~$45\mu s$

C　35~$60\mu s$

D　55~$70\mu s$

試設計此一電路。

解答 此一電路中，因為所需的最短時間是 $5\mu s$，亦即需以 $\frac{1}{5\mu s}=200\text{KHz}$ 的 clock 來加以驅動。又因為總時是 $70\mu s$，所以共需要 $\frac{70\mu s}{5\mu s}=14$ 個輸出，因此可以選用兩個 74164 移位暫存器來加以串接設計。

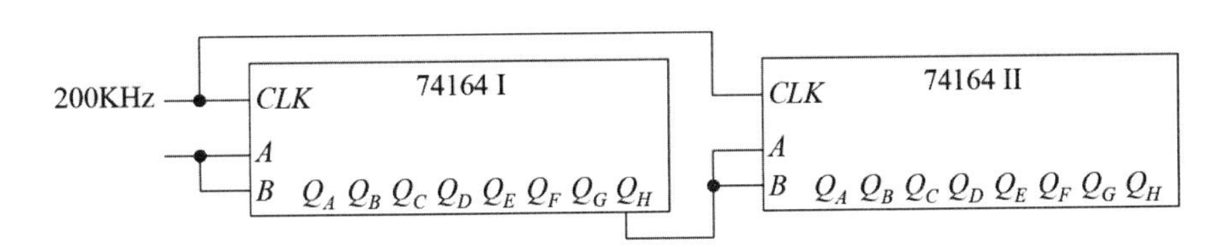

假設移位暫存器在 $t=0$ 時全部清除暫存器內容。以每 $5\mu s$ 為基礎，$t=5\mu s$ 時，$Q_{A1}=1$；$t=10\mu s$ 時，$Q_{B1}=1$，以此類推，在 $t=70\mu s$ 時，$Q_{F2}=1$。之後，再將 Q_{F2} 反向用以清除兩個移位暫存器中的內容，已形成一個週期為 $70\mu s$ 的電路。

再者，題目中的輸出 A 是在 0~$20\mu s$ 之間均為 1，故只需將 Q_{D1} 輸出反向即可（因為 $t=20\mu s$ 時，Q_{D1} 才會為 1）。輸出 B 因為在 15~$45\mu s$ 中才有輸出 1，所以利用 $t=0$~$15\mu s$ 時，因 Q_{C1} 及 Q_{A2} 均為 0，而在 $15\mu s$ 時，$Q_{C1}=1$，且 $t=45\mu s$ 時，$Q_{A2}=1$，因此

$$B=Q_{C1}\oplus Q_{A2}$$

而輸出 C_1 根據在 $t=34\sim 60\mu s$ 時才有輸出，故利用 Q_{G1} 在 $t=35\mu s$ 時變為 1；而在 $t=60\mu s$ 時，$Q_{D2}=1$ 的特性，而使得

$$C=Q_{G1}\oplus Q_{D2}$$

最後輸出 D 則因在 $t=55\mu s$ 之後均為 1，故

$$D=Q_{C2}$$

因此整個電路設計結果為

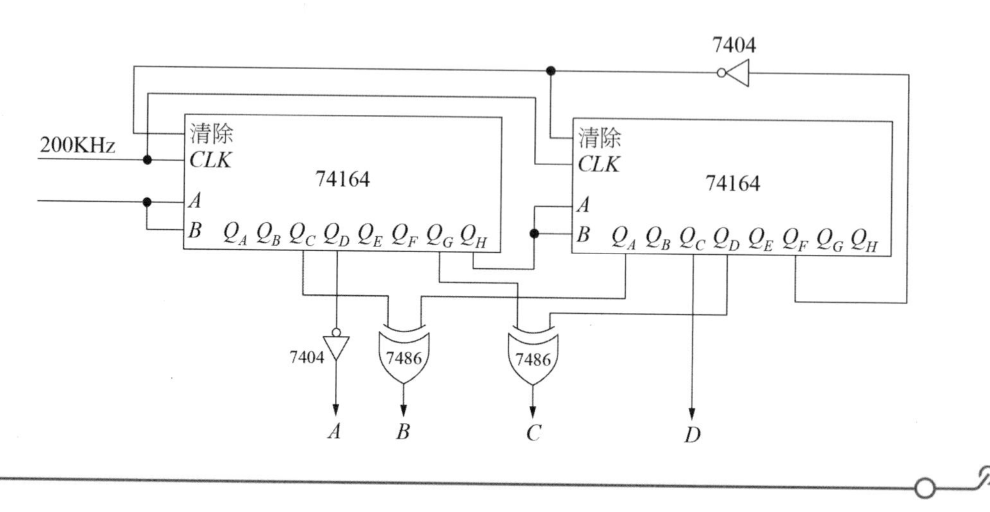

因為一個二位元值就是一位元的記憶，因此若有 n 個正反器，則可以儲存 n 個位元。如此的組合稱之為暫存器。若我們允許資料位元能序列的從此一正反器的輸出端載入下一正反器的輸入端，而沒有改變原資料位元值時，此一結構稱之為移位暫存器。

範例 6-15 試設計一個 5 位元的移位暫存器。

解答 利用 SR 型正反器中 $S=0=\overline{R}$，則輸出 $Q_n=0$，若 $S=1=\overline{R}$，則輸出為 1 的特性，其電路為

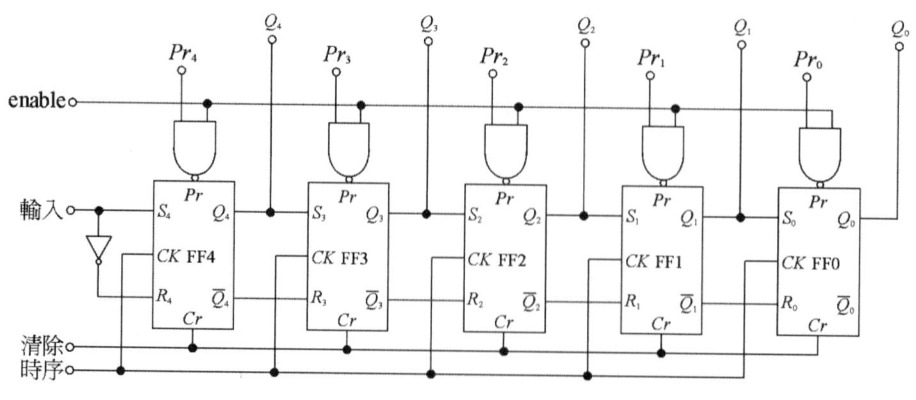

6-8 非同步計數器

非同步計數器係指在組成計數器各級之暫存器之 clock 端並不需要全部連至相同的控制輸入端。

範例 6-16 試設計一個除 12 之非同步電路。其狀態表如下：

	Q_3	Q_2	Q_1	Q_0
脈衝 1 前	0	0	0	0
脈衝 1 後	0	0	0	1
脈衝 2 後	0	0	1	0
脈衝 3 後	0	0	1	1
脈衝 4 後	0	1	0	0
脈衝 5 後	0	1	0	1
脈衝 6 後	1	0	0	0
脈衝 7 後	1	0	0	1
脈衝 8 後	1	0	1	0
脈衝 9 後	1	0	1	1
脈衝 10 後	1	1	0	0
脈衝 11 後	1	1	0	1
脈衝 12 後	0	0	0	0

(1) 由狀態表中知當有 clock 進入時，在時間 t_{n+1} 的 Q_0 和在時間 t_n 時的 Q_0 正好反相，因此 $J_0=K_0=1$。

(2) 很明顯的在 Q_1 及 Q_2 級中 2 個 1 之後必有 4 個 0 的出現，而 Q_0 正好 10 為一週期取樣之，所以 Q_0 接至 J_1 及 J_2 之 clock 中。

(3) Q_2 的 0，1 變化比 Q_1 延後兩個 clock，因此若將 Q_1 接至 J_2 正好是可滿足此現象（因 clock 接至 Q_0，故在 0，1 後才會變化）。

(4) Q_3 中 0 的數目和 1 相同，所以很顯然的只要 clock 有輸入，則將從 1 變化，故 $J_3=K_3=1$ 且 Q_2 接到 clock 上。

(5) 在脈衝 12 後，Q_2 為 0，且 Q_1 仍保持，因此可知 $\overline{Q_2}$ 接至 J_1。

解答 因此可得最後電路圖為

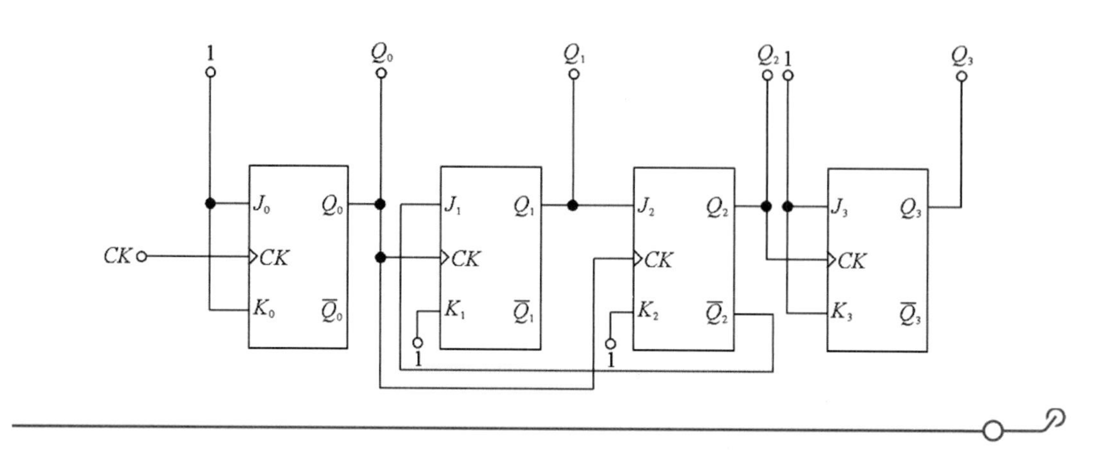

範例 6-17 試決定下列非同步計數器之計數順序。

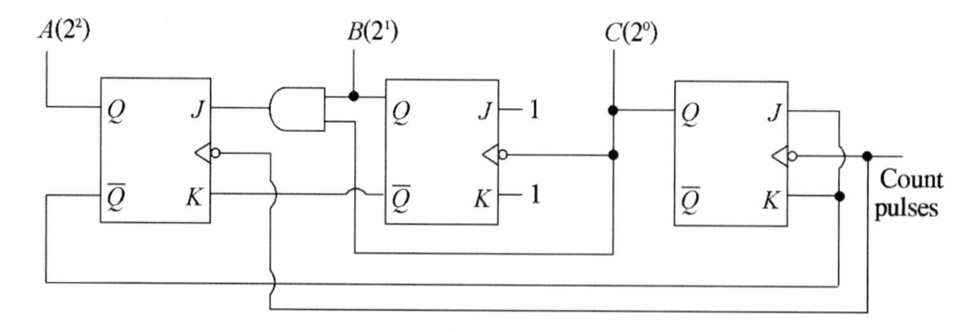

解答 由電路可獲取下列之順序

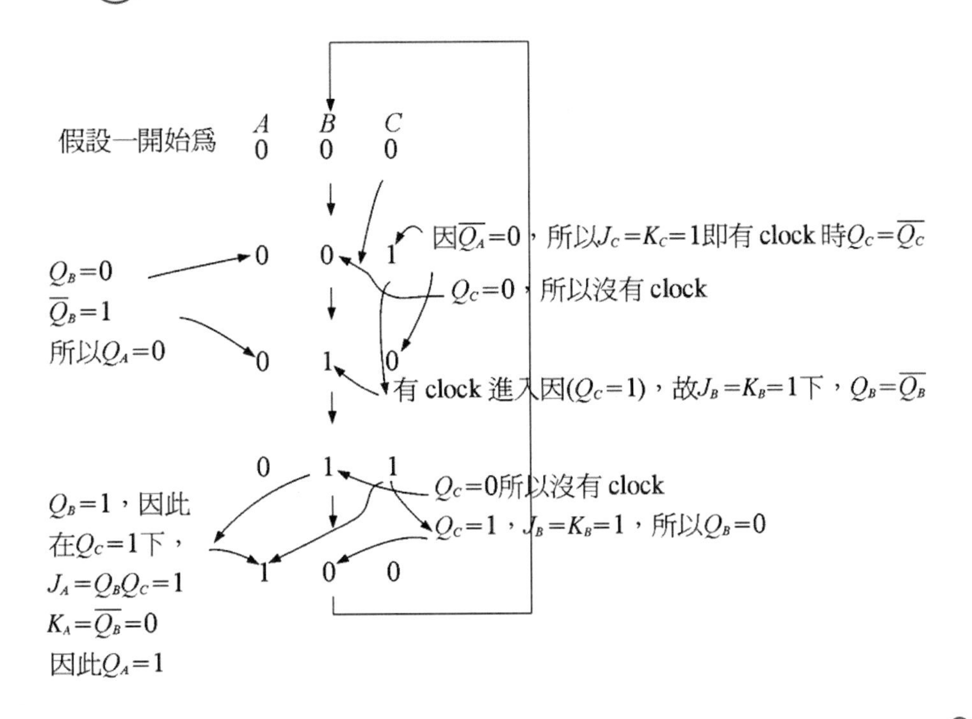

範例 6-18 試問下列計數器電路的狀態轉移順序為何？

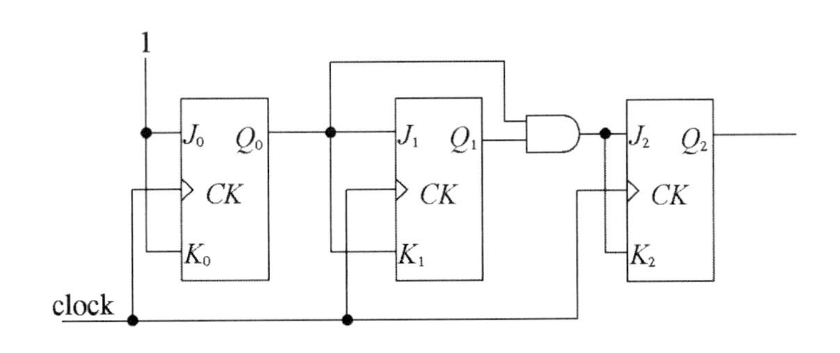

解答

clock	Q_0	Q_1	Q_2
	0	0	0
↑	1	0	0
↑	0	1	0
↑	1	1	0
↑	0	0	1
↑	1	0	1
↑	0	1	1
↑	1	1	1
↑	0	0	0

6-9 延遲電路

延遲電路的設計，在數位邏輯中只是利用邏輯元件的特性而形成一時間延遲而已。若是以如圖 6-14 所示之 D 型正反器電路而言，則在 CLK 上緣觸發下，可得如圖 6-15 之波形。

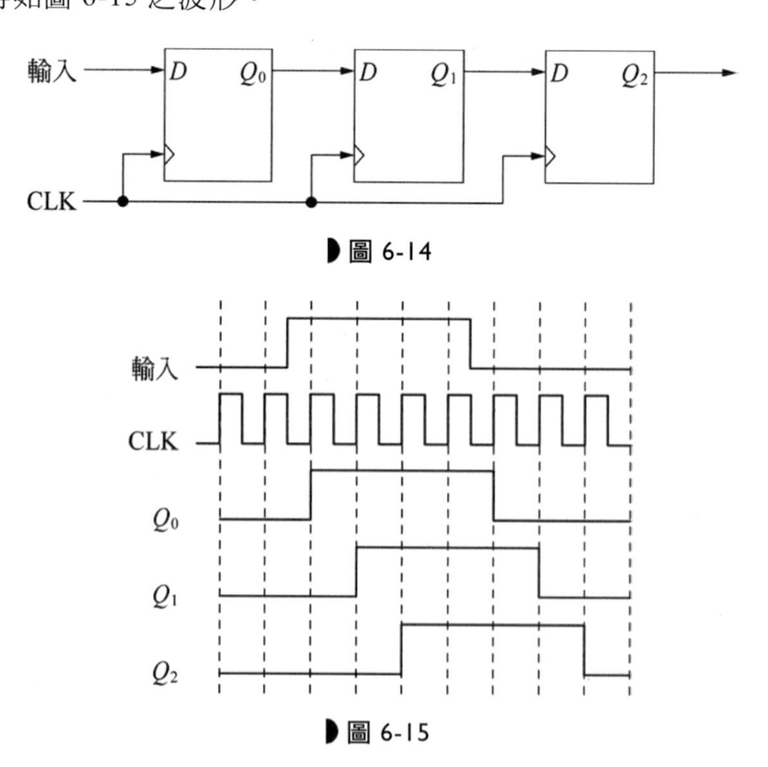

圖 6-14

圖 6-15

由上圖可以看出 Q_1 比 Q_0 延遲了一個 CLK 週期，而 Q_2 比 Q_1 延遲了一個 CLK 週期。不過，在這裡我們要特別提醒的是，在本書中，我們都假設邏輯電路本身的處理時間與延遲時間均是可以忽略不計的。

6-10 微分電路

微分電路實際上就是延遲電路的其中一種應用。

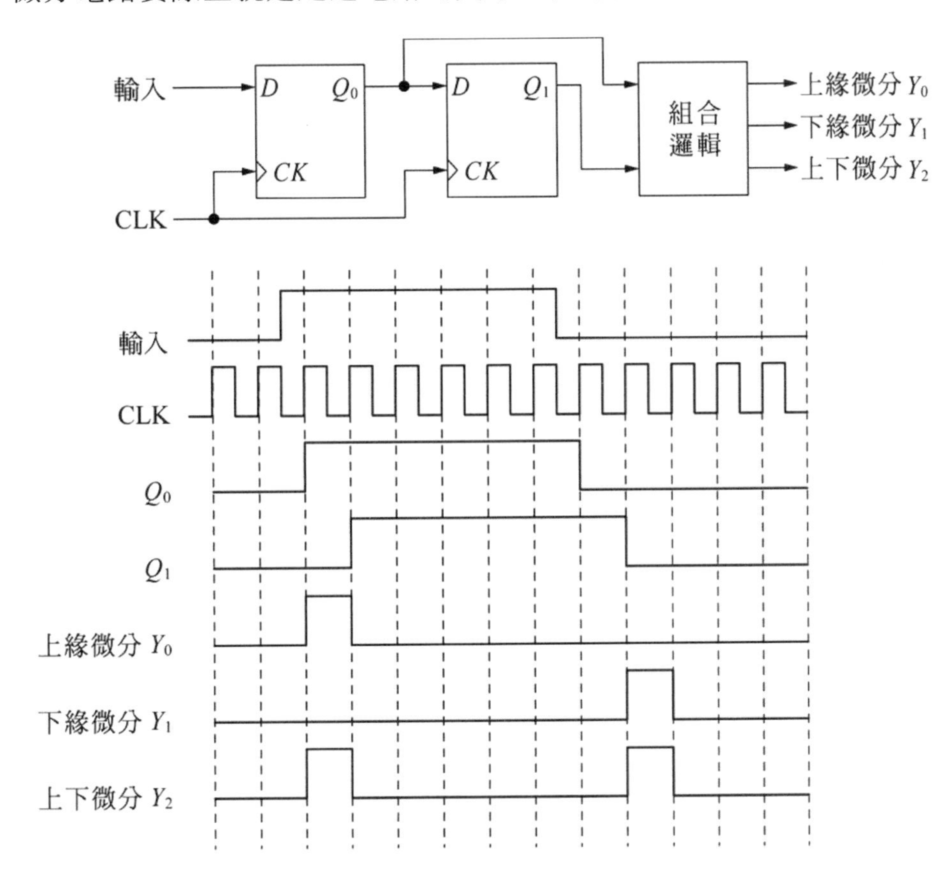

從時序圖中，想要由 Q_0 及 Q_1 得到 Y_0、Y_1 及 Y_2，則組合邏輯電路為

$$Y_0 = Q_0\overline{Q}_1$$

$$Y_1 = \overline{Q}_0Q_1$$

$$Y_2 = Q_0 \oplus Q_1$$

6-11 時脈上緣觸發 v.s.下緣觸發

在時脈觸發電路，上緣觸發與下緣觸發會造成輸出結果的不同。我們甚至可以把觸發這二個字看成取樣來解釋。一般在正反器的時脈輸入端究竟是上緣觸發或下緣觸發，則會依據是否有 0 符號。如圖 6-16(a)為上緣觸發，而圖 6-16(b)為下緣觸發。同時圖 6-17 也顯示了對同一輸入信號觸發的輸出結果。

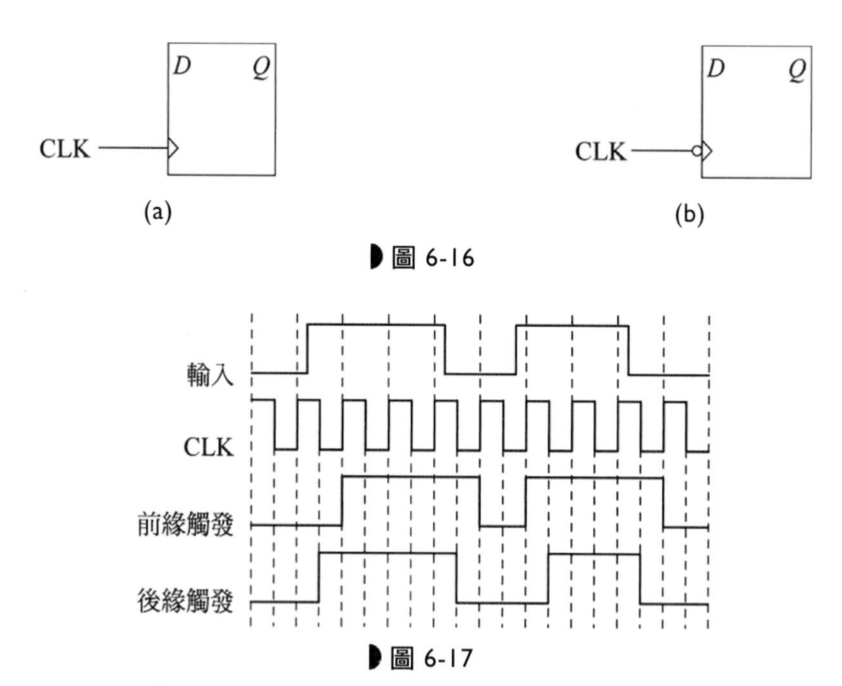

圖 6-16

圖 6-17

6-12 用計數器設計平方數產生器

若以脈波數目 N 做為輸入數，則平方數產生器則以 N^2 為其輸出。由數學而言，令 $S_n = N^2$，則

$$S_{n+1} = (N+1)^2$$

$$= N^2 + 2N + 1$$

$$= S_n + 2N + 1$$

很顯然地，可以利用全加器把原來狀態S_n與$2N+1$相加即可。至於$2N$的做法，因為將N左移一位元，即同將N乘以 2 倍，所以我們可以將一個二進制計數器對輸入時脈計數，並把輸出左移一位，即$2N$，之後，再和S_n+1相加，即可得S_{n+1}。

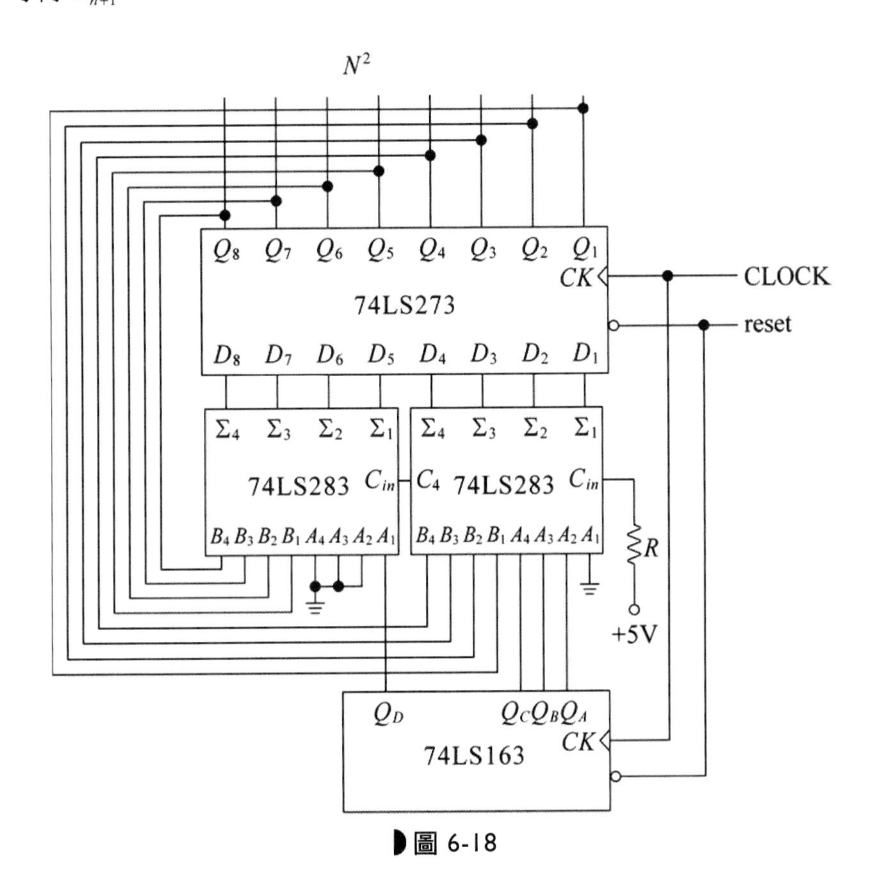

圖 6-18

圖 6-18 中兩個 74LS283 串聯成八位元全加器，且將低位元的C_{in}經電阻R接至+5V，相當於$C_{in}=1$，以實現加 1 的功能。74LS163 為四位元二進制同步計數器，其輸出接到低位元 74LS283 的A_2，以實現 2N 的功能。74LS273 做為八位元暫存器，其輸出狀態S_n全部回接至全加器 74LS283 的八個位元輸入端，以實現加S_n的功能。故整個電路即可為

$$S_{n+1}=(N+1)^2$$

6-13 分頻器

若已知石英振盪器的輸出頻率為 100KHz，將其做為分頻器的輸入時脈(Clock)。現在我們想要設計出能分別產生寬度為 1ms 及 1s，且工作週期為50%的控制方波之分頻電路。

由於工作週期(duty cycle)為 50%，所以寬度為 1ms 及 1s 的方波頻率分別為

$$f_1 = \frac{1}{T_1} = \frac{1}{(1+1)\times 10^{-3}} = 500Hz$$

$$f_2 = \frac{1}{T_2} = \frac{1}{(1+1)\times 1} = 0.5Hz$$

又因為 100KHz 的標準時脈與這兩個控制方波間的分頻係數為

$$N_1 = \frac{100\times 10^3}{500} = 200 = 10\times 10\times 2$$

$$N_2 = \frac{100\times 10^3}{0.5} = 200\times 10^3 = 10\times 10\times 2\times 10\times 10\times 10$$

所以電路為

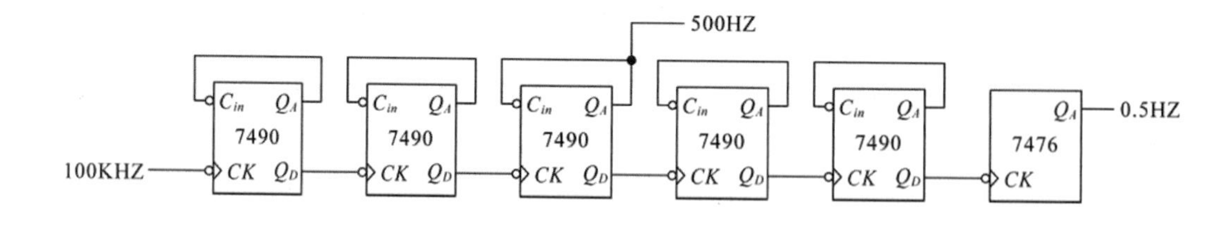

6-14 碼錶的設計

現在我們想要設計一個提供兩個人跑步計時用的碼錶，且可以顯示時間先後及具有儲存時間的功能。假如時間最大的計數為 9 分 59 秒 99。基準為 0.01 秒的時脈(100HZ)則是由振盪器所提供。很顯然地，本電路應該有四個十進制計數器（9 分 59 秒 99 中的四個 9）以及一個 6 進制的計數器（59 秒的 5），而 59 秒是由一個十進制及一個六進制的計數器所組成的 60 進制計數器。又因為要儲存時間，因此必須要有暫存器的存在，且為了要能夠將時間顯示出來，則必須通過解碼顯示器將這些數字顯示出來。

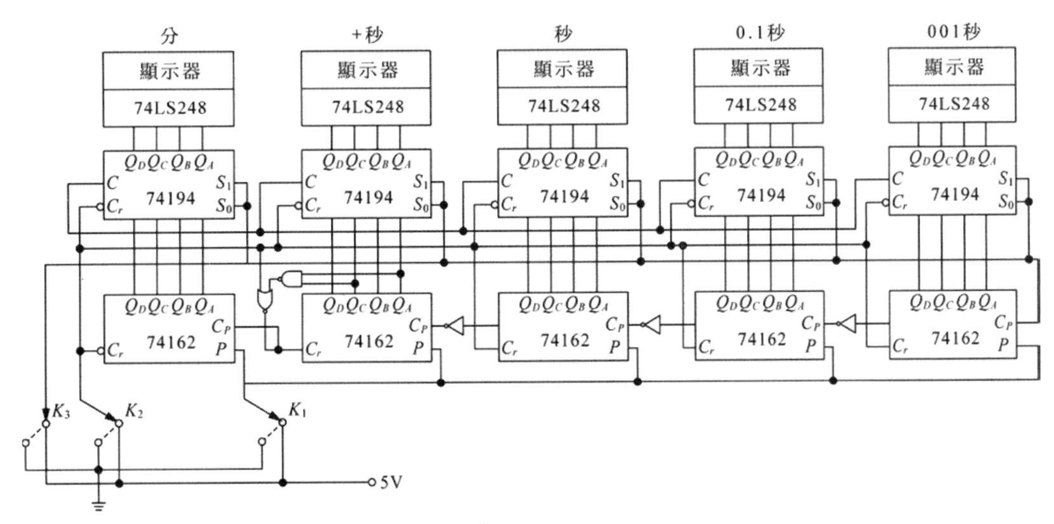

圖 6-19

圖 6-19 中由右至左的第四個是 6 進制計數器。工作時將 K_2 接地，在 C_r 端使得所有計數器內容全部重置為 0。若甲先到，則按下 K_3，即 74LS194 的 S_0、S_1 接地，並由 74LS194 保持甲到達終點所計數的時間，並將其顯示出來。當乙到達終點，則按下開關 K_1，讓各計數器 P 端接地，使其停止計數，並把所要的 Z 之時間讀入 74LS194，並在顯示器顯示之。

作業（五）

(1) 試利用三個 T 型正反器設計出除 8 的電路。

(2) 試以 JK 正反器設計一 MOD 16 之上數非同步計數器電路。

(3) 試以 T 型正反器設計一 MOD 16 之下數之非同步計數器電路。

(4) 試以 IC 7490 設計一個除以 60 的電路。

QUIZ

作業解答 ANSWER

【第 1 題】

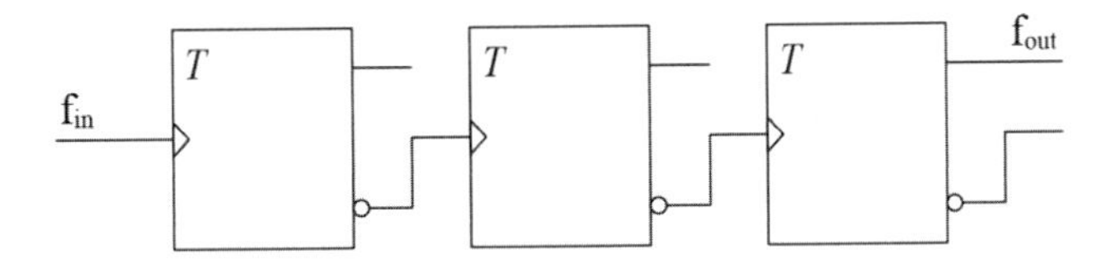

【第 2 題】

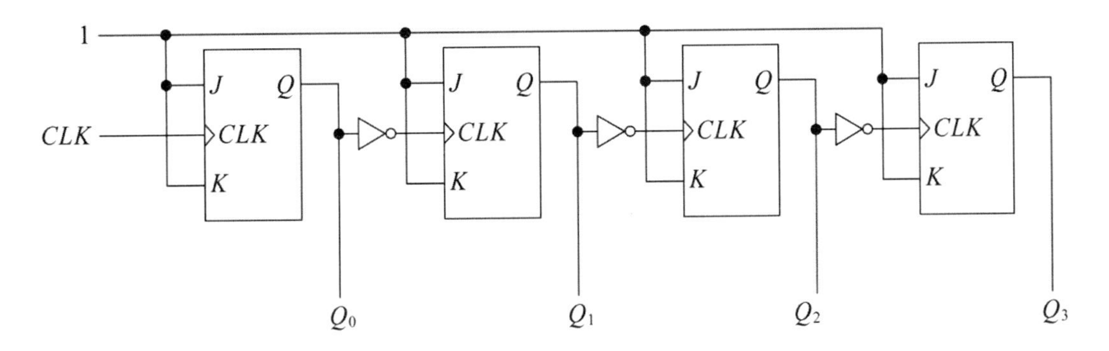

【第 3 題】

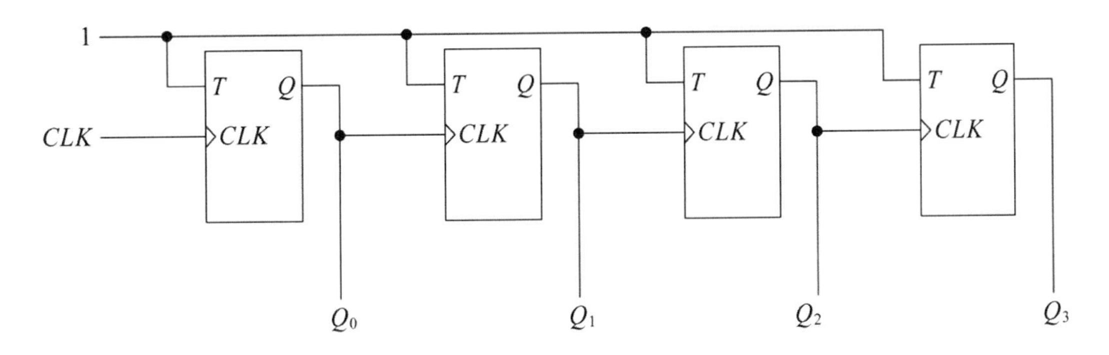

【第 4 題】

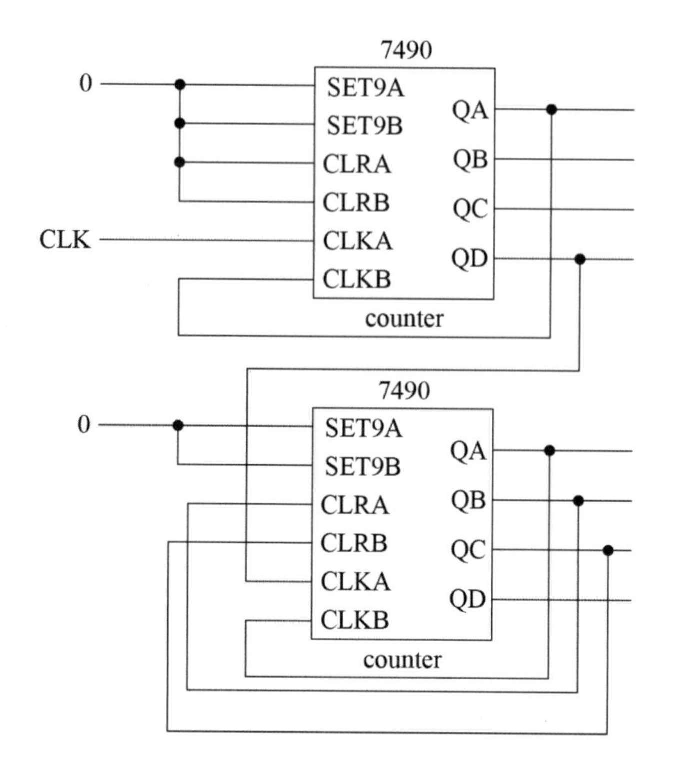
7490
0
SET9A
SET9B
CLRA
CLRB
CLK
CLKA
CLKB
QA
QB
QC
QD
counter
7490
0
SET9A
SET9B
CLRA
CLRB
CLKA
CLKB
QA
QB
QC
QD
counter

第二次段考考題

【第 1 題】 試利用 D 型正反器設計 $b_k=a_k \oplus b_{k-1}$ 之電路，其中電路方塊圖如下所示：

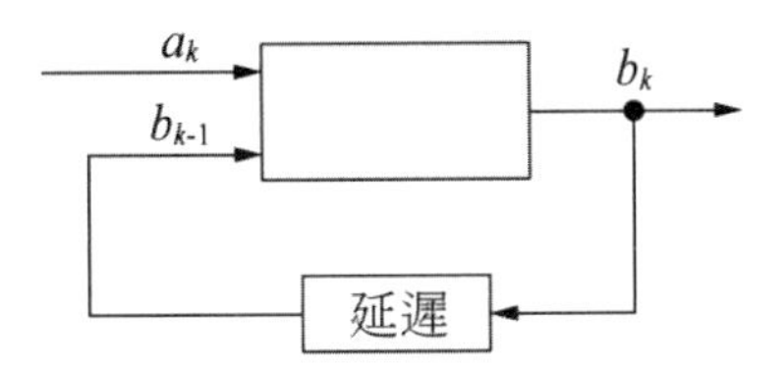

【第 2 題】 試利用 D 型正反器設計 $a_k=b_k \oplus b_{k-1}$ 之電路，其中電路方塊圖如下所示：

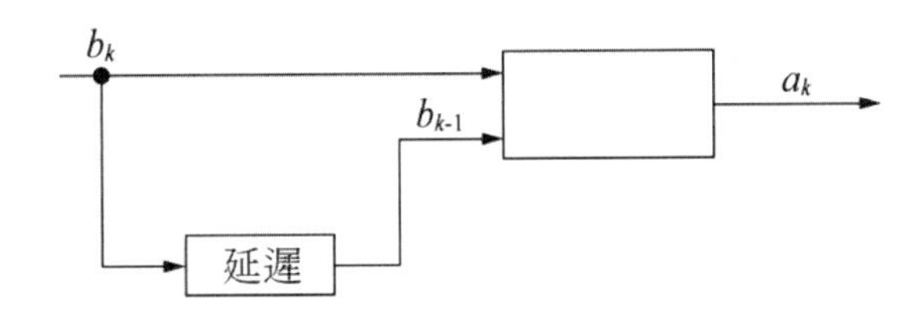

【第 3 題】 移位暫存器是指在 clock 觸發下，將信號從前端暫存器中的資料往後端輸入至另一暫存器中的暫存器接連裝置。下圖為一個二級的移位暫存器系統方塊圖。

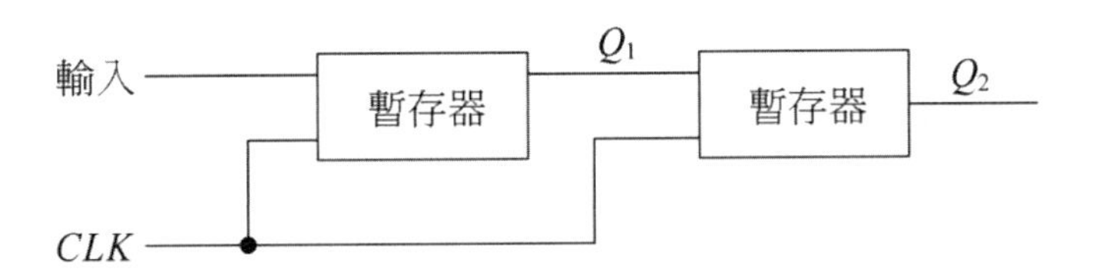

一般暫存器是以 D 型正反器來設計的。若暫存器 1 及暫存器 2 的原始內容為 00，則當輸入端的輸入值為 1 時，則在 clock 觸發下，暫存器 1 的內容為 1，而原先的內容 0 則會被後推至暫存器 2 之中，故 Q_1=0；而暫存器 2 中的原先內容 0，則會被推出至 Q_2，故 Q_2=0。若下一個 clock 觸發時的輸入端輸入值為 0 時，則在 *clock* 觸發下，暫存器 1 的內容為 0，而原先的內容 1 則會被後推至暫存器 2 之中，故 Q_1=1；而暫存器 2 中的原先內容 0，則會被推出至 Q_2，故 Q_2=0。如下表範例所示。

	輸入	暫存器1內容	Q_1	暫存器2內容	Q_2
		0		0	
clock1	1	1	0	0	0
clock2	0	0	1	1	0
clock3	1	1	0	0	1
clock4	1	1	1	1	0
clock5	0	0	1	1	1
clock6	0	0	0	0	1
clock7	0	0	0	0	0

現在試以 TTL 74374 來加以設計出一 8 級移位暫存器電路。

【第 4 題】 移位暫存器另一項應用是在通信上，其中若是如下圖所示之電路方塊，則其反饋函數為

$a_k+c_1a_{k-1}+c_2a_{k-2}+........+c_na_{k-n}$

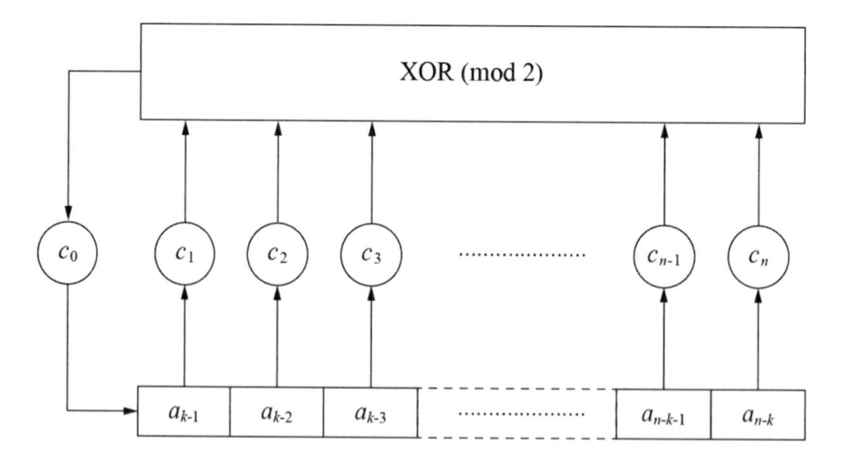

因為要執行反饋，所以 $c_0\neq0$，亦即 $c_0=1$。且若要有 n 級時，則 c_n 亦不可為 0，亦即 $c_n=1$（否則只有 n-1 級）。此處方程式中的 + 代表的是 Mod 2，亦即是 XOR 的意思。若在 $m=2^n$ 次位移之後才會回到原先的狀態，則稱之為 m 序列，其序列長度為 $m=2^n-1$。現以 $n=7$ 為主，$c_7=1$、$c_6=c_5=0$、$c_4=c_3=c_2=1$、$c_1=0$、以及 $c_0=1$，則試繪出 m 序列電路。

【第 5 題】 考慮一個 15 位元移位暫存器，其產生器是透過 4 個移位暫存器，並將最後兩個暫存器輸出端做 XOR 運算後迴授至最前級的輸入端。若暫存器中的起始內容為 1111，試問產生器的輸出序列為何？

【第 6 題】 考慮如下之電路，又稱為(7,4)循環碼。起始時，切換開關是置於 A 的位置，且暫存器的起始內容均為 0。在訊息位元均已抵達後，切換開關則切至 B 的位置，而移位暫存器則依據控制時序移到 n-k 次以產生極性檢測位元。其中 n 為產生的字元碼位元數目，而 k 為輸入位元長度。現若輸入為 1101，試問該循環碼電路產生的結果為何？

QUIZ

第二次段考解答 ANSWER

【第 1 題】

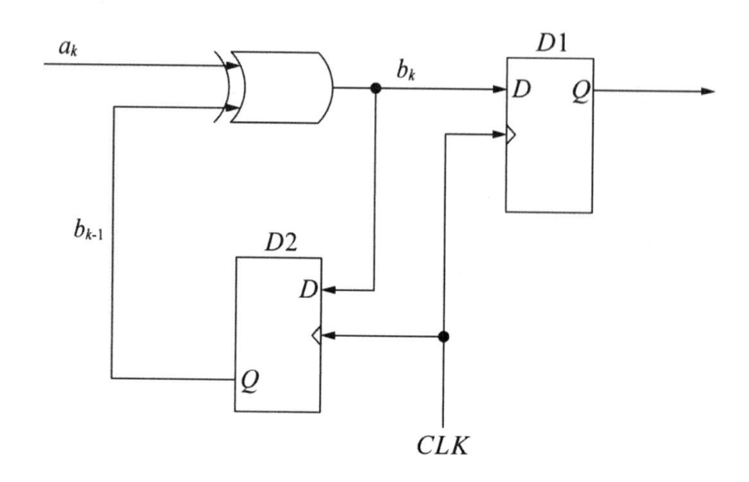

後端之 D 型正反器 D_1 是為了使其避免有追返的現象發生，而 D_2 則是作為延遲電路，CLK 則是 clock。

【第 2 題】

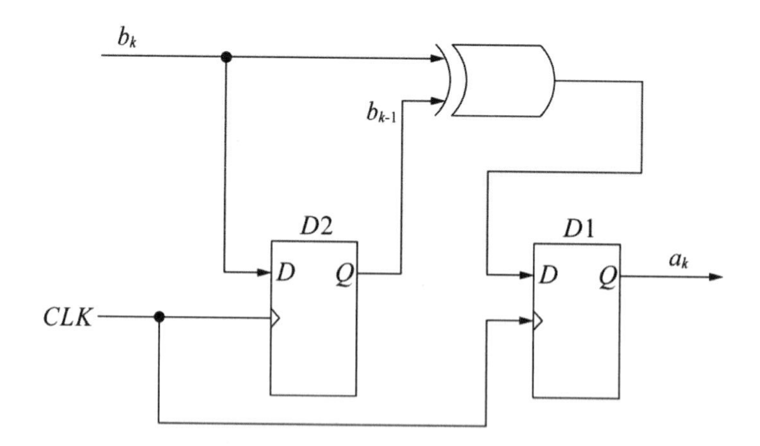

後端之 D 型正反器 D_1 是為了使其避免有追返的現象發生，而 D_2 則是作為延遲電路，CLK 則是 clock。

【第 3 題】

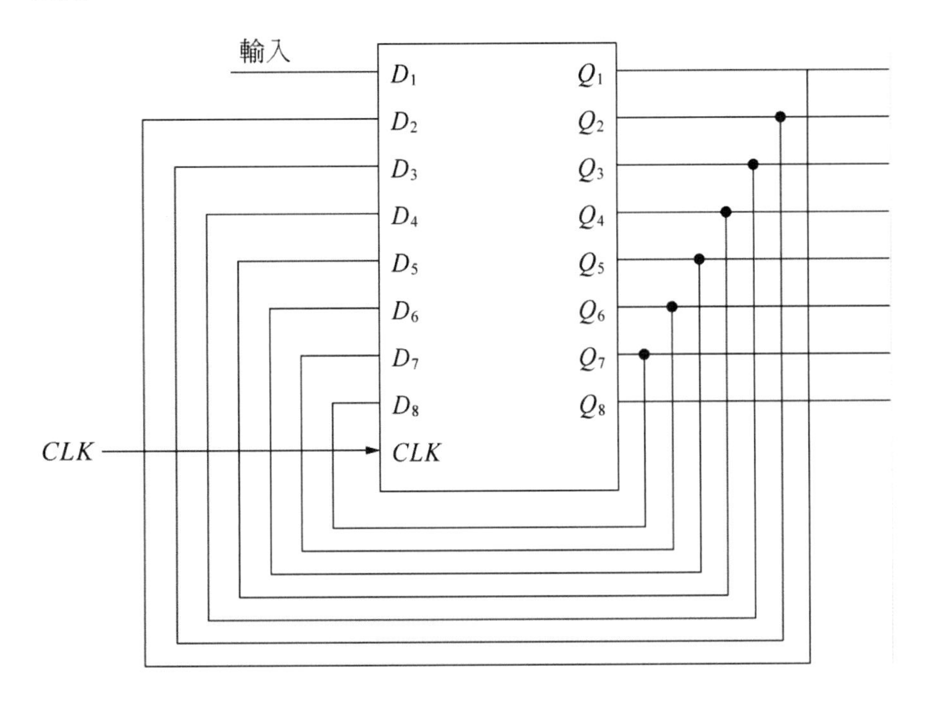

【第 4 題】

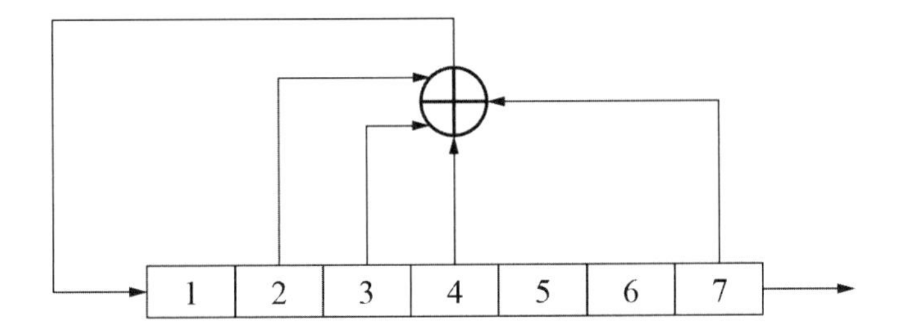

【第 5 題】

脈波 clock	移位暫存器內容	輸出
1	111	1
2	011	1
3	001	1
4	000	1
5	100	0
6	010	0

脈波 clock	移位暫存器內容	輸出
7	001	0
8	100	1
9	110	0
10	011	0
11	101	1
12	010	1
13	101	0
14	110	1
15	111	0
16	111	1

故輸出序列為 1111000010011010。

【第 6 題】

位移次數	移位暫存器內容	輸出
1	100	1
2	110	1
3	111	0
4	111	1
切換至 B 的位置		
5	011	0
6	001	0
7	000	1

CHAPTER 07

布林代數化簡法則與利用狀態變遷工具設計電路之方法

7-1 Quine-McCluskey 方法

範例 7-1 試簡化 $f(a,b,c,d)=\sum m(0,1,2,5,6,7,8,9,10,14)$。

步驟 1：將最小項中依 1 的個數加以分組

group 0	0	0 0 0 0
group 1	1	0 0 0 1
	2	0 0 1 0
	8	1 0 0 0
group 2	5	0 1 0 1
	6	0 1 1 0
	9	1 0 0 1
	10	1 0 1 0
group 3	7	0 1 1 1
	14	1 1 1 0

步驟 2：各 group 中相鄰組（亦即所有位元中只有一個位元的邏輯準位不同的比較組）做刪除動作，未做刪除者打 v

group 0′	0,1	0 0 0 −	
	0,2	0 0 − 0	
	0,8	− 0 0 0	
group 1′	1,5	0 − 0 1	v
	1,9	− 0 0 1	
	2,6	0 − 1 0	
	2,10	− 0 1 0	
	8,9	1 0 0 −	
	8,10	1 0 − 0	
group 2′	5,7	0 1 − 1	v
	6,7	0 1 1 −	v
	6,14	− 1 1 0	
	10,14	1 − 1 0	

⇒

0,1,8,9	− 0 0 −
0,2,8,10	− 0 − 0
~~0,8,1,9~~	~~− 0 0 −~~
~~0,8,2,10~~	~~− 0 − 0~~
2,6,10,14	− − 1 0
~~2,10,6,14~~	~~− − 1 0~~

步驟 3：最後結果做 OR，因此得 $f=\overline{a}\overline{c}d+\overline{a}bd+\overline{a}bc+\overline{b}\overline{c}+\overline{b}\overline{d}+c\overline{d}$

(1,5) (5,7) (6,7)(0,1,8,9)(0,2,8,10)(2,6,10,14)

為什麼(0,1,8,9)是 $\overline{b}\overline{c}$ 呢？由卡諾圖可得在 0,1,8,9 格中的確可得到 $\overline{b}\overline{c}$ 的結果。其他的各項也是由卡諾圖得到的

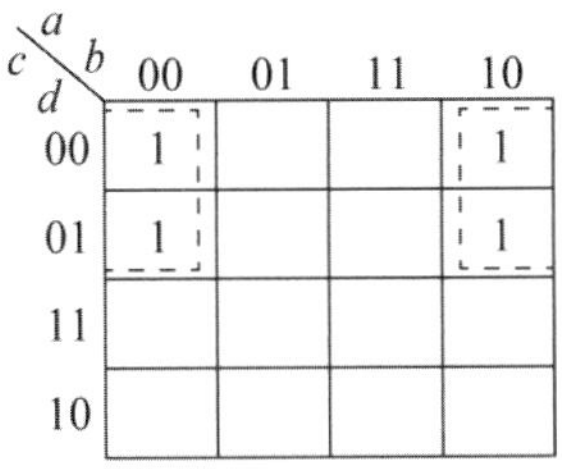

cd \ ab	00	01	11	10
00	1			1
01	1			1
11				
10				

步驟 4：利用 Prime Implicant Chart

	0	1	2	3	4	5	6	7	8	9	10	11	12	13	14
(0,1,8,9) $\overline{b}\overline{c}$	×	×							×	×					
(0,2,8,10) $\overline{b}\overline{d}$	×		×						×		×				
(2,6,10,14) $c\overline{d}$			×				×				×				×
(1,5) $\overline{a}\overline{c}d$		×				×									
(5,7) $\overline{a}bd$						×		×							
(6,7) $\overline{a}bc$							×	×							

(1) 因 $f(a,b,c,d)=\sum m\,(0,1,2,5,6,7,8,9,10,14)$，所以先對 0,1,2,5,6,7,8,9,10,14 做縱向觀察。假如行中只有一個×，則該對應列之表示項為必須最小項，如第 9 行及第 14 行，所以對應列的組合為 $\overline{b}\overline{c}+c\overline{d}$，是必須項。

(2) 先以必須最小項所在處做交越刪除，選擇項目使得能將行及列之×刪除(cross)。亦即將 9 與 14 的×所在處做橫向劃線，被劃中的×分別再以該×的縱向劃線，如此得到被劃中的×均是被刪除的。剩下沒被劃到的×即是剩下的最小項。

(3) 再選其他最小項以使得能將交越刪除後之最小項減至最少項，例如選 $\bar{a}bd$ 。

步驟 5： 將所有選擇最小項做 OR 運算

$\therefore f=\bar{b}\bar{c}+c\bar{d}+\bar{a}bd$

7-2 Patrick's Method

當變數的數目增多時，則 prime implicant 的數目及 prime implicant chart 的複雜度將明顯的增加。若這種情形下為了解得到最小項之所嘗試錯誤的將是非常龐大。此時可以用 Patrick's 方法來加以求得最小項的和。

範例 7-2 求 $f=\Sigma m(0,1,2,5,6,7)$ 之最小項。

解答 (1) 先將數字所代表位元，依 1 的個數加以分組。

0	0	0	0
1	0	0	1
2	0	1	0
5	1	0	1
6	1	1	0
7	1	1	1

(2) 再將各組中相鄰的組分別刪去可對消之項。

(0,1)	0	0	–
(0,2)	0	–	0
(1,5)	–	0	1
(2,6)	–	1	0
(5,7)	1	–	1
(6,7)	1	1	–

(3) 將位元寫成變數表示式。

	0	1	2	5	6	7
(0,1) $\overline{a}\overline{b}$	×	×				
(0,2) $\overline{a}\overline{c}$	×		×			
(1,5) $\overline{b}c$		×		×		
(2,6) $b\overline{c}$			×		×	
(5,7)ac				×		×
(6,7)ab					×	×

(4) 若我們令 $P_1=\overline{a}\overline{b}$，$P_2=\overline{a}\overline{c}$，$P_3=\overline{b}c$，$P_4=b\overline{c}$，$P_5=ac$，及 $P_6=ab$，則

	0	1	2	5	6	7
P_1(0,1) $\overline{a}\overline{b}$	×	×				
P_2(0,2) $\overline{a}\overline{c}$	×		×			
P_3(1,5) $\overline{b}c$		×		×		
P_4(2,6) $b\overline{c}$			×		×	
P_5(5,7)ac				×		×
P_6(6,7)ab					×	×

(5) 將每一行做 OR 後再與其他各行做 AND，即

$$P=(P_1+P_2)(P_1+P_3)(P_2+P_4)(P_3+P_5)(P_4+P_6)(P_5+P_6)$$

利用 $(X+Y)(X+Z)=X+YZ$ 公式得

$$\begin{aligned}P&=(P_1+P_2P_3)(P_4+P_2P_6)(P_5+P_3P_6)\\&=(P_1P_4+P_1P_2P_6+P_2P_3P_4+P_2P_3P_6)(P_5+P_3P_6)\\&=P_1P_4P_5+P_1P_2P_5P_6+P_2P_3P_4P_5+P_2P_3P_5P_6+P_1P_3P_4P_6+\\&\quad P_1P_2P_3P_6+P_2P_3P_4P_6+P_2P_3P_6\end{aligned}$$

利用 $X+XY=X$

$$P=P_1P_4P_5+P_1P_2P_5P_6+P_2P_3P_4P_5+P_1P_3P_4P_6+P_2P_3P_6$$

(6) 選擇所有解中乘積數最少者即為其解。

在上述中 $P_1P_4P_5$ ，$P_1P_2P_5P_6$，$P_2P_3P_4P_5$，$P_1P_3P_4P_6$ 及 $P_2P_3P_6$ 均為其解，然而 $P_1P_4P_5$ 及 $P_2P_3P_6$ 之乘積數為最少，因此真正簡化之函數為 $P_1P_4P_5$ 或 $P_2P_3P_6$

亦即 $f=\bar{a}\bar{b}+b\bar{c}+ac$

或 $f=\bar{a}\bar{c}+\bar{b}c+ab$

均為其解。

上述方法亦可適用於 don't care 項中，其中將 don't care 亦視為須交越刪除的一分子。

範例 7-3 試簡化布林代數 $f(a,b,c,d)=\sum m(2,3,7,9,11,13)+\sum d(1,10,15)$。

解答

1	0	0	0	1
2	0	0	1	0
3	0	0	1	1
9	1	0	0	1
10	1	0	1	0
7	0	1	1	1
11	1	0	1	1
13	1	1	0	1
15	1	1	1	1

⇒

(1,3)	0	0	–	0
(1,9)	–	0	0	1
(2,3)	0	0	1	–
(2,10)	–	0	1	0
(3,7)	0	–	1	1
(3,11)	–	0	1	1
(9,11)	1	0	–	1
(9,13)	1	–	0	1
(10,11)	1	0	1	–
(7,15)	–	1	1	1
(11,15)	1	–	1	1
(13,15)	1	1	–	1

⇒

(1,3,9,11)	–	0	–	1
(2,3,10,11)	–	0	1	–
(3,7,11,15)	–	–	1	1
(9,11,13,15)	1	–	–	1

⇓

	1	2	3	7	9	10	11	13	15
(1,3,9,11) $\bar{b}d$	×		×		×		×		
(2,3,10,11) $\bar{b}c$		×	×			×	×		
(3,7,11,15) cd			×	×			×		×
(9,11,13,15) ad					×		×	×	×

⇓

省略 don't care 項，亦即不管 1,10 及 15 三項省略題目中的 d (1,10,15)中之 1,10 及 15。

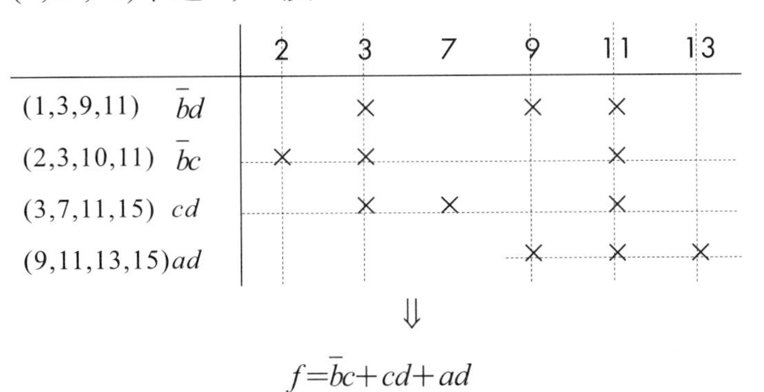

		2	3	7	9	11	13
(1,3,9,11)	$\bar{b}d$		×		×	×	
(2,3,10,11)	$\bar{b}c$	×	×			×	
(3,7,11,15)	cd		×	×		×	
(9,11,13,15)	ad				×	×	×

⇓

$$f=\bar{b}c+cd+ad$$

7-3 ASM (Algorithm State Machine)

對一個數位系統的邏輯設計機制，如圖 7-1 所示，一般切分為二個入口(Entities)，即一個控制器以及一個被控制的架構（又稱資料處理器）。一個完美定義的程序包括了能夠解決問題的有限數目的步驟，稱之為演算法。因此，一個控制器又可以視為是一個硬體演算法，通常它又被稱為演算狀態機(Algorithm State Machine)，簡稱為 ASM。

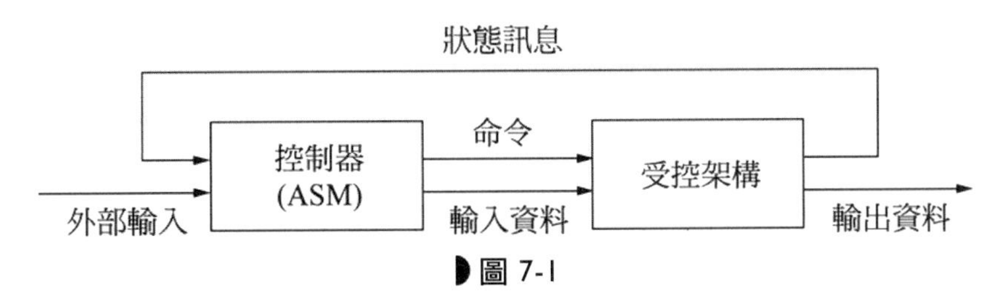

圖 7-1

ASM 是一種做為設計有限狀態機制的方法，它是用來表示數位積體電路的方塊圖(Diagram)。ASM 看起來很像是狀態圖，但是它是較為不正式的，但卻是較容易能加以理解的。事實上，ASM 圖是一種描述數位系統序列運作的一種方法。

事實上，圖 7-1 可以改繪成如圖 7-2 的型式，而一個 ASM 的模型則可以圖 7-3 加以建立。

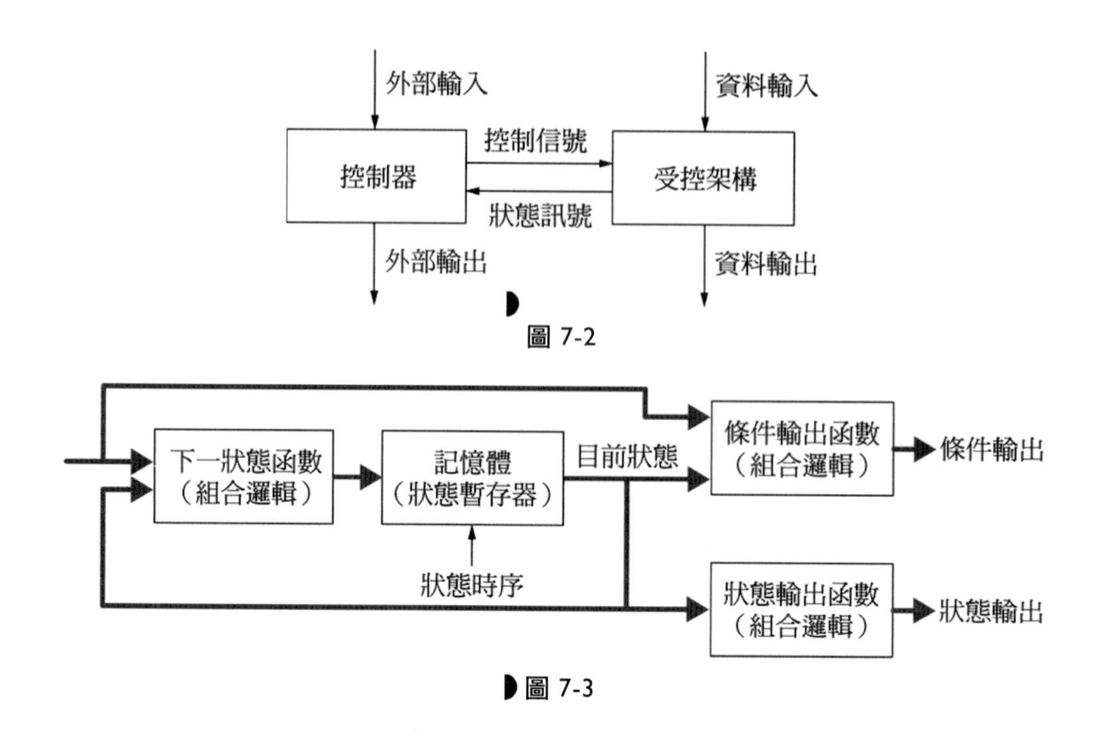

圖 7-2

圖 7-3

ASM 方法是由下列幾個步驟所構成的

(1) 使用虛擬碼來創建一個演算法以描述元件所要的運作。

(2) 轉換虛擬碼為 ASM 圖。

(3) 以 ASM 圖為基礎設計資料路徑(Data Path)。

(4) 以資料路徑為基礎，建立一個更詳細的 ASM 圖。

(5) 依照更詳細的 ASM 圖設計控制邏輯。

而所謂資料路徑，我們將會在後續的摩爾電路與密雷電路中發現，其實就是其變遷狀態資訊。

一個 ASM 是由三個基本元素所加以交織組成的，這三種元素分別為狀態描述、條件檢查，以及條件輸出。所謂 ASM 狀態描述是由一個長方形方塊來加以表示。一個長方形狀態相對於一個規則性狀態或有限狀態機制圖中的一種狀態。在狀態這個方塊的外面，其左上角同時也標示出狀態的功能命名，如圖 7-4 所示。而電路型式的功能則置放在方塊的裡面。

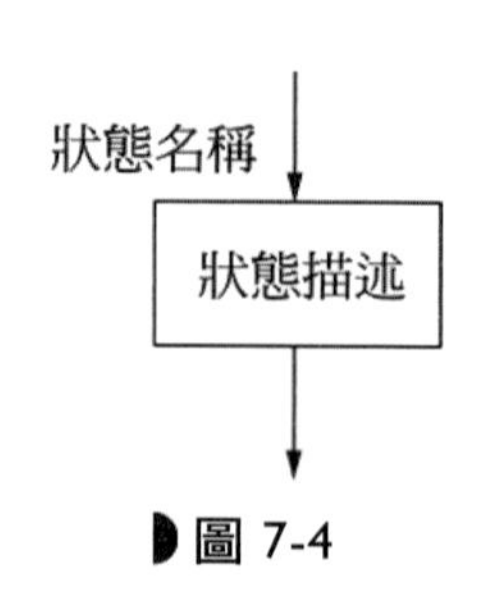

圖 7-4

狀態方塊有一個名稱，以及列出輸出，這些輸出又稱為同步輸出或摩爾(Moore)型式輸出，其詳細描述則如圖 7-5 所示。

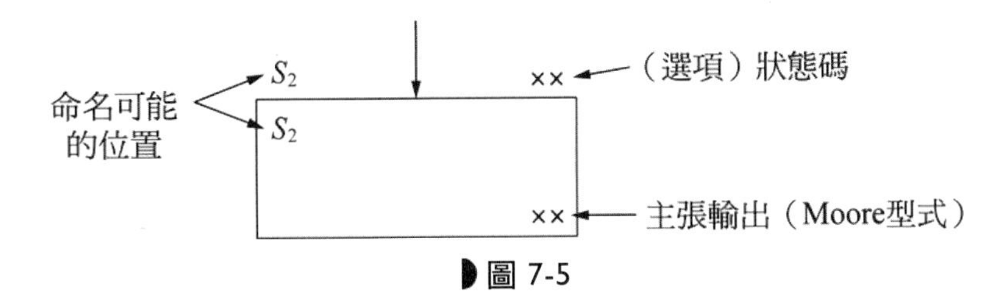

圖 7-5

ASM 條件檢查是由一個具有單輸入，以及雙輸出（真或偽）的鑽石形態來加以表示，它是用來做為兩個狀態，或一狀態與一條件輸出之間的有條件性轉換。此一決策方塊之中包含了用來測試描述的狀態條件，而描述的內容，則包含了一個或更多個流程圖的輸入。條件輸出方塊代表密雷型式的輸出信號。

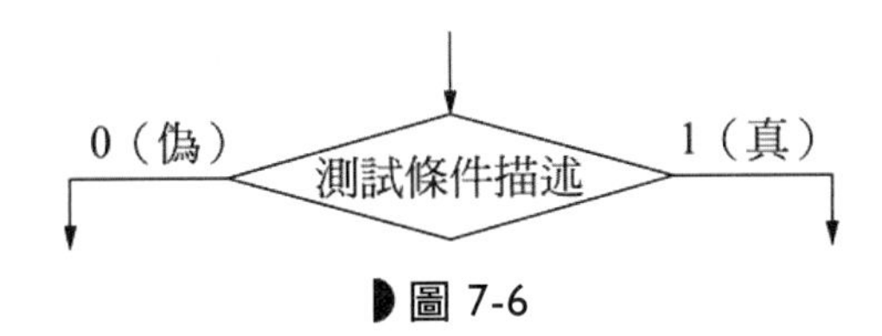

圖 7-6

在多條件分支的狀況下，條件檢查也可以是以鑽石型的形狀來加以描述，如圖 7-7 所示。

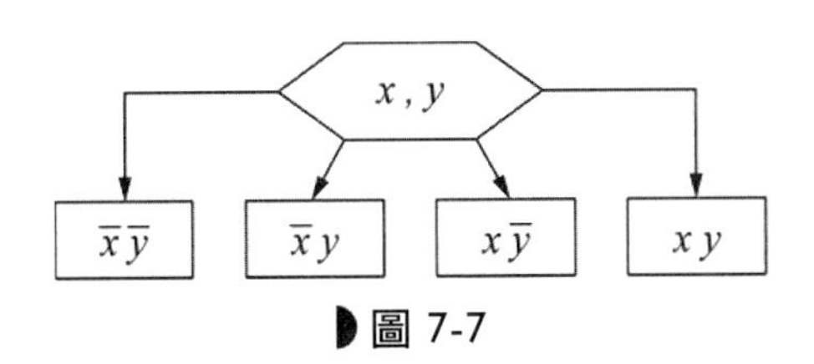

圖 7-7

條件輸出方塊則是以 來加以表示，如圖 7-8 所示。只要一個電路所要的運作曾被加以描述，則我們便可以獲得資料元件。因為每一個變數都會被指定一個值，而每一個單一變數都可以視為一個暫存器。當我們指定一個值給某一變數時，依據功能性運作的執行，此一變數之暫存器可以做為一個前進(Straight Forward)暫存器、移位暫存器、計數器，或由組合邏輯方塊表示之暫存器（如加法器、減法器、多工器等）。只要資料路徑已被設計，則 ASM 圖便可以轉換成更詳細的 ASM 圖。

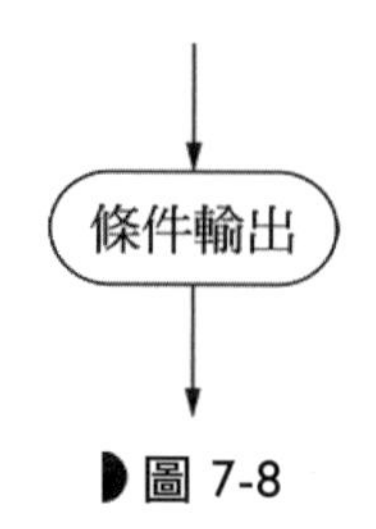

圖 7-8

對 ASM 而言，若兩個 ASM 稱為無效的，則：

(1) 在狀態方塊中具有相同的狀態輸出命名

(2) 對每一輸入值的設定中

 (a) 相同的下一狀態被加以選擇

 (b) 輸出變數相同集合的命名均存在條件輸出方塊集合中

例如下面三個範例是分別無效的。

範例 7-4

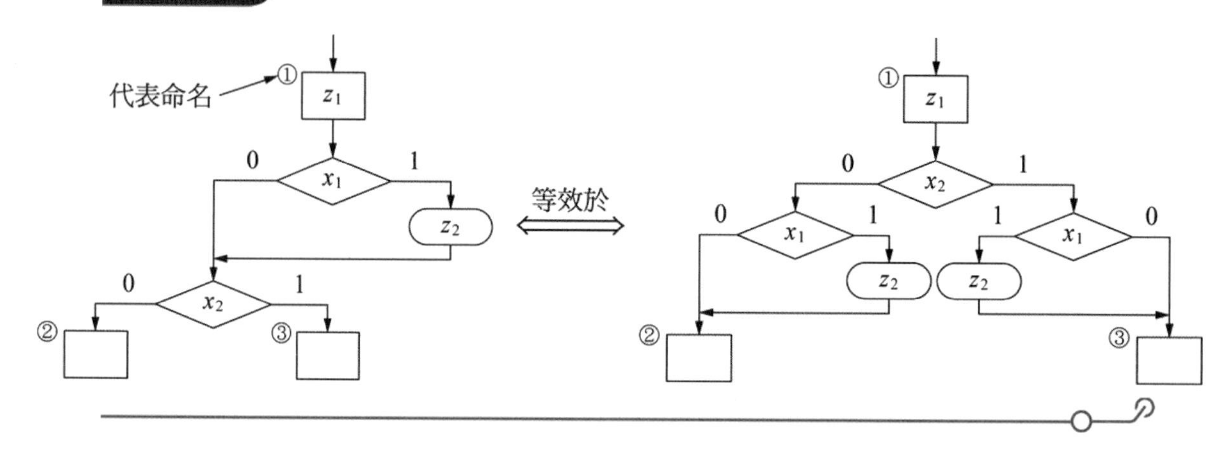

範例 7-5

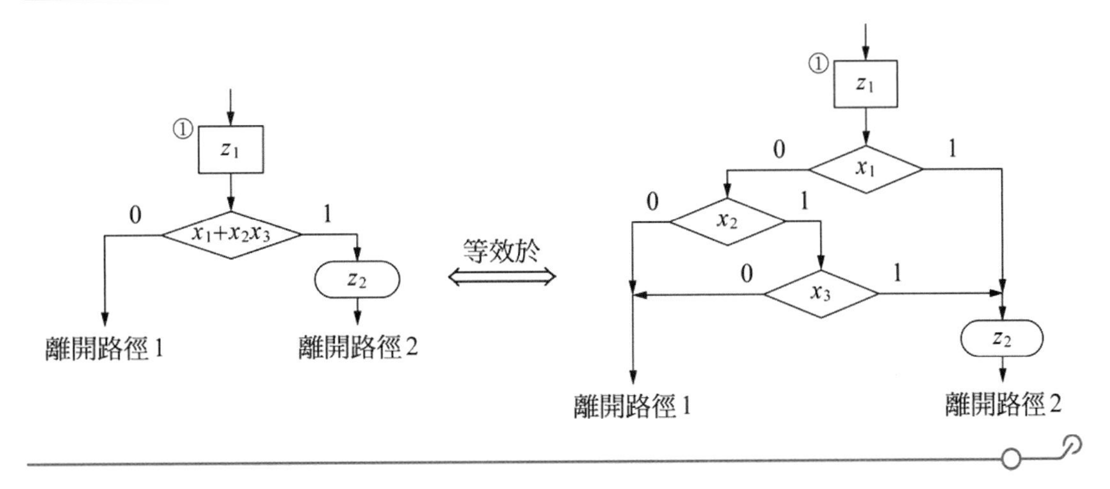

①
z_1
0
$x_1+x_2x_3$
1
z_2
離開路徑 1
離開路徑 2
等效於
①
z_1
0
x_1
1
0
x_2
1
0
x_3
1
z_2
離開路徑 1
離開路徑 2

範例 7-6

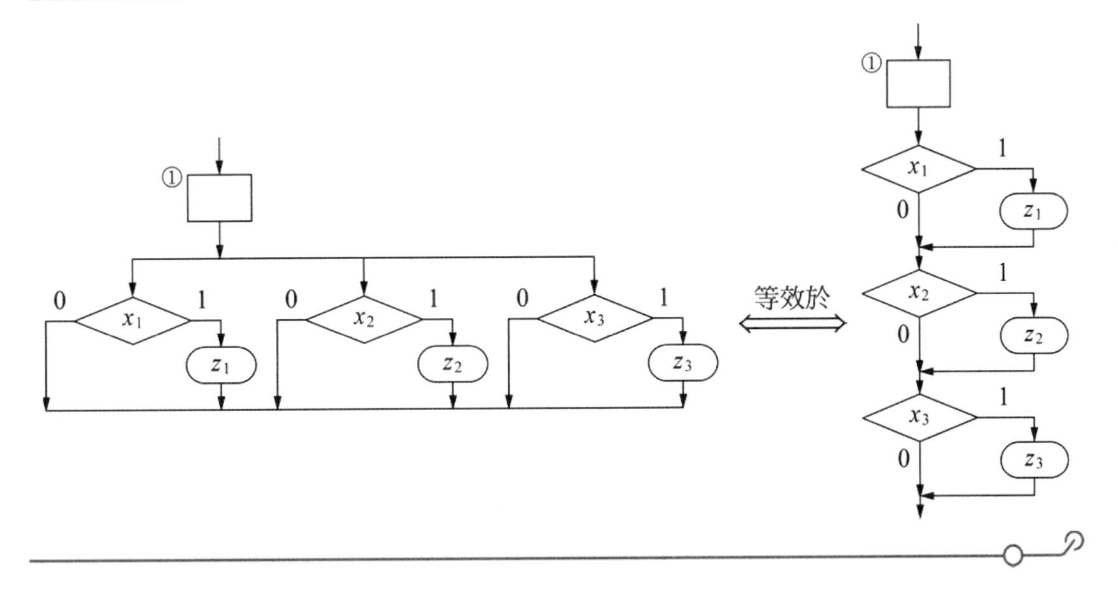

①
0
x_1
1
z_1
0
x_2
1
z_2
0
x_3
1
z_3
等效於
①
x_1
1
z_1
0
x_2
1
z_2
0
x_3
1
z_3
0

範例 7-7 下列圖形是不正確的 ASM。

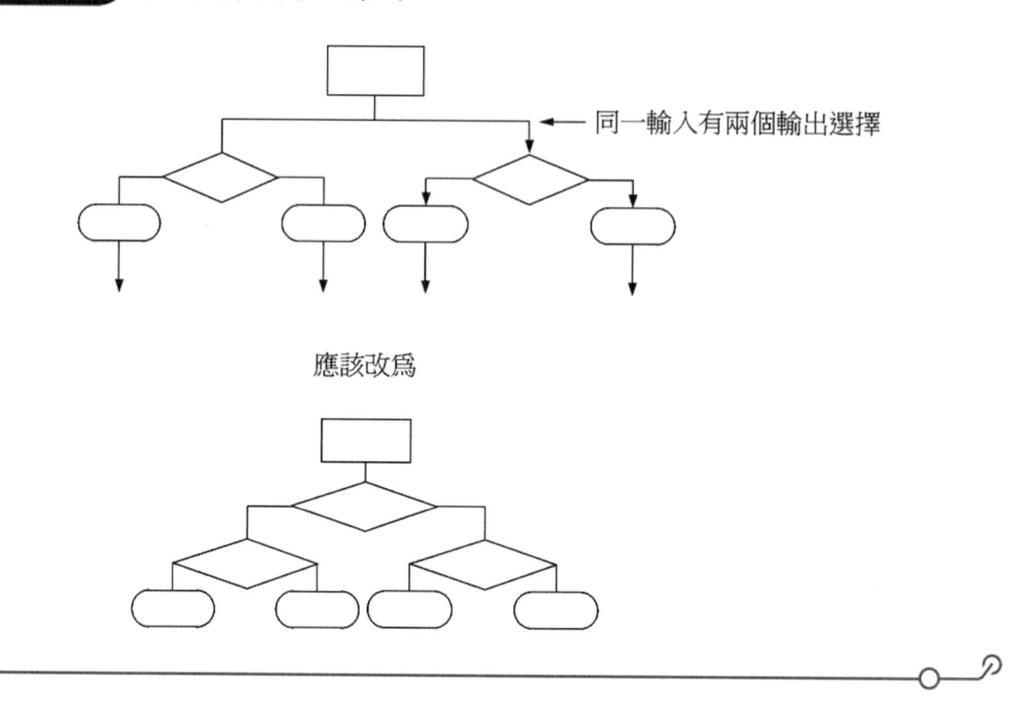

範例 7-8 下列圖形是不正確的 ASM。

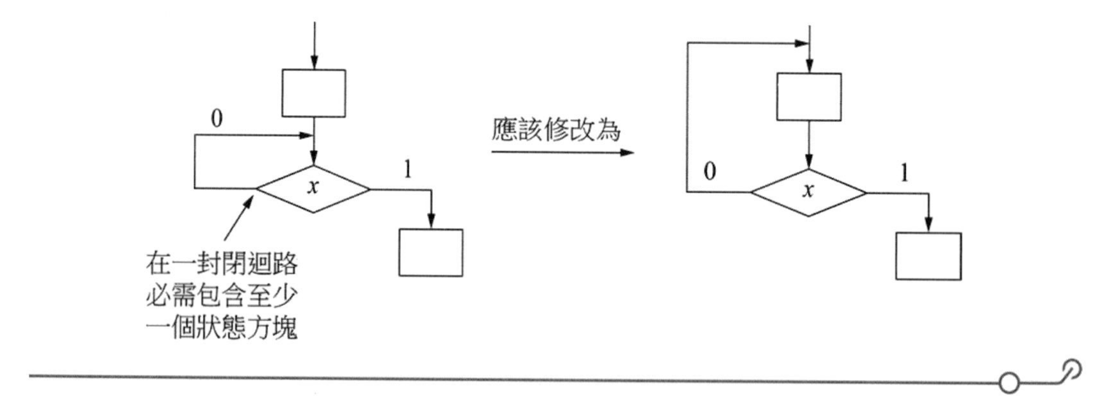

接著我們來看幾個 ASM 實際應用的範例。

範例 7-9 若有一如下所示的虛擬碼。

$B=0;$

while $A \neq 0$ do

if $a_0 = 1$ then

$B = B + 1$

end if

right shift A;

end while

則其相對應的 ASM 圖如下

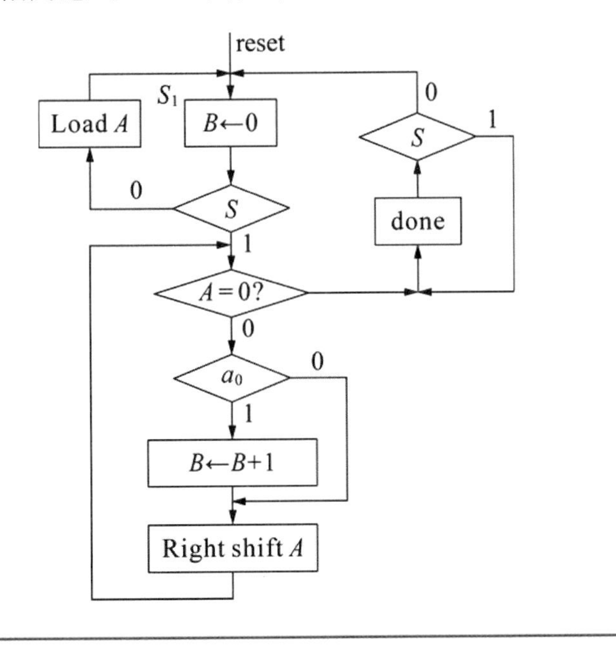

範例 7-10 以 ASM 圖表示十進制 13×11 的流程。

解答 假設是無符號數值運算，由二進制可知，若乘數的位元為 0，則乘數將跳過至下一個位元。這如同乘數不動，被乘數左移一個位元。

```
       1101 ←— 被乘數
   ×   1011 ←— 乘數
   ────────
       1101
      1101
     0000
    1101
  ─────────
   10001111 ←— 積
```

即虛擬碼可寫為

$P=0$;

for $i=0$ to $n-1$ do

  if $b_i=1$ then

    $P=P+A$

  end if

  Left shift A

end for

此時的 ASM 如下所示

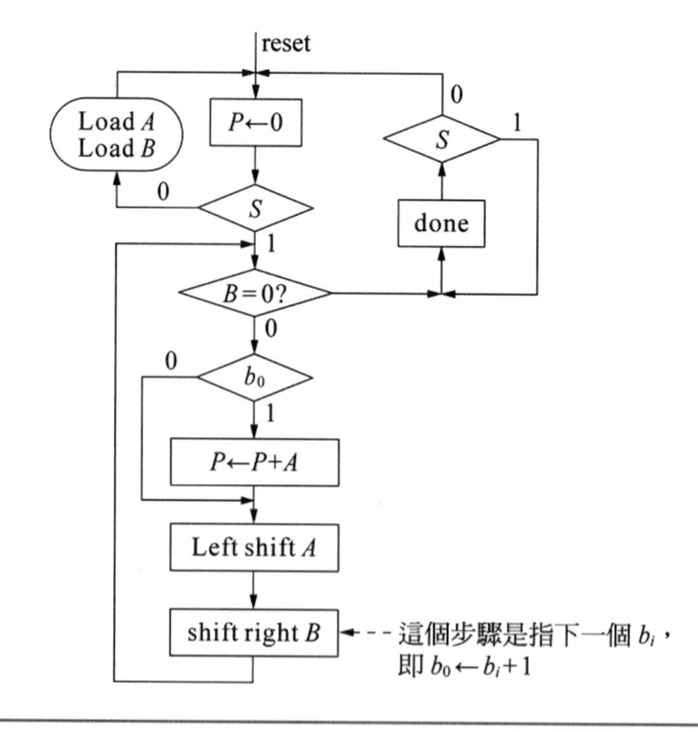

範例 7-11 試以 ASM 表示平均值。

解答 平均值的虛擬碼如下

$sum = 0$;

for $i = k-1$ down to 0 do

$sum = sum + R_i$;

end for

$M = sum / k$;

因此 ASM 如下所示

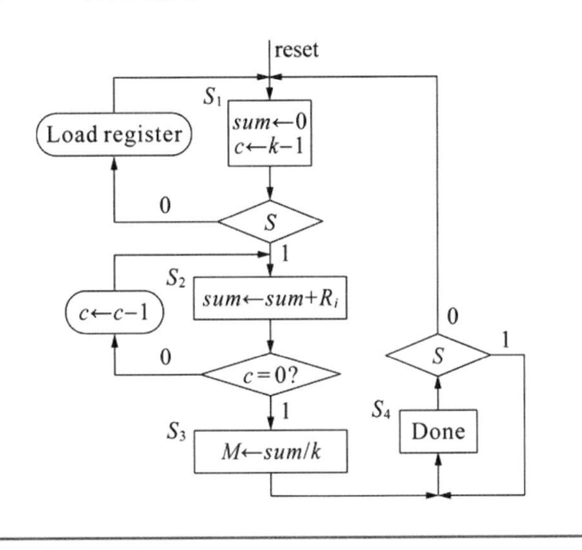

範例 7-12 現在我們以十進制 15 除以 9 的範例，來看如何以 ASM 表示之。

解答 以二進制可以看出

```
               0 0 0 0 1 1 1 1  ← Q
B → 1 0 0 1 ) 1 0 0 0 1 1 0 0  ← A
                  1 0 0 1
                ---------------
                  1 0 0 0 1
                    1 0 0 1
                ---------------
                    1 0 0 0 0
                      1 0 0 1
                ---------------
                        1 1 1 0
                        1 0 0 1
                ---------------
                          1 0 1  ← R
```

若以虛擬碼表示則為

$R = 0;$

for $i = 0$ to $n-1$ do

Left shift R XOR A

if $R \ge B$ then

$q_i = 1$

$R = R - B$

else

$q_i = 0$

end if

end for

因此 ASM 為

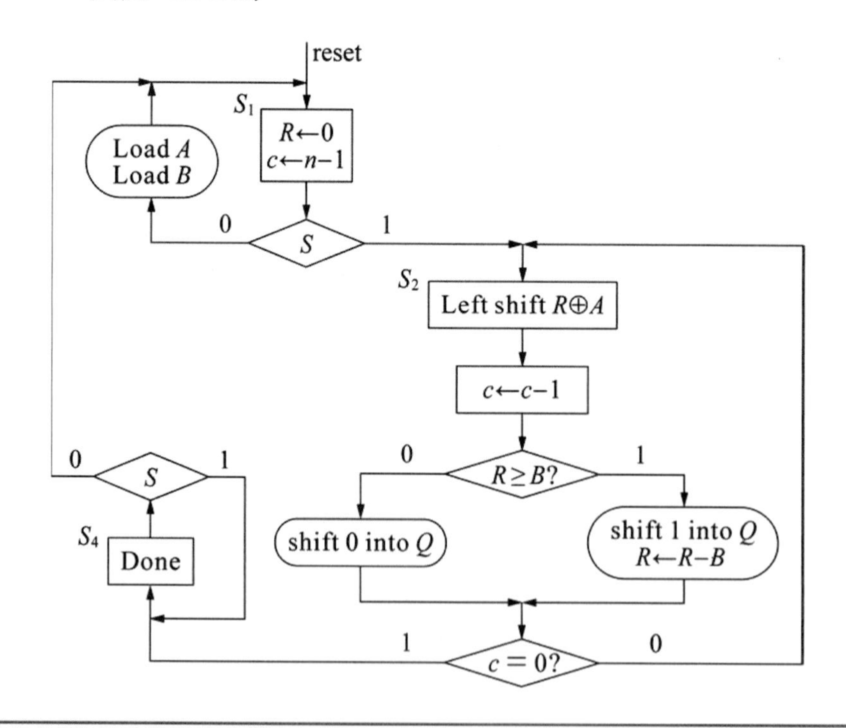

然而，傳統的 ASM 圖有如下的缺點：

(1) 它們使用兩種不同的方塊來指定無條件運算（長方形方塊），以及條件運算（橢圓形方塊）。這會引起特定的混淆，以及事實上，在想要能夠來配合它想要植入的功能之不同的運算順序時，它限制了設計者的選擇。

(2) 基於先前敘述的理由，長方形方塊有兩種不同的意義：它除了用來做為無條件運算外，又同時指出每種型態或時序週期(clock Cycle)的開始。就因為這個理由，條件運算無法透過長方型方塊被加以表達，致使做為狀態邊界中間共序(Immediate Consequence)將會變得非常不明確，造成它通常需要使用包含在每一個時序週期內被加以執行的所有運算之 ASM 方塊。

(3) 這些圖形的表示通常使用兩種不同的指定運算元：一個等號(=)代表一個信號在一時序週期中所獲得的值；而箭頭或延遲運算元代表一個在時序週期結束端，一個信號將會得到一個值，並將其儲存做為未來之用。前者導致組合邏輯，而後者要求正反器來儲存同步結果。然而，設計者必須讀出每一個方塊的內容以能了解這兩種不同的行為。

(4) 最後，傳統 ASM 圖無法很清楚定義如何描述一些設計上的規格。例如：它不可能給出設計名字、它無法指出此一名稱，以及它內容信號或外部信號的寬度，在每一起始序列之後的值，或為了作為同步用的信號，而所有這些特徵通常都會被用來做為註解而被記錄下來。因此，這些圖僅是做為幫助設計者的一些提示，而無法被考慮用來做為完整描述數位電路的工具。

一個 ASM 也可以是獨自序列電路模組，此時便不需要資料處理器，且基本上，此一電路可以被模型化成一密雷電路或摩爾電路。因此，ASM 變成另一種近似於時序同步序列的電路模型。事實上，ASM 是序列電路的另一個名字。當序列電路被用來做為控制一個可實現一步接一步程序或演算法的數位系統時，則 ASM 常會被使用。它是流程圖的特殊型態，而使得 ASM 也同時被稱為狀態機流程圖，且用來描述一狀態機的行為。

摩爾機制

在計算理論上，摩爾機制是一有限狀態機制，它的輸出值是單獨由目前狀態所加以決定的。就一摩爾機制的狀態表而言，其輸出是對應到每一個狀態。大部分數位電子系統均被設計成具有時序的系統(Clocked Sequential System)。具時序的系統在摩爾機制上是被限制的，因為在每一個狀態的改變，僅發生在全域時脈(clock)信號改變之時。典型地，目前的狀態是被儲存在正反器之中，以及一個全域時脈信號則連接到正反器的時脈輸入。

時序系統是用來解決中間穩定(Metastability)問題的一種方法。一個典型的電氣摩爾機制包括了用來解碼目前狀態進入輸出狀態的組合邏輯鏈，以及使得輸出改變或不改變輸出的動作是同時的。在設計上，必須確保在一極短週期內沒有閃躍(Glitch)發生在輸出端。但大部分的系統設計是使得在短暫的轉態時間內，閃躍是可以被忽略或者是不相干的。之後，輸出便停留在相同指定位置上（例如：LED 持續亮著、功率連接到馬達上），直到摩爾機制再度改變。

一個摩爾機制基本上是六維的，其表示是由(S、S_0、Σ、$\wedge$、T、G)來加以表達，其組成如下所述：

(1) 狀態的有限集合 S；

(2) 起始狀態 S_0，它是 S 中的一個元素，即 $S_0 \in S$；

(3) 輸入字母的有限集合 Σ；

(4) 輸出字母的有限集合 $\wedge$；

(5) 映對到相關聯的下一狀態之一狀態以及輸入符號的轉態功能對應對

$$T : S \times \Sigma \rightarrow S$$

(6) 映對到相關聯下一輸出符號之一狀態以及輸入符號的輸出功能對應對

$$G : S \times \Sigma \rightarrow \wedge$$

其流程示意圖則如下所示：

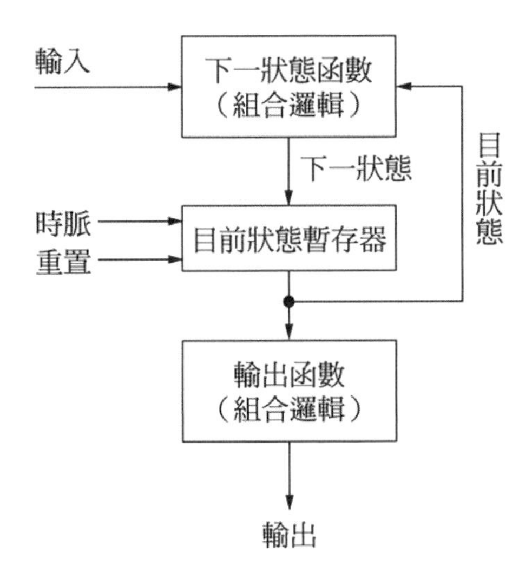

相對地，摩爾機制的狀態圖為

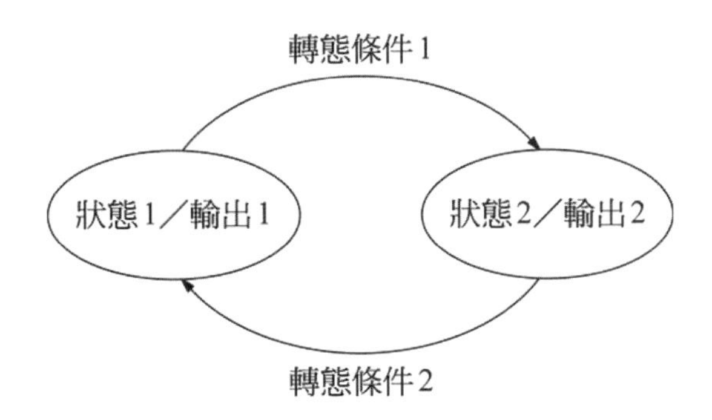

首先我們來看看摩爾電路狀態圖與 ASM 之間的關聯對照。

範例 7-13 若摩爾電路狀態圖如下圖所示：

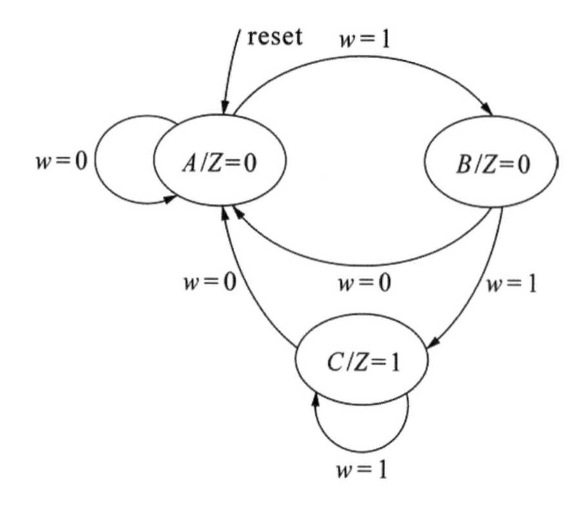

則其 ASM 如下圖所示：

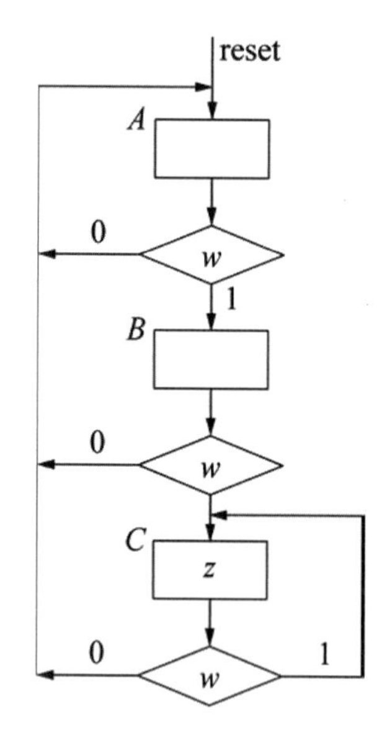

密雷機制

在計算理論上，密雷機制是一有限狀態機制。它的輸出值是由它目前狀態以及它的輸入值所共同加以決定的。就一密雷機制的狀態圖而言，它的狀態圖對應到每一個具有轉態邊緣(Transition Edge)的輸出值。密雷機制提供了一個做為記號機制的根本數學模型。如果考慮輸入及輸出字母，則密雷機制可以設計成一連串的字母。一個密雷機制基本上也是六維的，其表示為(S、S_0、Σ、$\wedge$、T、G)，其組成如下所述：

(1) 狀態的有限集合 S；

(2) 起始狀態 S_0，它是 S 中的一個元素，即 $S_0 \in S$；

(3) 輸入字母的有限集合 Σ；

(4) 輸出字母的有限集合 $\wedge$；

(5) 映對到相關聯的下一狀態之一狀態以及輸入符號的轉態功能對應對

$$T : S \times \Sigma \rightarrow S$$

(6) 映對到相關下一輸出符號之一狀態以及輸入符號的輸出功能對應對

$$G : S \times \Sigma \rightarrow \wedge$$

其流程示意圖則如圖 7-9 所示：

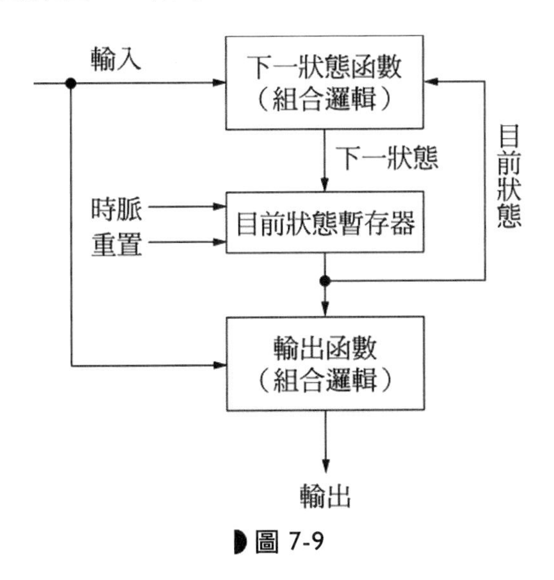

圖 7-9

相對地，密雷機制真正的表示狀態變遷圖則如圖 7-10 所示：

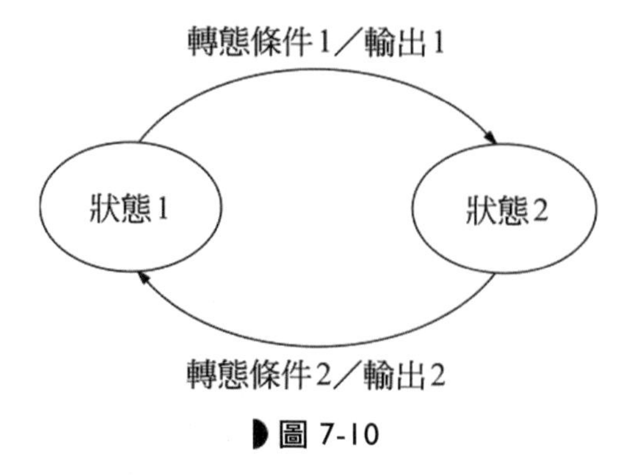

圖 7-10

範例 7-14 現在假設有一如下圖(a)所示之密雷電路狀態變遷圖，則其 ASM 如下圖(b)所示。

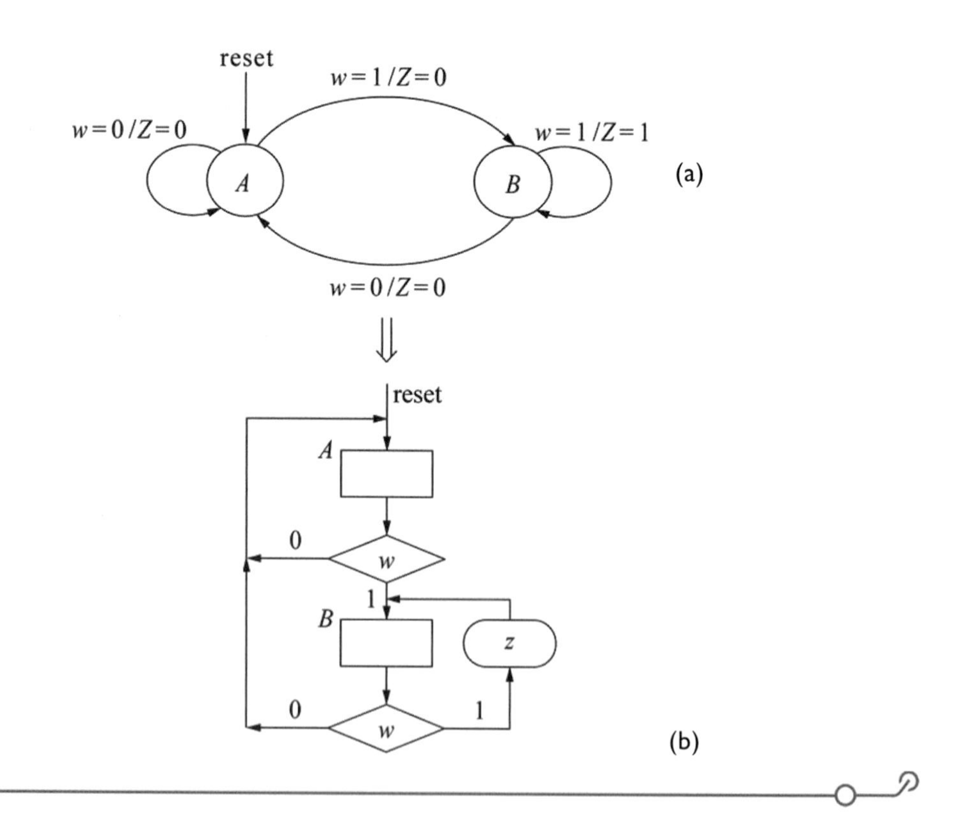

範例 7-15 現在假設有兩個 12 位元正整數 inA 及 inB 做為輸入相乘，以產生一個 24 位元的輸出 outP。則一有限的狀態機(Finite State Machine, FSM)將具有如下 12 個條件的加法。

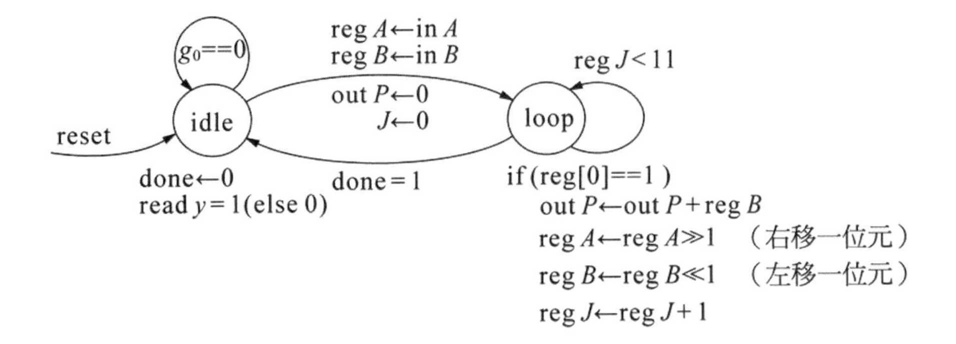

若將其轉成 ASM，則如下圖所示：

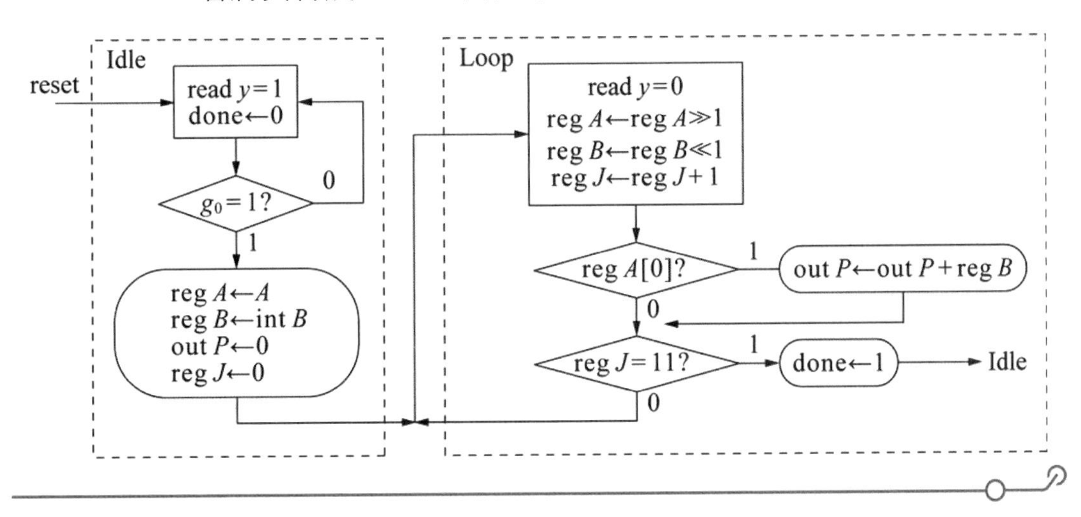

範例 7-16 如下圖(a)所示之運算功能，其中 P 在狀態 S_1 時以 0 的值被載入，而在 S_2 時則 P 的值是由加法器的輸出被載入。因此對 P 的每個輸入而言，2 到 1 的多工器是需要的，因此 ASM 則如下圖(b)所示。

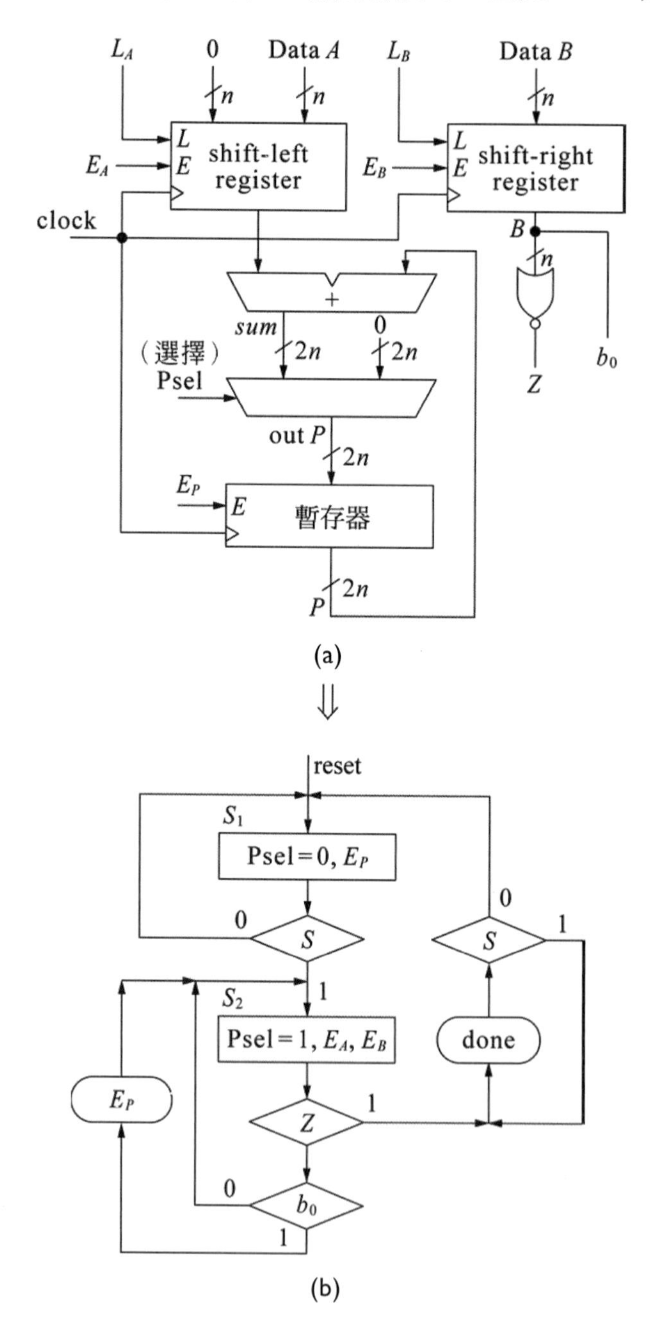

(a)

⇓

(b)

範例 7-17

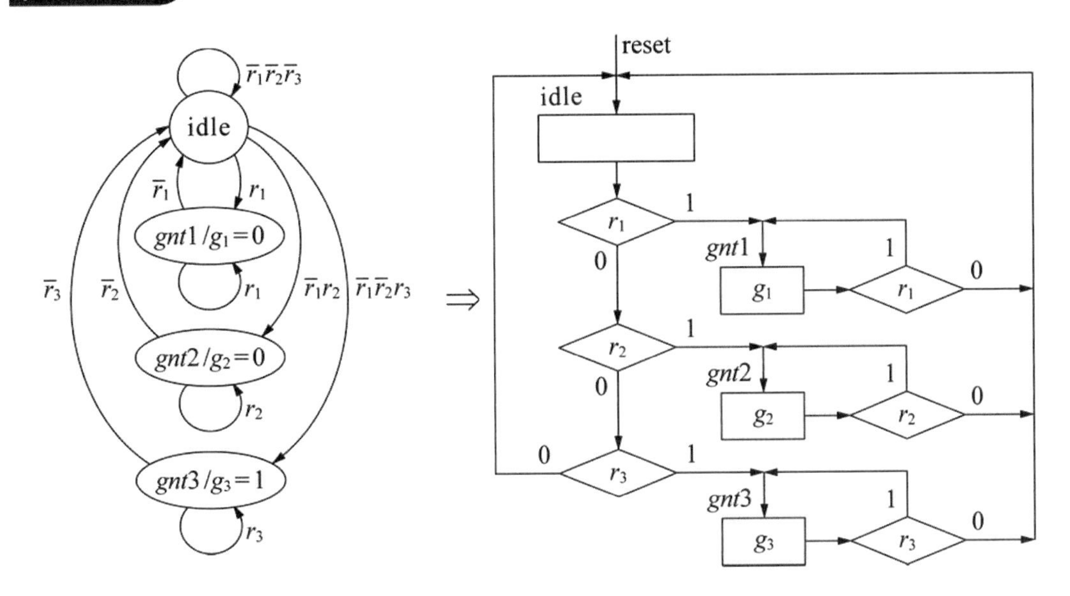

而下面這個範例則是練習由 ASM 轉成狀態變遷圖。

範例 7-18

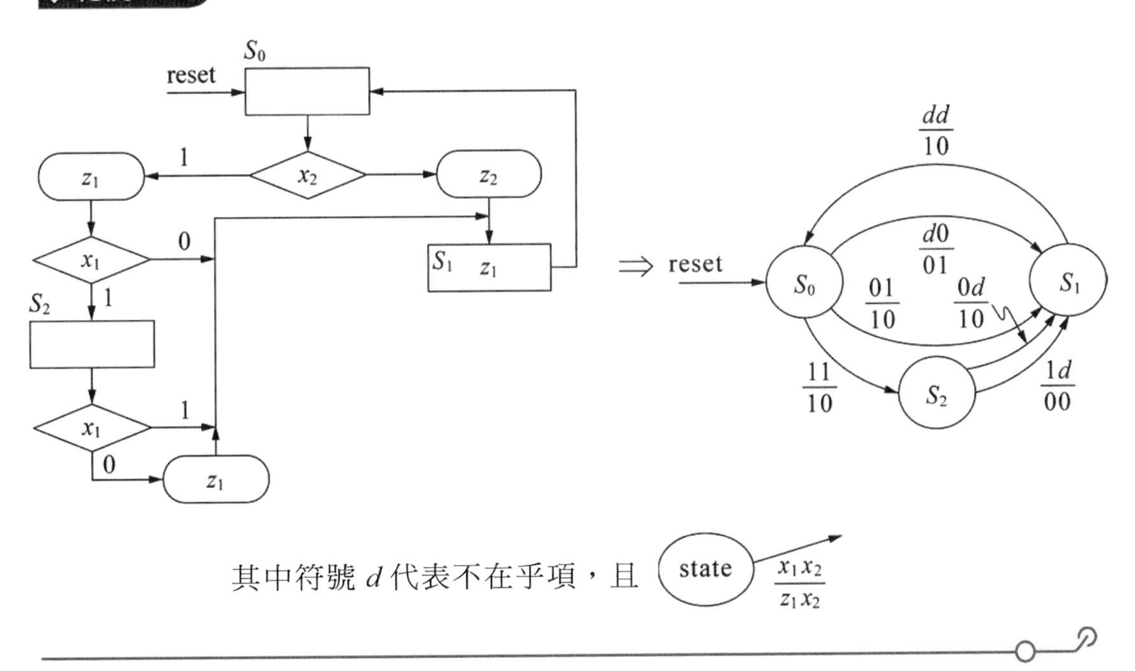

其中符號 d 代表不在乎項，且 state $\frac{x_1x_2}{z_1x_2}$

範例 7-19 若輸入序列為 $X=111000$，且其輸入與輸出關係圖如下所示，則試畫出 ASM 圖。其中 Z_a、Z_b、Z_c 為摩爾輸出，Z_1、Z_2 為密雷輸出，且所有狀態的改變均在脈波前緣觸發後立即發生。

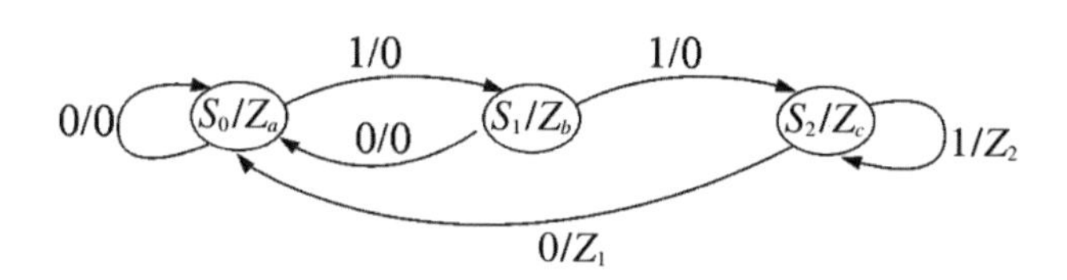

解答 令所有狀態的改變均在 clock 前緣觸發後立即發生，因此狀態圖如下所示。

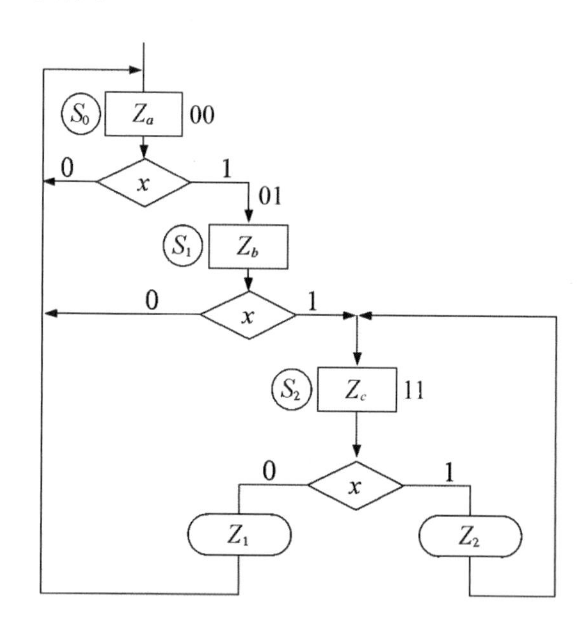

若輸入序列為 x=111000，一開始在 Z_a 狀態(Z_a=1)；第一個輸入為 x=1，所以在 Z_b 狀態(Z_b=1)；在第二個輸入時 x=1，則在 Z_c 狀態(Z_c=1)；第三個輸入為 1，則在 Z_c 狀態(Z_c=1)且輸出 Z_2（即 Z_2=1）。而第四個為 x=0，則回至 Z_a 狀態(Z_a=1)且輸出為 Z_1(Z_1=1)。之後 x 均為 0，所以在 Z_a狀態，而輸出均為 0。因此各狀態之輸出序列則如下圖如示。

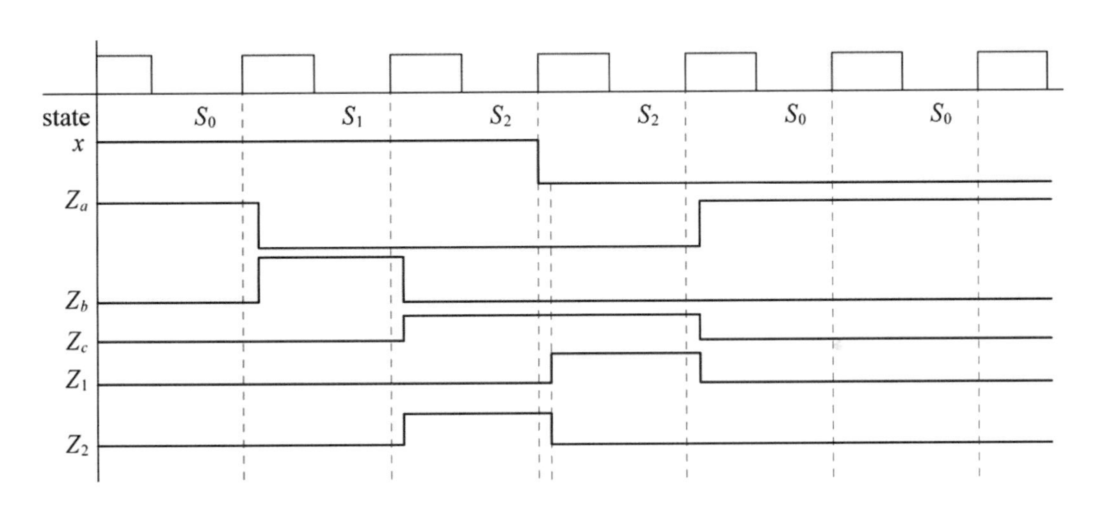
state
x
Z_a
Z_b
Z_c
Z_1
Z_2
S_0
S_1
S_2
S_2
S_0
S_0

ASM 圖如下：

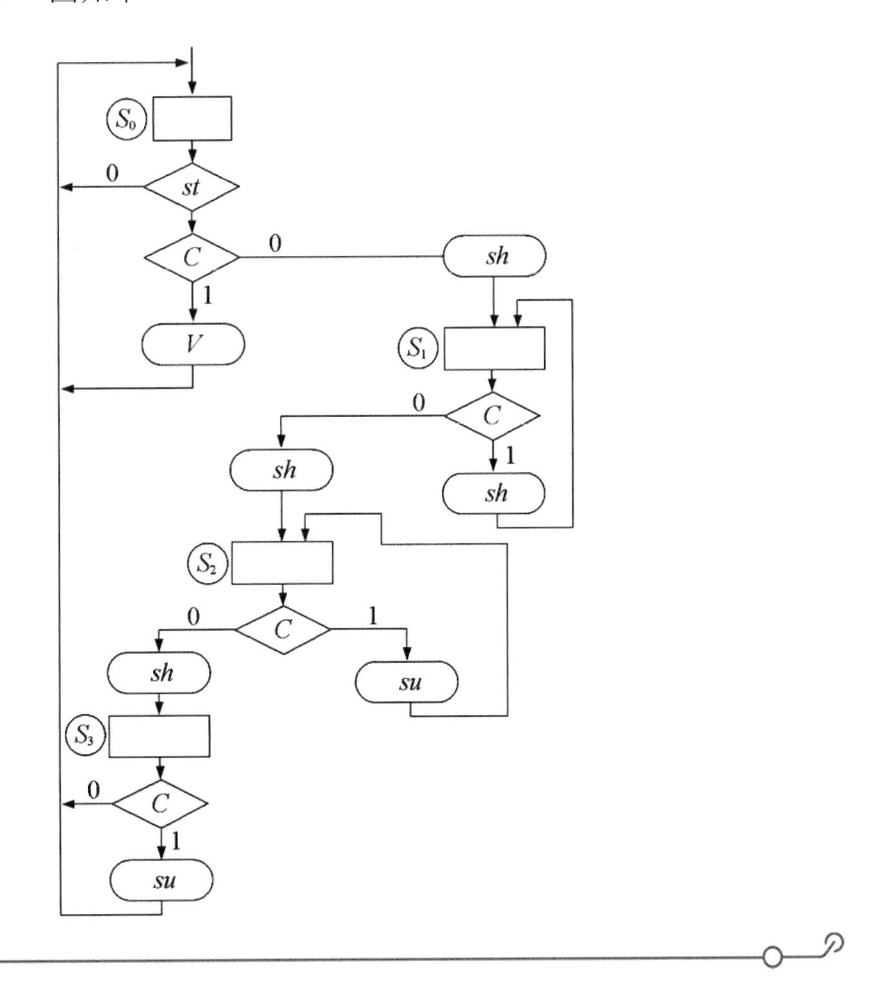
S_0
st
0
C
0
1
V
sh
S_1
C
0
1
sh
sh
S_2
C
0
1
sh
su
S_3
C
0
1
su

範例 7-20 並行乘法器

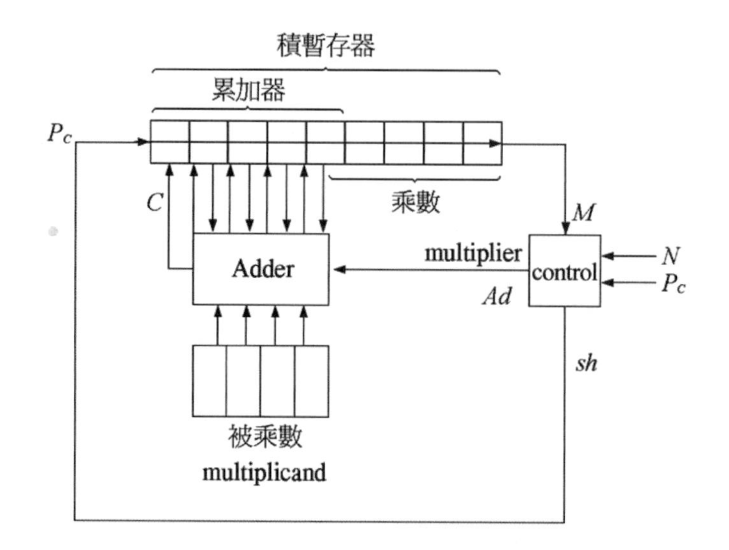

其中，Ad＝加法信號

sh＝位移信號

P_C＝時序脈波

M＝乘法位元

N＝起始信號

C＝進位

若為(1101)13×11(1011)，則詳細執行步驟為

步驟	說明	內容	
(1)	積暫存器起始內容	0 0 0 0 0 1 0 1 1	→ M＝1
(2)	因 M＝1，故相加	1 1 0 1	
(3)	加法之後	0 1 1 0 1 1 0 1 1	
(4)	移位	0 0 1 1 0 1 1 0 1	→ M＝1
(5)	因 M＝1 故做加法	1 1 0 1	
(6)	加法後	1 0 0 1 1 1 1 0 1	
(7)	移位	0 1 0 0 1 1 1 1 0	→ M＝0
(8)	M＝0 故 skip		
(9)	移位	0 0 1 0 0 1 1 1 1	→ M＝1
(10)	因 M＝1 故做加法	1 1 0 1	
(11)	加法後	1 0 0 0 1 1 1 1 1	
(12)	移位	0 1 0 0 0 1 1 1 1	

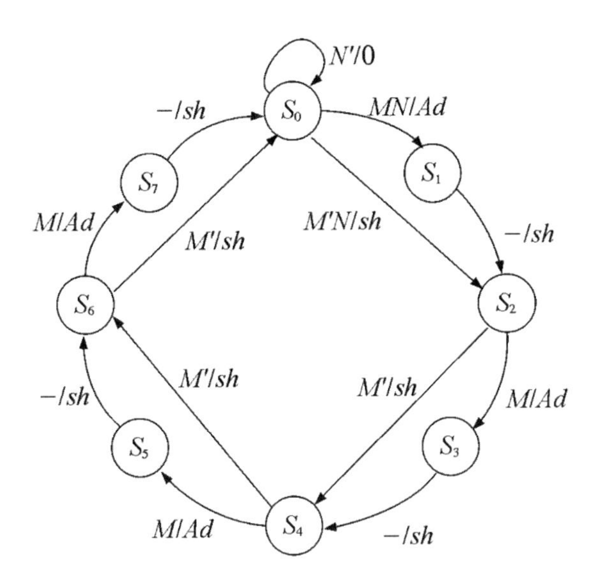

在狀態圖中，由 $S_0 \rightarrow S_0$ 的迴路代表 N=0。而 $S_0 \rightarrow S_1$ 則代表 N=1 且 M=1，因此做加法動作。$S_0 \rightarrow S_2$ 代表 N=1 且 M=0 故只做移位動作。$S_1 \rightarrow S_2$ 只做移位動作。之後，因早先 N=1 了，所以不再列入 N 的狀態。$S_2 \rightarrow S_3$ 因 M=1 故做加法動作，而 $S_3 \rightarrow S_4$ 則做移位處理。至於 $S_2 \rightarrow S_4$ 則因 M=0，所以只需移位。其餘以此類推。因此 ASM 圖為

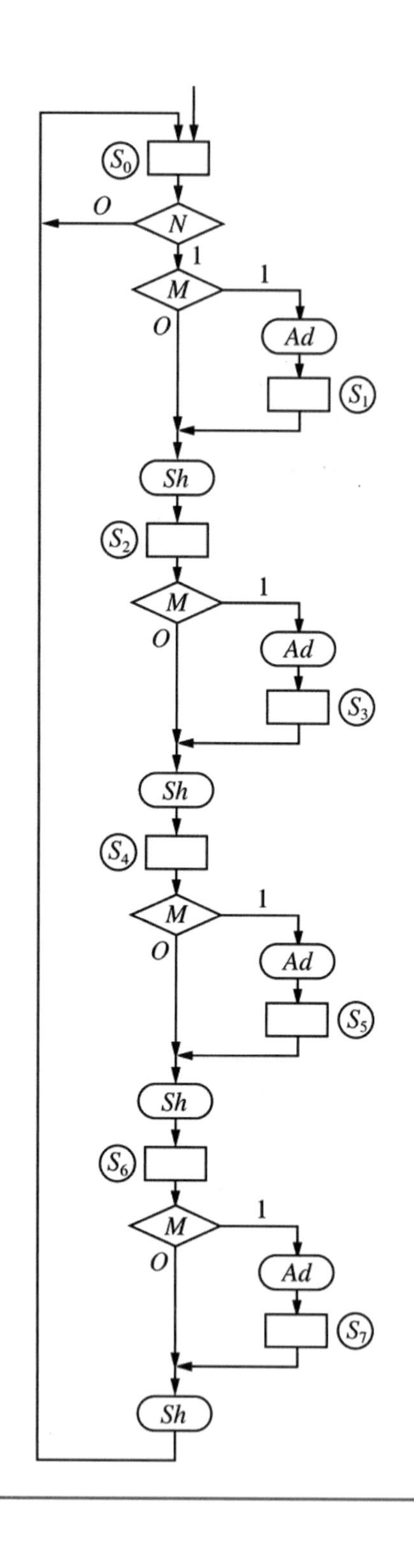
S0
N
O
1
M
1
O
Ad
S1
Sh
S2
M
1
O
Ad
S3
Sh
S4
M
1
O
Ad
S5
Sh
S6
M
1
O
Ad
S7
Sh

範例 7-21 二進制除法器

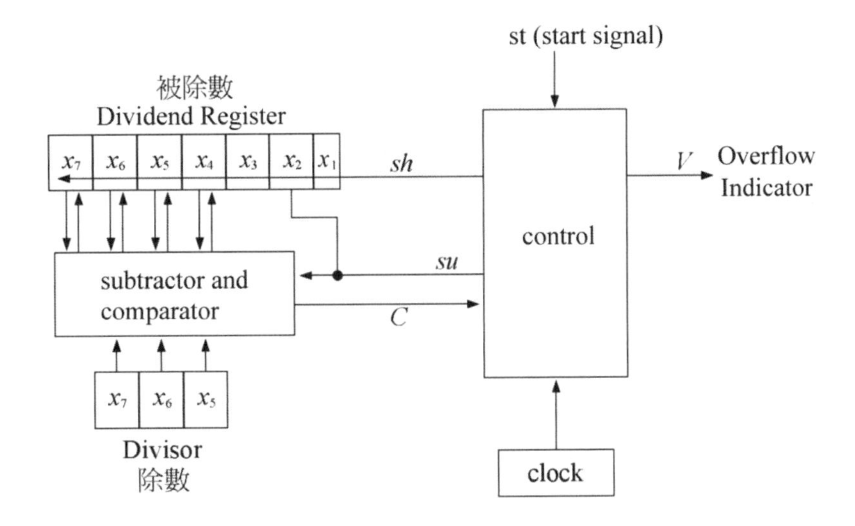

1. 首先將除數與被除數移入暫存器中

0	1	0	0	0	1	0

↕ ↕ ↕

1	1	0

2. 負數無法執行，所以在做減法之前先 shift 一次

1	0	0	0	1	0	空位元

↕ ↕ ↕

1	1	0

3. 相減得第一個商位元為 1，將其存儲在沒用的位元（空位元）中，得

   0 0 1 0 1 0 ⋮ 1

4. 再位移被除數一個位元

   0 1 0 1 0 ⋮ 1 0

   1 1 0

5. 減了產生負號，所以再移被除數一位

1010 ⋮ 10□
 110 ⋮

6. 再相減，而將空位元填入 1

0100 ⋮ 10 1
餘數　　　商

若商的位元數不足則產生溢位(Overflow)。若除數比被除數的前四左位元大，則 c＝0，否則為 1。若 c＝0 則減法無法執行，此時必須移位元。所以狀態圖為

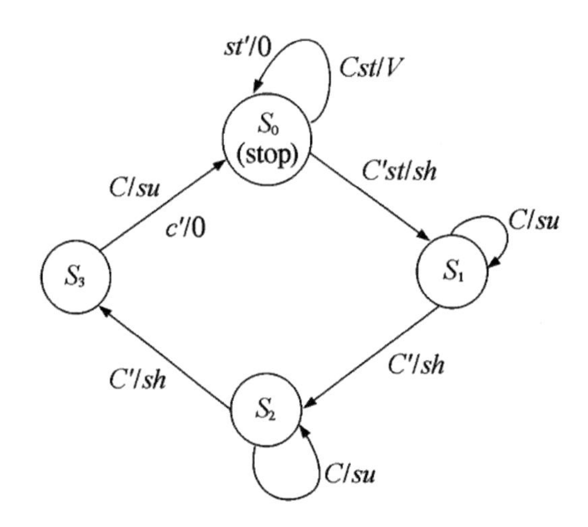

而狀態表為

		St c				輸　出			
AB		00	01	11	10	00	01	11	10
00	S_0	S_0	S_0	S_0	S_1	0	0	v	sh
01	S_1	S_2	S_1	—	—	sh	su	—	—
11	S_2	S_3	S_2	—	—	sh	su	—	—
10	S_3	S_0	S_0	—	—	0	su	—	—

因此在電路設計上，

$J_A = B\overline{C}$ ， $K_A = \overline{B}$

$J_B = st\overline{c}$ ， $K_B = A\overline{C}$

$Sh = (st + B)\overline{C}$

$Su = (CB + A)$

$V = C \cdot St$

很明顯地我們發現該電路執行上只有加法後位移兩個動作，因此我們可以將控制圖改畫成如下所示，並加上一個完成信號 k 來停止乘法動作。

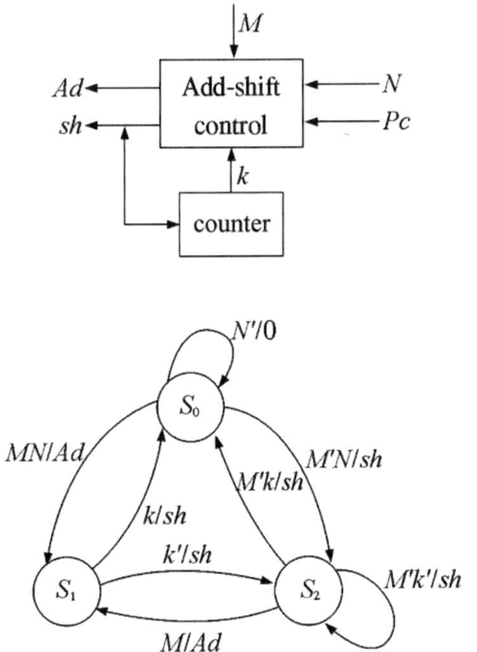

所以 ASM 圖為

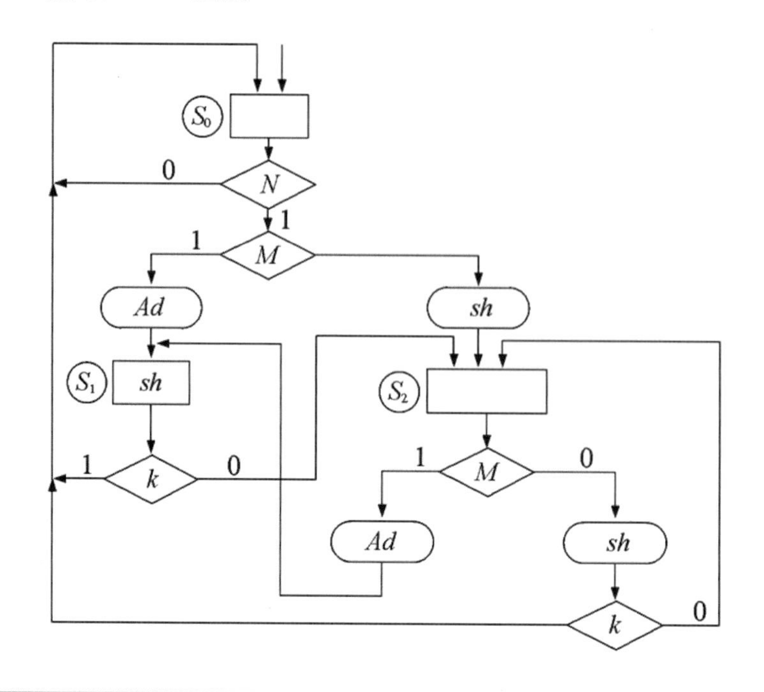

範例 7-22 現有一擲骰子遊戲，若玩者開始丟出二個骰子之總和為 7 點或 11 點時，則他將贏得這次的遊戲；若丟出二個骰子點數和為 2，3 或 12，則他便輸了這一盤遊戲。否則它將記住這個結果，而重新再擲一次骰子（一次二個）。如果丟出的總和為上次記住的點數，則他贏得這次遊戲；若丟出點數和為 7 點，則它將輸了這次遊戲。否則依然記住此次點數，並重新丟出。則

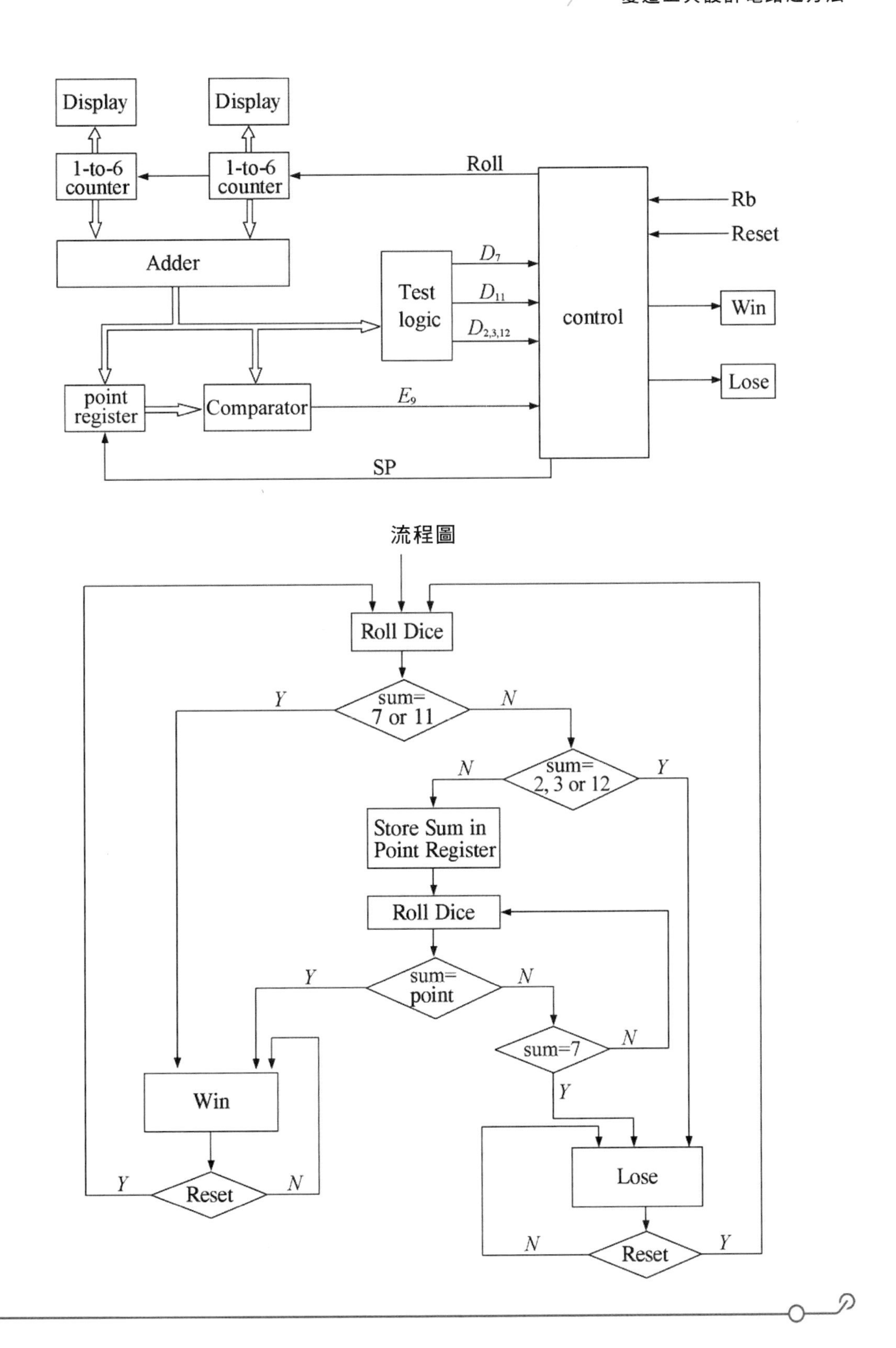
Display
Display
1-to-6 counter
1-to-6 counter
Roll
Rb
Reset
Adder
Test logic
D_7
D_{11}
$D_{2,3,12}$
control
Win
Lose
point register
Comparator
E_9
SP
流程圖
Roll Dice
sum= 7 or 11
Y
N
sum= 2, 3 or 12
Store Sum in Point Register
Roll Dice
sum= point
sum=7
Win
Lose
Reset
Reset

作業（六）

(1) 試將下圖之狀態變遷圖改為 ASM 圖。

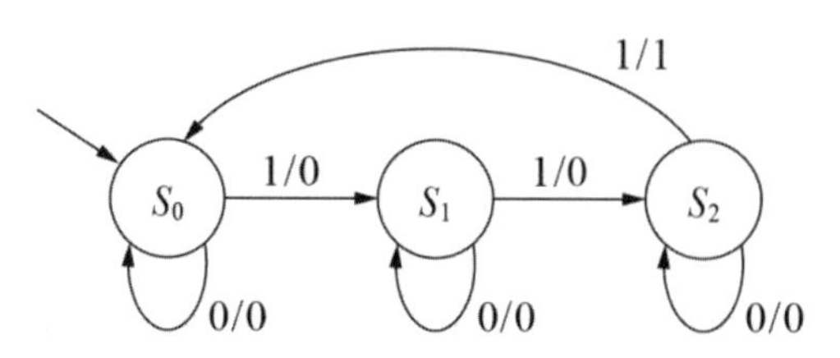

(2) 試將下圖之狀態變遷圖改為 ASM 圖。

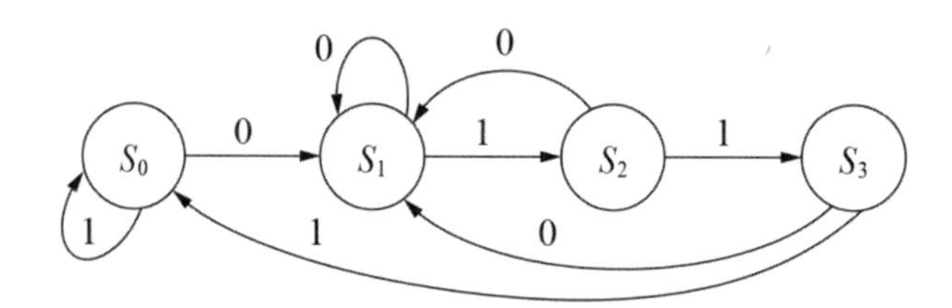

(3) 試將下圖之狀態變遷圖改為 ASM 圖。

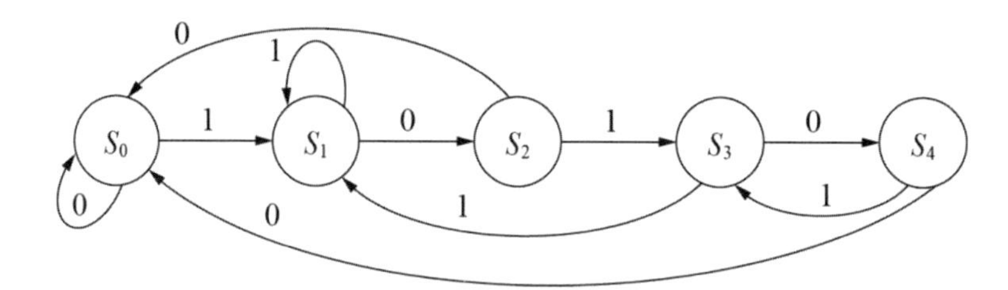

QUIZ

作業解答 ANSWER

【第 1 題】

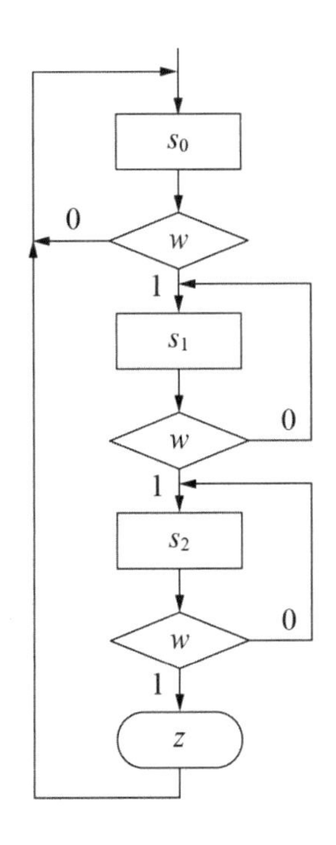

【第 2 題】

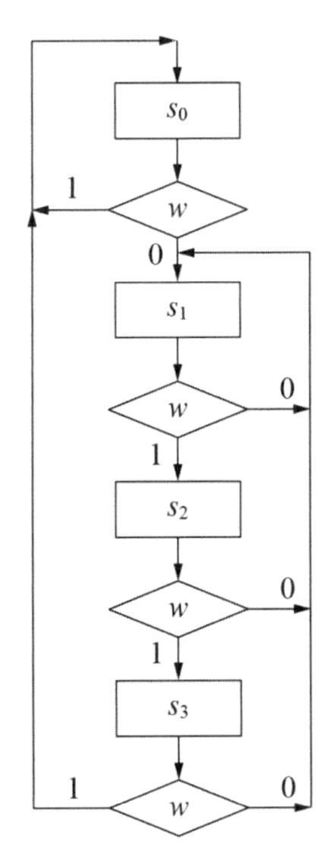

【第 3 題】

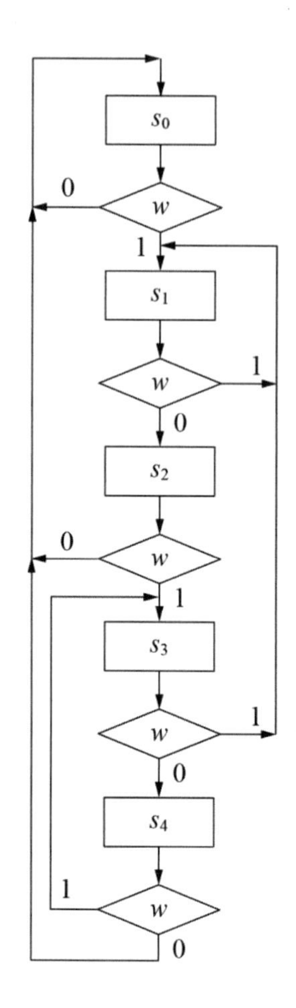

CHAPTER 08

移位暫存器的應用

DIGITAL LOGIC DESIGN

移位暫存器是利用時脈觸發正反器串聯級，使其前級的資料推進至下一級之中，或者是將邏輯運算後的結果位元推進至下一級之中。我們在前面看到的計數器就是一例。移位暫存器的輸入與輸出都可以是串行的，也可以是並行的，例如圖 8-1 就是典型的串入並出移位暫存器，將輸入的串行數據以並行格式輸出；而圖 8-2 就是並入串出移位暫存器。

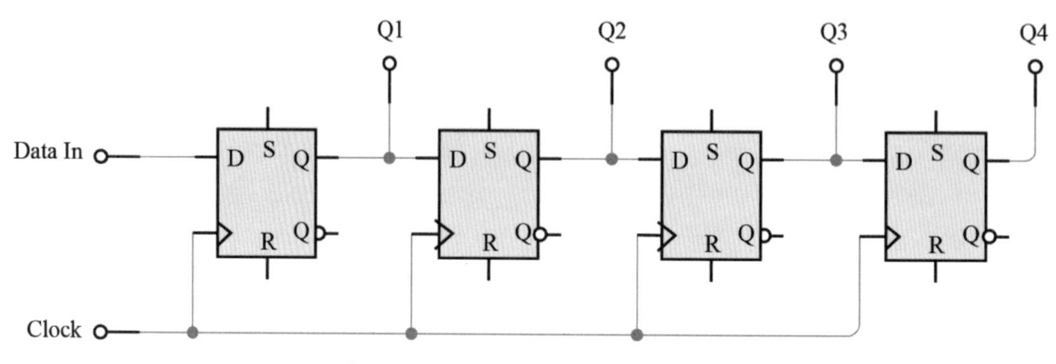

圖 8-1　串入並出移位暫存器

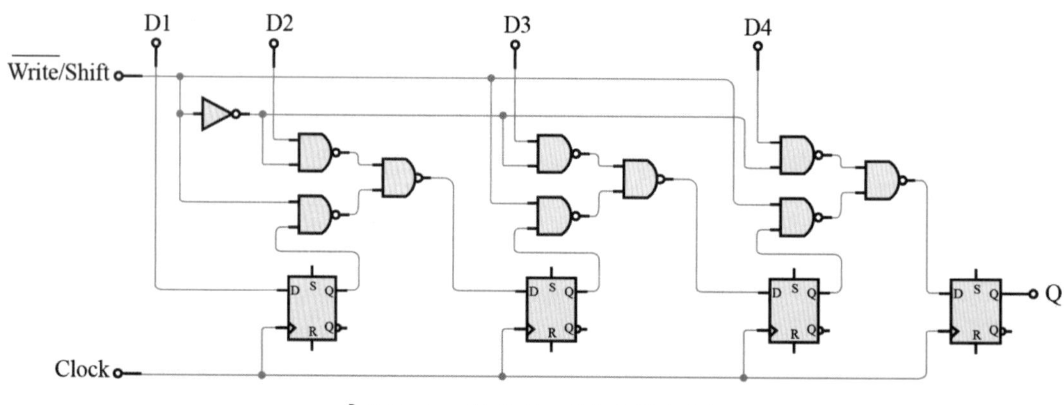

圖 8-2　並入串出移位暫存器

在圖 8-3 中為串入串出的移位暫存器，串列輸入／串列輸出(Serial-In/Serial-Out)，簡稱 SISO，資料輸入端是最左端 D 型正反器的輸入端，每一個 D 型正反器的輸出都串接至下一個 D 型正反器的輸入端。圖 8-4 為並入並出移位暫存器。

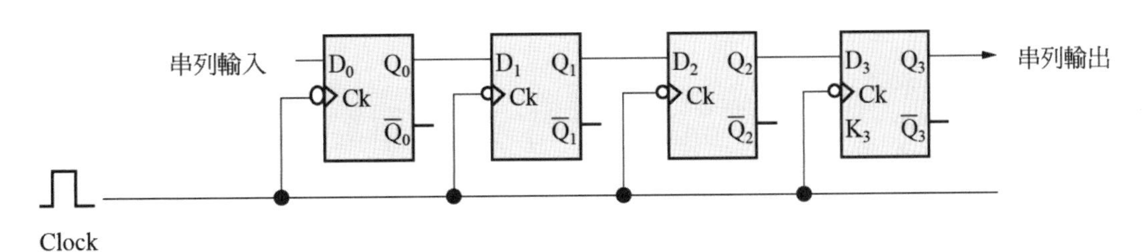

圖 8-3　串入串出的移位暫存器

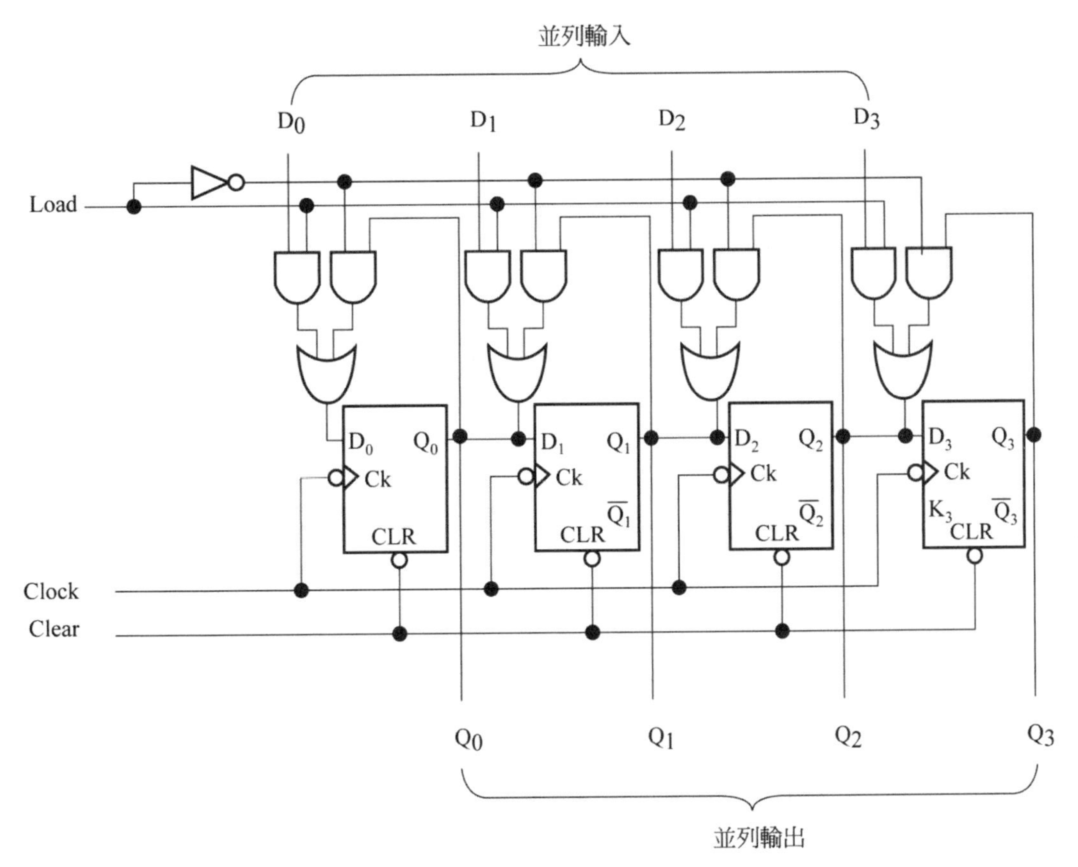

圖 8-4　並入並出移位暫存器

而圖 8-5 則是屬於左移或右移的移位暫存器，其中，當 R/L=1 時，電路為左移的移位暫存器；當 R/L=0 時，電路為右移的移位暫存器。當作為左移暫存器時，則下一級的輸出會拉回當成上一級的輸入，當脈波進入時就如同是左移的效果。

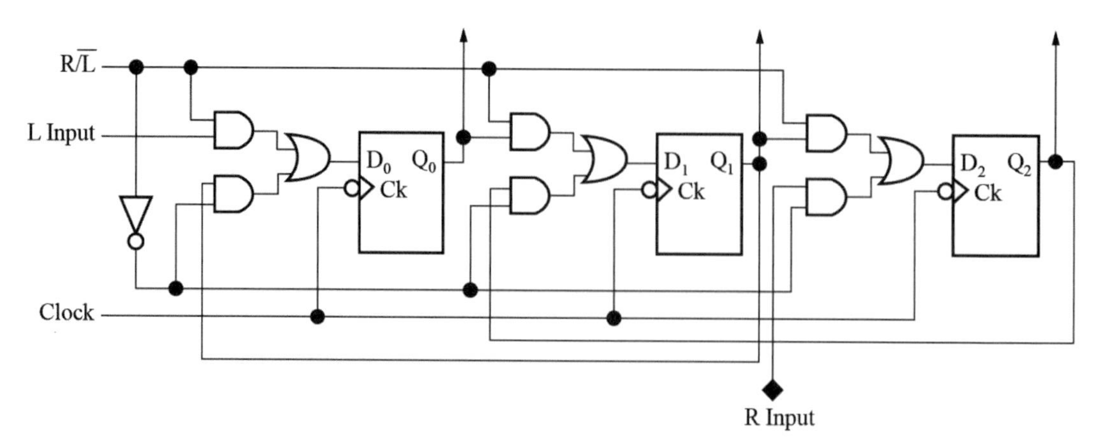

圖 8-5　左移或右移的移位暫存器

一般編碼器方塊圖是由 k 級輸入移位暫存器，n 個 XOR 邏輯閘，以及 n 個輸出移位暫存器所組成的，如圖 8-6 所示。此一暫存器係將 k 個訊息位元轉換成 n 個輸出位元，這樣的編碼有時又稱為(n,k)碼。

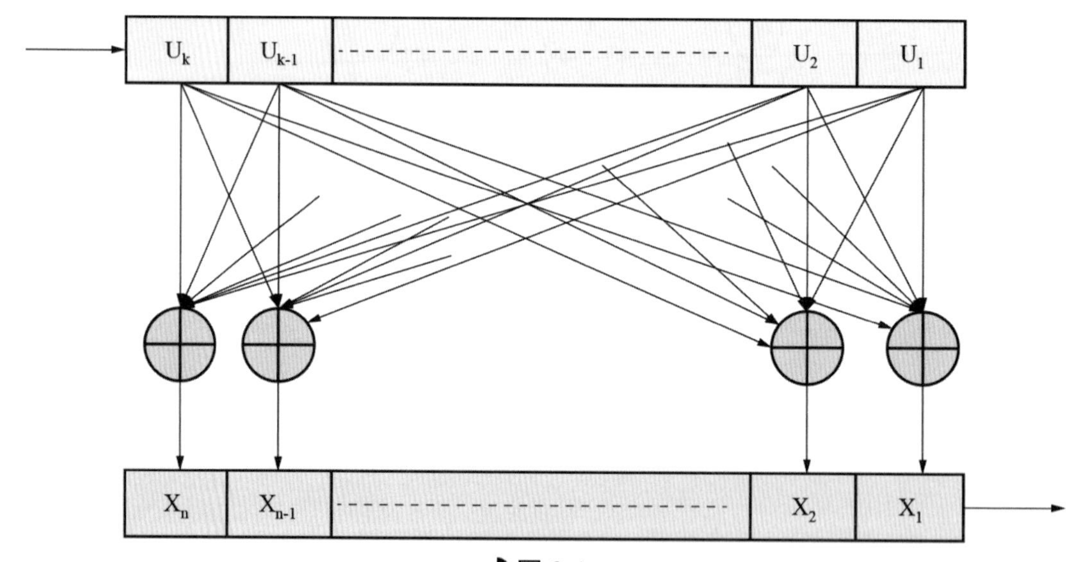

圖 8-6

基本系統參數主要用於錯誤控制包括：可靠度(Reliability)、效率性(Efficiency)、冗餘性(Redundancy)及編碼品質(Coding Quality)。如果在傳輸系統中，傳輸的位元數為 n，而這 n 個位元中屬於真正要傳送的位元數目為 k 時，則產生此一序列位元的產生碼為 (n,k) 碼，其中一般檢查位元數為 $n-k$。所謂可靠度定義為在總傳送位元下所被正確傳送的位元數比例。經編碼後所傳送的訊息中位元錯誤的數目相對於未編碼前的傳送之位元錯誤數的比率稱之為編碼品質。而編碼效率定義為在總傳送位元下，真正產生而被傳送的位元數所占的比例。很顯然的在一個(n,k)產生碼中，編碼效率，有時又稱之為訊息速率(Information Rate)，為$\frac{k}{n}$，而冗餘性則為$\frac{n-k}{n}$，亦即在傳送的位元中，檢查用途之位元在其中所占的比值。

8-1 重複碼

假設將一個位元轉換成相同的三個位元，則稱為重複碼(3,1)，亦即

$$x_1 = x_2 = x_3 = u_1$$

以位元表示則為

$$0 \rightarrow 000$$

$$1 \rightarrow 111$$

其移位暫存器電路為

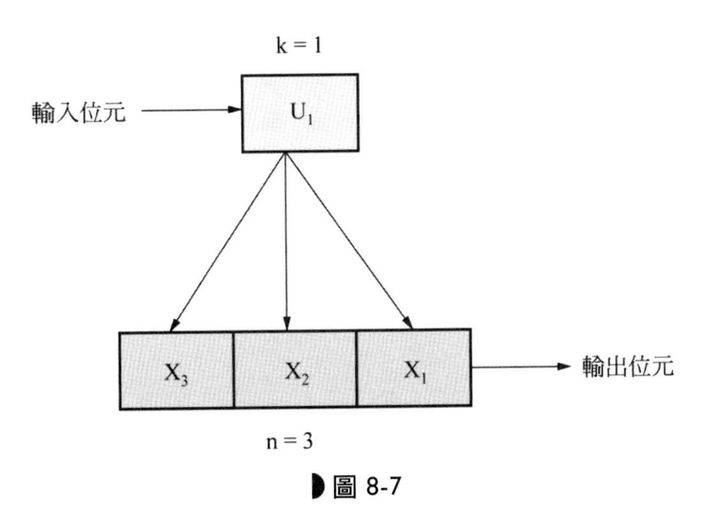

圖 8-7

8-2 漢明碼(Hamming Code)

漢明碼是一種特別的極性檢查碼，其最小距離(d_{min})為 3，且具有 $n=2^m-1$ 型式的區塊長度(block length)（其中訊息位元長度為 $k=m$ 。因此該極性檢查位元數目共有 $n-k$ 個位元，亦即共有 2^{n-k} 種組合型態可以被偵測出。因為在 $2^{n-k}-1$ 型式中只有一種錯誤能被偵測出，其中 -1 的意義是扣除沒有錯誤的狀態），所以檢查碼的位元數目必須遵守下列方程式：

$$2^{n-k}-1 \geq n$$

在漢明碼中，其檢查碼的排列是有一定的規則，對一個 $(n,k)=(7,4)$ 的漢明碼而言，可採用

c_1檢測　$p_1=M_0 \oplus M_1 \oplus M_3$
c_2檢測　$p_2=M_0 \oplus M_2 \oplus M_3$
c_3檢測　$p_3=M_1 \oplus M_2 \oplus M_3$

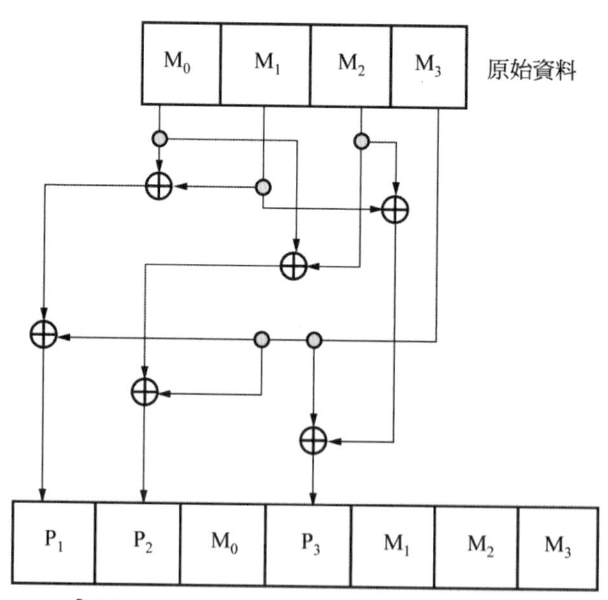

圖 8-8　$(n,k)=(7,4)$ 漢明碼設計電路

其中 M_0 ，M_1 ，M_2 及 M_3 代表原始的資料產生位元。而 c_1 、c_2 及 c_3 的值相對於測試結果之間的對照表則如表 8-1 所示。其中：$c_1=p_1=M_0 \oplus M_1 \oplus M_3$ 、$c_2=p_2=M_0 \oplus M_2 \oplus M_3$ 、 $c_3=p_3=M_1 \oplus M_2 \oplus M_3$ 。若產生的資料 M_0 ，M_1 ，M_2

及 M_3 分別為 0011，則產生的 p_1、p_2 及 p_3 檢查碼分別為 100。因此傳送的資料位元為 1000011。現在若接收的訊息位元序列為 1010011 時，很顯然的，c_1、c_2 及 c_3 的值分別為 011，亦即代表第三個位元在傳送的過程中發生錯誤，因此必須加以改正。此一運作之執行順序可以如表 8-2 所示。

❖ 表 8-1 c_1、c_2 及 c_3 的值相對於測試結果之間的對照表

c_1	c_2	c_3	測試檢查
0	0	0	沒有任何錯誤
0	0	1	第一個位元錯誤
0	1	0	第二個位元錯誤
0	1	1	第三個位元錯誤
1	0	0	第四個位元錯誤
1	0	1	第五個位元錯誤
1	1	0	第六個位元錯誤
1	1	1	第七個位元錯誤

❖ 表 8-2 漢明碼解碼運作之執行

	位置	1	2	3	4	5	6	7
	位元	p_1	p_2	M_0	p_3	M_1	M_2	M_3
訊息位元				0		0	1	1
p_1 檢查位元		1		0		0		1
p_2 檢查位元			0	0			1	1
p_3 檢查位元					0	0	1	1
傳送訊息		1	0	0	0	0	1	1
接收訊息		1	0	1	0	0	1	1
c_1（負責檢查第 4,5,6,7 個位元）	$c_3=0$				0	0	1	1
c_2（負責檢查第 2,3,6,7 個位元）	$c_2=1$		0	1			1	1
c_3（負責檢查第 1,3,5,7 個位元）	$c_1=1$	1		1		0		1

理論上，增加距離可以增強錯誤控制能力；然而，此種型式在實際製作上會變得更為複雜。而一個增進錯誤控制能力更吸引人的方法就是採用循環碼(Cycle Code)。

範例 8-1 若要設計一個(7,4)漢明碼，其符合下列條件

$x_i = u_i,\ i = 1,2,3,4$

$x_5 = u_1 \oplus u_2 \oplus u_3$

$x_6 = u_2 \oplus u_3 \oplus u_4$

$x_7 = u_1 \oplus u_2 \oplus u_4$

其移位暫存器電路為

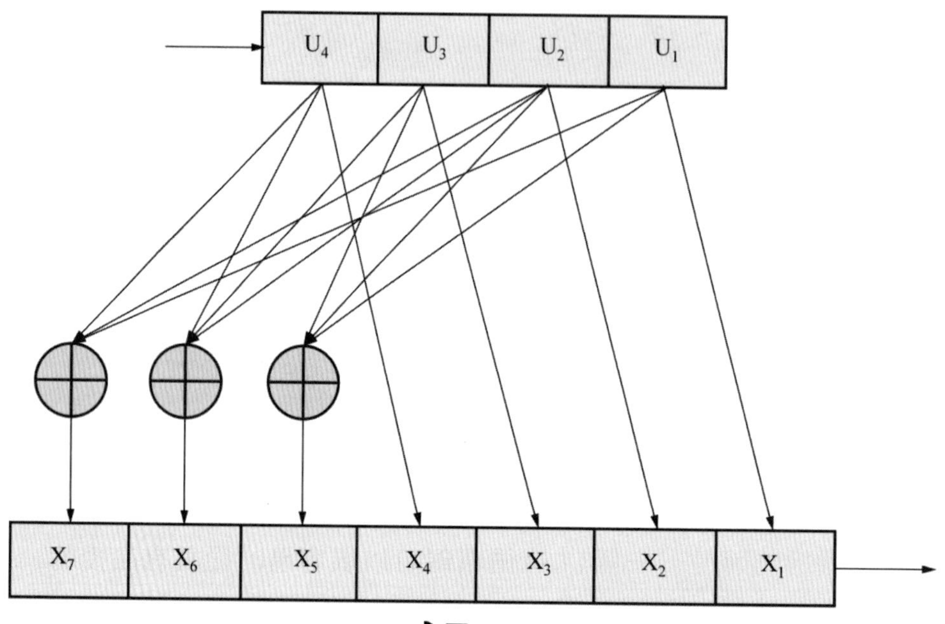

圖 8-9

此時

❖ 表 8-3　漢明碼解碼運作之執行

輸入	輸出
0000	0000000
0001	0001011
0010	0010110
0011	0011101
0100	0100111
0101	0101100
0110	0110001

❖ 表 8-3 漢明碼解碼運作之執行（續）

輸入	輸出
0111	0111010
1000	1000101
1001	1001110
1010	1010011
1011	1011000
1100	1100010
1101	1101001
1110	1110100
1111	1111111

8-3 循環碼(Cycle Code)

循環碼的原理係將一組字元碼(Codeword)產生位移後而形成另一個字元碼的機制。就編碼而言，一個 (n,k) 循環碼可以很容易的從具有回授的 $n-k$ 級串接的移位暫存器中所獲得。以一個 $(n,k)=(7,4)$ 的循環碼運作機制為例，如圖 8-10 所示，起始時，切換開關是置於 A 的位置，且暫存器的起始內容均為零。在訊息位元均已抵達之後，切換開關則切換至 B 的位置，而移位暫存器則依據控制時序移動 $n-k$ 次以產生極性檢測位元。

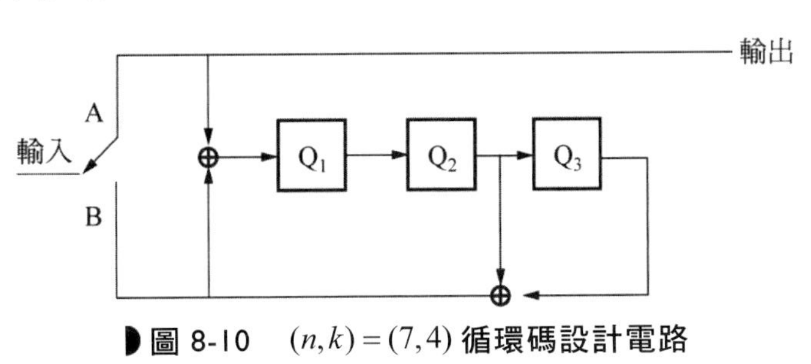

圖 8-10 $(n,k)=(7,4)$ 循環碼設計電路

範例 8-2 若輸入字元碼為 1101，則循環碼的產生詳細步驟如表 8-4 所示。

❖ 表 8-4　循環碼解碼運作之執行

位移次數	移位暫存器內容	輸出
1	100	1
2	110	1
3	111	0
4	111	1
切換開關切換至 B 的位置		
5	011	0
6	001	0
7	000	1

因此輸出碼為 1101001。

至於在解碼方面的設計，就一(7,4)循環碼而言，其解碼器的設計如圖 8-11 所示。圖 8-11 中上層的移位暫存器係作為輸入位元儲存之用，同時下層的移位暫存器及回授電路係與編碼器的電路相同。起始時，切換開關 A 是關閉的，而切換開關 B 是打開的。這 n 個接收位元分別移入上、下兩層的移位暫存器中。假如沒有任何錯誤產生，當上層的移位暫存器均已填滿的瞬間，下層的移位暫存器之中的內容值應該都是為 0。然後再將切換開關 A 打開，把切換開關 B 關閉，而儲存在上層的移位暫存器之內容便開始逐一的被輸出。假如下層的移位暫存器之內容於上層的移位暫存器填滿的瞬間其內容有不為 0 者，代表傳送的位元曾在傳輸過程中發生錯誤。而此一錯誤位元將會自動的被解碼器將以修正回復。其主要原理是因為如果有錯誤位元發生時，下層的移位暫存器輸出內容所聯結的 AND 邏輯閘之輸出必為 1。根據數位 XOR 邏輯閘的基本原理，只要有一輸入端是接上邏輯準位之高電位時，其作用猶如是一個反相器（NOT 閘）般，而將上層的移位暫存器之內容中相對應的錯誤位元加以反相更正之。

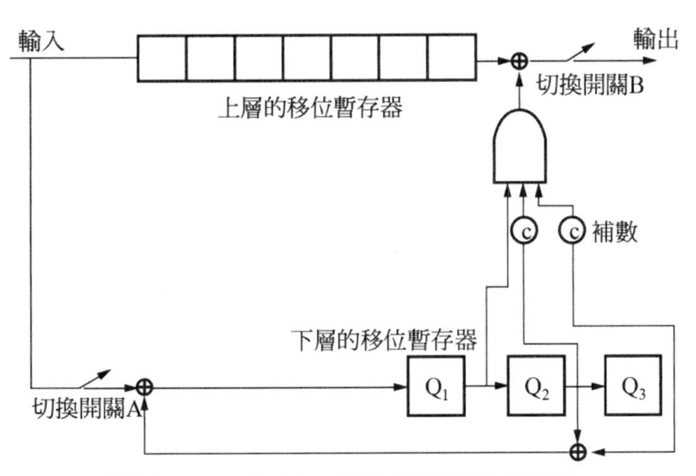

圖 8-11　$(n,k)=(7,4)$ 循環碼解碼電路

現以接收位元為 1101001 時（其中 1011 為其原始要傳輸的資料位元）為例，若 $g(x)=1+x^2+x^3$，$T(x)=1+x+x^3+x^6$，以多項式表示時，

```
1011  1101001
      1011
       1100
       1011
        1110
        1011
         1011
         1011
          000
```

可以求得 s_1,s_2,s_3 的值為 000。至於詳細的解碼運算步驟如表 8-5 所示：

❖ 表 8-5 循環碼解碼運作之執行

	位移次數	輸入	下層的移位暫存器之內容	輸出
切換開關 *A* 關閉，而切換開關 *B* 打開	1	1	100	
	2	1	110	
	3	0	111	
	4	1	111	
	5	0	011	
	6	0	001	
	7	1	000	

❖ 表 8-5 循環碼解碼運作之執行（續）

	位移次數	輸入	下層的移位暫存器之內容	輸出
切換開關 *A* 打開，切換開關 *B* 關閉	8		000	1
	9		000	1
	10		000	0
	11		000	1
	12		000	0
	13		000	0
	14		000	1

此一結果代表資料位元在傳輸過程中並沒有任何的錯誤發生。但是如果接收到的信號是 1101011 時，很顯然的將有一個位元在傳輸的過程中發生錯誤。此時，詳細的解碼運算步驟如表 8-6 所示：

❖ 表 8-6　循環碼解碼運作之執行

	位移次數	輸入	下層的移位暫存器之內容	輸出
切換開關 *A* 關閉，而切換開關 *B* 打開	1	1	100	
	2	1	110	
	3	0	111	
	4	1	111	
	5	0	011	
	6	1	101	
	7	1	010	
切換開關 *A* 打開，切換開關 *B* 關閉	8		101	1
	9		110	1
	10		111	0
	11		011	1
	12		001	0
	13		100	0
	14		010	1

值得注意的是：下層的移位暫存器之內容於上層的移位暫存器填滿的瞬間其內容有不為 0 者，代表傳送的位元曾在傳輸過程中發生錯誤。而此一錯誤位元將會自動的被解碼器將以修正回復，而解出當初傳輸的字元資料應為1101001。

8-4 卷積碼(Convolution Code)

卷積碼是一種不屬於區塊碼的編碼機制，它並不像極性檢測碼一樣需經由一個固定的信文區塊，並藉由訊息位元的擴展出極性檢測位元而成的一個編碼機制。以圖 8-12 為例：

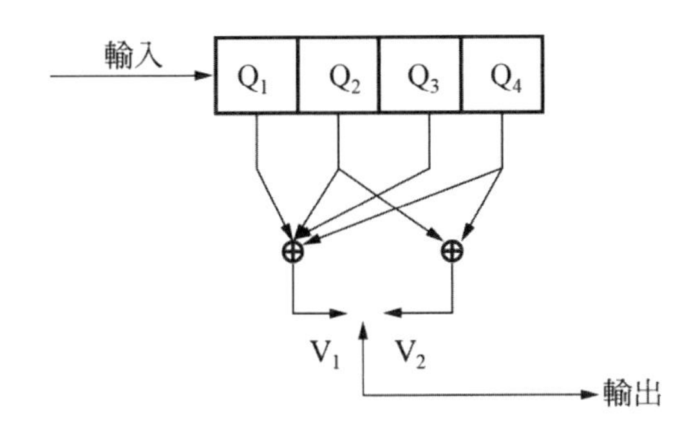

圖 8-12　卷積碼編碼電路

其狀態表則如表 8-7 所示。

表 8-7　卷積碼解碼運作之執行狀態表

輸入 Q_1	目前狀態 狀態	目前狀態 $Q_2Q_3Q_4$	下一狀態 $Q_2Q_3Q_4$	輸出 v_1v_2
0	A	000	A	00
1			E	11
0	B	001	A	11
1			E	00
0	C	010	B	10
1			F	01
0	D	011	B	01
1			F	10

❖ 表 8-7　卷積碼解碼運作之執行狀態表（續）

輸入	目前狀態		下一狀態	輸出
Q_1	狀態	$Q_2Q_3Q_4$	$Q_2Q_3Q_4$	v_1v_2
0	E	100	C	11
1			G	00
0	F	101	C	00
1			G	11
0	G	110	D	01
1			H	10
0	H	111	D	10
1			H	01

而其狀態圖則如圖 8-13 所示。

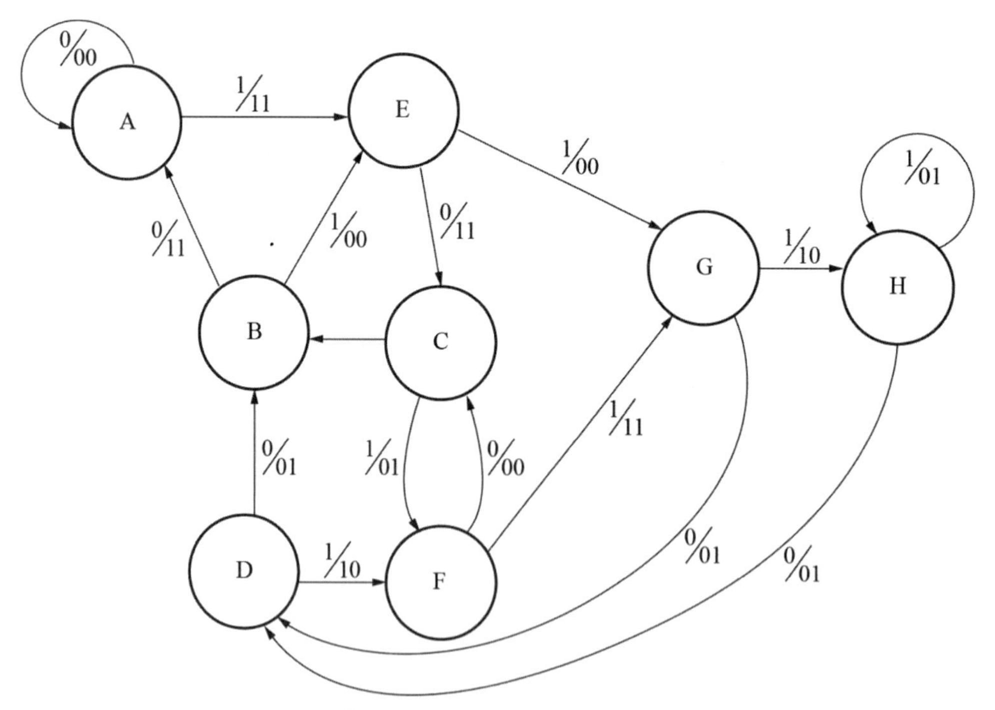

圖 8-13　狀態圖表示法

8-5 多項式表示移位暫存器

一個字碼(Code Word) $\mathbf{x}=(x_{n-1},x_{n-2},\cdots,x_0)$，若以多項式來表示時，則多項式為

$$x(D)=x_{n-1}D^{n-1}+x_{n-2}D^{n-2}+\cdots\cdots+x_1D+x_0$$

其中 D 代表經過一個正反器，例如：$x(D)=D^3+D+1$ 其電路為

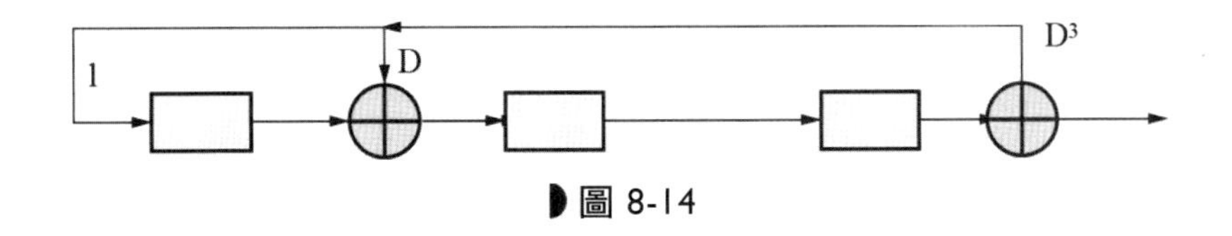

圖 8-14

對一個極性檢驗碼(Parity Check Code)多項式為

$$h(D)=\frac{D^n+1}{x(D)}$$

若令 $h_0=1$，以及 $h_k=1$，則因為

$$\sum_{i=0}^{k}h_i x_{n-i-j}=0,1\le j\le n-k$$

所以

$$x_{n-k-j}=\sum_{i=0}^{k-1}h_i x_{n-i-j}=0,1\le j\le n-k$$

亦即

$$x_{n-k-1}=h_0x_{n-1}+h_1x_{n-2}+\cdots\cdots+h_{k-1}x_{k-1}$$

當

$$x(D)=D^3+D+1$$

則

$$h(D)=\frac{D^7+1}{D^3+D+1}=D^4+D^2+D+1$$

亦即 $h_4=1, h_3=0, h_2=1$，以及$h_0 = 1$因此

$$x_2 = x_6 + x_5 + x_4$$

$$x_1 = x_5 + x_4 + x_3$$

$$x_0 = x_4 + x_3 + x_2$$

其電路如圖所示，操作原理，若一開始 $a_0 = a_1 = a_2 = a_3 = 0$，且一開始是高位元最先傳送，若輸入為 1101，在前四個位元時，a_0 的開關位置置放在 A 處的位置，之後的 3 個時脈則放置在 B 的位置處，此時：

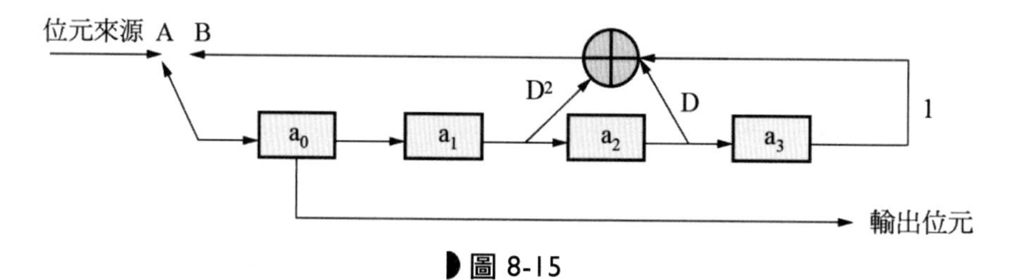

圖 8-15

時脈	暫存器內容(a_0,a_1,a_2,a_3)	輸出位元
4	1011	
5	0101	0
6	0010	0
7	1001	1

輸出為 1101001。

作業（七）

(1) 若一個極性檢查碼的產生多項式(Generator Polynomial)為 $g(X)=1+X^2+X^3$，請畫出該產生多項式之電路。

(2) 如下圖所示之卷積碼產生器，若輸入信號為 101111 時，試求該卷積碼電路的輸出序列為何？

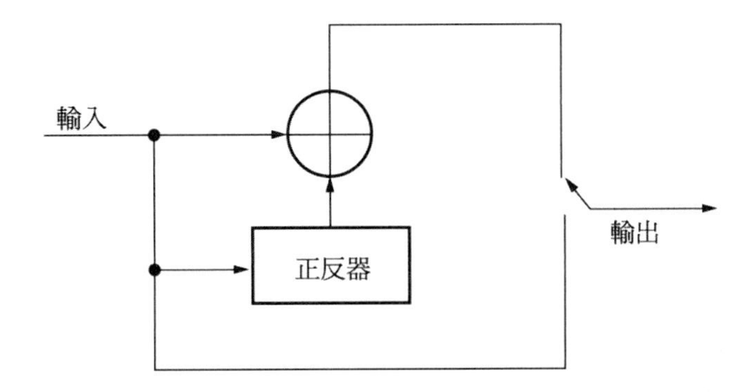

(3) 一個卷積碼電路中，若上層的產生多項式 $g_1(X)=1+X+X^2+X^3$，而下層的產生多項式 $g_2(X)=1+X+X^3$ 時，若輸入信號為 10111 時，試求該卷積碼電路的輸出序列為何？

QUIZ

作業解答 ANSWER

【第 1 題】

極性檢查碼的產生多項式(generator polynomial)為 $g(X)=1+X^2+X^3$，則其電路設計如下圖所示

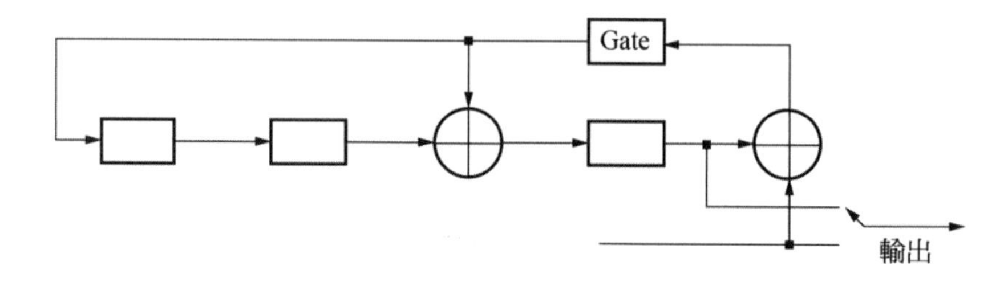

【第 2 題】

輸出序列為 11 10 11 01 01 01。

【第 3 題】

上層的產生多項式 $g_1(X)=1+X+X^2+X^3$；下層的產生多項式 $g_2(X)=1+X+X^3$；現在訊息位元以多項式表示為 $m(X)=1+X^2+X^3+X^4$。所以根據 $c(X)=g(X)m(X)$ 可以得到上層的輸出位元序列多項式為

$$\begin{aligned}c_1(X)&=g_1(X)m(X)\\&=1+X+X^3+X^4+X^6\end{aligned}$$

因此上層的輸出位元序列為 110111。而下層的輸出位元序列多項式為

$$\begin{aligned}c_2(X)&=g_2(X)m(X)\\&=1+X+X^2+X^6+X^7\end{aligned}$$

因此上層的輸出位元序列為 111100，而輸出序列為 11 11 01 11 10 11。

CHAPTER 09

次序網路概論

DIGITAL LOGIC DESIGN

次序網路比組合網路來得更為複雜，這主要是因為它的輸出與輸入狀態關係是伴隨著時間而有所改變的。也就是說現在這一個時刻的輸出狀態，不僅跟現在的輸入狀態有關，甚至連網路過去的歷史也有關連。因此要設計次序網路之前，必須要把過去的歷史全部加以表現出來。所謂的過去歷史包括了：過去時刻的輸入狀態，以及隱晦不明的網路內部狀態。對過去時刻的輸入狀態，我們可以用延遲器，或根據時脈，很容易的就可將其完全表達出來，而令人最頭痛的就是是這些隱晦不明的網路內部狀態。究竟要有多少個內部狀態才能完全地把過去歷史表達出來呢，這也是邏輯設計者首先需要克服的難題。

在交換電路中，要把代表過去歷史的網路內部狀態完全表現出來，通常是必須先假設有一個起始狀態的存在，然後再把輸入狀態加以改變，此時網路的內部狀態就會隨著輸入狀態的改變而發生變遷，此時輸出狀態也會跟著一起發生變化。接著再把新產生的內部狀態又當作下一個狀態的起始狀態，如此又依據新的輸入變遷，則又會產生新的內部狀態。如此不斷的執行下去，一直到產生不出新的狀態為止，此時則可以完全得到有限的內部狀態。利用這些所得出的有限內部狀態，就可明白地代表網路的過去歷史，而把網路加以設計出來。如果內部狀態的個數是無限時，則將無法設計這一類的次序網路。

設計次序網路時，首先一定要了解有哪些原始輸入以及輸出。然後再判斷輸入的波型是否符合時間限定條件，來斷定它是屬於時脈型的型式，脈波型或階梯型。若是屬於時脈型或脈波型輸入，則必須先要畫出完整的狀態圖(State Diagram)。值得注意的是，在畫狀態圖時，同時必須考慮輸出狀態是屬於脈波輸出還是階梯輸出，以進而得出狀態表(State Table)。若是階梯型輸入，則必須要先設計原始流程圖(Primitive Flow Table)。能正確地畫出起始的狀態表及原始流程表，則實際的交換電路則可以依據前面章節所介紹的步驟過程就可以順利地把次序網路設計出來。

9-1 密雷電路

在一個序向電路中，如果由輸入和現在的狀態決定了輸出，則此一電路稱為密雷網路。其狀態圖的例子如下所示：

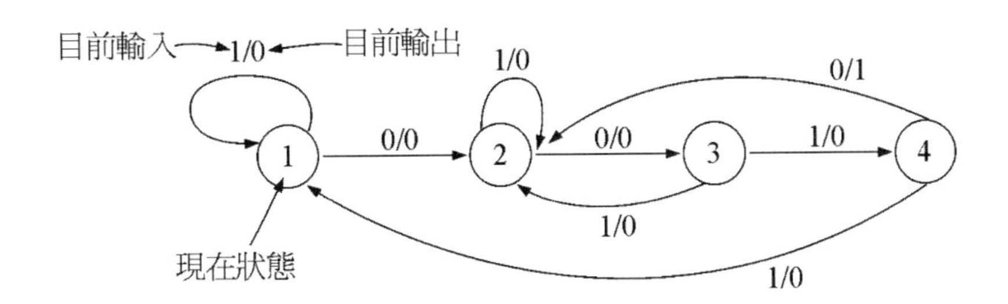

其模型如下所示：

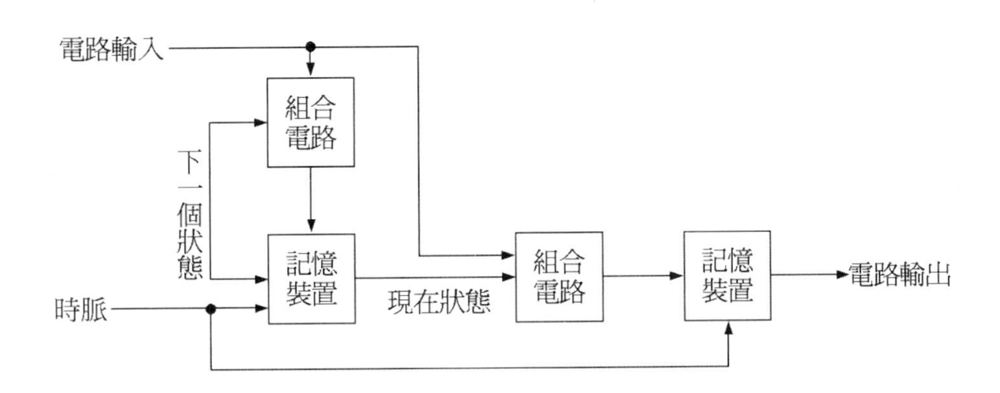

9-2 摩爾電路

在一個序向電路中，如果輸出只和現在狀態有關，則此一電路稱為摩爾電路。其狀態圖的例子如下所示：

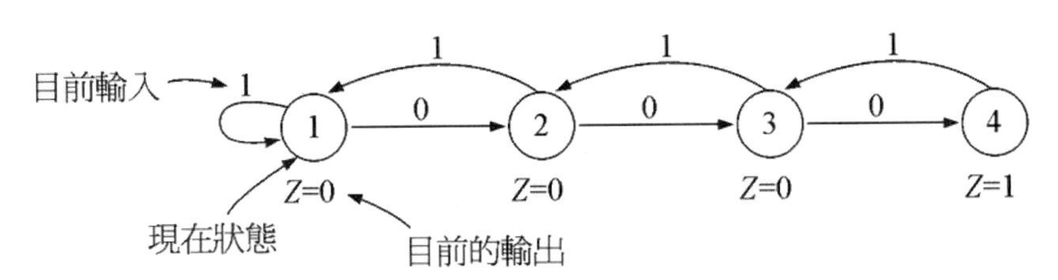

其模型如下所示：

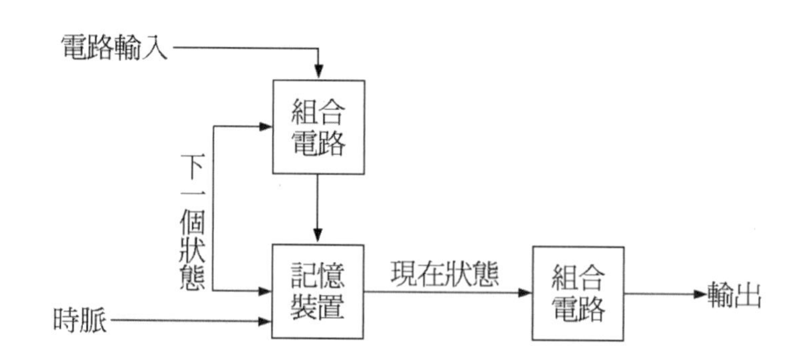

9-3 時脈型次序網路

時脈型次序網路的特徵就是一定有時脈的存在，並且此時脈一般是用來作同步用的，亦即要使內部狀態發生變遷下，一定要有時脈來做為同步信號才行。時脈型次序網路的輸出也包括脈波輸出及階梯輸出兩種情況。就脈波輸出而言，其輸出狀態是原始輸入變數及二次輸入變數的函數，此一次序網路亦稱為密雷網路。就階梯輸出而言，其輸出狀態只是二次輸入變數的函數，此一次序網路亦稱為摩爾網路。

時脈型次序網路的設計技巧，概括而言有下列步驟：

(1) 根據題意的要求或網路功能的描述，首先做出完整的狀態圖，並從狀態圖之中得出狀態表。

(2) 合併相同的狀態級，進而得出最少狀態表。

(3) 接著做二次指認，以得出二次指認表。

(4) 依據正反器激勵圖選用合適的正反器，再根據選用的正反器來設計布林代數式。

(5) 根據布林代數式，把完整的次序網路圖畫出來。

因為在設計次序網路時，最重要的第一個步驟，是一定要作出正確的狀態圖、狀態表。所以本節所選的例題中僅負責把狀態圖及狀態表作出來而已。

範例 9-1 假設一個電路系統係以 D 型正反器設計的，且電路狀態 A，B 和各正反器間的關係為

$$D_1=A+B$$

$$D_2=A\oplus B$$

試求出系統的狀態圖。

解答 因為 $D_1=A+B$，亦即在卡諾圖中，所能圈選的格子▨如下：

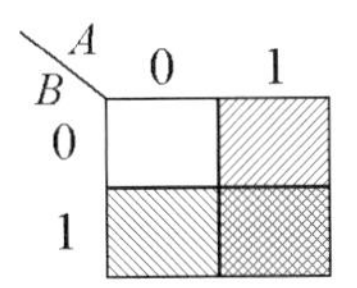

而 $D_2=A\oplus B=A\overline{B}+\overline{A}B$ 在卡諾圖中，所能圈選的格子如下：

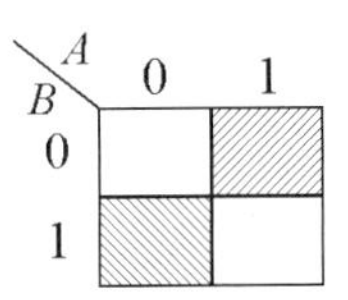

現在在每一▨中的變化只允許為 1→1 或 0→1 之可能變遷，所以由狀態表

目前狀態		下一時間狀態	
A	*B*	*A*	*B*
0	0	0	0
0	1	1	1
1	0	1	1
1	1	1	0

可知 $D_1=A+B$ 中的卡諾圖為

B \ A	0	1
0	0	1
1	II	1

而 $D_2 = A \oplus B$ 的卡諾圖為

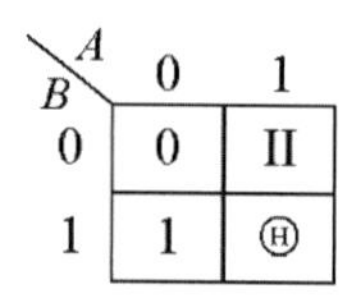

因此狀態表為

目前狀態		下一時間狀態	
A	*B*	*A*	*B*
0	0	0	0
0	1	1	1
1	0	1	1
1	1	1	0

根據狀態表可得狀態圖為

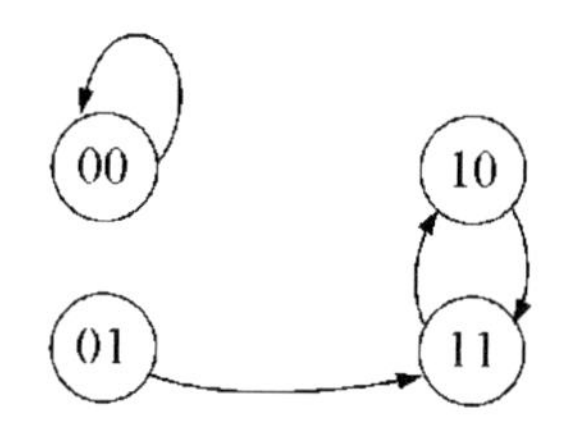

範例 9-2 試分析下列同步序列電路，並畫出其狀態轉換表。

解答 由圖中知

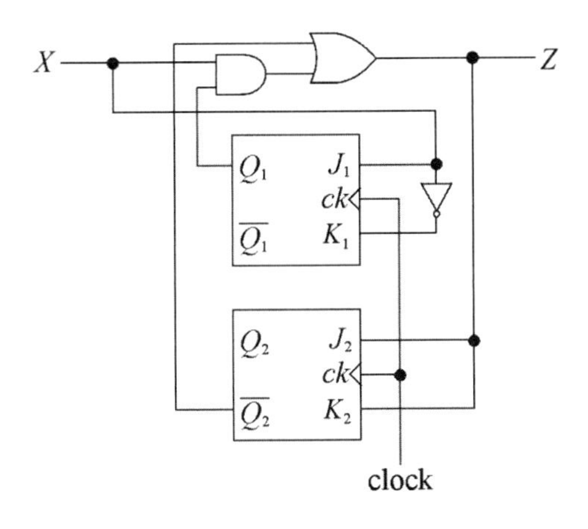

$$Z = XQ_1 + \overline{Q_2}$$
$$J_1 = X$$
$$K_1 = \overline{X}$$
$$J_2 = Z$$
$$K_2 = Z$$

所以狀態轉換表為

目前狀態		Z		J_1K_1		J_2K_2		下一狀態	
Q_1	Q_2	$X=0$	$X=1$	$X=0$	$X=1$	$X=0$	$X=1$	$X=0$	$X=1$
0	0	1	1	01	10	11	11	01	11
0	1	0	0	01	10	00	00	01	11
1	0	1	1	01	10	11	11	01	11
1	1	0	1	01	10	00	11	01	10

亦即

目前狀態		下一狀態		輸出 2	
Q_1	Q_2	$X=0$	$X=1$	$X=0$	$X=1$
0	0	01	11	1	1
0	1	01	11	0	0
1	0	01	11	1	1
1	1	01	10	0	1

範例 9-3 有一同步序列電路如下圖所示，試畫出其狀態表與狀態圖。

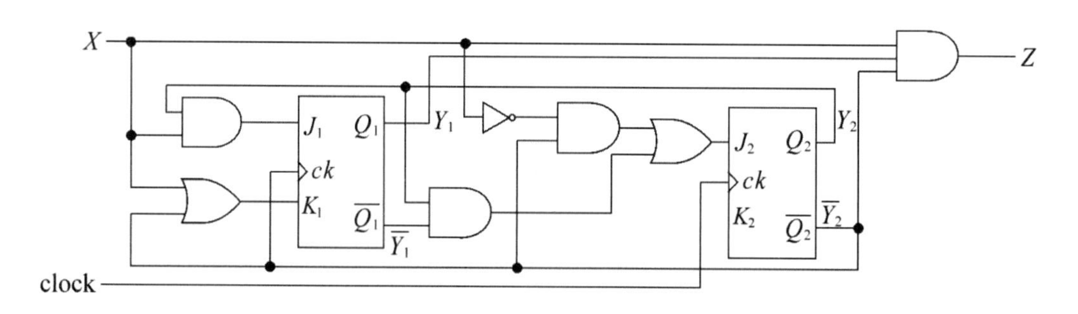

解答 由圖可知

$$J_1=Y_2X$$
$$K_1=X+\overline{Y_2}\,\overline{X}$$
$$D_2=\overline{Y_1}Y_2+\overline{Y_2}$$
$$Z=XY_1+\overline{Y_2}$$

所以狀態表可以寫成

目前狀態		J_1 K_1 D_2		下一狀態 Y_2 Y_1		輸出 Z	
Y_2	Y_1	$X=0$	$X=1$	$X=0$	$X=1$	$X=0$	$X=1$
0	0	011	010	10	00	0	0
0	1	011	010	10	00	0	1
1	0	001	111	10	11	0	0
1	1	000	110	01	00	0	0

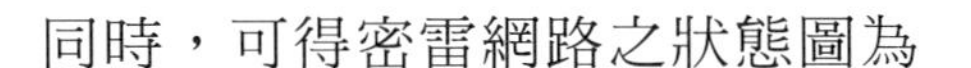

同時，可得密雷網路之狀態圖為

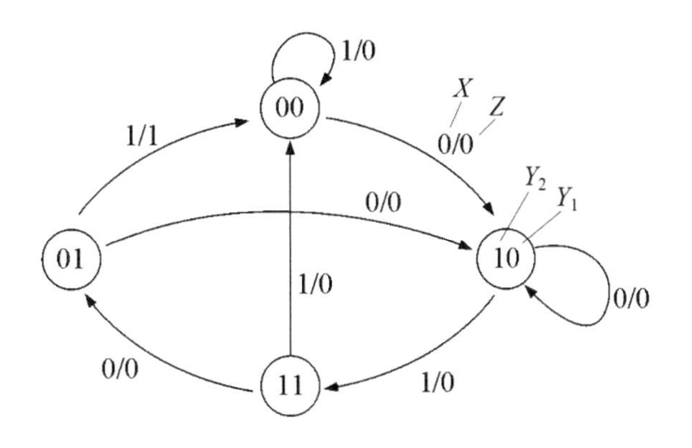

範例 9-4 試設計一個數位系統，其可以將兩個二進制數以重複相加方式來做乘法運算。例如：5×3 在數位系統的執行方式為 5＋5＋5＝15。現在令被乘數放置於暫存器 B 中，乘數放於暫存器 A 中，而乘積項放於暫存器 PR 內。一個加法器係執行暫存器 B 的內容與暫存器 PR 的內容相加。另外，當暫存器 A 的內容變為 0 時，則零檢測電路輸出為 1。

解答 令 P_1 為相加脈衝，P_2 為移位脈衝，P_3 為時脈(Clock)，M 為乘數的位元，N 為啟動訊號，Z 為完成訊號，而 C 為進位，則電路方塊圖可畫為

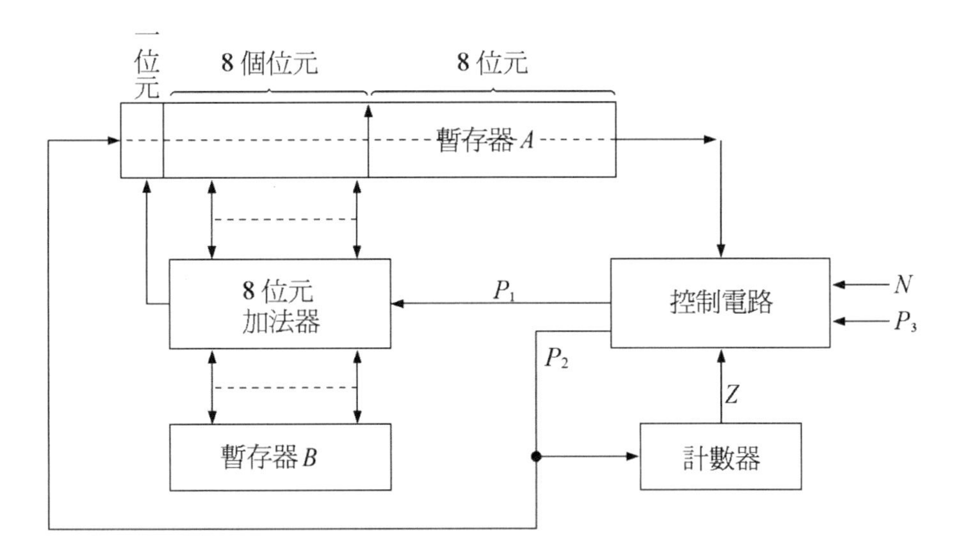

根據上述描述功能可知狀態圖

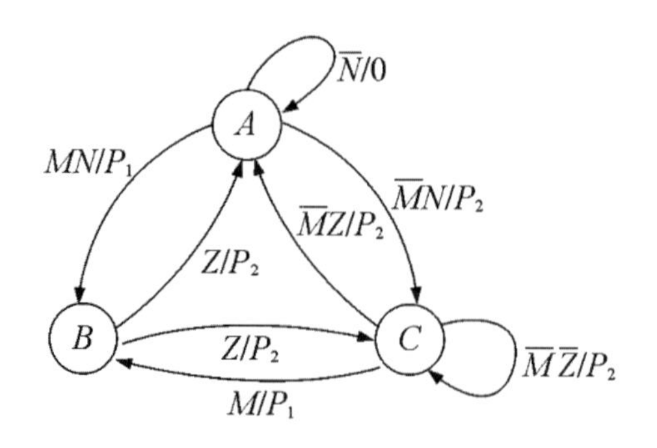

範例 9-5 試設計一個數位電路，其可接受一序列的二進制數輸入。該電路中只有輸入序列 1 的總數為奇數時，在該檢測時間時的輸出為 1，否則為 0。使用 *JK* 正反器設計此一電路。

解答 首先由摩爾網路知其狀態圖為

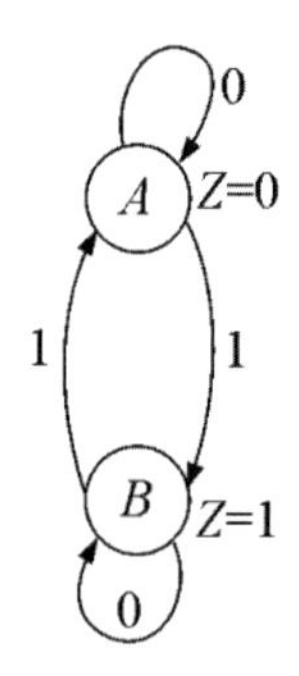

因此狀態表為

目前狀態	下一狀態		輸出
	$X=0$	$X=1$	Z
A	A	B	0
B	B	A	1

因為只有兩種狀態，所以只需一位元對各狀態變數編碼。令

$$A \equiv 0$$

$$B \equiv 1$$

則狀態表為

目前狀態	下一狀態		輸出
Q_A	$X=0$	$X=1$	Z
0	0	1	0
1	1	0	1

由狀態圖可知輸出

$$Z=Q_A$$

而在 JK 正反器的設計上，由狀態表中的狀態轉換知

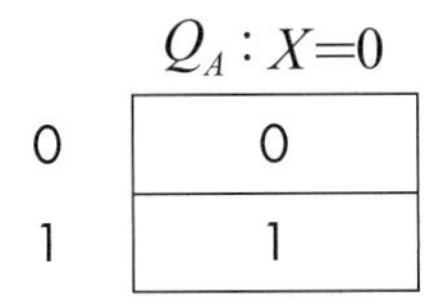

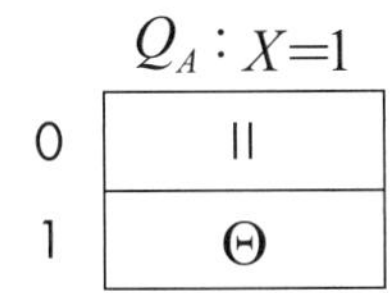

得

$$J_A=X$$
$$K_A=X$$

因此電路為

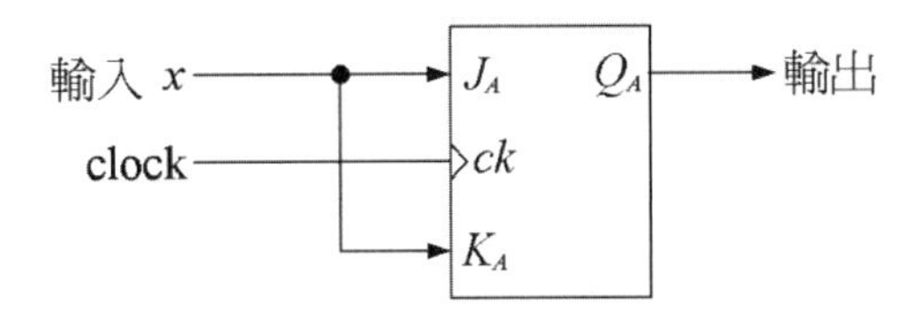

範例 9-6 試依據下列狀態圖設計出真正的電路。

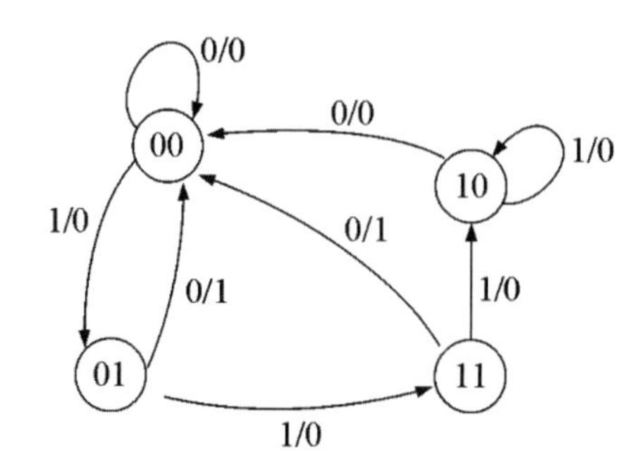

解答 首先將上面的狀態圖畫成狀態表得

狀態		輸入 x		
Q_A	Q_B	0	1	
0	0	00/0	01/0	← z
0	1	00/1	11/0	
1	0	00/0	10/0	
1	1	00/1	10/0	

由狀態圖知輸出 z 為

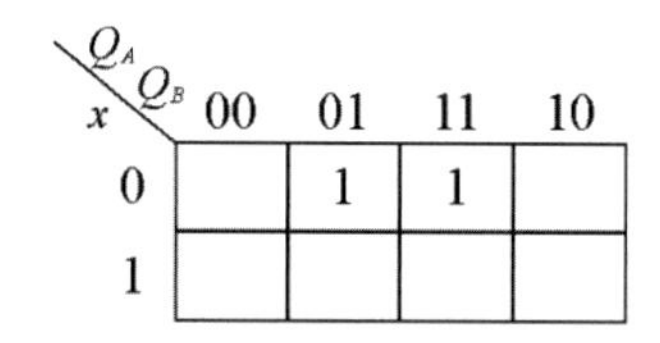

即 $z = Q_B \bar{x} ck$ （ck 為 clock）

當 $x=0$ 時，狀態變遷關係如下表所示

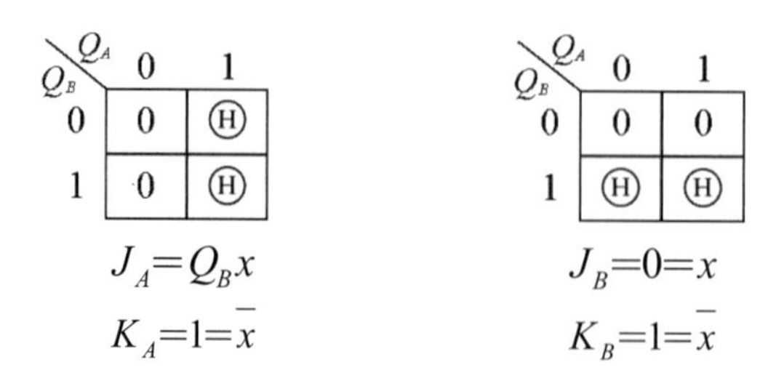

而當 $x=1$ 時，狀態變遷關係為

$Q_B \backslash Q_A$	0	1
0	0	1
1	II	1

$J_A=Q_Bx$

$K_A=0=x$

$Q_B \backslash Q_A$	0	1
0	II	0
1	1	Ⓗ

$J_B=\overline{Q}_Ax$

$K_B=Q_Ax$

綜合 $x=0$ 及 $x=1$ 的情況，可得

$$J_A=Q_Bx$$
$$K_A=\overline{x}$$

且

$$J_B=x\overline{Q_A}$$
$$K_B=\overline{x}+xQ_A$$

所以電路圖為

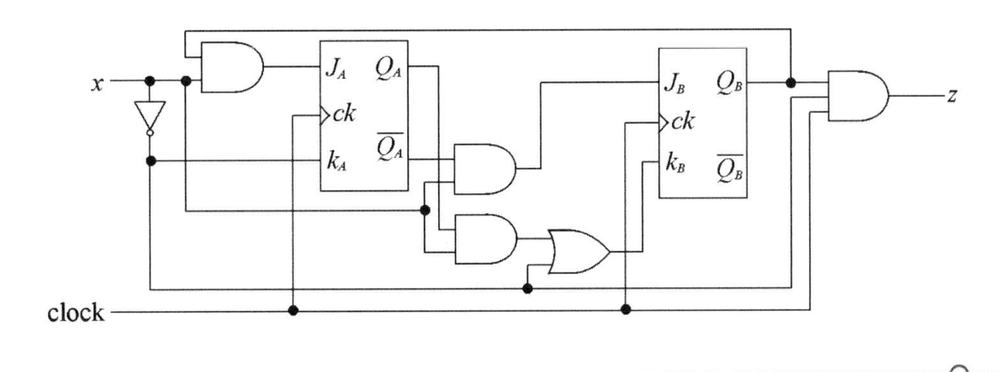

範例 9-7 使用流程表分析下圖中非同步電路，該電路起始點係在 $x=z=0$ 的穩態條件下，試求當 $x=0,1,0,1,\cdots\cdots$ 輸入時的狀態與輸出序列。

解答 採用摩爾網路，可知一開始時，若 $z=0$，$x=0$ 則 $z=0$；若 $x=1$ 時，$z=1$。依此類似分析可得

輸入	現在	下一
x	z	z
0	0	0
0	0	0
1	0	1
0	1	0
1	1	0
0	0	1
1	0	1

因此狀態圖為

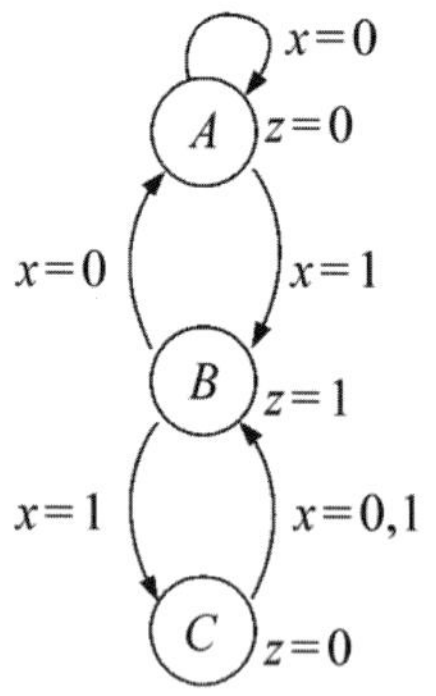

$x=0$
A $z=0$
$x=0$
$x=1$
B $z=1$
$x=1$
$x=0,1$
C $z=0$

由上圖可以發現，當 $x=1$ 時，會有競跑發生。

範例 9-8 依據下列狀態表，試將該狀態表中的狀態數目減至最小後，再以 *JK* 正反器設計此一電路。

目前狀態	下一狀態		輸出	
	$x=0$	$x=1$	$x=0$	$x=1$
a	f	b	0	0
b	d	c	0	0
c	f	e	0	0
d	g	a	1	0
e	d	c	0	0
f	f	b	1	1
g	g	h	0	1
h	g	a	1	0

解答 由狀態表很明顯地在目前狀態欄中，因輸出與任何一個狀態的輸出不同，因此不可能再簡化。而在 d 和 h 中可以看出下一狀態轉換與輸出均相同，所以

$$d \equiv h$$

此時狀態表為

目前狀態	下一狀態		輸出	
	$x=0$	$x=1$	$x=0$	$x=1$
a	f	b	0	0
b	d	c	0	0
c	f	e	0	0
d	g	a	1	0
e	d	c	0	0
f	f	b	1	1
g	g	d	0	1

再者分別看目前狀態欄中的 b，e 項，也發現其下一轉換狀態和輸出均相同，所以

$$e \equiv b$$

此時狀態表為

目前狀態	下一狀態		輸　出	
	$x=0$	$x=1$	$x=0$	$x=1$
a	f	b	0	0
b	d	c	0	0
c	f	b	0	0
d	g	a	1	0
f	f	b	1	1
g	g	d	0	1

因此由目前狀態欄 a，c 中可以發現下一轉換狀態和輸出均相同，所以

$$a \equiv c$$

亦即最後狀態表為

目前狀態	下一狀態		輸　出	
	$x=0$	$x=1$	$x=0$	$x=1$
a	f	b	0	0
b	d	a	0	0
d	g	a	1	0
f	f	b	1	1
g	g	d	0	1

可知只剩下 5 個狀態變數，因此可以三個位元 Q_A、Q_B、Q_C 分別加以編碼表示。

假設

$$a \equiv 000$$
$$b \equiv 001$$
$$c \equiv 010$$
$$d \equiv 011$$
$$e \equiv 100$$

則編碼後之狀態表為

	目前狀態			下一狀態		輸出	
	Q_A	Q_B	Q_C	$x=0$	$x=1$	$x=0$	$x=1$
a	0	0	0	011	001	0	0
b	0	0	1	010	000	0	0
d	0	1	0	100	000	1	0
f	0	1	1	011	001	1	1
g	1	0	0	100	010	0	1

現欲以 JK 正反器來設計本電路，就第一級而言

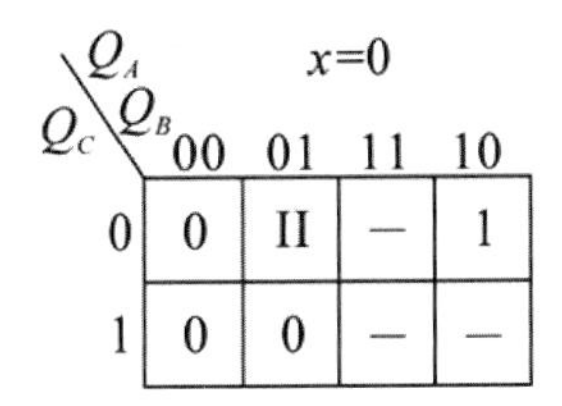

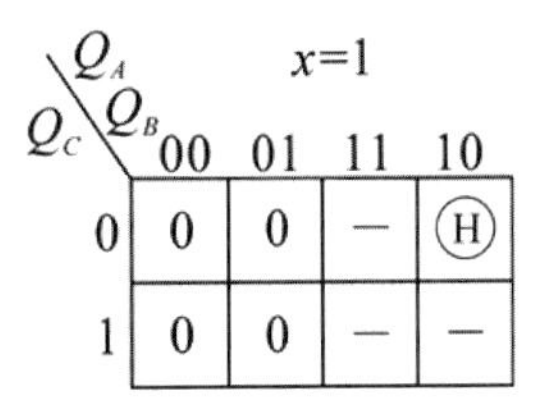

當 $x=0$ 時，

$J_A=\bar{x}Q_B\overline{Q_C}$

$K_A=0=x$

當 $x=1$ 時

$J_A=0=\bar{x}$

$K_A=1=x$

所以總合可得

$$J_A=\bar{x}Q_B\overline{Q_C}+\bar{x}=Q_B\overline{Q_C}$$

$$K_A=x$$

就第二級而言，

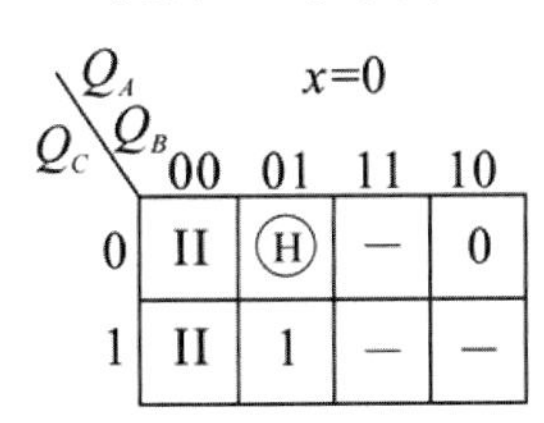

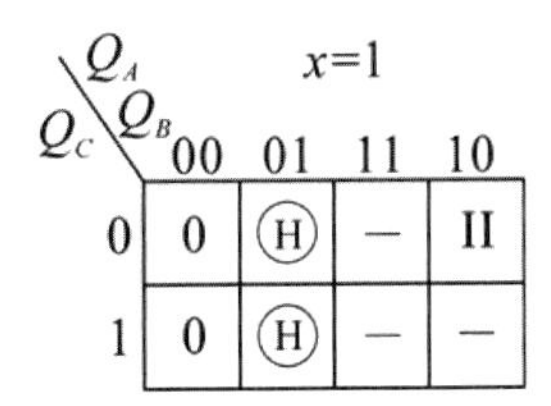

當 $x=0$ 時，

$J_B=\overline{xQ_A}$

$K_B=\overline{Q_C x}$

當 $x=1$ 時，

$J_B=\bar{x}Q_A\overline{Q_C}$

$K_B=1=x$

所以總合可得

$$J_B=\overline{x}\,\overline{Q_A}+xQ_A\overline{Q_C}$$

$$K_B=x+\overline{x}\;\overline{Q_C}$$

就第三級而言，

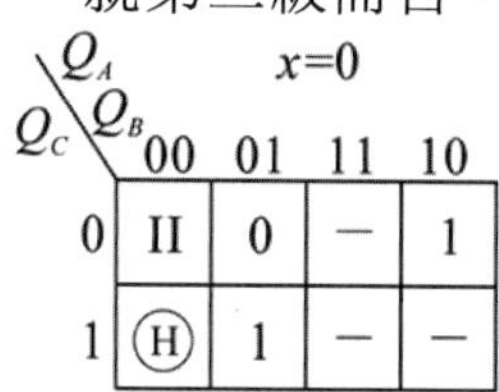

$Q_C \backslash Q_AQ_B$ ($x=1$)	00	01	11	10
0	II	0	—	0
1	Ⓗ	1	—	—

當 $x=0$ 時，

$J_C=\overline{x}\,\overline{Q_B}$

$K_C=\overline{x}\,\overline{Q_A}\,\overline{Q_B}$

當 $x=1$ 時，

$J_C=x\overline{Q_A}\,\overline{Q_B}$

$K_C=x\overline{Q_B}$

所以總合為

$$\begin{aligned}J_C&=\overline{x}\,\overline{Q_B}+x\overline{Q_A}\,\overline{Q_B}\\&=\overline{x}\,\overline{Q_B}(1+\overline{Q_A})+x\overline{Q_A}\,\overline{Q_B}\\&=\overline{x}\,\overline{Q_B}+\overline{Q_A}\,\overline{Q_B}\\&=(\overline{x}+\overline{Q_A})\overline{Q_B}\end{aligned}$$

$$\begin{aligned}K_C&=\overline{x}\,\overline{Q_A}\,\overline{Q_B}+x\overline{Q_B}\\&=\overline{x}\,\overline{Q_A}\,\overline{Q_B}+x\overline{Q_B}(1+\overline{Q_A})\\&=x\overline{Q_B}+\overline{Q_A}\,\overline{Q_B}\\&=\overline{Q_B}(x+\overline{Q_A})\end{aligned}$$

範例 9-9 設 x 為輸入，Y 為輸出，而 A，B 為系統的狀態。現若假設系統以 D 型正反器設計，且

$$D_1=x+B$$

$$D_2=x\oplus A$$

試畫出其狀態圖。

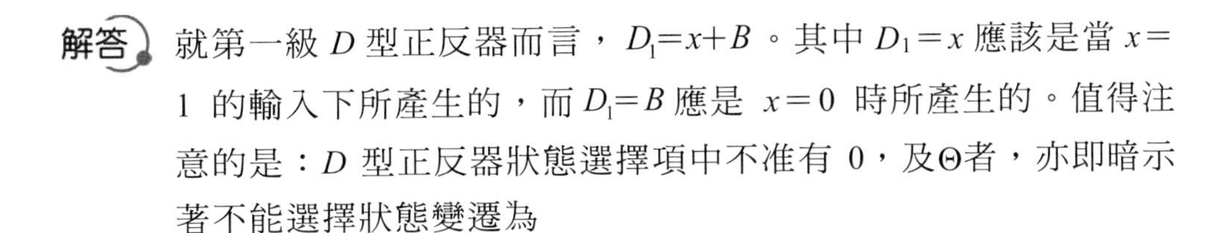

解答 就第一級 D 型正反器而言，$D_1=x+B$。其中 $D_1=x$ 應該是當 $x=1$ 的輸入下所產生的，而 $D_1=B$ 應是 $x=0$ 時所產生的。值得注意的是：D 型正反器狀態選擇項中不准有 0，及Θ者，亦即暗示著不能選擇狀態變遷為

$0 \rightarrow 0$

$1 \rightarrow 0$

者；或是只有

$1 \rightarrow 1$

$0 \rightarrow 1$

的可能性。

當 $x=1$ 時，$D_1=x=1$，代表

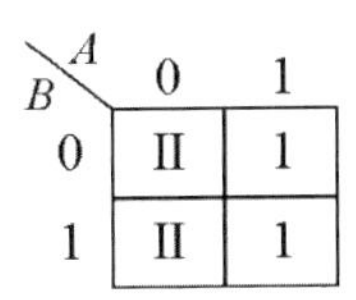

B \ A	0	1
0	II	1
1	II	1

當 $x=0$ 時，則

B \ A	0	1
0	0	Ⓗ
1	II	1

就第二級正反器而言，$D_2=x \oplus A=\bar{x}A+x\bar{A}$。所以代表 $x=1$ 輸入時，$D_2=\bar{A}$，即

B \ A	0	1
0	II	0
1	1	Ⓗ

而 $x=0$ 輸入時

B \ A	0	1
0	0	II
1	Ⓗ	1

因此狀態表為

狀態		輸入 x		輸出 Y
A	B	0	1	
0	0	00	11	0
0	1	10	11	0
1	0	01	10	0
1	1	11	10	1

由狀態表知狀態圖為

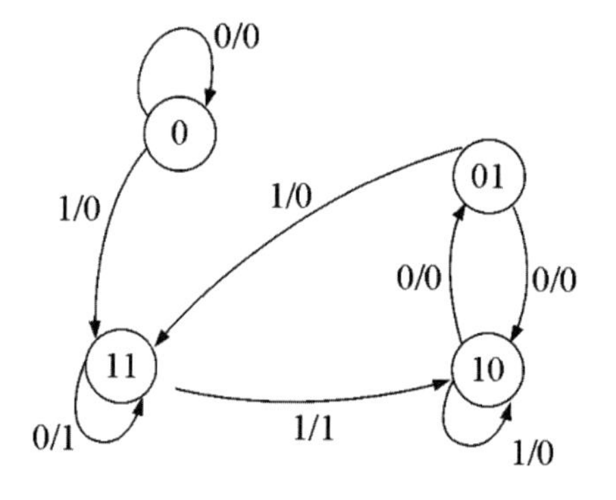

範例 9-10 一個序列檢驗器(Sequence Detector)有一個輸入 x 及一個輸出 Z，和一個時脈輸入 c。當總共收到奇數個 1，並且至少有收到兩個連續 0 時，輸出 $Z=1$。試設計此電路。

解答 若當作密雷網路來解時，其狀態圖表為

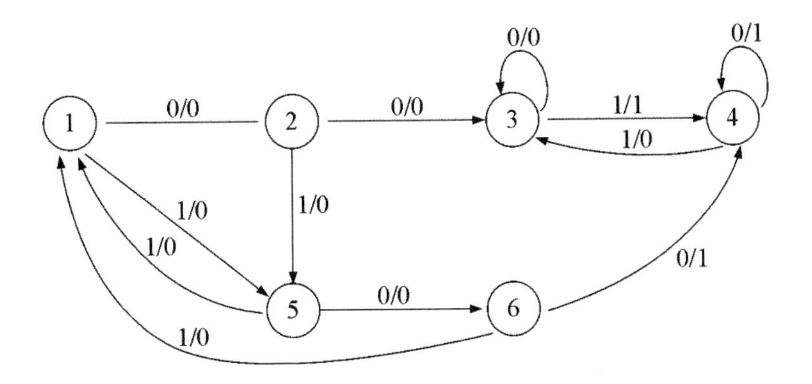

	x	
	0	1
1	2/0	5/0
2	3/0	5/0
3	3/0	4/1
4	4/1	3/0
5	6/0	1/0
6	4/1	1/0

解答 若當作摩爾網路來解時，則狀態圖表為

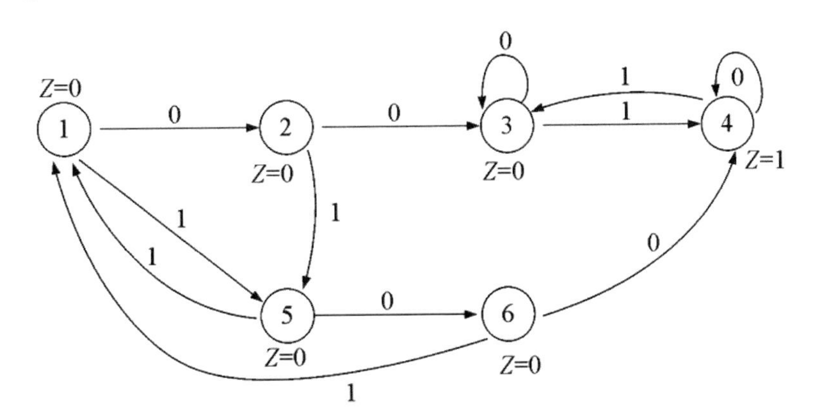

	輸入		輸出
	x		Z
	0	1	
1	2	5	0
2	3	5	0
3	3	4	0
4	4	3	1
5	6	1	0
6	4	1	0

範例 9-11 設計一個同步電路，當某輸入信號 A 之資料為 1 時，則偵測另一個輸入 B 是否為 0101 的順序，若是則輸出 $Z=1$，否則為 $Z=0$。

解答 採用密雷網路，則

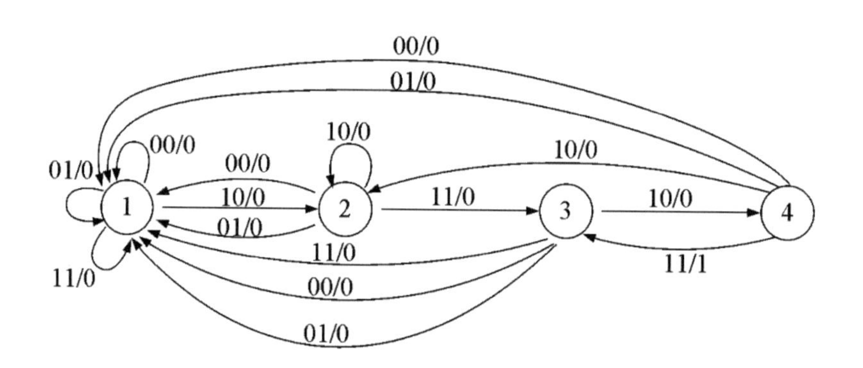

其狀態表為

目前狀態	下一狀態			
	00	01	10	11
1	1/0	1/0	2/0	1/0
2	1/0	1/0	2/0	3/0
3	1/0	1/0	4/0	1/0
4	1/0	1/0	2/0	3/1

若採用摩爾網路則為

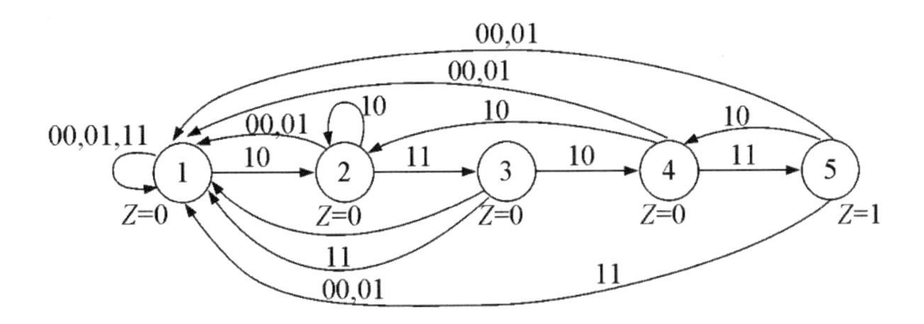

其狀態表為

目前狀態	下一狀態				輸出
	00	01	10	11	Z
1	1	1	2	1	0
2	1	1	2	3	0
3	1	1	4	1	0
4	1	1	2	5	0
5	1	1	4	1	1

範例 9-12 現給它一個狀態轉換表如下，試以 D 型正反器設計該電路。

現在狀態		下一狀態		輸出	
		x		z	
A	B	0	1	0	1
0	0	00	01	0	0
0	1	00	10	0	1
1	0	10	00	1	0
1	1	10	00	1	0

解答 對輸出 z 而言，其真值表為

A	B	x	z
0	0	0	0
0	0	1	0
0	1	0	0
0	1	1	1
1	0	0	1
1	0	1	0
1	1	0	1
1	1	1	0

轉換成卡諾圖則為

x \ AB	00	01	11	10
0	0	0	1	1
1	0	1	0	0

所以

$$z = A\overline{x} + Bx\overline{A}$$

另外，我們現要以 D 型正反器來製作電路，則對 D_A 而言

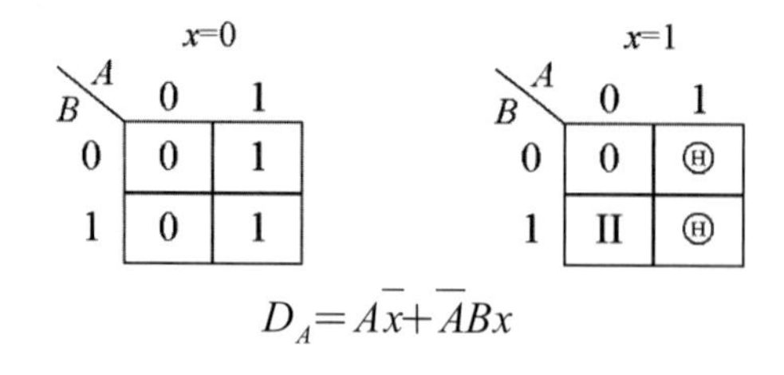

$$D_A = A\overline{x} + \overline{A}Bx$$

對 D_B 而言

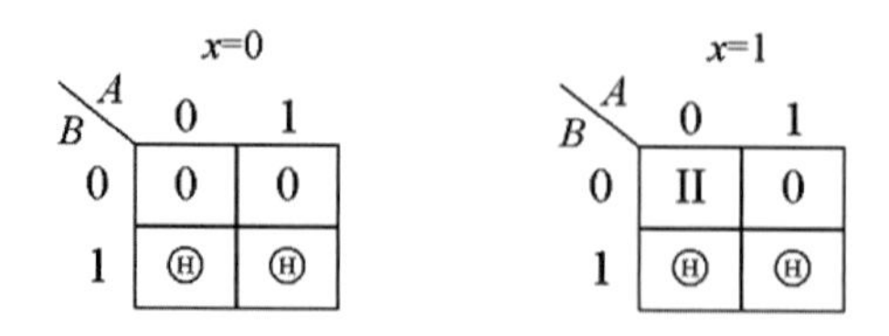

得

$$D_B = \overline{A}\overline{B}x$$

所以電路為

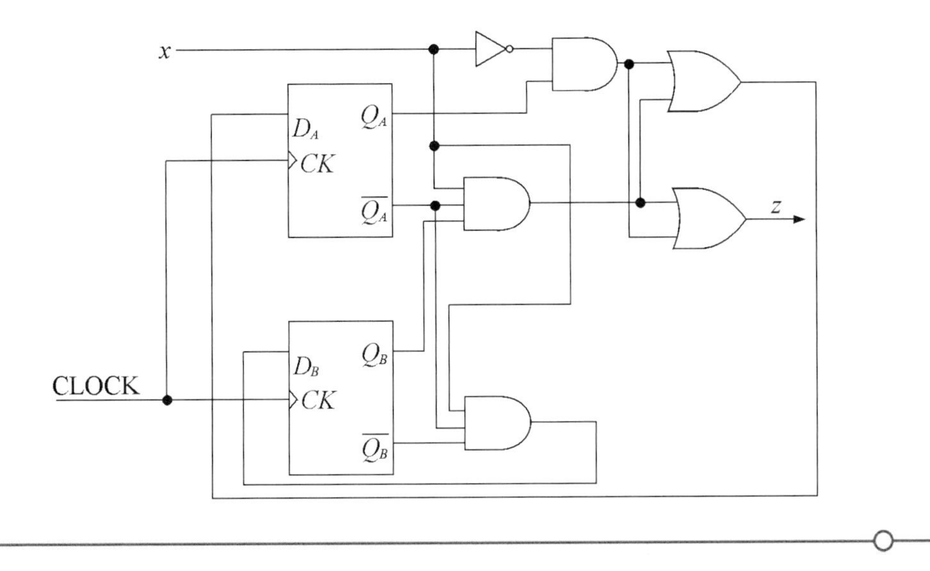

範例 9-13 一個階梯輸入 x 及一輸出 z 的次序網路，已知 $z^i=1$ 若且唯若 $x^i=1$，$x^{i-1}=0$，$x^{i-2}=1$。試設計之。

解答 若將其視為密雷網路，則狀態圖表為

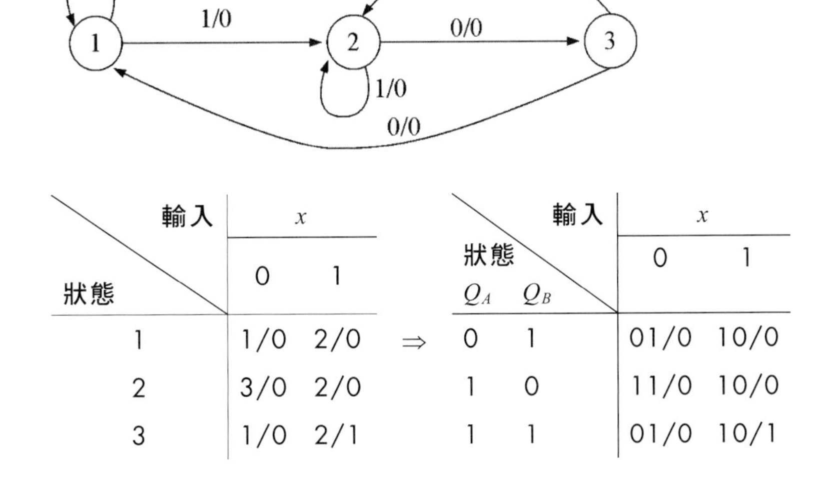

狀態 \ 輸入 x	0	1
1	1/0	2/0
2	3/0	2/0
3	1/0	2/1

⇒

狀態 Q_A	狀態 Q_B	輸入 x = 0	輸入 x = 1
0	1	01/0	10/0
1	0	11/0	10/0
1	1	01/0	10/1

輸出 z

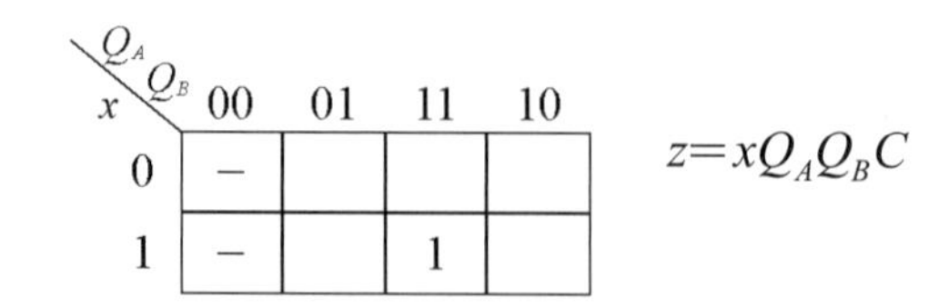

欲求 J_A 及 K_A，由下卡諾圖

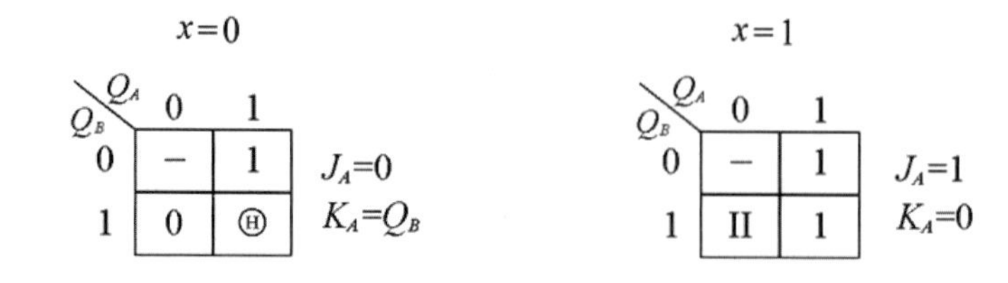

可得

$$J_A = x$$
$$K_A = \bar{x}Q_B$$

又欲求 J_B 及 K_B，則由下之卡諾圖

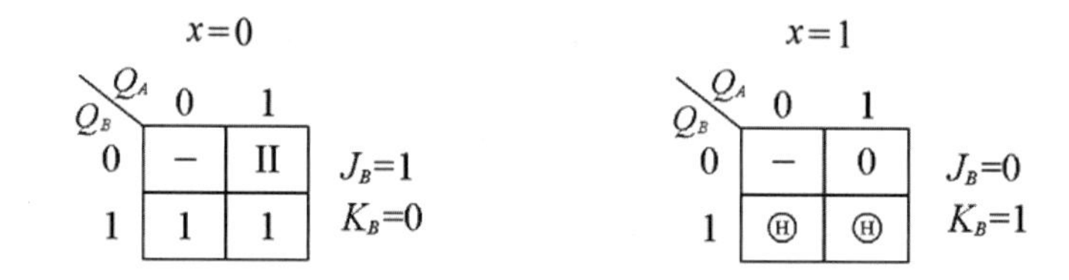

可得

$$J_B = \bar{x}$$
$$K_B = x$$

因此電路為

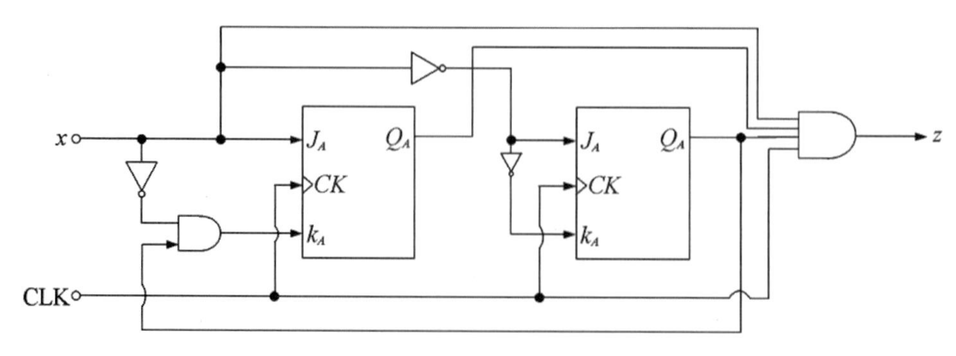

若把電路為摩爾網路，則狀態圖表分別為

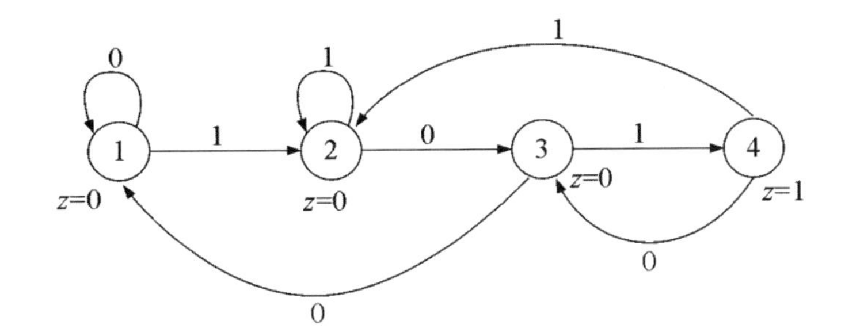

狀態	輸入 x		輸出
	0	1	z
1	1	2	0
2	3	2	0
3	1	4	0
4	3	2	1

⇒

		x	
Q_A	Q_B	0	1
0	0	00	01
0	1	10	01
1	0	00	11
1	1	10	01

對 J_A 及 K_A 的卡諾圖如下所示：

$x=0$

$Q_B \backslash Q_A$	0	1
0	–	Ⓗ
1	II	1

$J_A=Q_B$
$K_A=\overline{Q_B}$

$x=1$

$Q_B \backslash Q_A$	0	1
0	0	1
1	0	Ⓗ

$J_A=0$
$K_A=Q_B$

可得

$$J_A=Q_B\overline{x}$$
$$K_A=\overline{x}\overline{Q_B}+xQ_B$$
$$=\overline{x\oplus Q_B}$$

而對 J_A 及 K_B 的卡諾圖則如下所示：

$x=0$

$Q_B \backslash Q_A$	0	1
0	0	0
1	Ⓗ	Ⓗ

$J_B=0$
$K_B=1$

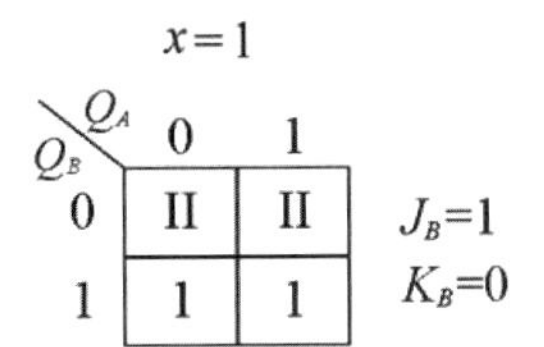
$x=1$

$Q_B \backslash Q_A$	0	1
0	II	II
1	1	1

$J_B=1$
$K_B=0$

因此

$$J_B = x$$
$$K_B = \overline{x}$$

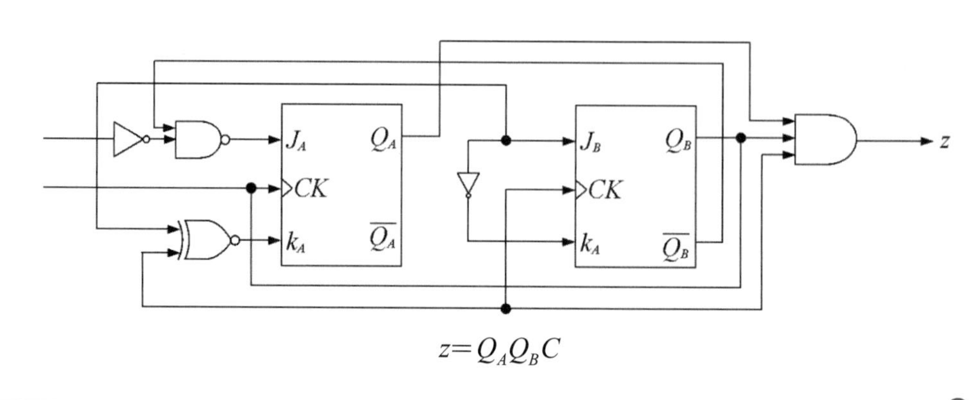

$$z = Q_A Q_B C$$

範例 9-14 現在我們想要設計一個警報電路。在此一電路中，若系統偵測到有小偷進入時，則會自動撥 5732986 的電話號碼。

解答 由題意知：在自動撥號時，數字間的轉換關係為

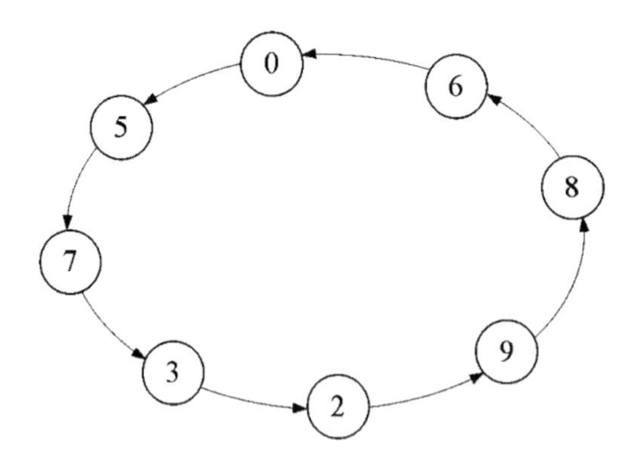

由於數字號碼最大為 9，改以 4 位元分別對數字狀態編碼，且狀態轉換表為

目前狀態				下一狀態			
Q_A	Q_B	Q_C	Q_D	Q_A	Q_B	Q_C	Q_D
0	0	0	0	0	1	0	1
0	0	0	1	—	—	—	—
0	0	1	0	1	0	0	1
0	0	1	1	0	0	1	0
0	1	0	0	—	—	—	—
0	1	0	1	0	1	1	1
0	1	1	0	0	0	0	0
0	1	1	1	0	0	1	1
1	0	0	0	0	1	1	0
1	0	0	1	1	0	0	0
1	0	1	0	—	—	—	—
1	0	1	1	—	—	—	—
1	1	0	0	—	—	—	—
1	1	0	1	—	—	—	—
1	1	1	0	—	—	—	—
1	1	1	1	—	—	—	—

若以 D 型正反器來設計此一電路，則可得

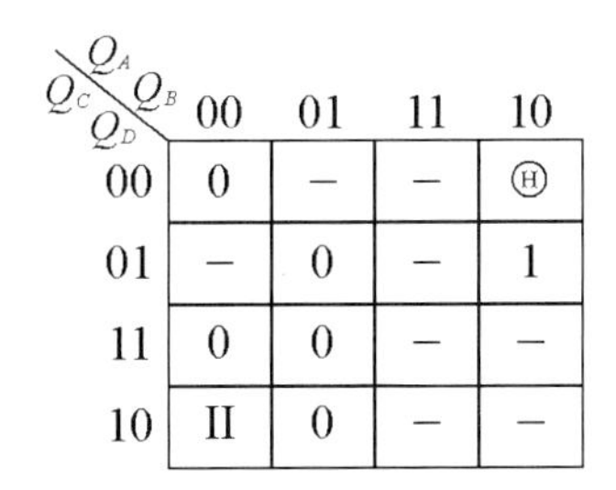

Q_CQ_D \ Q_AQ_B	00	01	11	10
00	0	–	–	Ⓗ
01	–	0	–	1
11	0	0	–	–
10	II	0	–	–

$D_A=\overline{Q_B}Q_C\overline{Q_D}+Q_AQ_D$

Q_CQ_D \ Q_AQ_B	00	01	11	10
00	II	–	–	II
01	–	1	–	0
11	0	Ⓗ	–	–
10	0	Ⓗ	–	–

$D_B=\overline{Q_C}\,\overline{Q_D}+Q_B\overline{Q_C}$

$=Q_C(\overline{Q_D}+Q_B)$

Q_CQ_D \ Q_AQ_B	00	01	11	10
00	0	–	–	II
01	–	II	–	0
11	1	1	–	–
10	Ⓗ	Ⓗ	–	–

Q_CQ_D \ Q_AQ_B	00	01	11	10
00	II	–	–	0
01	–	1	–	Ⓗ
11	Ⓗ	1	–	–
10	II	0	–	–

$$D_C = \overline{Q_A}Q_D + Q_A\overline{Q_D}$$
$$= Q_A \oplus Q_D$$

$$D_D = Q_BQ_D + \overline{Q_A}\,\overline{Q_B}\,\overline{Q_D}$$

所以電路為

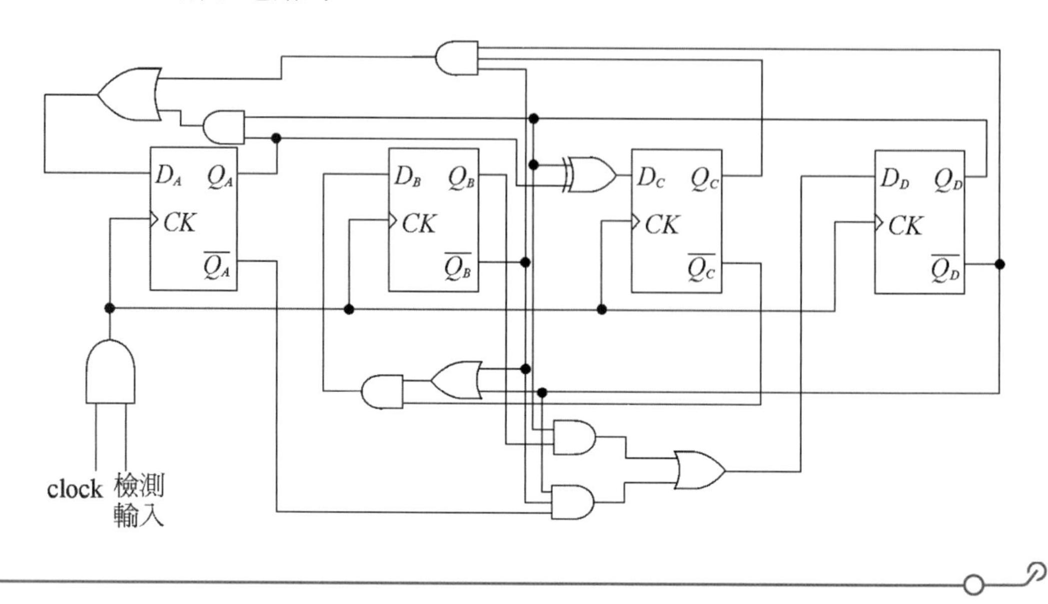

範例 9-15 有一序列電路具有一個輸入信號 x 及三個輸出信號 Z_2、Z_1、Z_0 且該電路執行功能之狀態圖如下所示，試以 D 型正反器完成此一電路。

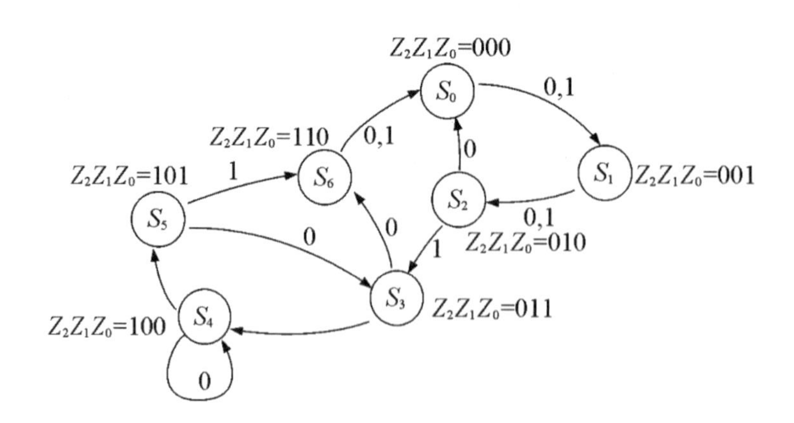

解答 由題意知，共有七個狀態變數，因此共需三個位元來表示狀態。現在我們對各狀態分別編碼如下：

$S_0 \equiv 000$

$S_1 \equiv 001$

$S_2 \equiv 010$

$S_3 \equiv 011$

$S_4 \equiv 100$

$S_5 \equiv 101$

$S_6 \equiv 110$

在此編碼下，可得如下之狀態表

目前狀態			下一狀態						輸出		
			$x=0$			$x=1$					
Q_A	Q_B	Q_C	Q_A	Q_B	Q_C	Q_A	Q_B	Q_C	Z_2	Z_1	Z_0
0	0	0	0	0	1	0	0	1	0	0	0
0	0	1	0	1	0	0	1	0	0	0	1
0	1	0	0	0	0	0	1	1	0	1	0
0	1	1	1	1	0	1	0	0	0	1	1
1	0	0	1	0	0	1	0	1	1	0	0
1	0	1	0	1	1	1	1	0	1	0	1
1	1	0	0	0	0	0	0	0	1	1	0

現在以 D 型正反器來設計此一電路，則卡諾圖分別為

x Q_B Q_A \ Q_C	00	01	11	10
00	0	1	1	0
01	0	Ⓗ	1	0
11	II	–	–	II
10	0	Ⓗ	Ⓗ	0

$D_A = Q_B Q_C + Q_A \overline{Q_B}\,\overline{Q_C} + x Q_A \overline{Q_B}$

x Q_B Q_A \ Q_C	00	01	11	10
00	0	0	0	0
01	II	II	II	II
11	1	–	–	Ⓗ
10	Ⓗ	Ⓗ	Ⓗ	1

$D_B = \overline{Q_B} Q_C + Q_C \overline{x} + x \overline{Q_A} Q_B \overline{Q_C}$

$x Q_A$ / $Q_B Q_C$	00	01	11	10
00	II	0	II	II
01	Ⓗ	1	Ⓗ	Ⓗ
11	Ⓗ	–	–	Ⓗ
10	0	0	0	II

$$D_C = \overline{Q_A}\,\overline{Q_B}\,\overline{Q_C} + x\overline{Q_B}\,\overline{Q_c} + x\overline{Q_A}\,\overline{Q_C} + \bar{x}Q_AQ_C$$

而輸出分別為

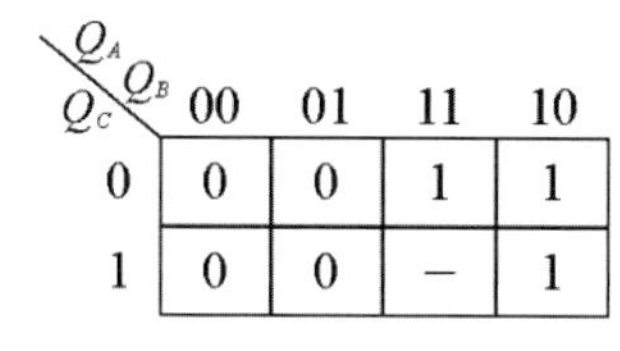

$Q_A Q_B$ / Q_C	00	01	11	10
0	0	0	1	1
1	0	0	–	1

$Z_2 = A$

$Q_A Q_B$ / Q_C	00	01	11	10
0	0	1	1	0
1	0	1	–	0

$Z_1 = B$

$Q_A Q_B$ / Q_C	00	01	11	10
0	0	0	0	0
1	1	1	–	1

$Z_0 = C$

範例 9-16 試設計一故障告警電路，該電路中具有二個輸入：偵錯信號與重置信號 R。若系統偵測到連續三次以上有錯誤(x=1)時，則輸出便送出一告警信號 z=1，且該輸出連續送出，直到重置信號啟動(R=1)，才會回到無錯誤狀態。另外，若任何時刻 R=1 時，則回到無錯誤狀態。

解答 採用密雷電路，可得狀態圖如下：

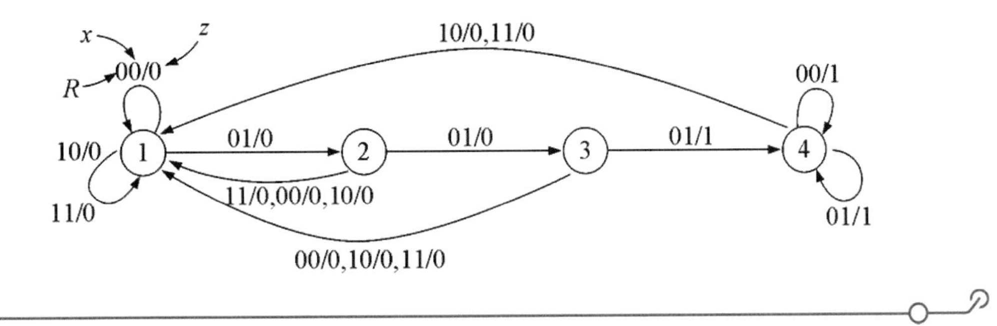

範例 9-17 一個次序網路有兩個輸入 x_1，x_2 及一個階梯輸出 z。輸出 z 保持不變，除非輸入序列有以下的變化：

(1) x_1x_2 由 01 變成 11，則輸出變成 0。

(2) x_1x_2 由 10 變成 11，則輸出變成 1。

(3) x_1x_2 由 10 變成 01，則輸出要改變狀態。

解答 因本題為摩爾網路，其狀態圖表為

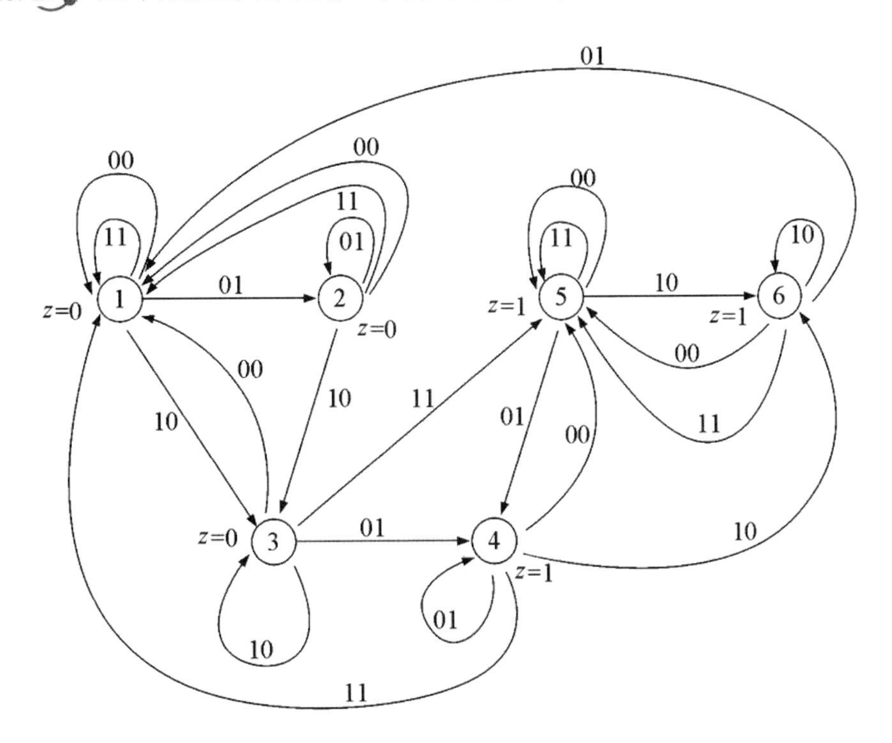

	x_1 x_2 00	01	11	10	z
1	1	2	1	3	0
2	1	2	1	3	0
3	1	4	5	3	0
4	5	4	1	6	1
5	5	4	5	6	1
6	5	1	5	6	1

相等（狀態 1 與狀態 2 之 z）

	x_1 x_2 00	01	11	10	z
1	1	1	1	3	0
3	1	4	5	3	0
4	5	4	1	6	1
5	5	4	5	6	1
6	5	1	5	6	1

9-4 脈波型次序網路

脈波型次序網路亦屬於非同步網路，輸入脈波之間不能同時發生。而輸出亦分為脈波輸出及階梯輸出兩種。其輸出狀態亦有密雷網路及摩爾網路兩種。脈波型網路之設計過程亦和時脈型網路相同。

範例 9-18 有一個次序網路有三個脈波輸入 x_1，x_2，x_3 及一個階梯輸出 z。當來了一個 x_1 脈波後輸出 z 就變成 ON，直到接連由 x_2 或 x_3 所組成的至少四個脈波為止，否則不變成 OFF。另外，一個 x_1 又會把網路重置(RESET)在起始狀態。試作狀態圖及狀態表。

解答 本題很明顯是摩爾網路。其狀態圖表為

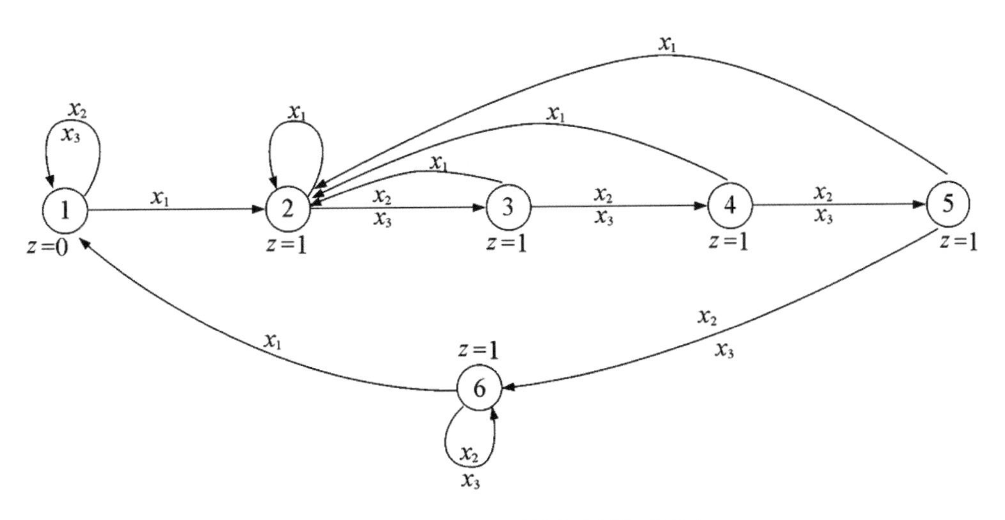

	x_1	x_2	x_3	z
1	2	1	1	0
2	2	3	3	1
3	2	4	4	1
4	2	5	5	1
5	2	6	6	1
6	1	6	6	1

範例 9-19 一個次序網路有三個脈波輸入 A，B，C 及一個輸出 z。輸出 $z=1$，若且唯若三脈波的順序是 ABC 或 ABA。試作狀態圖表。

解答 若視為密雷網路，則狀態圖表為

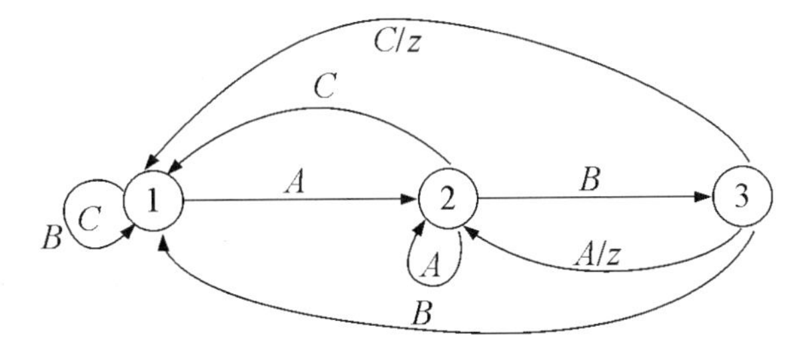

	A	B	C
1	2	1	1
2	2	3	1
3	2/Z	1	1/Z

解答 若視為摩爾網路則狀態圖表為

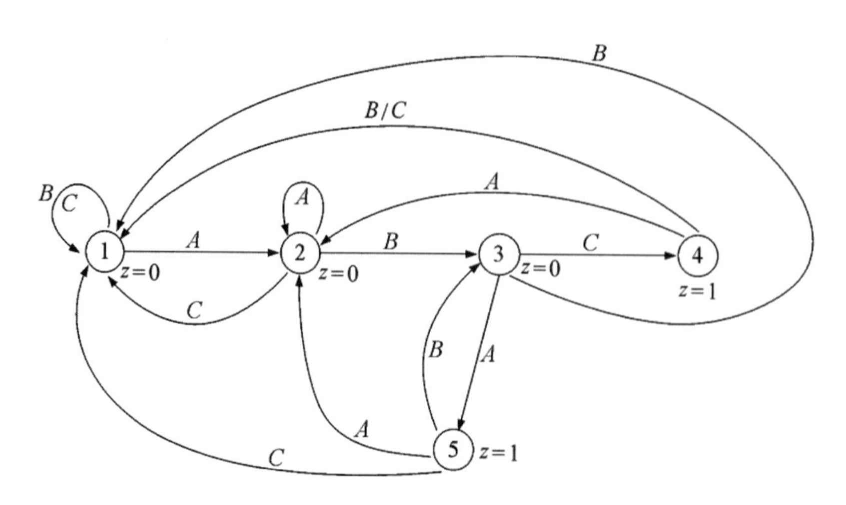

	A	B	C	z
1	2	1	1	0
2	2	3	1	0
3	5	1	4	0
4	2	1	1	1
5	2	3	1	1

範例 9-20 一個次序網路有三個脈波輸入 x_1，x_2，x_3 及兩個脈波輸出 z_1，z_2。z_1 脈波是緊接在 x_1 脈波後的第一個 x_2 脈波相一致。而 z_3 脈波是緊接在 x_3 脈波後的所有連續 x_2 脈波相一致。試設計其狀態圖及狀態表。

解答

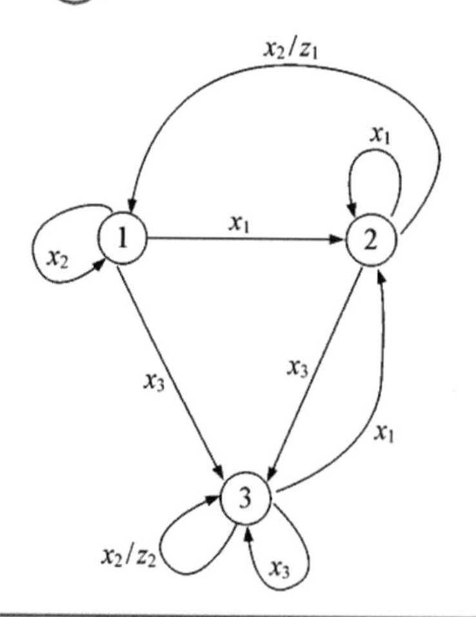

	x_1	x_2	x_3
1	2	1	3
2	2	$1/z_1$	3
3	2	$3/z_2$	3

9-5 階梯型次序網路

階梯型次序網路也是屬於非同步次序網路，它的時間限定條件最寬，故是最普遍的次序網路，也稱為基本型。凡是輸入波形不適合脈波型的時間限制條件的，均要用階梯型來設計之。其綜合設計過程也分以下幾個步驟：

(1) 根據題意的要求或網路功能的描述而作出原始流程表。

(2) 尋找相等狀態級或可適用狀態級，從而得出最少狀態流程表。

(3) 作擠壓圖而後得到擠壓流程表。

(4) 作變遷圖而後選擇適當的二次指認，務必要避免爭跑(Race)以免產生錯誤的變遷。

(5) 作完整的二次激勵圖。從而得二次激勵代數式。

(6) 作完整的輸出圖，從而得出輸出代數式，但要盡可能把能夠避免的意外(Hazard)避免掉。

(7) 作出完整的網路來。

範例 9-21 試使用最少數量的正反器與邏輯閘來設計一個同步序列電路，以比較兩個序列輸入 x_1 和 x_2：當任何連續 4 個位元的輸入均對應相同（即 4 次的 $x_1=x_2$），則輸出 z 為 1，否則 $z=0$。

解答 由題意可得到如下的狀態圖

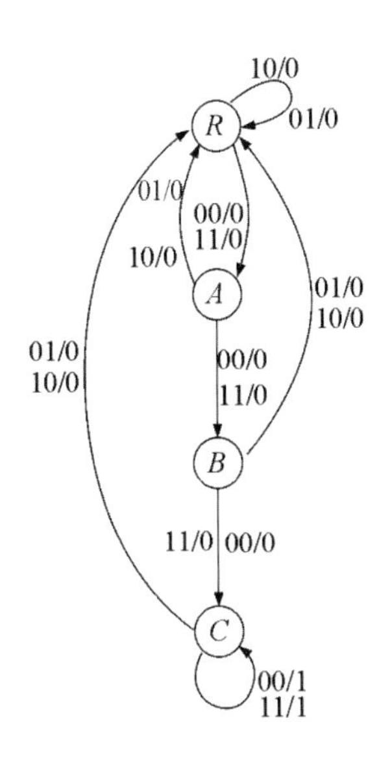

由上述狀態圖可以得到如下的狀態表

目前狀態	下一狀態				輸出 z			
	$x_2x_1=00$	01	11	10	$x_2x_1=00$	01	11	10
R	A	R	A	R	0	0	0	0
A	B	R	B	R	0	0	0	0
B	C	R	C	R	0	0	0	0
C	C	R	C	R	1	0	1	0

由狀態表可以發現只有 4 個狀態，因此可以二個位元來對各狀態加以編碼。即

$$R \equiv 00$$

$$A \equiv 01$$

$$B \equiv 10$$

$$C \equiv 11$$

所以狀態表可以改寫為

目前狀態		下一狀態				輸出 z			
Q_1	Q_2	00	01	11	10	00	01	11	10
0	0	01	00	01	00	0	0	0	0
0	1	10	00	10	00	0	0	0	0
1	0	11	00	11	00	0	0	0	0
1	1	11	00	11	00	1	0	1	0

假設我們想要由 D 型正反器來設計此一電路，則由卡諾圖知

$Q_1Q_2 \backslash x_2x_1$	00	01	11	10
00	0	0	0	0
01	1	0	1	0
11	1	Ⓗ	1	Ⓗ
10	1	Ⓗ	1	Ⓗ

$$D_1=\overline{x_1}\,\overline{x_2}Q_2+x_1x_2Q_2+\overline{x_1}\,\overline{x_2}Q_1+x_1x_2Q_1$$

$$=\left(\overline{x_1}\,\overline{x_2}+x_1x_2\right)Q_2+\left(\overline{x_1}\,\overline{x_2}+x_1x_2\right)Q_1$$

$$=\left(\overline{x_1}\,\overline{x_2}+x_1x_2\right)(Q_1+Q_2)$$

$$=\overline{x_1 \oplus x_2}\,(Q_1+Q_2)$$

Q_1Q_2 \ x_2x_1	00	01	11	10
00	1	0	1	0
01	Ⓗ	Ⓗ	Ⓗ	Ⓗ
11	1	Ⓗ	1	Ⓗ
10	1	0	1	0

$$D_2=\overline{x_1}\,\overline{x_2}Q_1+x_1x_2Q_1+\overline{x_1}\,\overline{x_2}\,\overline{Q_2}+x_1x_2\overline{Q_2}$$
$$=(x_1\oplus x_2)\left(Q_1+\overline{Q_2}\right)$$

而輸出 z 為

Q_1Q_2 \ x_2x_1	00	01	11	10
00	0	0	0	0
01	0	0	0	0
11	1	0	1	0
10	0	0	0	0

$$z=\overline{x_1}\,\overline{x_2}Q_1Q_2+x_1x_2Q_1Q_2$$
$$=\overline{x_1\oplus x_2}Q_1Q_2$$

所以電路為

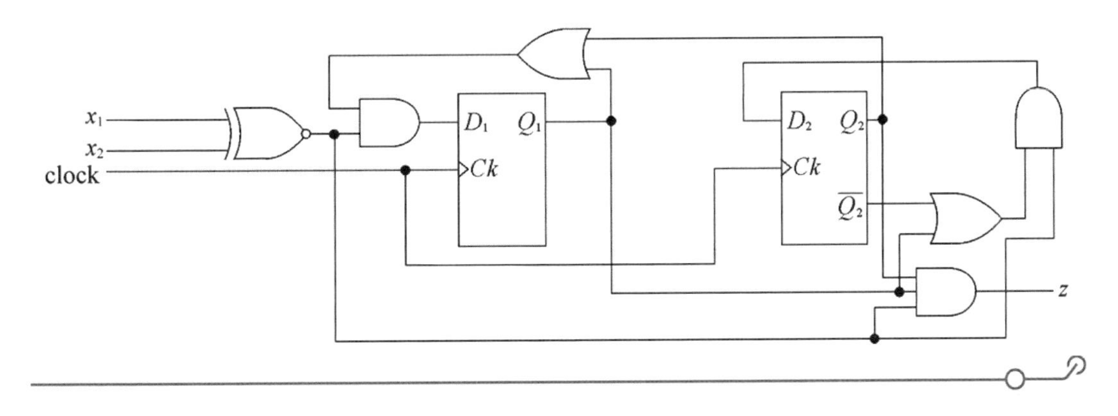

範例 9-22 試依據如下之狀態圖，以一個解碼器、兩個 D 型正反器及 AND、OR、NOT 閘來實現此一電路。

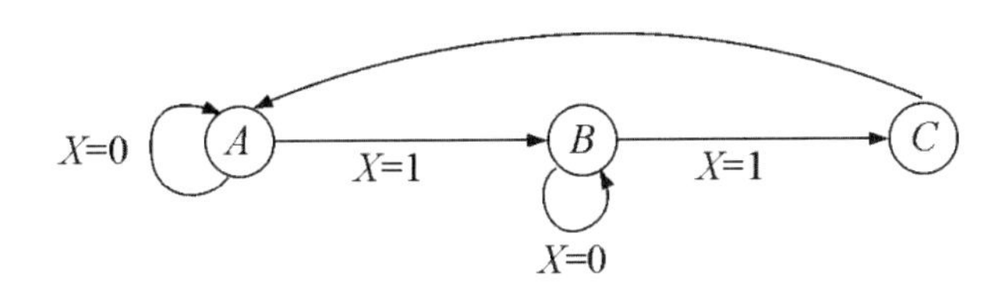

解答 由於必須選用解碼器，而且狀態的選擇共有 A、B、C 三種。所以在解碼器中其輸出端必為 A、B、C 及 D，但卻只有 A、B、C 被使用。所以兩條控制線 S_0S_1 必存在。假設控制線和輸出間的關係為

S_0	S_1	A	B	C
0	0	1	0	0
0	1	0	1	0
1	0	0	0	1

至於控制線則是由正反器的輸出端獲得，所以事實上本題目在於設計如下的狀態轉換表：

目前狀態	目前狀態編碼		輸入		下一狀態	
	S_0	S_1	X	Y	S_0	S_1
A	0	0	0	–	0	0
A	0	0	1	–	0	1
B	0	1	–	0	0	1
B	0	1	–	1	1	1
C	1	0	–	–	0	0

為區隔狀態 A、B 的輸入，這裡的 Y 視為狀態 B 時的輸入 X。輸出 A、B、C 與 S_0、S_1 的關係，可得完整狀態表為

目前狀態	目前狀態編碼		輸出			輸入		下一狀態	
	S_0	S_1	A	B	C	X	Y	S_0	S_1
A	0	0	1	0	0	0	–	0	0
A	0	0	1	0	0	1	–	0	1
B	0	1	0	1	0	–	0	0	1
B	0	1	0	1	0	–	1	1	1
C	1	0	0	0	1	–	–	0	0

由狀態知第一級 D 型正反器的卡諾圖為

XY \ S_0S_1	00	01	11	10
00	0	0	–	1
01	0	1	–	1
11	0	1	–	1
10	0	0	–	1

$$D_1 = S_0\overline{S}_1 + \overline{S}_0 S_1 Y$$
$$= C + BY$$

在上面計算中，因我們只有輸出 A，B，C，並沒有 S_0S_1，亦即 S_0S_1 只是過渡產物，且由 D 型正反器產生，故在卡諾圖化簡中，必須同時選擇存在 S_0 及 S_1 者。又第二級 D 型正反器卡諾圖為

XY \ S_0S_1	00	01	11	10
00	0	1	–	0
01	0	1	–	0
11	1	1	–	0
10	1	1	–	0

$$D_2 = \overline{S}_0 S_1 + \overline{S}_0\overline{S}_1 X$$
$$= B + AX$$

所以最後電路為

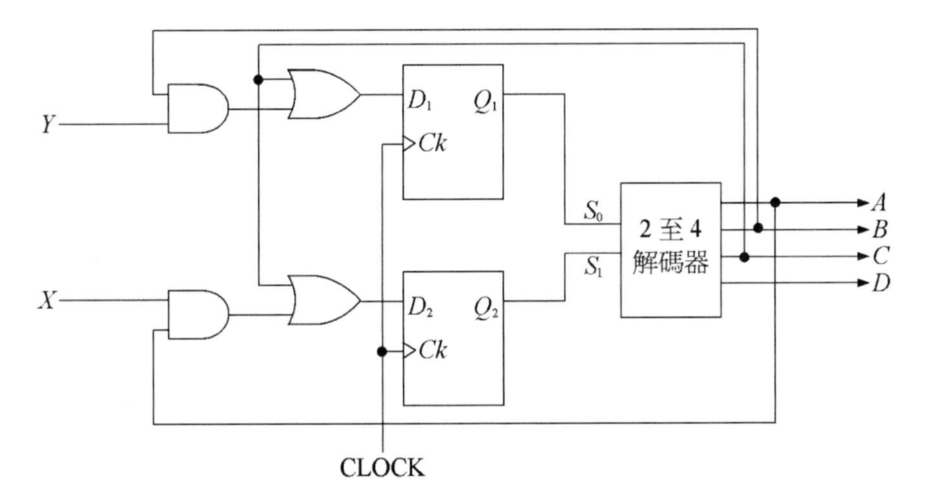

範例 9-23 試以 *JK* 正反器設計狀態圖如下圖之電路。

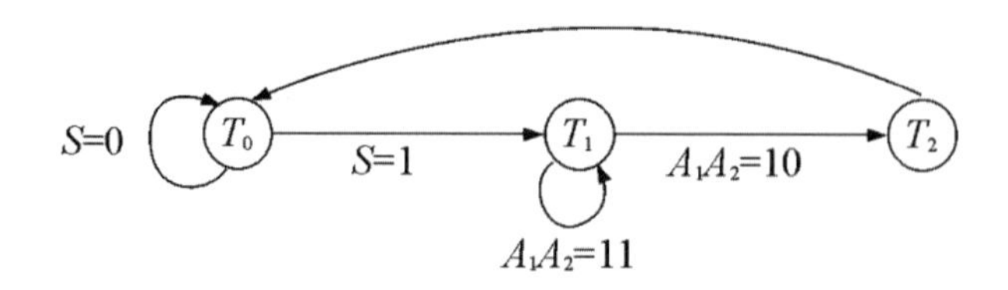

解答 由狀態圖可看出有三個輸入信號 S、A_1 及 A_2，且又有三個狀態，因此可用二個位元加以編碼。現假設各狀態編碼如下：

$$T_0 \equiv 00$$

$$T_1 \equiv 01$$

$$T_2 \equiv 11$$

則可得狀態表為

目前狀態符號	目前狀態編碼		輸入			下一個狀態	
	Q_1	Q_2	S	A_1	A_2	Q_1	Q_2
T_0	0	0	0	–	–	0	0
T_0	0	0	1	–	–	0	1
T_1	0	1	–	1	1	0	1
T_1	0	1	–	1	0	1	1
T_2	1	1	–	–	–	0	0

現看第一級正反器的卡諾圖

S=0

A_1A_2 \ Q_1Q_2	00	01	11	10
00	0	–	Ⓗ	–
01	0	–	Ⓗ	–
11	0	0	Ⓗ	–
10	0	II	Ⓗ	–

S=1

A_1A_2 \ Q_1Q_2	00	01	11	10
00	0	–	Ⓗ	–
01	0	–	Ⓗ	–
11	0	0	Ⓗ	–
10	0	II	Ⓗ	–

得

$$J_1 = Q_2 A_1 \overline{A_2}$$

$$K_1 = 1$$

又由第二級正反器的卡諾圖

$S=0$

$A_1A_2 \backslash Q_1Q_2$	00	01	11	10
00	0	–	Ⓗ	–
01	0	–	Ⓗ	–
11	0	1	Ⓗ	–
10	0	1	Ⓗ	–

$S=1$

$A_1A_2 \backslash Q_1Q_2$	00	01	11	10
00	II	–	Ⓗ	–
01	II	–	Ⓗ	–
11	II	1	Ⓗ	–
10	II	1	Ⓗ	–

$$J_2=S$$
$$K_2=Q_1$$

因此電路為

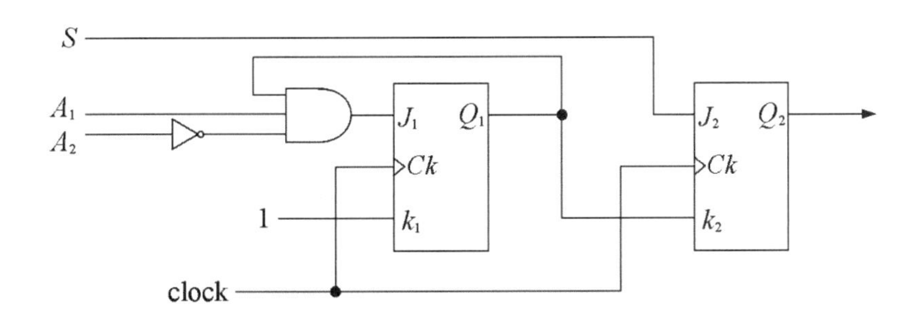

本題若改用 D 型正反器，則

$$D_1=Q_2A_1\overline{A_2}$$
$$\begin{aligned}D_2&=\overline{Q_1}Q_2\overline{S}+\overline{Q_1}S\overline{Q_2}+\overline{Q_1}S\,Q_2\\&=\overline{Q_1}Q_2(\overline{S}+S)+\overline{Q_1}S(\overline{Q_2}+Q_2)\\&=\overline{Q_1}Q_2+\overline{Q_1}S\\&=\overline{Q_1}\left(S+Q_2\right)\end{aligned}$$

這裡利用 $x+x=x$，亦即利用 $\overline{Q_1}S\overline{Q_2}=\overline{Q_1}S\overline{Q_2}+\overline{Q_1}S\overline{Q_2}$。

電路為

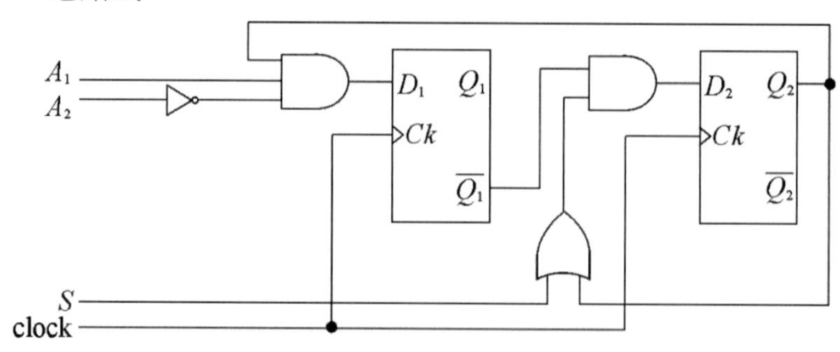

若題目改以 D 型正反器接以解碼器電路設計，則

$$D_1=\overline{Q_1}Q_2A_1\overline{A_2}$$
$$=T_1A_1\overline{A_2}$$

$$D_2=\overline{Q_1}Q_2\overline{S}+\overline{Q_1}Q_2S+\overline{Q_1}\,\overline{Q_2}S$$
$$=\overline{Q_1}Q_2+\overline{Q_1}\,\overline{Q_2}S$$
$$=T_1+T_0S$$

因此電路為

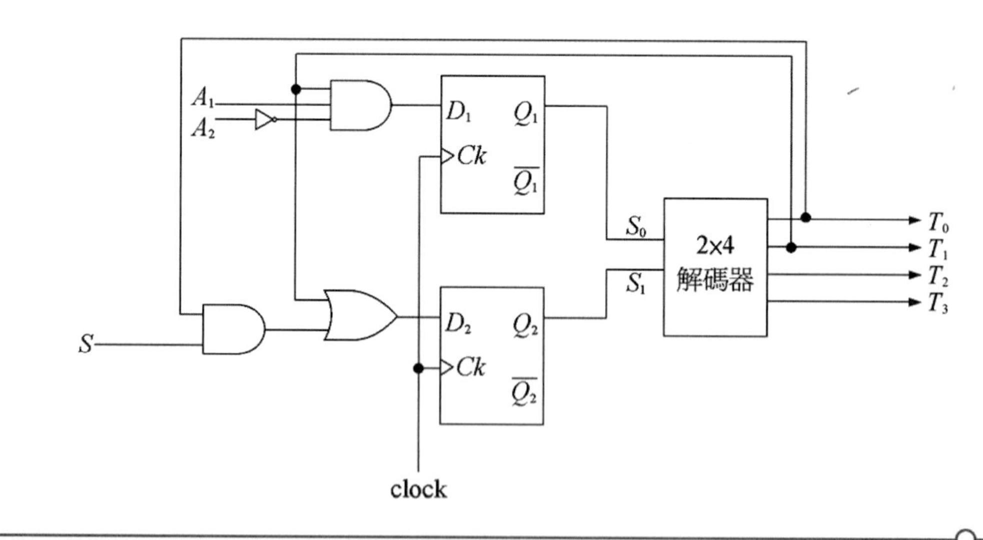

範例 9-24 承上題之狀態圖，使用每一狀態設計相對於一個 D 型正反器的方法來設計該電路。

解答 由狀態圖知，必須使用 3 個 D 型正反器來設計此一電路。而各正反器的輸入函數分別為

$$D_1 = T_2 + \overline{S}T_0$$
$$D_2 = A_1 A_2 T_1 + ST_0$$
$$D_3 = A_1 \overline{A_2} T_1$$

因此本電路之電路圖為

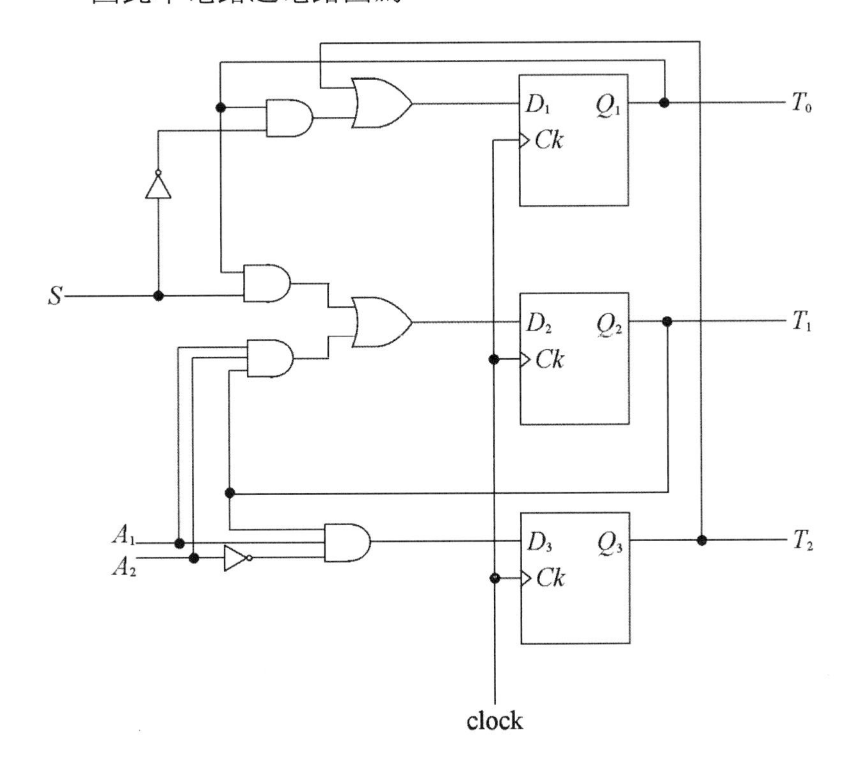

範例 9-25 如下所給予的流程圖，試以一個 D 型正反器及一個解碼器來設計下列流程控制電路。

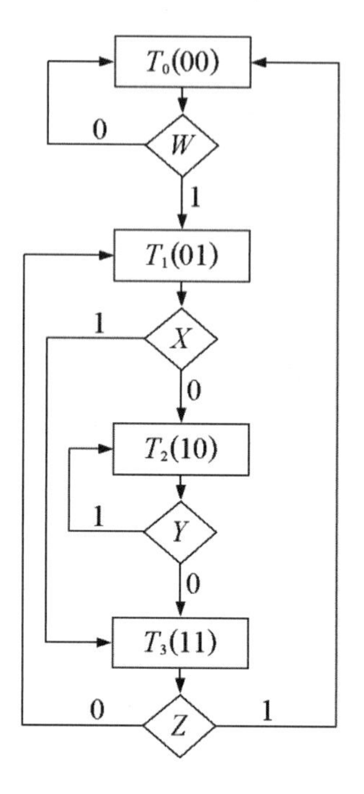

解答 由流程圖，我們可得狀態圖為

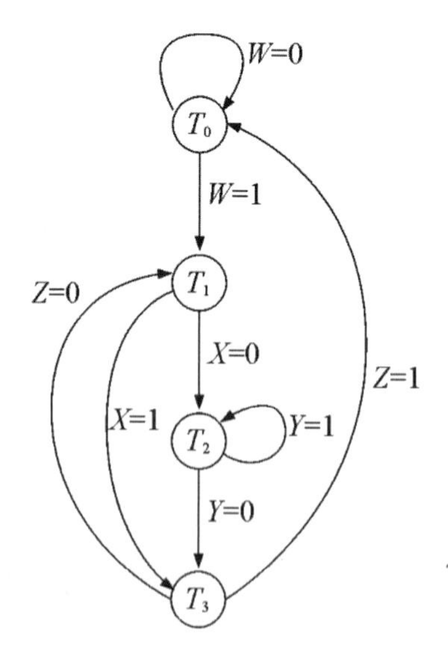

因為題目要我們採用解碼器，所以很明顯的解碼器的輸出為 T_0，T_1，T_2，T_3，且有二條控制線（令為 S_0S_1）。假設 S_0S_1 和輸出間的關係為

S_1	S_0	T_0	T_1	T_2	T_3
0	0	1	0	0	0
0	1	0	1	0	0
1	0	0	0	1	0
1	1	0	0	0	1

本題目最後仍是在於解決因 W、X、Y 及 Z 等輸入而造成 S_0，S_1 狀態改變問題。由狀態圖可以知道完整的狀態表如下：

目前控制狀態		輸出				輸入				下一控制狀態	
S_1	S_0	T_0	T_1	T_2	T_3	W	X	Y	Z	S_1	S_0
0	0	1	0	0	0	0	−	−	−	0	0
0	0	1	0	0	0	1	−	−	−	0	1
0	1	0	1	0	0	−	0	−	−	1	0
0	1	0	1	0	0	−	1	−	−	1	1
1	0	0	0	1	0	−	−	1	−	1	0
1	0	0	0	1	0	−	−	0	−	1	1
1	1	0	0	0	1	−	−	−	0	0	1
1	1	0	0	0	1	1	−	−	1	0	0

因此可知第一級正反器之卡諾圖為

當 YZ=00 時，

YZ=00

WX \ S_1S_0	00	01	11	10
00	0	II	Ⓗ	−
01	0	II	Ⓗ	−
11	0	II	Ⓗ	1
10	0	II	Ⓗ	1

$$D_1=\left(S_0\overline{S_1}+S_1\overline{S_0}W\right)\overline{Y}\overline{Z}$$

$$=\left(B+CW\right)\overline{Y}\overline{Z}$$

當 $YZ=01$ 時，

$YZ=01$

$WX \backslash S_1S_0$	00	01	11	10
00	0	II	−	−
01	0	II	−	−
11	0	II	Ⓗ	1
10	0	II	Ⓗ	1

$$D_1=\left(\overline{S_1}S_0+S_1\overline{S_0}W\right)\overline{Y}Z$$
$$=\left(B+CW\right)\overline{Y}Z$$

當 $YZ=10$ 時，

$YZ=10$

$WX \backslash S_1S_0$	00	01	11	10
00	0	II	Ⓗ	1
01	0	II	Ⓗ	1
11	0	II	Ⓗ	1
10	0	II	Ⓗ	1

$$D_1=\left(\overline{S_1}S_0+S_1\overline{S_0}\right)Y\overline{Z}$$
$$=\left(B+C\right)Y\overline{Z}$$

當 $YZ=11$ 時，

$YZ=11$

$WX \backslash S_1S_0$	00	01	11	10
00	0	II	−	1
01	0	II	−	1
11	0	II	Ⓗ	1
10	0	II	Ⓗ	1

$$D_1=\left(\overline{S_1}S_0+S_1\overline{S_0}\right)YZ$$
$$=\left(B+C\right)YZ$$

所以

$$D_1=\left(B+CW\right)\left(\overline{Y}\overline{Z}+\overline{Y}Z\right)+\left(B+C\right)\left(Y\overline{Z}+YZ\right)$$
$$=\left(B+CW\right)\overline{Y}+\left(B+C\right)Y$$
$$=B\overline{Y}+CW\overline{Y}+BY+CY$$
$$=B\left(\overline{Y}+Y\right)+CW\overline{Y}+CY$$
$$=B+CY+CW\overline{Y}$$

就第二級正反器而言，

當 YZ=00 時，

YZ=00

S_1S_0 \ WX	00	01	11	10
00	0	Ⓗ	1	–
01	0	1	1	–
11	II	1	1	II
10	II	Ⓗ	1	II

$$D_2=\left(S_1S_0+S_1\overline{S_0}W+\overline{S_1}\,\overline{S_0}W+\overline{S_1}S_0X\right)\overline{Y}\,\overline{Z}$$
$$=\left[D+CW+AW+BX\right]\overline{Y}\,\overline{Z}$$
$$=\left[D+(C+A)W+BX\right]\overline{Y}\,\overline{Z}$$

當 YZ=01 時，

YZ=01

S_1S_0 \ WX	00	01	11	10
00	0	Ⓗ	–	–
01	0	1	–	–
11	II	1	Ⓗ	II
10	II	Ⓗ	Ⓗ	II

$$D_2=\left(\overline{S_1}S_0X+S_1\overline{S_0}W+\overline{S_1}\,\overline{S_0}W\right)\overline{Y}Z$$
$$=\left[BX+(A+C)W\right]\overline{Y}Z$$

當 YZ=10 時，

YZ=10

S_1S_0 \ WX	00	01	11	10
00	0	Ⓗ	1	0
01	0	1	1	0
11	II	1	1	0
10	II	Ⓗ	1	0

$$D_2=\left[S_1S_0+\overline{S_1}S_0X+\overline{S_1}\,\overline{S_0}W\right]Y\overline{Z}$$
$$=\left[D+BX+AW\right]Y\overline{Z}$$

當 YZ=11 時，

YZ=11

S_1S_0 \ WX	00	01	11	10
00	0	Ⓗ	–	0
01	0	1	–	0
11	II	1	Ⓗ	0
10	II	Ⓗ	Ⓗ	0

$$D_2=\left(\overline{S_1}S_0X+\overline{S_1}\,\overline{S_0}W\right)YZ$$
$$=\left[BX+AW\right]YZ$$

亦即

$$D_2=\left[D+(C+A)W+BX\right]\overline{Y}\overline{Z}+\left[BX+(A+C)W\right]\overline{Y}Z+\left[D+BX+AW\right]Y\overline{Z}$$
$$+\left[AW+BX\right]YZ$$
$$=D\overline{Y}\overline{Z}+CW\overline{Y}\overline{Z}+AW\overline{Y}\overline{Z}+CW\overline{Y}Z+AW\overline{Y}Z+AWY\overline{Z}+DY\overline{Z}$$
$$+AWYZ+BX$$
$$=D\overline{Y}\overline{Z}+CW\overline{Y}+AW+BX$$

範例 9-26 承上題，若以多工器(MUX)設計之，則電路為何？

解答 我們可以重新改寫狀態表成

目前狀態		下一狀態		輸入條件	多工器輸入	
S_1	S_0	S_1	S_0		MUX1	MUX2
0	0	0	0	$\overline{W}$	0	W
0	0	0	1	W		
0	1	1	0	$\overline{X}$	1	X
0	1	1	1	X		
1	0	1	1	$\overline{Y}$	1	$\overline{Y}$
1	0	1	0	Y		
1	1	0	1	$\overline{Z}$	0	$\overline{Z}$
1	1	0	0	Z		

(1) 當 $S_1S_0=00$ 時，不管輸入為 W 或 $\overline{W}$，下一狀態的 S_1 恆為 0，所以 MUX1 之輸入為 0。且輸入 $W=0$，則下一狀態 $S_0=0$；若輸入為 $W=1$，則下一狀態 $S_0=1$。因此下一狀態的 $S_0=$ MUX2 的輸入 $=W$。

(2) 當 $S_1S_0=01$ 時，不管輸入為 $\overline{X}$ 或 X，下一狀態的 S_1 恆為 1，所以 MUX1 之輸入為 1。且輸入 $X=0$，則下一狀態 $S_0=0$；若輸入為 $X=1$，則下一狀態 $S_0=1$。因此下一狀態的 $S_0=X$ $=$ MUX2 的輸入。

(3) 當 $S_1S_0=10$ 時，不管輸入為 $\overline{Y}$ 或 Y，下一狀態的 S_1 恒為 1，所以 MUX1 之輸入為 1。且輸入 $Y=0$，則下一狀態 $S_0=1$；若輸入為 $Y=1$，則下一狀態 $S_0=0$。因此下一狀態的 $S_0=\overline{Y}$ $=$MUX2 的輸入。

(4) 當 $S_1S_0=11$ 時，不管輸入為 $\overline{Z}$ 或 Z，下一狀態的 S_1 恒為 0，所以 MUX1 之輸入為 0。但輸入 $Z=0$ 時，下一狀態 $S_0=1$；若輸入為 $Z=1$，則下一狀態 $S_0=0$。因此下一狀態的 S_0 $=\overline{Z}=$MUX2 的輸入。

依據上述分析，可知線路為

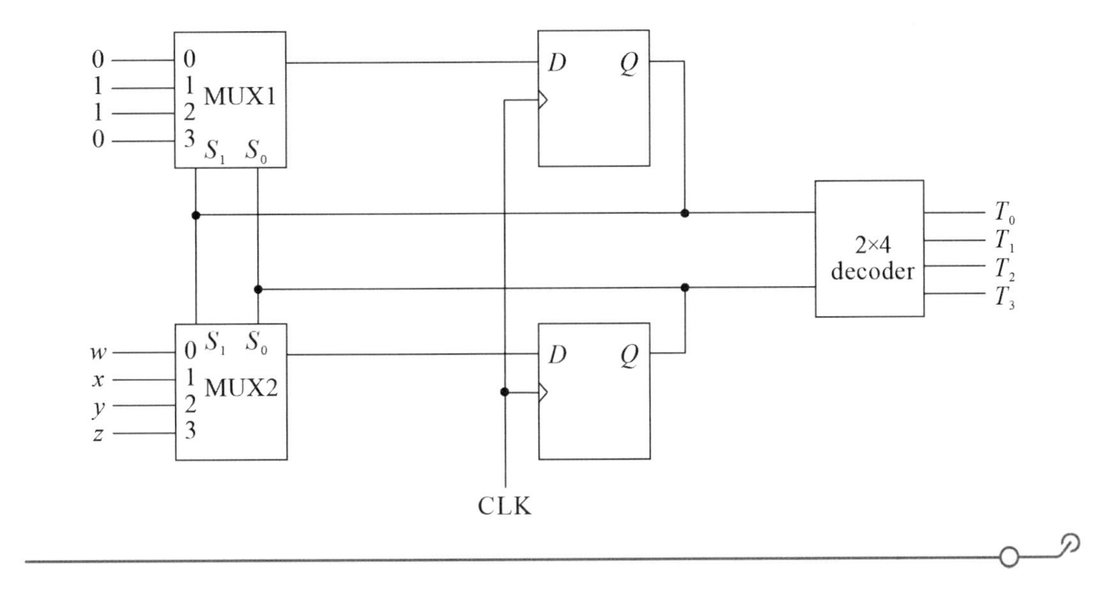

範例 9-27 試設計彈跳消除器(Bounce Eliminator)以得到如同下圖的輸出。

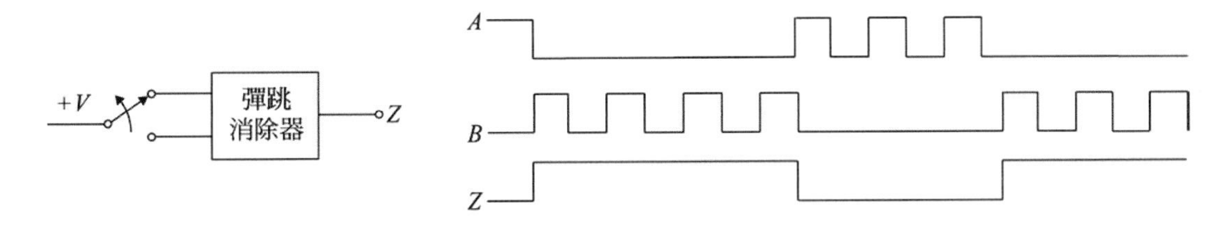

解答

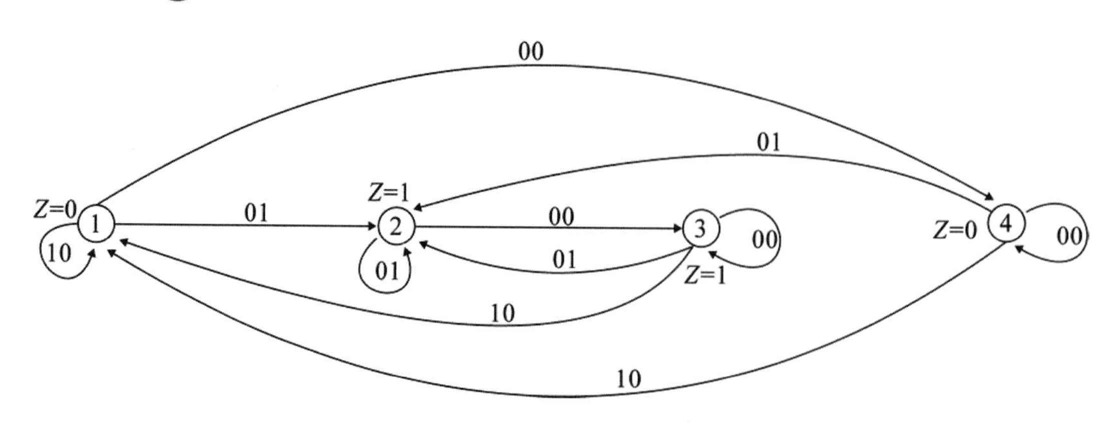

	A	B			
	00	01	11	10	Z
1	4	2	–	①	0
2	3	②	–	–	1
3	③	2	–	1	1
4	④	2	–	1	0

⇓

	A	B			
Y	00	01	11	10	Z
1=4	④	2	–	①	0
2=3	③	②	–	1	1

⇓

	A	B			
Y	00	01	11	10	Z
0	0	1	–	0	0
1	1	1	–	0	1

範例 9-28 一個控制器有一個時鐘脈波輸入 T，一個脈波輸出 Z 及一個控制開關 S。假設開關沒有彈跳(Bounce)現象，則當 S 為 ON 時，則 Z 就剛好只輸出 T 脈波的一個正脈波。設 S 及 T 無雙變化發生下，試設計此一控制器。（注意：T 為 ON 時，剛好 S 由 OFF→ON 那一時刻，輸出 $Z=0$）

解答

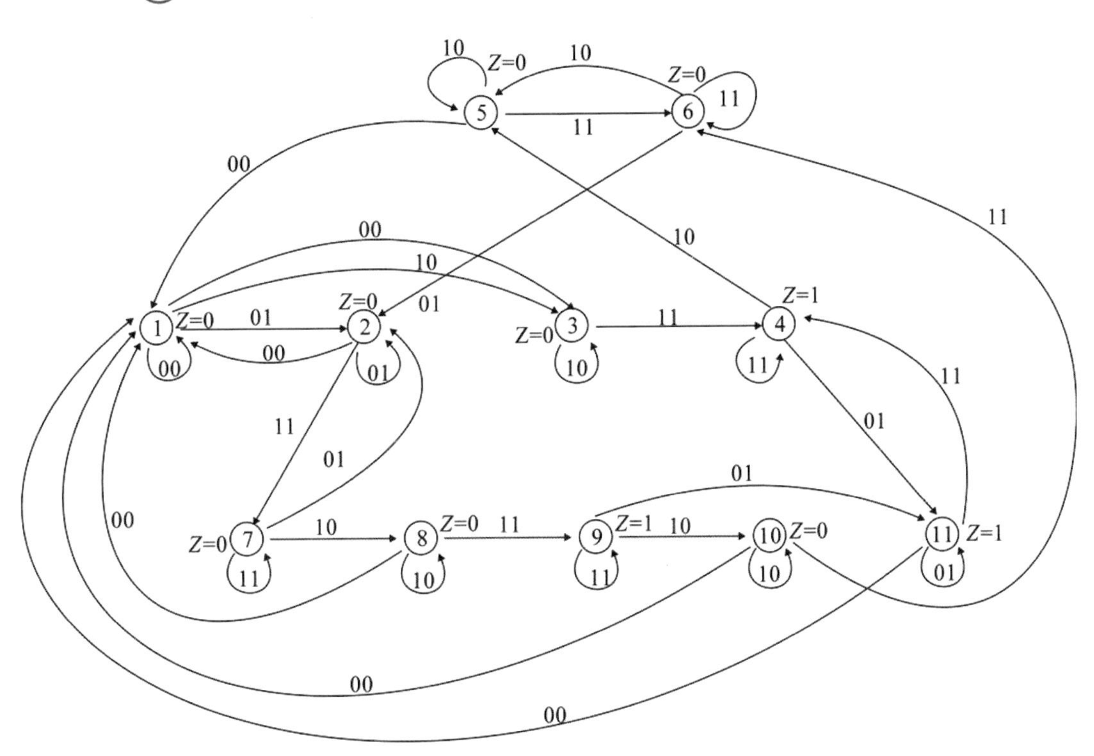

	ST 00	01	11	10	Z
1	①	2	–	3	0
2	1	②	7	–	0
3	1	–	4	③	0
4	–	11	④	5	1
5	1	–	6	⑤	0
6	–	2	⑥	5	0
7	–	2	⑦	8	0
8	1	–	9	⑧	0
9	–	11	⑨	10	1
10	1	–	6	⑩	0
11	1	⑪	4	–	1

由圖知
5≡10
3≡8
4≡9

═

	ST 00	01	11	10	Z
1	①	2	–	3	0
2	1	②	7	–	0
3	1	–	4	③	0
4	–	11	④	5	1
5	1	–	6	⑤	0
6	–	2	⑥	5	0
7	–	2	⑦	3	0
11	1	⑪	4	–	1

1≡3
2≡7
4≡11
5≡6

y_1	y_2		ST 00	01	11	10	Z
0	0	1	①	2	4	3	0
0	1	2	1	②	⑦	3	0
1	0	4	1	⑪	④	5	1
1	1	5	1	2	⑥	5	0

=

y_1	y_2	ST 00	01	11	10	Z
0	0	00	01	10	00	0
0	1	00	01	01	00	0
1	0	00	10	10	11	1
1	1	00	01	11	11	0

Y 圖

y_1	y_2	ST 00	01	11	10
0	0	00	01	10	00
0	1	00	01	01	00
1	1	01	01	11	11
1	0	00	10	10	11

Z 圖

y_1	y_2	ST 00	01	11	10
0	0	0	0	–	0
0	1	0	0	0	0
1	1	0	0	0	0
1	0	–	1	1	–

$y_1 = Sy_1 + ST\overline{y_2} + Ty_1\overline{y_2}$

$y_2 = y_1y_2 + Ty_2 + S\overline{T}y_1 + \overline{S}T\overline{y_1}$

$Z = y_1\overline{y_2}$

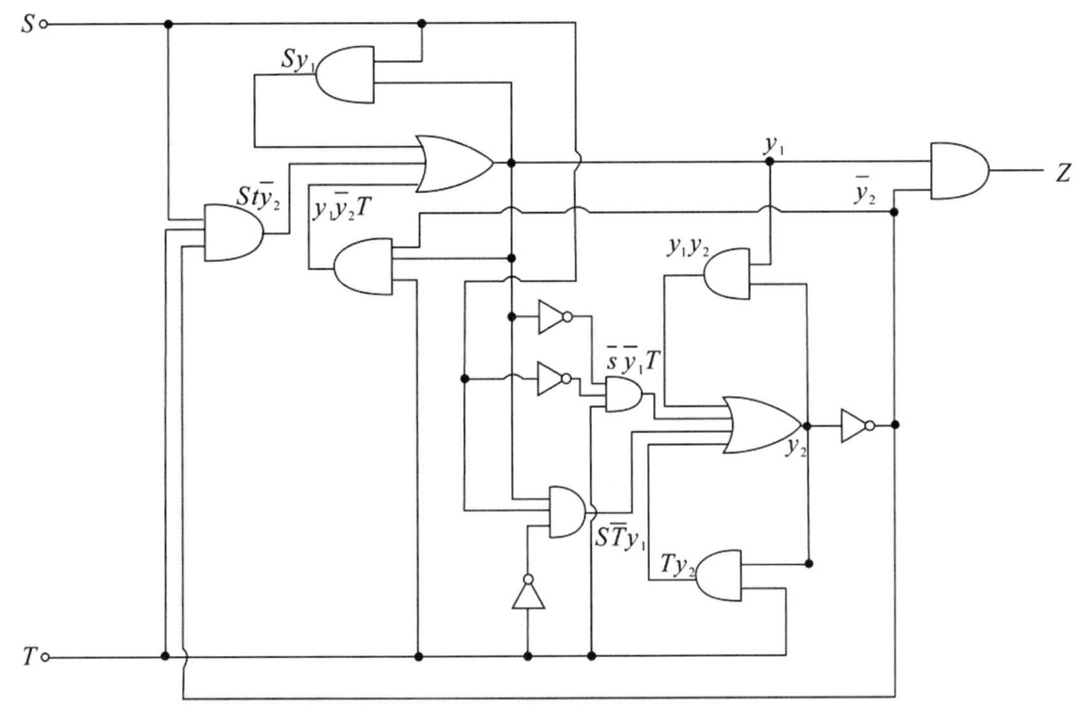

$$Z = Y$$
$$Y = B + \overline{A}Y$$

亦即

$$Z = B + \overline{A}Z$$

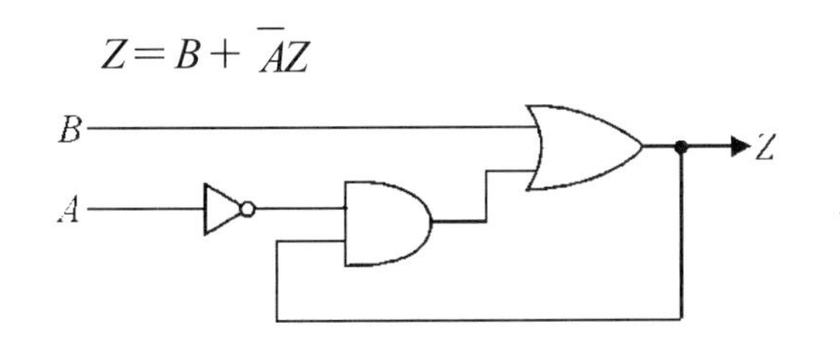

範例 9-29 一個按鈕式組合電鎖如下圖所示。對大門有如下作用：

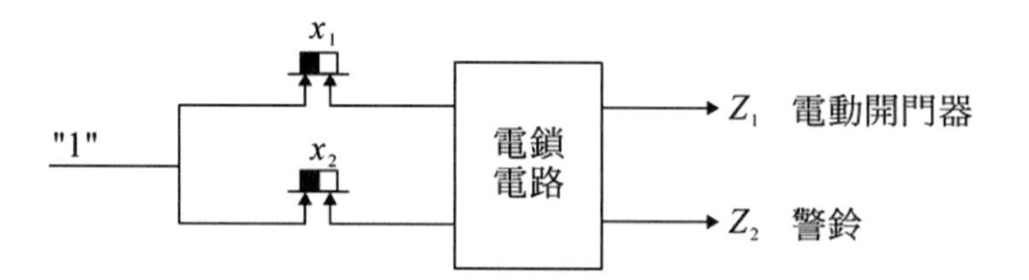

(1) 鎖住時，可以按照以下的輸入順序來把門鎖解開：$x_1x_2 =$ 00,01,11,10,00

(2) 鎖解開之後：

(a)每次按壓 x_1，則電動開門器發生作用，並且

(b)按壓 x_2 並予鬆放，則又重新鎖住。

(3) 異於上述的輸入序列將會觸動警鈴。

(4) 若門沒鎖住，則按 10，11 的序列使鈴聲響。

(5) 一旦警鈴聲響，必須等到電源關掉才能停止。

(6) 假設輸入無雙變發生。

解答

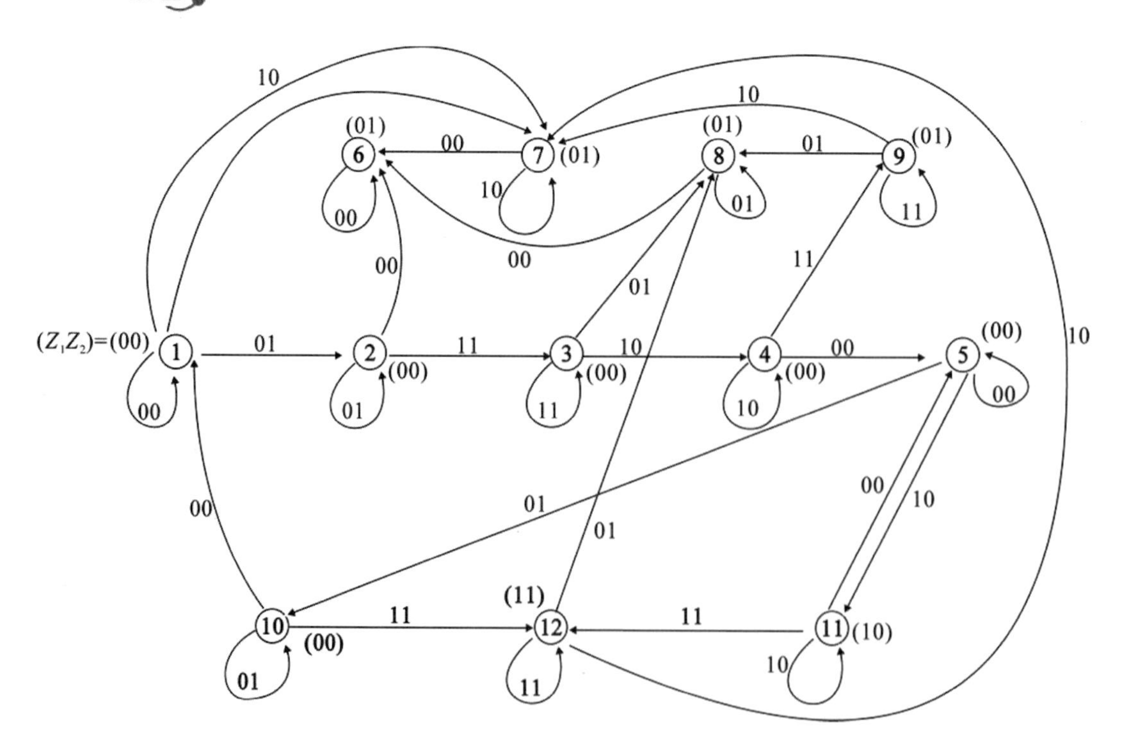

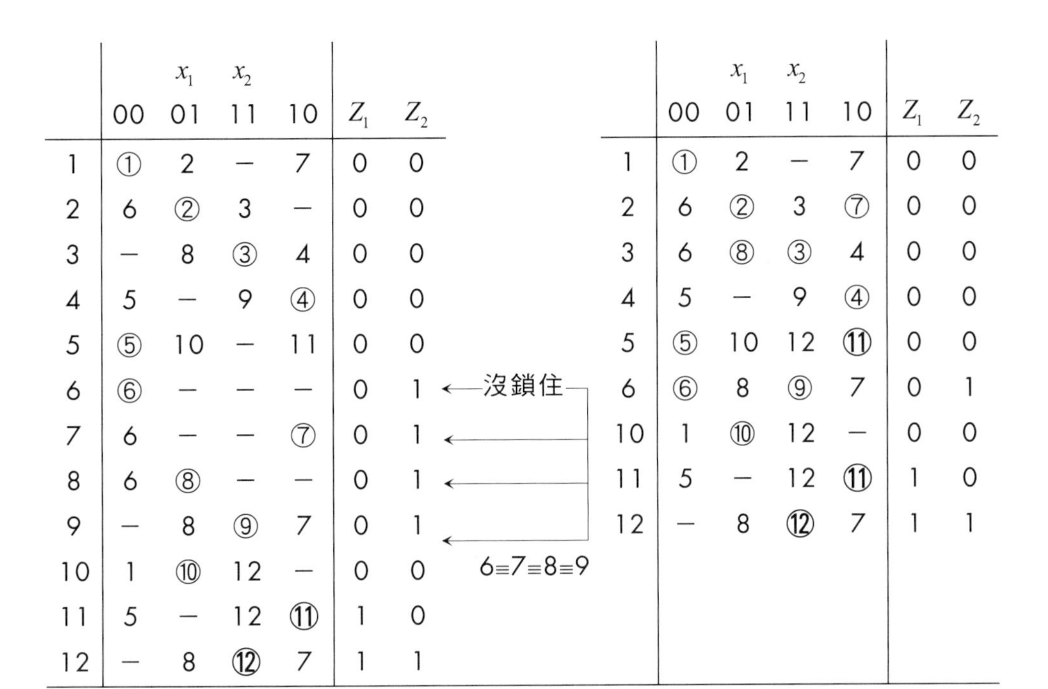

	00	01	11	10	Z_1	Z_2
1	①	2	—	7	0	0
2	6	②	3	—	0	0
3	—	8	③	4	0	0
4	5	—	9	④	0	0
5	⑤	10	—	11	0	0
6	⑥	—	—	—	0	1
7	6	—	—	⑦	0	1
8	6	⑧	—	—	0	1
9	—	8	⑨	7	0	1
10	1	⑩	12	—	0	0
11	5	—	12	⑪	1	0
12	—	8	⑫	7	1	1

	00	01	11	10	Z_1	Z_2
1	①	2	—	7	0	0
2	6	②	3	⑦	0	0
3	6	⑧	③	4	0	0
4	5	—	9	④	0	0
5	⑤	10	12	⑪	0	0
6	⑥	8	⑨	7	0	1
10	1	⑩	12	—	0	0
11	5	—	12	⑪	1	0
12	—	8	⑫	7	1	1

y_1	y_2	y_3	y_4		00 ($x_1 x_2$)	01	11	10	Z_1	Z_2
0	0	0	1	1	0001	0010	—	0110	0	0
0	0	1	0	2	0110	0010	0011	0110	0	0
0	0	1	1	3	0110	0110	0011	0100	0	0
0	1	0	0	4	0101	—	0110	0100	0	0
0	1	0	1	5	0101	0111	1001	1000	0	0
0	1	1	0	6	0110	0110	0110	0110	0	1
0	1	1	1	10	0001	0111	1001	—	0	0
1	0	0	0	11	0101	—	1001	1000	1	0
1	0	0	1	12	—	0110	1001	1001	1	1

y_1

$y_2y_3y_4$ \ $x_1x_2y_1$	000	001	011	010	110	111	101	100
000	-	0	-	-	-	1	1	-
001	0	-	0	0	-	1	1	0
011	0	-	-	0	0	-	-	0
010	0	-	-	0	0	-	-	0
110	0	-	-	0	0	-	-	0
111	0	-	-	0	1	-	-	-
101	0	-	-	0	1	-	-	1
100	0	-	-	-	0	-	-	0

$$y_1 = x_1 y_1 + x_1 y_2 y_4$$

y_2

$y_2y_3y_4$ \ $x_1x_2y_1$	000	001	011	010	110	111	101	100
000	-	1	-	-	-	0	0	-
001	0	-	1	0	-	0	0	1
011	1	-	-	1	0	-	-	1
010	1	-	-	0	0	-	-	1
110	1	-	-	1	1	-	-	1
111	0	-	-	1	0	-	-	-
101	1	-	-	1	0	-	-	0
100	1	-	-	-	1	-	-	1

$$\begin{aligned} y_2 &= \bar{x}_1 y_1 + y_2 \bar{y}_4 + \bar{x}_1 x_2 y_2 + \\ &\quad \bar{x}_2 \bar{y}_2 y_3 + \bar{x}_1 \bar{y}_2 y_3 y_4 + \\ &\quad x_1 \bar{x}_2 \bar{y}_1 \bar{y}_2 + \bar{x}_1 y_2 \bar{y}_3 \\ &= \bar{x}_1 (y_1 + x_2 y_2 + \bar{y}_2 y_3 y_4 + y_2 \bar{y}_3) \\ &\quad + \bar{y}_2 \bar{x}_2 (y_3 + x_1 \bar{y}_1) + y_2 \bar{y}_4 \end{aligned}$$

y_3

$y_2y_3y_4$ \ $x_1x_2y_1$	000	001	011	010	110	111	101	100
000	-	0	-	-	-	0	0	-
001	0	-	1	1	-	0	0	1
011	1	-	-	1	1	-	-	0
010	1	-	-	1	1	-	-	1
110	1	-	-	1	1	-	-	1
111	0	-	-	1	0	-	-	-
101	0	-	-	1	0	-	-	0
100	0	-	-	-	1	-	-	0

$$y_3 = \bar{x}_1 x_2 + y_3 \bar{y}_4 + x_1 x_2 \bar{y}_1 + \bar{x}_2 \bar{y}_1 \bar{y}_2 y_4$$

y_4

$y_2y_3y_4$ \ $x_1x_2y_1$	000	001	011	010	110	111	101	100
000	-	1	-	-	-	1	0	-
001	1	-	0	0	-	1	1	0
011	0	-	-	0	1	-	-	0
010	0	-	-	0	1	-	-	0
110	0	-	-	0	0	-	-	0
111	1	-	-	1	1	-	-	-
101	1	-	-	1	1	-	-	0
100	1	-	-	-	0	-	-	0

$$\begin{aligned} y_4 &= \bar{y}_2 \bar{y}_3 \bar{y}_4 + \bar{y}_3 + \bar{x}_1 y_2 y_4 + x_1 x_2 y_2 y_4 \\ &\quad + \bar{x}_2 y_1 \bar{y}_2 y_4 \\ &= \bar{y}_3 + y_4 y_2 (\bar{x}_1 + x_1 x_2) + \bar{x}_2 y_1 \bar{y}_2 y_4 \end{aligned}$$

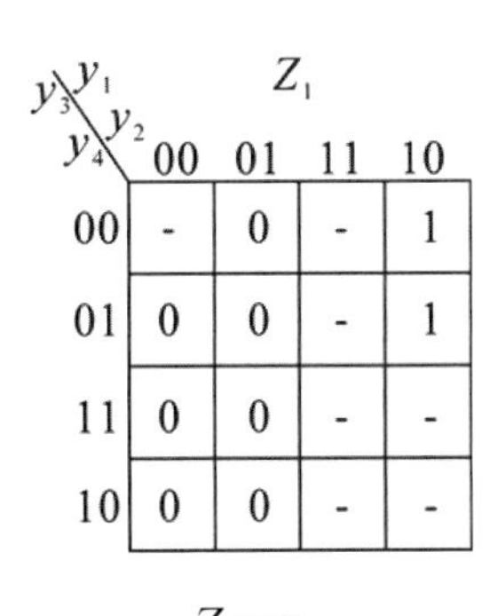

Z_1

$y_3y_4 \backslash y_1y_2$	00	01	11	10
00	-	0	-	1
01	0	0	-	1
11	0	0	-	-
10	0	0	-	-

$Z_1 = y_1$

Z_2

$y_3y_4 \backslash y_1y_2$	00	01	11	10
00	-	0	-	0
01	0	0	-	1
11	0	0	-	-
10	0	1	-	-

$Z_2 = y_1y_4 + y_2y_3\overline{y_4}$

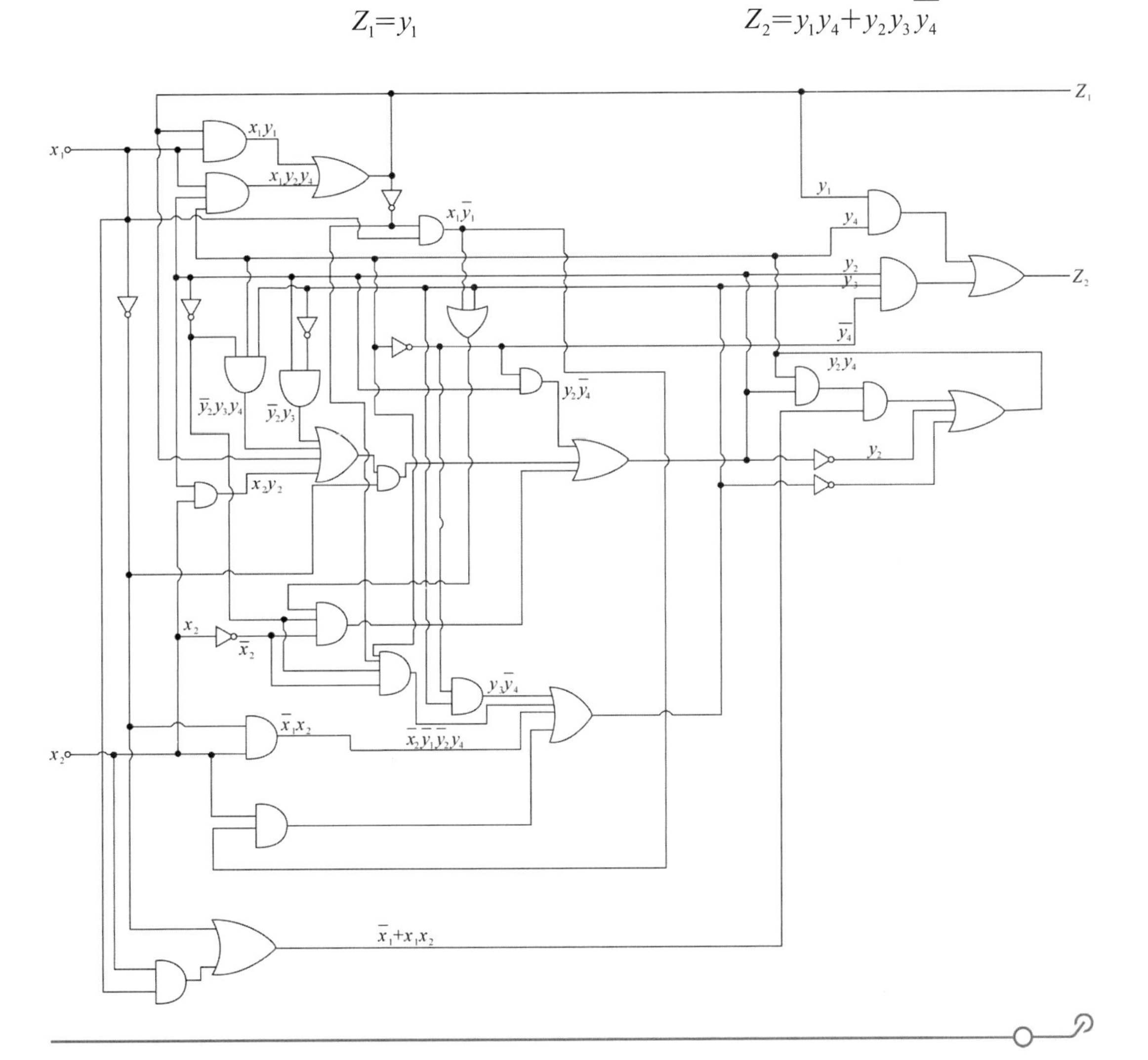

範例 9-30 有一個輪轉式檢驗器(Wheel-rotation Detector)，如下圖所示。x_1、x_2 為輸入，Z 為輸出。x_1 或 x_2 接觸在斜線部分代表 1，否則為 0。當順時針迴轉時，x_1、x_2 每改變一次狀態，則 Z 就改變狀態。若反時針迴轉時，Z 保持不變。試設計其電路。

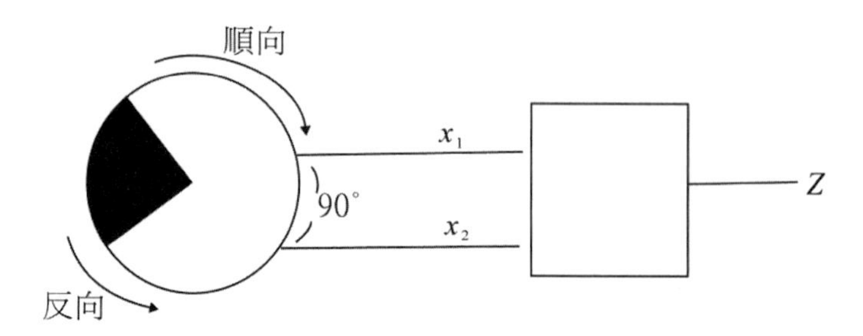

解答 因 x_1，x_2 兩接觸相距 90°，故每迴轉一次，則輸入狀態 x_1，x_2 按

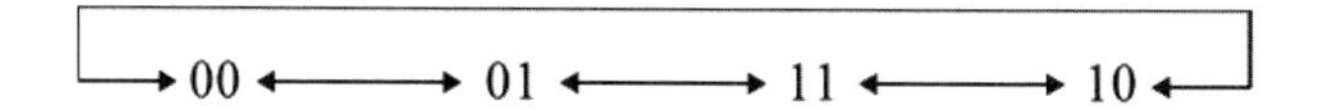

的順序來改變。故其流程圖表為

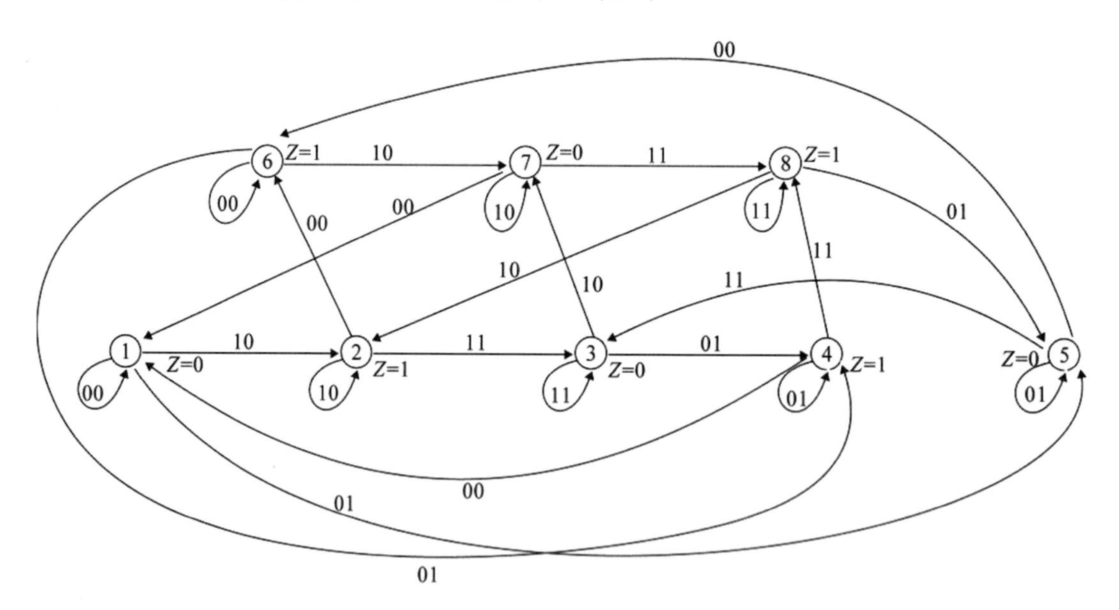

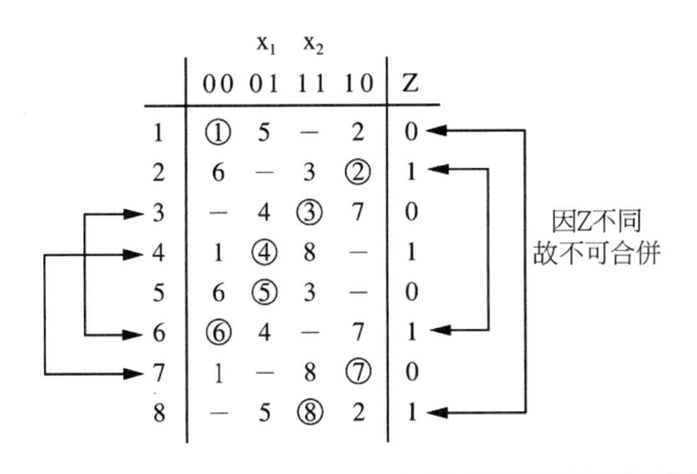

	00	01	11	10	Z
1	①	5	–	2	0
2	6	–	3	②	1
3	–	4	③	7	0
4	1	④	8	–	1
5	6	⑤	3	–	0
6	⑥	4	–	7	1
7	1	–	8	⑦	0
8	–	5	⑧	2	1

範例 9-31 將下列狀態表中的狀態變數數目簡化，重新製作功能相同的狀態表。

目前狀態	下一狀態		輸出	
	$x=0$	$x=1$	$x=0$	$x=1$
a	f	b	0	0
b	d	c	0	0
c	f	e	0	0
d	g	a	1	0
e	d	c	0	0
f	f	b	1	1
g	g	h	0	1
h	g	a	1	0

解答 由題意的狀態表發現在目前狀態中的 d、h 中，下一狀態與輸出均相同，亦即

$$d \equiv h$$

所以狀態表可以改寫成

目前狀態	下一狀態		輸出	
	$x=0$	$x=1$	$x=0$	$x=1$
a	f	b	0	0
b	d	c	0	0
c	f	e	0	0
d	g	a	1	0
e	d	c	0	0
f	f	b	1	1
g	g	d	0	1

再者於目前狀態的 b，e 欄中，也可以發現下一狀態和輸出均相同，即

$$b \equiv e$$

此時狀態表為

目前狀態	下一狀態		輸出	
	$x=0$	$x=1$	$x=0$	$x=1$
a	f	b	0	0
b	d	c	0	0
c	f	b	0	0
d	g	a	1	0
f	f	b	1	1
g	g	d	0	1

又從 a，c 中發現 $a \equiv c$，因此最後狀態表為

目前狀態	下一狀態		輸出	
	$x=0$	$x=1$	$x=0$	$x=1$
a	f	b	0	0
b	d	c	0	0
d	g	a	1	0
f	f	b	1	1
g	g	d	1	0

範例 9-32 設計一個同步電路，其具有一輸入端 x 及單一輸出端 z。當電路一接通時，其 z 值視第一個輸入 x 值而定。此後，輸出 z 的值只在連續三個 0 時，才會使得 $z=0$；或在 x 為連續三個 1 時，$z=1$。試求此電路之最簡化狀態表。

解答 依據題意並採用密雷網路。假設起始點為 R，則狀態圖為

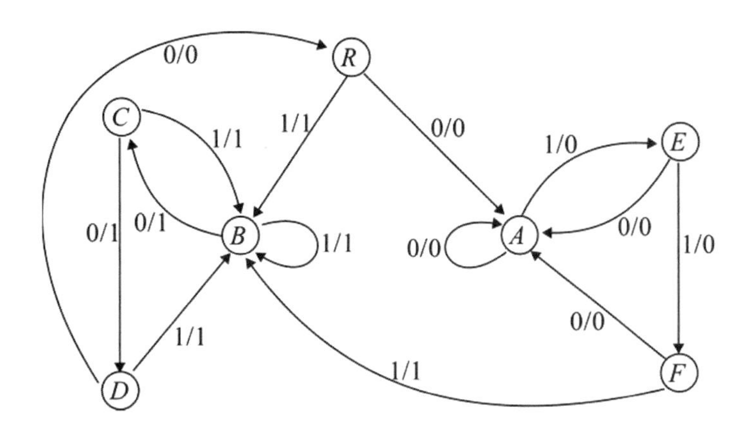

從狀態圖中可以得到下列之狀態表

目前狀態	下一狀態		輸出	
	$x=0$	$x=1$	$x=0$	$x=1$
R	A	B	0	1
A	A	E	0	0
B	C	B	1	1
C	D	B	1	1
D	A	B	0	1
E	A	F	0	0
F	A	B	0	1

由上述狀態表可以發現狀態 R，D，F 可以加以合併，即

$$R \equiv D \equiv F$$

此時可得狀態表為

目前狀態	下一狀態		輸出	
	$x=0$	$x=1$	$x=0$	$x=1$
R	A	B	0	1
A	A	E	0	0
B	C	B	1	1
C	R	B	1	1
E	A	R	0	0

範例 9-33 依據下列狀態表，試將該狀態表中的狀態數目減至最小後，再以 JK 正反器設計此一電路。

目前狀態	下一狀態		輸出	
	$x=0$	$x=1$	$x=0$	$x=1$
a	f	b	0	0
b	d	c	0	0
c	f	e	0	0
d	g	a	1	0
e	d	c	0	0
f	f	b	1	1
g	g	h	0	1
h	g	a	1	0

解答 由狀態表很明顯地在目前狀態欄 g 中，因輸出與任何一個狀態的輸出不同，因此不可能再簡化。而在 d 和 h 中可以看出下一狀態轉換與輸出均相同，所以

$$d \equiv h$$

此時狀態表為

目前狀態	下一狀態		輸出	
	$x=0$	$x=1$	$x=0$	$x=1$
a	f	b	0	0
b	d	c	0	0
c	f	e	0	0
d	g	a	1	0
e	d	c	0	0
f	f	b	1	1
g	g	d	0	1

再者分別看目前狀態欄中的 b，e 項，也發現其下一轉換狀態和輸出均相同，所以

$$e \equiv b$$

此時狀態表為

目前狀態	下一狀態		輸出	
	$x=0$	$x=1$	$x=0$	$x=1$
a	f	b	0	0
b	d	c	0	0
c	f	b	0	0
d	g	a	1	0
f	f	b	1	1
g	g	d	0	1

現在由目前狀態欄 a，c 中可以發現下一轉換狀態和輸出均相同，所以

$$a \equiv c$$

即最後狀態為

目前狀態	下一狀態		輸 出	
	$x=0$	$x=1$	$x=0$	$x=1$
a	f	b	0	0
b	d	a	0	0
d	g	a	1	0
f	f	b	1	1
g	g	d	0	1

可知只剩下 5 個狀態變數，因此可以三個位元 Q_A、Q_B、Q_C 分別加以編碼表示。

假設

$$a \equiv 000$$

$$b \equiv 001$$

$$d \equiv 010$$

$$f \equiv 011$$

$$g \equiv 100$$

因編碼後之狀態表為

	目前狀態			下一狀態		輸 出	
	Q_A	Q_B	Q_C	$x=0$	$x=1$	$x=0$	$x=1$
a	0	0	0	011	001	0	0
b	0	0	1	010	000	0	0
d	0	1	0	100	000	1	0
f	0	1	1	011	001	1	1
g	1	0	0	100	010	0	1

現欲以 JK 正反器來設計本電路，就第一級而言

當 $x=0$ 時，

$x=0$

$Q_C \backslash Q_A Q_B$	00	01	11	10
0	0	II	–	1
1	0	0	–	–

$J_A=\bar{x}Q_B\overline{Q_C}$

$K_A=0=x$

當 $x=1$ 時，

$x=1$

$Q_C \backslash Q_A Q_B$	00	01	11	10
0	0	0	–	(H)
1	0	0	–	–

$J_A=0=\bar{x}$

$K_A=1=x$

所以總合可得

$$J_A=\bar{x}Q_B\overline{Q_C}+\bar{x}=Q_B\overline{Q_C}$$
$$K_A=x$$

就第二級而言，

當 $x=0$ 時，

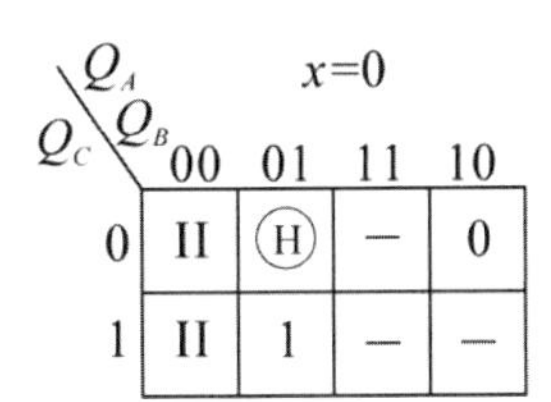

$J_B=\bar{x}\overline{Q_A}$

$K_B=\overline{Q_C}\,\bar{x}$

$x=1$

$Q_C \backslash Q_A Q_B$	00	01	11	10
0	0	(H)	–	II
1	0	(H)	–	–

$J_B=xQ_A\overline{Q_C}$

$K_B=1=x$

所以總合可得

$$J_B=\bar{x}\overline{Q_A}+xQ_A\overline{Q_C}$$
$$K_B=x+\bar{x}\overline{Q_C}$$

就第三級而言，

當 x=0 時，

$x=0$

Q_C \ $Q_A Q_B$	00	01	11	10
0	H	0	—	1
1	(H)	1	—	—

$J_C=\overline{x}\,\overline{Q_B}$

$K_C=\overline{x}\,\overline{Q_A}\,\overline{Q_B}$

當 x=1 時，

$x=1$

Q_C \ $Q_A Q_B$	00	01	11	10
0	H	0	—	0
1	(H)	1	—	—

$J_C=x\overline{Q_A}\,\overline{Q_B}$

$K_C=x\overline{Q_B}$

所以總合為

$$
\begin{aligned}
J_C&=\overline{x}\,\overline{Q_B}+x\overline{Q_A}\,\overline{Q_B}\\
&=\overline{x}\,\overline{Q_B}\left(1+\overline{Q_A}\right)+x\overline{Q_A}\,\overline{Q_B}\\
&=x\overline{Q_B}+\overline{Q_A}\,\overline{Q_B}\\
&=\left(\overline{x}+\overline{Q_A}\right)\overline{Q_B}
\end{aligned}
$$

$$
\begin{aligned}
K_C&=\overline{x}\,\overline{Q_A}\,\overline{Q_B}+x\overline{Q_B}\\
&=\overline{x}\,\overline{Q_A}\,\overline{Q_B}+x\overline{Q_B}\left(1+\overline{Q_A}\right)\\
&=x\overline{Q_B}+\overline{Q_A}\,\overline{Q_B}\\
&=\overline{Q_B}\left(x+\overline{Q_A}\right)
\end{aligned}
$$

範例 9-34 有一序列電路具有一個輸入信號 x 及三個輸出信號 Z_2、Z_1、Z_0，且該電路執行功能之狀態圖如下所示，試以 D 型正反器完成此一電路。

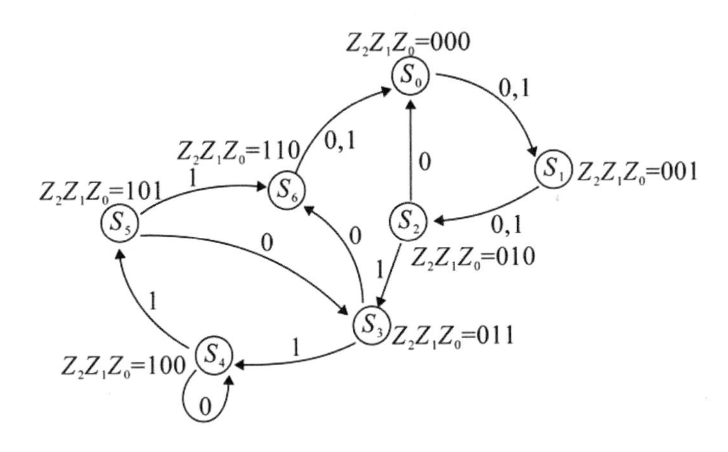

解答 由題意知，共有七個狀態變數，因此共需三個位元來表示狀態。現在我們對各狀態分別編碼如下：

$$S_0 \equiv 000$$

$$S_1 \equiv 001$$

$$S_2 \equiv 010$$

$$S_3 \equiv 011$$

$$S_4 \equiv 100$$

$$S_5 \equiv 101$$

$$S_6 \equiv 110$$

在此編碼下，可得如下之狀態表

目前狀態			下一狀態						輸　出		
			$x=0$			$x=1$					
Q_A	Q_B	Q_C	Q_A	Q_B	Q_C	Q_A	Q_B	Q_C	Z_2	Z_1	Z_0
0	0	0	0	0	1	0	0	1	0	0	0
0	0	1	0	1	0	0	1	0	0	0	1
0	1	0	0	0	0	0	1	1	0	1	0
0	1	1	1	1	0	1	0	0	0	1	1
1	0	0	1	0	0	1	0	1	1	0	0
1	0	1	0	1	1	1	1	0	1	0	1
1	1	0	0	0	0	0	0	0	1	1	0

現在以 D 型正反器來設計此一電路，則卡諾圖分別為

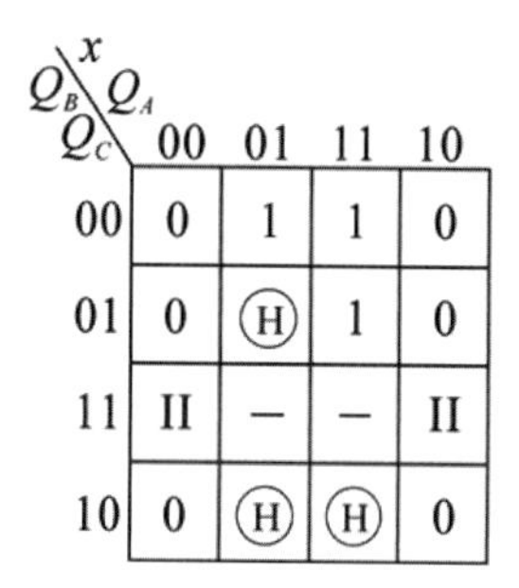

$D_A=Q_BQ_C+Q_A\overline{Q_B}\,\overline{Q_C}+xQ_A\overline{Q_B}$

Q_BQ_C \ xQ_A	00	01	11	10
00	0	0	0	0
01	II	II	II	II
11	1	–	–	(H)
10	(H)	(H)	(H)	1

$D_B=\overline{Q_B}Q_C+Q_C\bar{x}+x\overline{Q_A}Q_B\overline{Q_C}$

Q_BQ_C \ xQ_A	00	01	11	10
00	II	0	II	II
01	(H)	1	(H)	(H)
11	(H)	–	–	(H)
10	0	0	0	II

$D_C=\overline{Q_A}\,\overline{Q_B}\,\overline{Q_C}+x\overline{Q_B}\,\overline{Q_C}+x\overline{Q_A}\,\overline{Q_C}+\bar{x}Q_AQ_C$

而輸出分別為

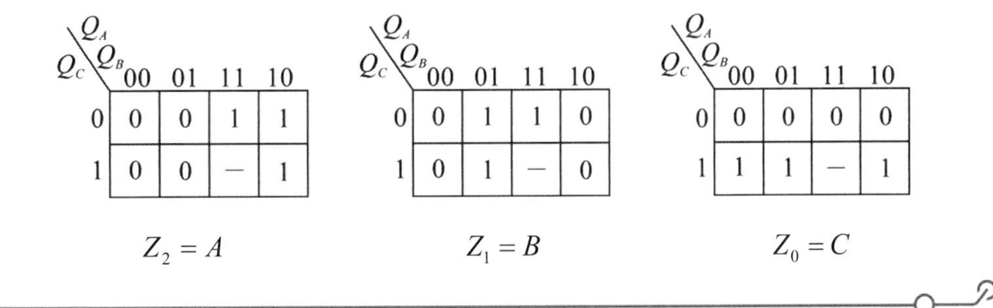

範例 9-35 試以 JK 正反器設計 BCD 碼轉換成加三碼的轉換電路。

解答 首先我們知道 BCD 碼與加三碼真值表中的關係如下：

BCD 碼				加三碼			
t_3	t_2	t_1	t_0	t_3	t_2	t_1	t_0
0	0	0	0	0	0	1	1
0	0	0	1	0	1	0	0
0	0	1	0	0	1	0	1
0	0	1	1	0	1	1	0
0	1	0	0	0	1	1	1
0	1	0	1	1	0	0	0
0	1	1	0	1	0	0	1
0	1	1	1	1	0	1	0
1	0	0	0	1	0	1	1
1	0	0	1	1	1	0	0

現在假設輸入為 x，輸出為 Z，而輸入順序分別為 $t_0 \rightarrow t_1 \rightarrow t_2 \rightarrow t_3$，因此其狀態圖為

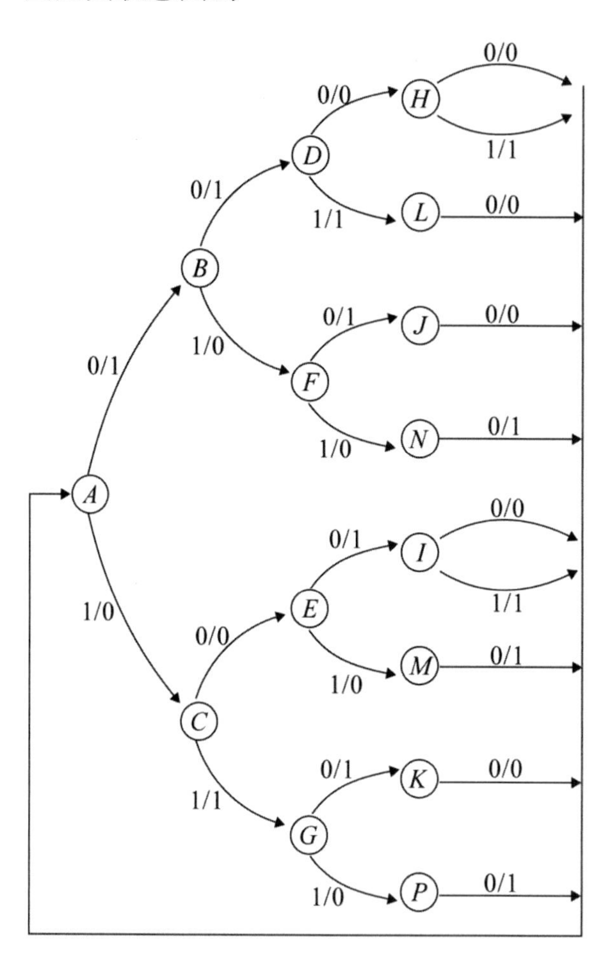

所以狀態圖為

	已收到之位元序列	目前狀態	下一狀態		輸出	
			$x=0$	$x=1$	$x=0$	$x=1$
t_0	重置	A	B	C	1	0
t_1	0	B	D	F	1	0
	1	C	E	G	0	1
t_2	00	D	H	L	0	1
	01	E	I	M	1	0
	10	F	J	N	1	0
	11	G	K	P	1	0
t_3	000	H	A	A	0	1
	001	I	A	A	0	1
	010	J	A	–	0	–
	011	K	A	–	0	–
	100	L	A	–	0	–
	101	M	A	–	1	–
	110	N	A	–	1	–
	111	P	A	–	1	–

首先在 t_3 中發現

$$H \equiv I \equiv J \equiv K \equiv L$$

$$M \equiv N \equiv P$$

所以轉換表為

	目前狀態	下一狀態		輸　出	
		$x=0$	$x=1$	$x=0$	$x=1$
t_0	A	B	C	1	0
t_1	B	D	E	1	0
	C	E	G	0	1
t_2	D	H	M	0	1
	E	H	M	1	0
	F	H	M	1	0
	G	H	M	1	0
t_3	H	A	A	0	1
	M	A	−	1	−

現又於 t_2 中發現

$$E \equiv F \equiv G$$

所以可得狀態轉換表為

	目前狀態	下一狀態		輸　出	
		$x=0$	$x=1$	$x=0$	$x=1$
t_0	A	B	C	1	0
t_1	B	D	E	1	0
	C	E	E	0	1
t_2	D	H	H	0	1
	E	H	M	1	0
t_3	H	A	A	0	1
	M	A	−	1	−

由於共有七個狀態變數，故需三個位元加以編碼，亦即，在設計此一電路時，必須有三個正反器。現在我們假設各狀態的編碼如下：

$$A \equiv 000$$

$$B \equiv 010$$

$C \equiv 011$

$D \equiv 101$

$E \equiv 100$

$H \equiv 111$

$M \equiv 110$

則狀態轉換表變為

	目前狀態			下一狀態		輸　出	
	Q_1	Q_2	Q_3	$x=0$	$x=1$	$x=0$	$x=1$
t_0	0	0	0	010	011	1	0
t_1	0	1	0	101	100	1	0
	0	1	1	100	100	0	1
t_2	1	0	1	111	111	0	1
	1	0	0	111	110	1	0
t_3	1	1	1	000	000	0	1
	1	1	0	000	---	1	—

以卡諾圖表示可得

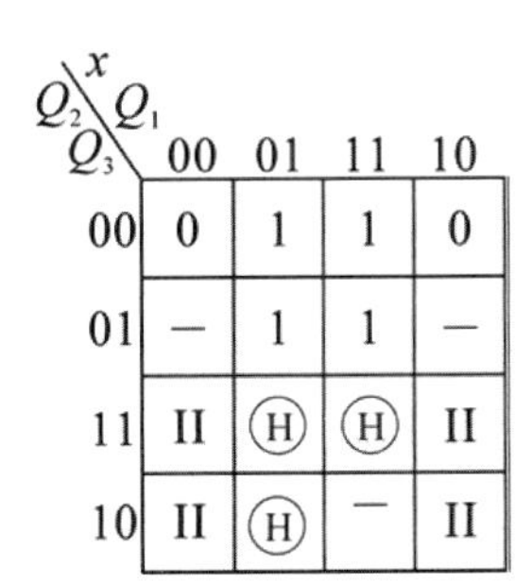

$J_1 = Q_2$

$K_1 = Q_2$

$Q_2Q_3 \backslash xQ_1$	00	01	11	10
00	II	II	II	II
01	–	II	–	–
11	1	(H)	(H)	(H)
10	(H)	(H)	–	(H)

$J_2=1$

$K_2=1$

$Q_2Q_3 \backslash xQ_1$	00	01	11	10
00	0	II	0	II
01	–	1	1	–
11	(H)	(H)	(H)	(H)
10	II	0	–	0

$$J_3=x\overline{Q_1}\,\overline{Q_2}+\bar{x}Q_1\overline{Q_2}+\bar{x}Q_2\overline{Q_3}$$
$$=\overline{Q_2}\left(x\overline{Q_1}+\bar{x}Q_1\right)+\bar{x}Q_2\overline{Q_3}$$
$$=\overline{Q_2}\left(x\oplus Q_1\right)+\bar{x}Q_2\overline{Q_3}$$
$$K_3=Q_2$$

而輸出之卡諾圖為

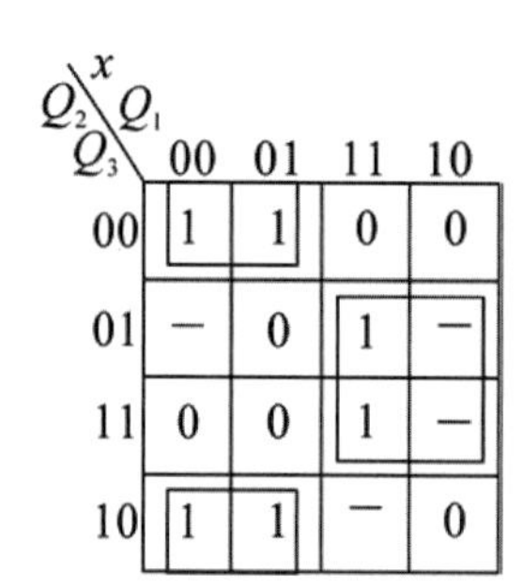

$Q_2Q_3 \backslash xQ_1$	00	01	11	10
00	1	1	0	0
01	–	0	1	–
11	0	0	1	–
10	1	1	–	0

$$Z=\overline{x}\,\overline{Q_3}+xQ_3$$
$$=\overline{x\oplus Q_3}$$

所以電路為

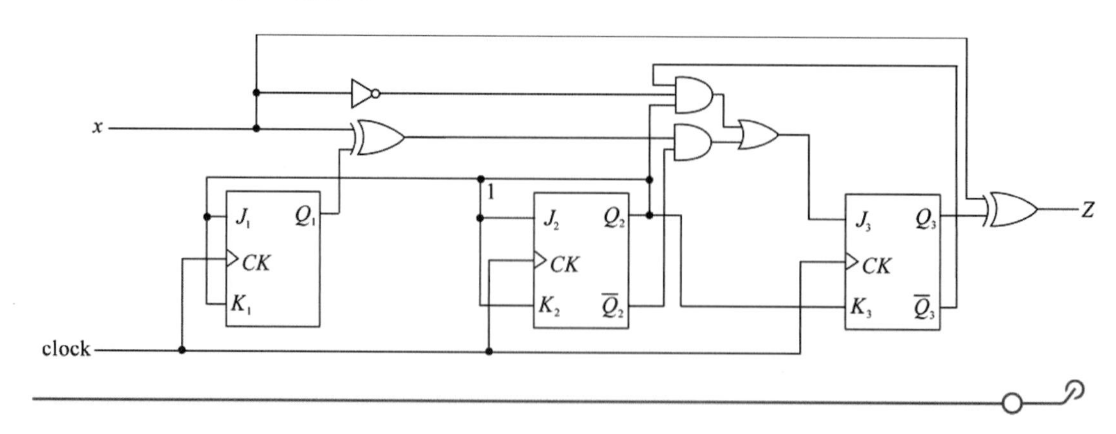

範例 9-36 現假設一個序列網路有兩個輸入(x_1x_2)及一個輸出 Z，除非有下列條件發生，否則輸出永遠保持原狀：

(1) 若輸入序列為 $x_1x_2=00$，11 時，則 $Z=0$

(2) 若輸入序列為 $x_1x_2=01$，11 時，則 $Z=1$

(3) 若輸入序列為 $x_1x_2=10$，11 時，則輸出狀態相反。

試利用 D 型正反器設計此一電路。

解答 依據題意，可得狀態轉換圖如下所示。

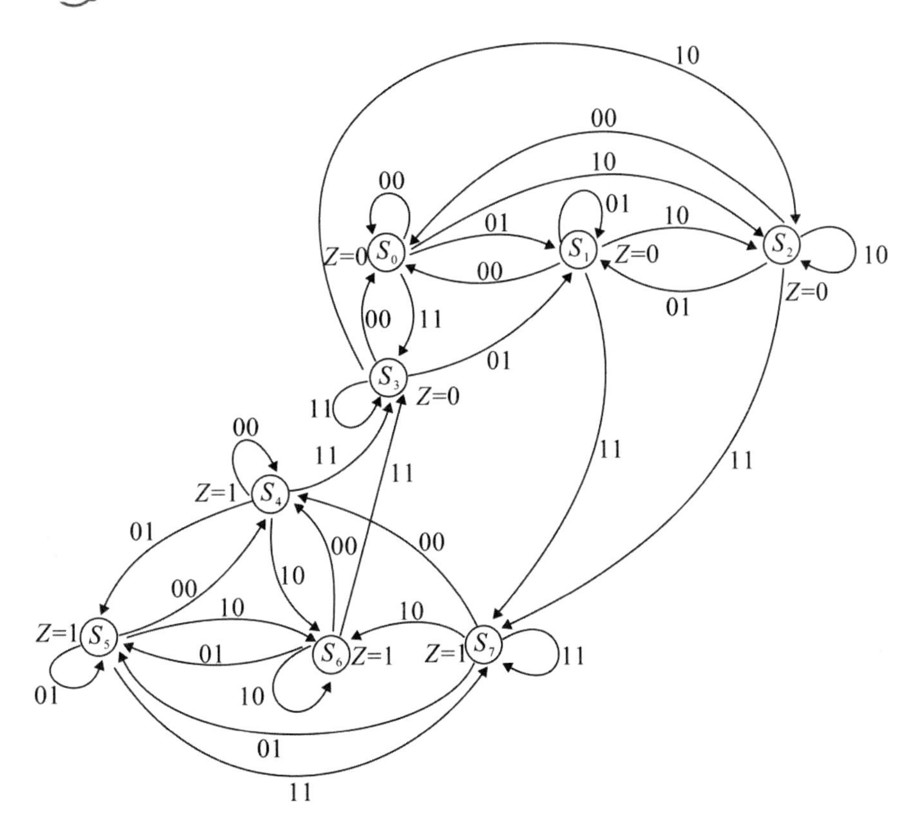

經由狀態圖可得狀態表為

目前狀態	下一狀態				輸出
	$x_1x_2=00$	01	11	10	Z
S_0	S_0	S_1	S_3	S_2	0
S_1	S_0	S_1	S_7	S_2	0
S_2	S_0	S_1	S_7	S_2	0
S_3	S_0	S_1	S_3	S_2	0
S_4	S_4	S_5	S_3	S_6	1
S_5	S_4	S_5	S_7	S_6	1
S_6	S_4	S_5	S_3	S_6	1
S_7	S_4	S_5	S_7	S_6	1

由上表可知

$$S_0 \equiv S_3$$

$$S_1 \equiv S_2$$

$$S_4 \equiv S_6$$

$$S_5 \equiv S_7$$

所以狀態表可重新改寫成

目前狀態	下一狀態 $x_1x_2=$				輸出
	00	01	11	10	Z
S_0	S_0	S_1	S_0	S_1	0
S_1	S_0	S_1	S_5	S_1	0
S_4	S_4	S_5	S_0	S_1	1
S_5	S_4	S_5	S_5	S_4	1

亦即狀態圖可以簡化為

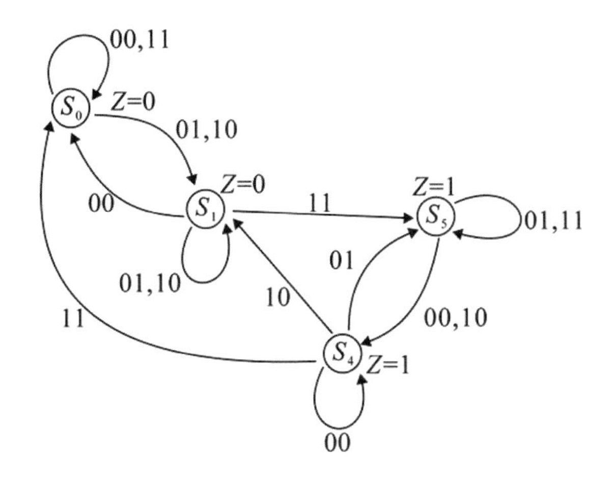

在狀態轉換表中只有 4 個狀態，因此可以用 2 個位元來加以表示。現在假設各狀態之編碼如下：

$S_0 \equiv 00$

$S_1 \equiv 01$

$S_4 \equiv 11$

$S_5 \equiv 10$

則狀態表為

目前狀態		下一狀態				輸出
Q_A	Q_B	00	01	11	10	Z
0	0	00	01	00	01	0
0	1	00	01	10	01	0
1	1	11	10	00	01	1
1	0	11	10	10	11	1

由狀態表進而可得如下之卡諾圖

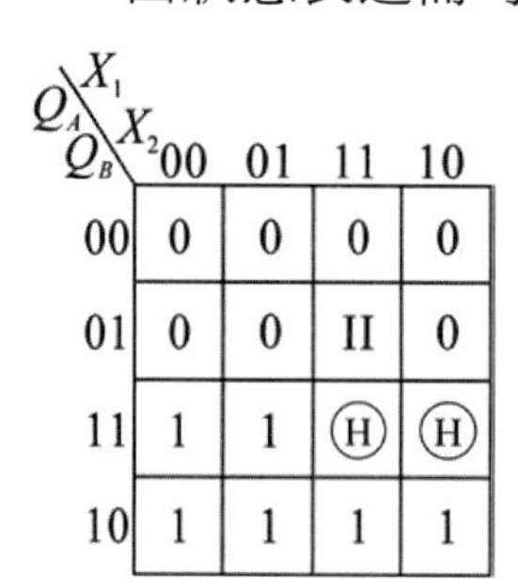

$Q_AQ_B \backslash X_1X_2$	00	01	11	10
00	0	0	0	0
01	0	0	II	0
11	1	1	(H)	(H)
10	1	1	1	1

$D_A = X_1X_2\overline{Q_A}Q_B + \overline{X_1}A + Q_A\overline{Q_B}$

$Q_AQ_B \backslash X_1X_2$	00	01	11	10
00	0	II	0	II
01	(H)	1	(H)	1
11	1	(H)	(H)	1
10	II	0	0	II

$D_B = \overline{X_1}X_2\overline{Q_A} + X_1\overline{X_2} + \overline{X_2}Q_A$

輸出 Z 可由下列卡諾圖得知

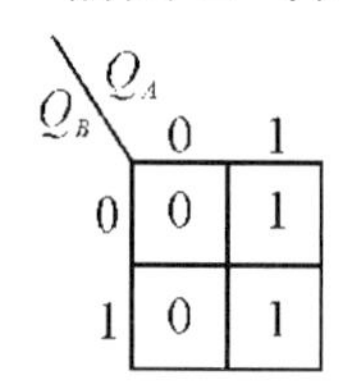

$Q_B \backslash Q_A$	0	1
0	0	1
1	0	1

$Z=Q_A$

範例 9-37 一個電路有兩個輸入(x_1x_2)及一個輸出 Z。假如輸入序列連續為 00，01，11，則 $Z=1$，且一直須等到連續收到序列 11，01，00，才會使 $Z=0$。相同的，當 $Z=0$ 時，必須又連續收到序列 00，01，11，才會又使得 $Z=1$，如此重複。又某一序列輸入的最後一個位元必須是下一個順列的第一個輸入位元。試以 SR 型正反器設計此一電路。

解答 根據題目所述，某一序列輸入的最後一個位元必為下一序列的第一個輸入位元。因此，可知輸入端一次只能改變一個位元。且當位元改變時，狀態也必定改變。因此我們可以得到狀態轉換圖如下所示：

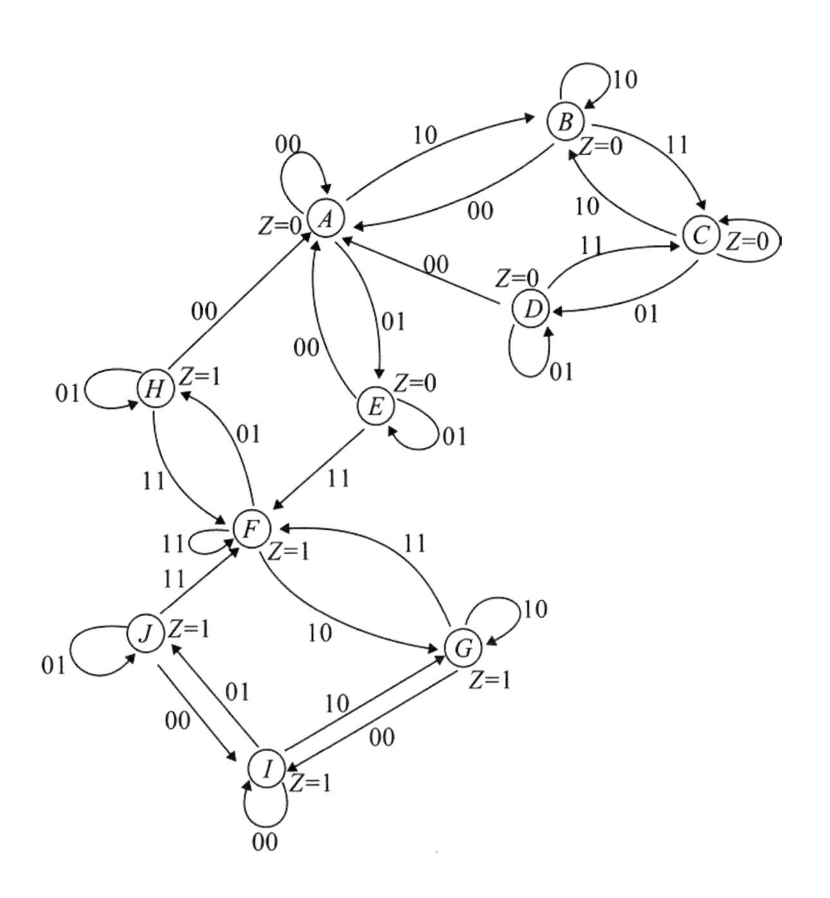

依照狀態圖我們可以作出如下之狀態轉換表為

目前狀態	下一狀態				輸出
	x_1x_2＝00	01	11	10	Z
A	Ⓐ	E	－	B	0
B	A	－	C	Ⓑ	0
C	－	D	Ⓒ	B	0
D	A	Ⓓ	C	－	0
E	A	Ⓔ	F	－	0
F	－	H	Ⓕ	G	1
G	I	－	F	Ⓖ	1
H	A	Ⓗ	F	－	1
I	Ⓘ	J	－	G	1
J	I	Ⓙ	F	－	1

由上列狀態轉換知有「－」項，因此若要合併，則 Z 必須分開討論。由表中知

$$A \equiv E$$

因此狀態表為

目前狀態	下一狀態 x_1x_2				輸出 Z			
	00	01	11	10	00	01	11	10
A	A	A	F	B	0	0	－	－
C	－	D	C	B	－	－	0	－
D	A	D	C	－	－	0	－	－
B	A	－	C	B	－	－	－	0
F	－	H	F	G	1	－	1	－
G	I	－	F	G	－	－	－	1
H	A	H	F	－	－	1	－	－
I	I	J	－	G	1	－	－	－
J	I	J	F	－	－	1	－	－

再由上表知 C，D，B 可以合併，即

$$B \equiv C \equiv D$$

即得狀態表為

目前狀態	下一狀態 x_1x_2				輸出 Z			
	00	01	11	10	00	01	11	10
A	A	A	F	B	0	0	－	－
B	A	－	B	B	－	0	0	0
F	－	H	F	G	－	－	1	－
G	I	－	F	G	－	－	－	1
H	A	H	F	－	－	1	－	－
I	I	J	－	G	1	－	－	－
J	I	J	F	－	－	1	－	－

同樣地，我們可以合併 G，I 及 J 項而得真值表為

目前狀態	下一狀態 x_1x_2				輸出 Z			
	00	01	11	10	00	01	11	10
A	A	A	F	B	0	0	–	–
B	A	–	B	B	–	0	0	0
F	–	H	F	G	–	–	1	–
G	G	G	F	G	1	1	–	1
H	A	H	F	–	–	1	–	–

最後 F、H 合併可得狀態表為

目前狀態	下一狀態 x_1x_2				輸出 Z			
	00	01	11	10	00	01	11	10
A	A	A	F	B	0	0	–	–
B	A	–	B	B	–	0	0	0
F	A	F	F	G	–	1	1	–
G	G	G	F	G	1	1	–	1

亦即 $F \equiv H$ 。現只剩下 4 個狀態故可以用 2 個位元來加以編碼。現令

$$a \equiv 00$$

$$b \equiv 01$$

$$c \equiv 11$$

$$d \equiv 10$$

而為了狀態轉變時，不致有瞬間不正確輸出，須修正輸出表格。當目狀態 S_1 改變成下一個狀態 S_2 時，

(1) 若 S_1 的輸出為 0，且 S_2 的輸出為 0，則暫態輸出必須保證為 0。

(2) 若 S_1 的輸出為 1，且 S_2 的輸出為 1，則暫態輸出必須保證為 1。

(3) 然而，若 S_1 的輸出與 S_2 的輸出不相等時，則不需要做任何的修正。

根據上述原則，我們可以得到修正後的狀態表為

	Q_1	Q_2	下一狀態 x_1x_2				輸出 Z x_1x_2			
			00	01	11	10	00	01	11	10
a	0	0	00	00	10	01	0	0	–	0
b	0	1	00	01	01	01	0	0	0	0
c	1	1	11	11	10	11	1	1	1	1
d	1	0	00	10	10	11	–	1	1	1

而卡諾圖為

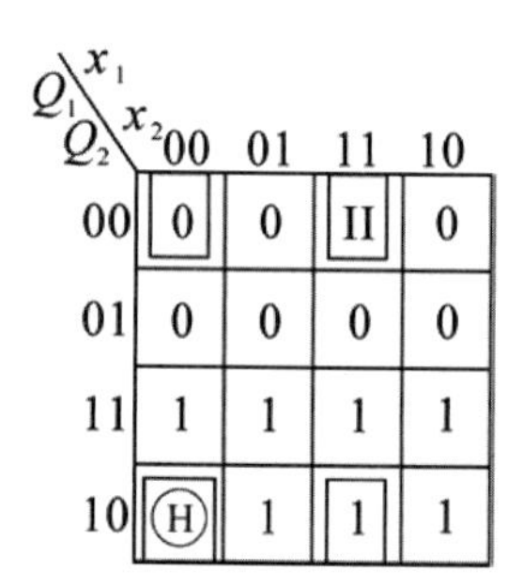

$$S_1 = x_1x_2Q_2$$
$$R_1 = \overline{x_1}\,\overline{x_2}\,\overline{Q_2}$$

$Q_1Q_2 \backslash x_1x_2$	00	01	11	10
00	0	0	0	II
01	0	1	1	1
11	1	1	H	1
10	0	0	0	II

$$S_2 = x_1\overline{x_2}$$
$$R_2 = x_1x_2Q_1$$

而輸出 Z 為

Q_1Q_2 \ x_1x_2	00	01	11	10
00	0	0	—	0
01	0	0	0	0
11	1	1	1	1
10	—	1	1	1

$Z=Q_1$

範例 9-38 試以 AND、OR、NOT 閘設計下列狀態功能之電路。

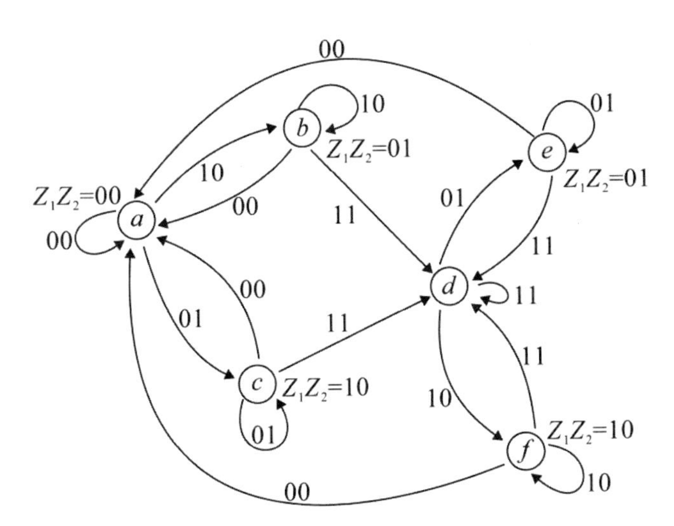

解答 我們可以將上述的狀態圖轉為如下之狀態表：

目前狀態	下一狀態 x_1x_2				輸出	
	00	01	11	10	Z_1	Z_2
a	(a)	c	—	b	0	0
b	a	—	d	(b)	0	1
c	a	(c)	d	—	1	0
d	—	e	(d)	f	0	0
e	a	(e)	d	—	0	1
f	a	—	d	(f)	1	0

因為狀態表中具有隨意項「一」，因此必須特標明 x_1x_2 對應下的 Z_1Z_2，以供合併。所以狀態表可改為

目前狀態	下一狀態 x_1x_2				輸出 Z_1Z_2			
	00	01	11	10	00	01	11	10
a	(a)	c	—	b	00	—	—	—
b	a	—	d	(b)	—	—	—	01
c	a	(c)	d	—	—	10	—	—
d	—	e	(d)	f	—	—	00	—
e	a	(e)	d	—	—	01	—	—
f	a	—	d	(f)	—	—	—	10

很明顯的，我們可以將目前狀態中的 d，e，f 合併，即

$$d \equiv e \equiv f$$

同時 a，b，c 亦可以合併，即

$$a \equiv b \equiv c$$

所以可得狀態表為

目前狀態	下一狀態 x_1x_2				輸出 Z_1Z_2			
	00	01	11	10	00	01	11	10
a,b,c	ⓐ	ⓒ	d	ⓑ	00	10	−	01
d,e,f	a	ⓔ	ⓓ	ⓕ	−	01	00	10

現令 $A \equiv (a,b,c)$，$B \equiv (d,e,f)$ 則狀態表為

目前狀態	下一狀態 x_1x_2				輸出 Z_1Z_2			
	00	01	11	10	00	01	11	10
A	Ⓐ	Ⓐ	B	Ⓐ	00	10	−	01
B	A	Ⓑ	Ⓑ	Ⓑ	−	01	00	10

因為最後只剩下二個變數，所以可以一個位元對其加以編碼得

目前狀態 Q	下一狀態 x_1x_2				輸出 Z_1Z_2			
	00	01	11	10	00	01	11	10
0	0	0	1	0	00	10	−	01
1	0	1	1	1	−	01	00	10

現在只需以基本邏輯閘來設計該電路，因此我們所需要的是下一個輸出。由卡諾圖知

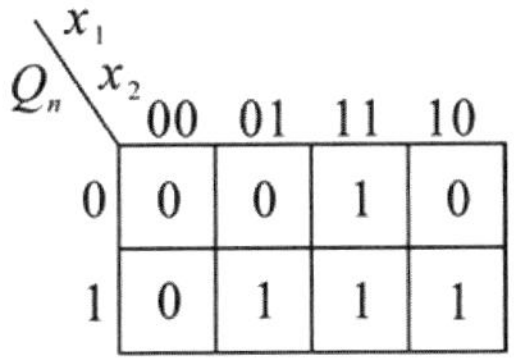

Q_n \ x_1x_2	00	01	11	10
0	0	0	1	0
1	0	1	1	1

可得

$$
\begin{aligned}
Q_{n+1} &= x_1x_2 + x_1Q_n + x_2Q_n \\
&= x_1x_2 + Q_n\left(x_1 + x_2\right)
\end{aligned}
$$

即

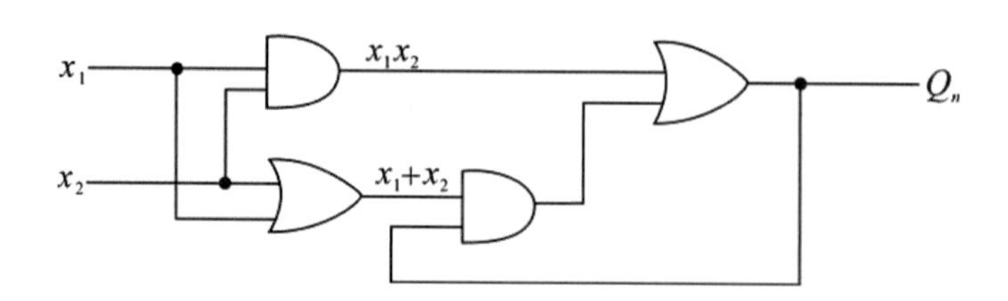

現在若要得到輸出，則由下列卡諾圖知

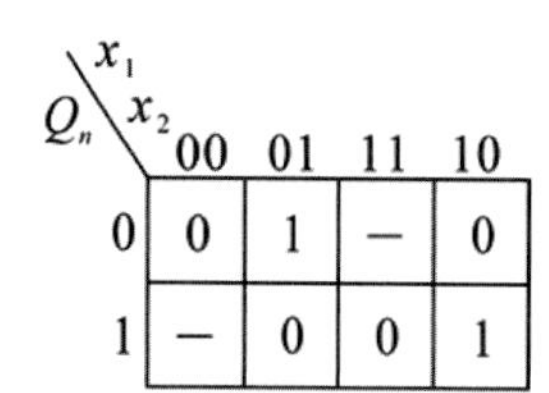

Q_n \ x_1x_2	00	01	11	10
0	0	1	–	0
1	–	0	0	1

$$Z_1=x_2\overline{Q_n}+\overline{x_2}Q_n$$
$$=x_2\oplus Q_n$$

Q_n \ x_1x_2	00	01	11	10
0	0	0	–	1
1	–	1	0	0

$$Z_2=x_1\overline{Q_n}+\overline{x_1}Q_n$$
$$=x_1\oplus Q_n$$

即

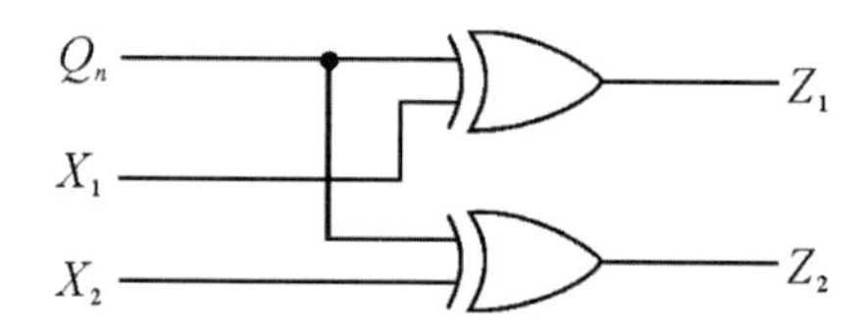

作業（八）

(1) 試以狀態圖分別描述 SR 正反器、JK 正反器、D 正反器以及 T 正反器。

(2) 如圖所示之電路，有一輸入 X，以及一輸出 Z 及兩個狀態變數 Q_1 及 Q_2（分別相對於 $FF1$ 及 $FF2$）。試求該序列電路之狀態圖。

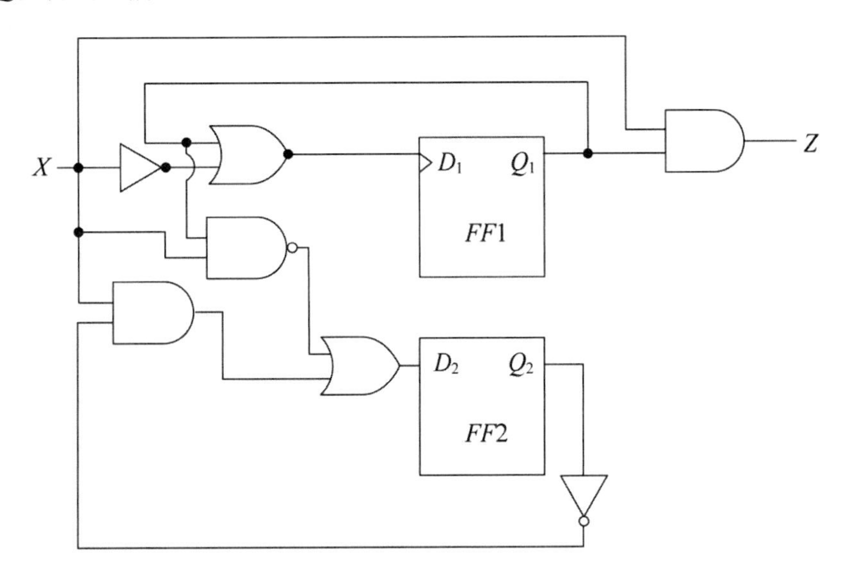

(3) 試求下列電路之狀態表與狀態圖，其中 Cnt 為輸入信號，Clk 為 clock。

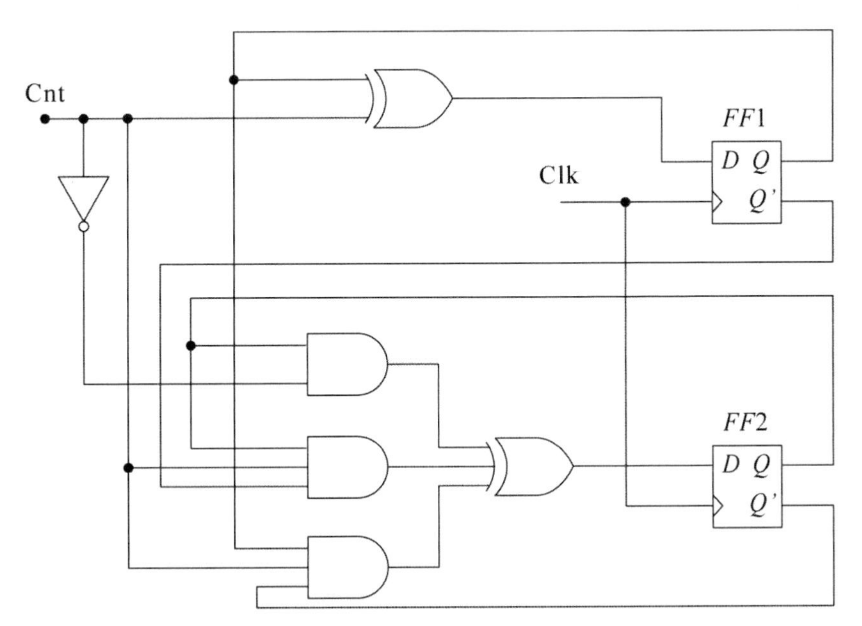

(4) 試利用密雷網路設計出一個可以檢測三個 1 輸入的狀態變遷圖。

(5) 試設計出一可以檢測 011 的序列檢測器之狀態表與狀態圖。

(6) 試設計出一可以檢測 1010 的序列檢測器之狀態表與狀態圖。

QUIZ

作業解答

ANSWER 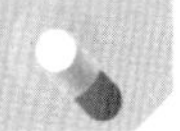

【第 1 題】

SR	$S,R=0,0$ (Q=0 自迴圈) $S,R=1,0$ (Q=0 → Q=1) $S,R=0,0$ (Q=1 自迴圈) $S,R=0,1$ (Q=1 → Q=0) $Q=0$ $Q=1$
JK	$J,K=0,0$ (Q=0 自迴圈) $J,K=1,0$ or $1,1$ (Q=0 → Q=1) $J,K=0,0$ (Q=1 自迴圈) $J,K=0,1$ or $1,1$ (Q=1 → Q=0) $Q=0$ $Q=1$
D	$D=1$ (Q=0 自迴圈) $D=1$ (Q=0 → Q=1) $D=1$ (Q=1 自迴圈) $D=0$ (Q=1 → Q=0) $Q=0$ $Q=1$
T	$T=0$ (Q=0 自迴圈) $T=1$ (Q=0 → Q=1) $T=0$ (Q=1 自迴圈) $T=1$ (Q=1 → Q=0) $Q=0$ $Q=1$

【第 2 題】

$Z = XQ_1$

$D_1 = \overline{X} + Q_1$

$D_2 = X\overline{Q_2} + \overline{XQ_1}$

因此狀態轉換表為

目前狀態 Q_1Q_2	下一狀態		輸出	
	X=0	X=1	X=0	X=1
00	11	01	0	0
01	11	00	0	0
10	10	11	0	1
11	10	10	0	1

其狀態圖為

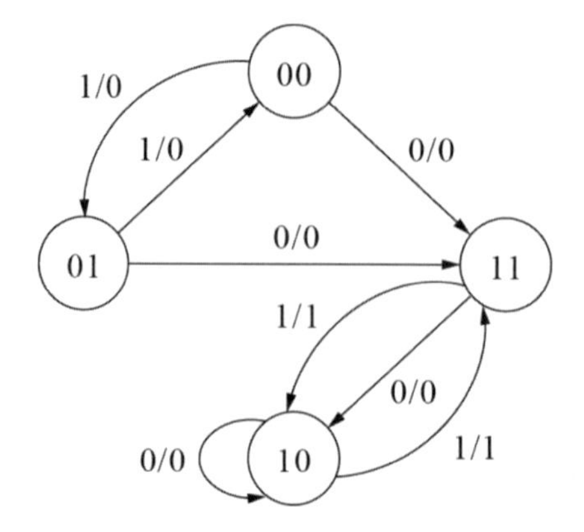

【第 3 題】

首先

$D_0 = Cnt \oplus Q_0 = \overline{Cnt}Q_0 + Cnt\overline{Q_0}$

$D_1 = \overline{Cnt}Q_1 + CntQ_1\overline{Q_0} + Cnt\overline{Q_1}Q_0$

而

$Q_{0(next)} = D_0 = \overline{Cnt}Q_0 + Cnt\overline{Q_0}$

$Q_{1(next)} = D_1 = \overline{Cnt}Q_1 + CntQ_1\overline{Q_0} + Cnt\overline{Q_1}Q_0$

所以狀態表為

目前狀態 Q_1Q_0	下一狀態	
	Cnt＝0	Cnt＝1
00	00	01
01	01	10
10	10	11
11	11	00

而狀態圖為

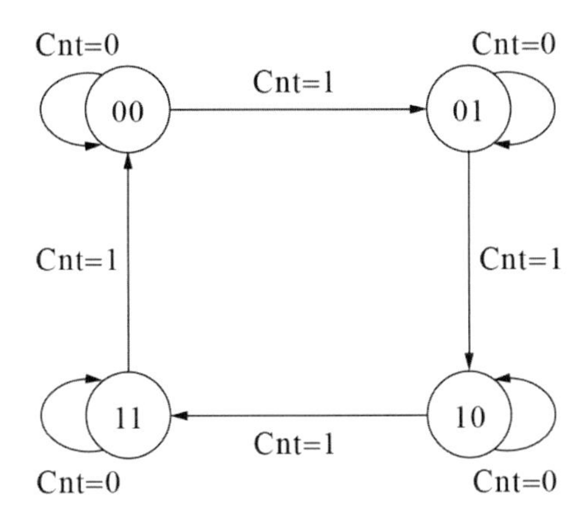

而其時序圖則為

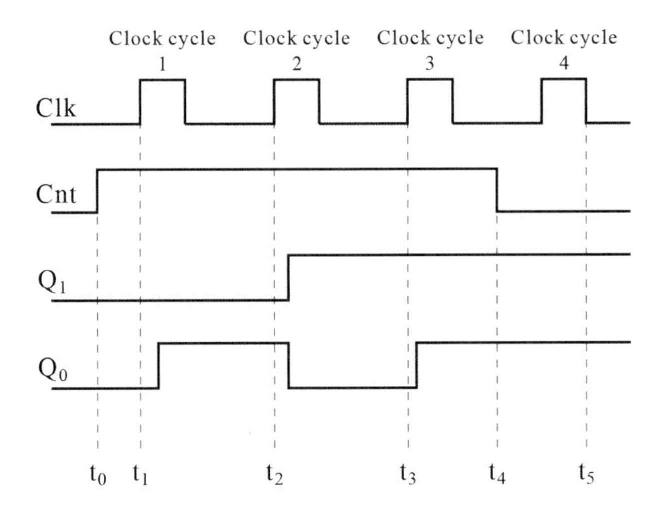

【第 4 題】

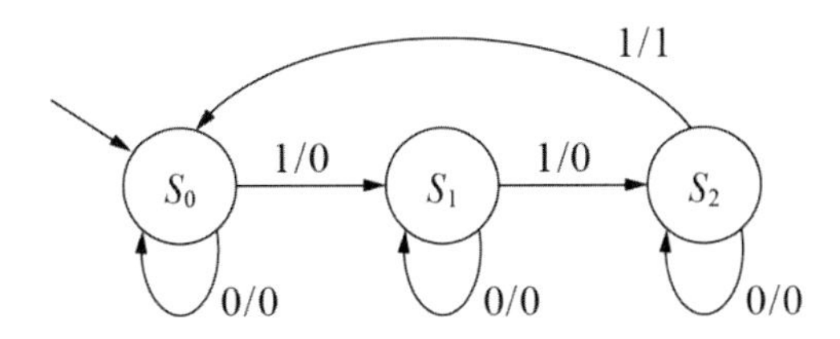

【第 5 題】

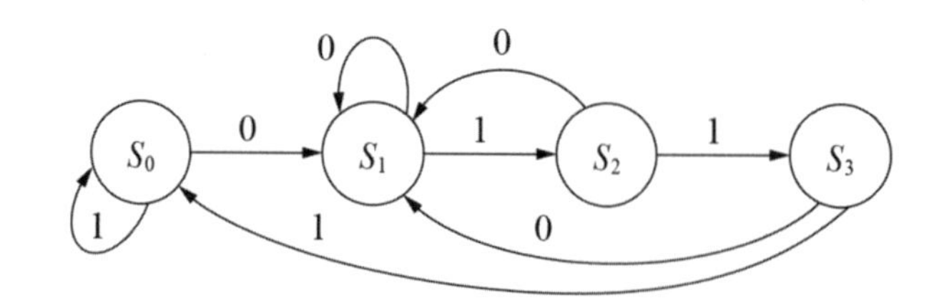

目前狀態		下一狀態
S_0	0	S_1
S_0	1	S_0
S_1	0	S_1
S_1	1	S_2
S_2	0	S_1
S_2	1	S_3
S_3	0	S_1
S_3	1	S_0

狀態配置

目前狀態	二位元
S_0	00
S_1	01
S_2	10
S_3	11

狀態輸出

目前狀態	輸出
S_0	0
S_1	0
S_2	0
S_3	1

【第 6 題】

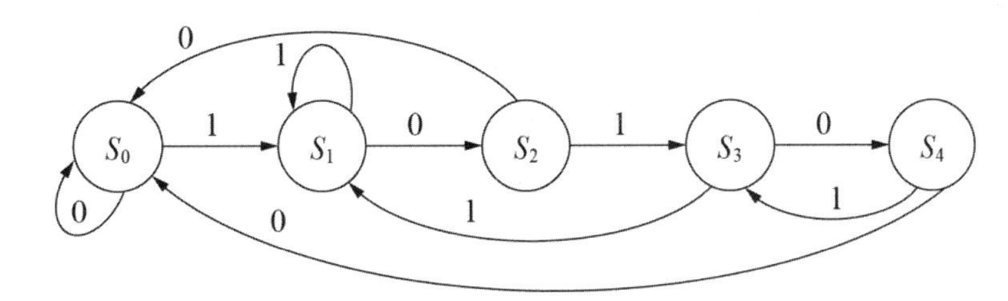

目前狀態		下一狀態
S_0	0	S_0
S_0	1	S_1
S_1	0	S_2
S_1	1	S_1
S_2	0	S_0
S_2	1	S_3
S_3	0	S_4
S_3	1	S_1
S_4	0	S_0
S_4	1	S_3

狀態配置

目前狀態	二位元
S_0	000
S_1	001
S_2	010
S_3	011
S_4	100

狀態輸出

目前狀態	輸出
S_0	0
S_1	0
S_2	0
S_3	0
S_4	1

期末考考題

【第 1 題】 如下圖所示之電路，試寫出其狀態圖與狀態表。

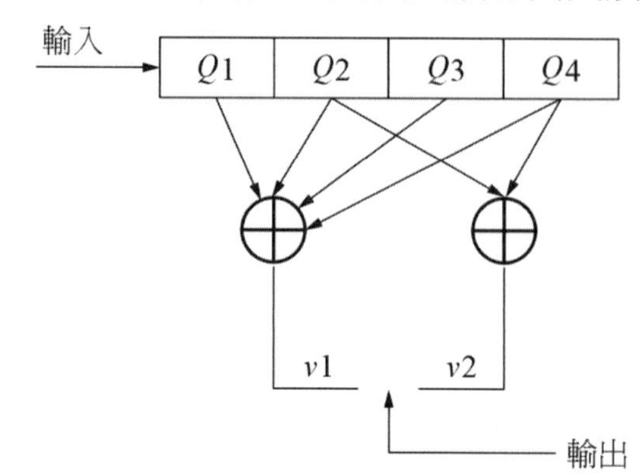

【第 2 題】 利用摩爾電路，且電路不重置情況下，當輸入序列的結尾是 101 時，則在最後一個 1 輸入後，同時產生 Z=1 的輸出。試問設計該電路時，其產生的狀態圖與狀態表各為何？

【第 3 題】 一序向電路具有 1 個輸入 X 和 2 個輸出 Z_1 和 Z_2。假設每次在序列 010 沒有出現的情況下，當輸入序列 100 完成時，則輸出 Z_1 =1；而當每次輸入序列 010 完成時，則輸出 Z_2=1。另外，當輸出 Z_2=1 時，則 Z_1=1 不會發生，但 Z_1=1 發生時，則 Z_2=1 是有可能發生的。試求出其密雷狀態圖和狀態表。

【第 4 題】 曼徹斯特編碼(Manchester Code)中，每一個位元時間是被分為兩相同區間。位元 0 是以前半個位元 0 及後半個位元時間 1 來加以表示；而位元 1，則在前半個位元時間上是以邏輯準位 1 來表示，且在後半個位元時間上則以邏輯準位 0 來加以表示的。如圖所示。

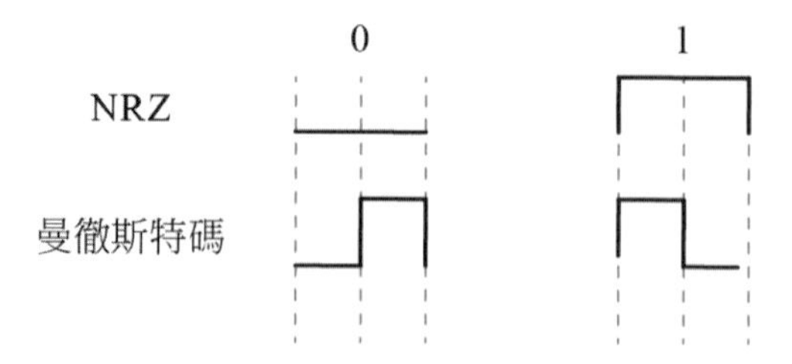

現以 2 倍的 clock 對輸入之 NRZ 取樣，以使其可以轉換成曼徹斯特碼。試以密雷電路與摩爾電路分別畫出該電路的狀態圖與狀態表。

QUIZ

期末考解答 ANSWER

【第 1 題】

狀態表為

輸入	目前狀態		下一狀態	輸出
Q_1	狀態	$Q_2\ Q_3\ Q_4$	$Q_2\ Q_3\ Q_4$	$v_1\ v_2$
0	A	0 0 0	A	0 0
1			E	1 1
0	B	0 0 1	A	1 1
1			E	0 0
0	C	0 1 0	B	1 0
1			F	0 1
0	D	0 1 1	B	0 1
1			F	1 0
0	E	1 0 0	C	1 1
1			G	0 0
0	F	1 0 1	C	0 0
1			G	1 1
0	G	1 1 0	D	0 1
1			H	1 0
0	H	1 1 1	D	1 0
1			H	0 1

狀態圖為

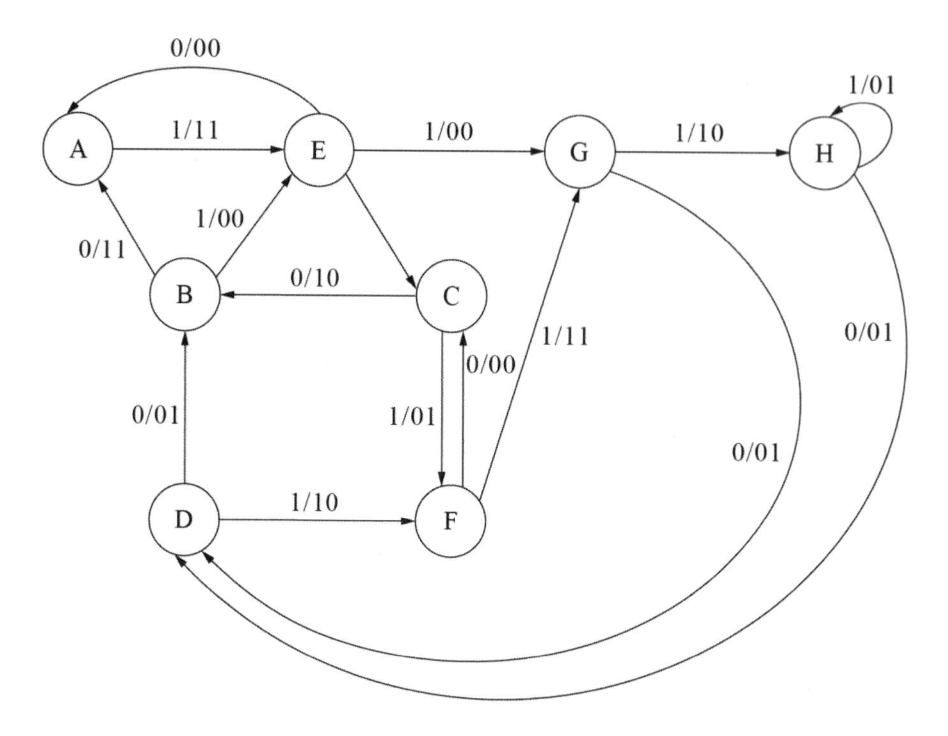

【第 2 題】

由題意，因為是不重置，也就是只要是 101 的輸入，則輸出為 1。故狀態圖如下所示：

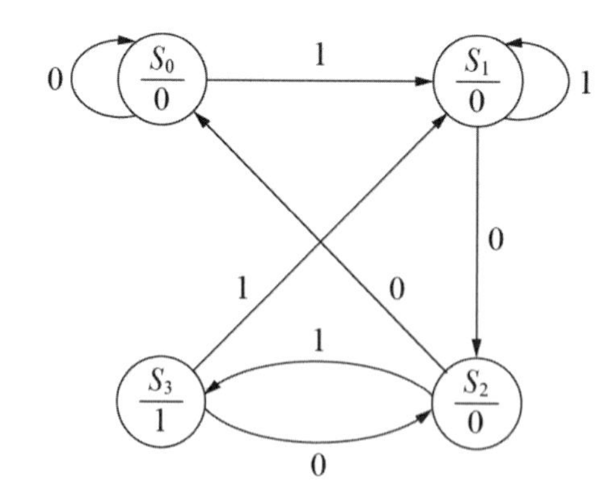

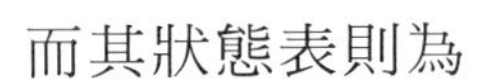
而其狀態表則為

目前狀態	次一狀態		目前輸出 (Z)
	X=0	X=1	
S_0	S_0	S_1	0
S_1	S_2	S_1	0
S_2	S_0	S_3	0
S_3	S_2	S_1	1

【第 3 題】

由題意可知狀態圖為

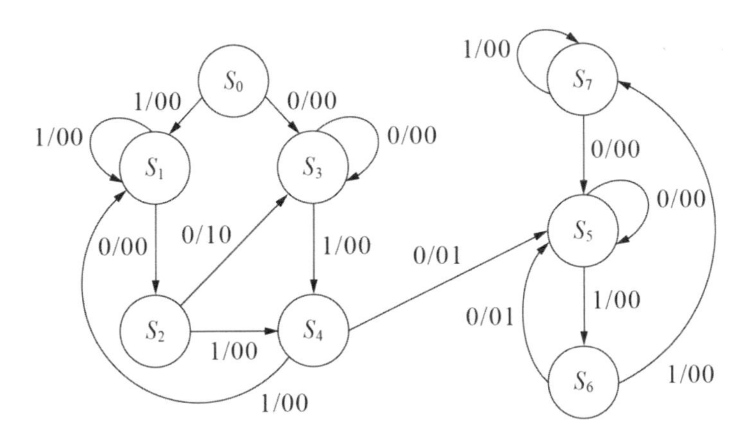

所以其狀態表為

目前狀態	次一狀態		輸出(Z_1Z_2)	
	X=0	X=1	X=0	X=1
S_0	S_3	S_1	00	00
S_1	S_2	S_1	00	00
S_2	S_3	S_4	10	00
S_3	S_3	S_4	00	00
S_4	S_5	S_1	01	00
S_5	S_5	S_6	00	00
S_6	S_5	S_7	01	00
S_7	S_5	S_7	00	00

【第 4 題】

以密雷網路而言，其狀態圖為

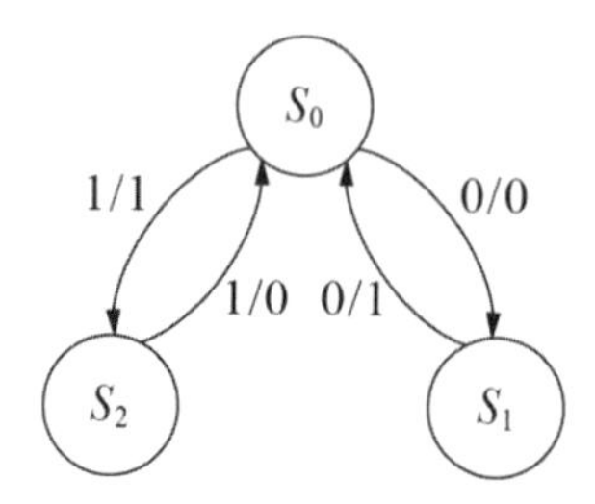

其狀態表為

目前狀態	次一狀態		輸出(Z)	
	X=0	X=1	X=0	X=1
S_0	S_1	S_2	0	1
S_1	S_0	—	1	—
S_2	—	S_0	—	0

以密雷網路而言，其狀態圖為

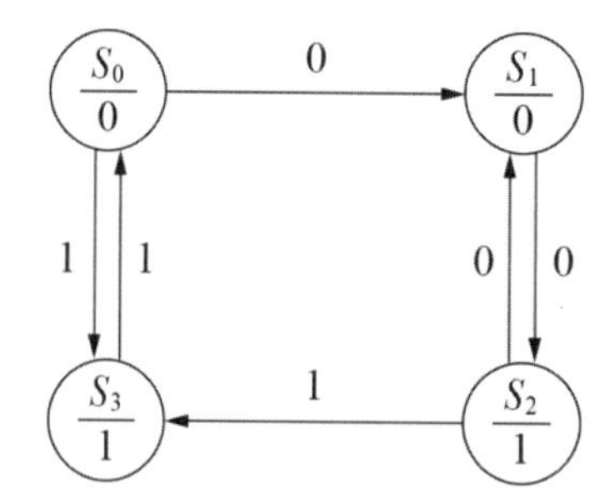

其狀態表為

目前狀態	次一狀態		輸出(Z)
	X=0	X=1	
S_0	S_1	S_3	0
S_1	S_2	—	0
S_2	S_1	S_3	1
S_3	—	S_0	1

MEMO
DIGITAL LOGIC DESIGN

MEMO
DIGITAL LOGIC DESIGN

MEMO
DIGITAL LOGIC DESIGN

國家圖書館出版品預行編目資料

數位邏輯設計/戴江淮編著. -- 五版. -- 新北市：
新文京開發出版股份有限公司, 2023.05
面； 公分

ISBN 978-986-430-920-7（平裝）

1.CST：積體電路

448.62 112005241

數位邏輯設計（第五版）

（書號：**C138e5**）

編著者	戴江淮
出版者	新文京開發出版股份有限公司
地址	新北市中和區中山路二段 362 號 9 樓
電話	(02) 2244-8188（代表號）
FAX	(02) 2244-8189
郵撥	1958730-2
初版	西元 2006 年 01 月 01 日
二版	西元 2011 年 05 月 15 日
三版	西元 2016 年 02 月 15 日
四版	西元 2018 年 08 月 01 日
五版	西元 2023 年 05 月 20 日

建議售價：520 元

法律顧問：蕭雄淋律師

ISBN 978-986-430-920-7

NEW
WCDP

NEW WCDP
新文京開發出版股份有限公司
新世紀・新視野・新文京 — 精選教科書・考試用書・專業參考書